普通高等教育"十一五"国家级规划教材

PUTONG GAODENG JIAOYU SHIYIWU GUOJIAJI GUIHUA JIAOCAI

REGONG BAOHU
YU SHUNXU KONGZHI

热工保护
与顺序控制

（第二版）

王志祥　黄　伟　编著

苏辛果　徐伟勇　主审

中国电力出版社
CHINA ELECTRIC POWER PRESS

内 容 提 要

本书为普通高等教育"十一五"国家级规划教材。

本书主要包括热工保护与顺序控制的基础知识、锅炉和汽轮发电机的热工保护、火电机组的顺序控制等内容。本书在题材的选择上注重先进性、实用性和普遍性，素材大多取自 600MW 火力发电机组，有些取自引进 900MW 超临界压力机组和 1000MW 超超临界压力机组的生产现场。

本书可作为普通高等院校能源动力类相关专业的教材，也可作为高职高专电力技术类相关专业的教材，同时可供热控工程技术人员学习参考。

图书在版编目 (CIP) 数据

热工保护与顺序控制/王志祥等编著 . —2 版 . —北京：中国电力出版社，2008.8（2025.1 重印）

普通高等教育"十一五"国家级规划教材
ISBN 978 - 7 - 5083 - 7359 - 1

Ⅰ. 热… Ⅱ. 王… Ⅲ. ①热电厂—热工操作—保护装置—高等学校—教材②热电厂—顺序控制—高等学校—教材 Ⅳ. TM621.2

中国版本图书馆 CIP 数据核字（2008）第 123698 号

中国电力出版社出版、发行
（北京市东城区北京站西街 19 号 100005 http://www.cepp.sgcc.com.cn）
北京雁林吉兆印刷有限公司印刷
各地新华书店经售

*

1995 年 11 月第一版
2008 年 8 月第二版 2025 年 1 月北京第十九次印刷
787 毫米×1092 毫米 16 开本 19.5 印张 480 千字
定价 55.00 元

前　言

　　热工保护和顺序控制是热工自动化的重要组成部分。本书详细阐述了大型火电机组热工保护和顺序控制系统的结构、原理及现场应用情况，对其他热工控制系统也作了简要的介绍。

　　本书在题材的选择上注重了先进性、实用性和普遍性。本书的素材均取自于600MW亚临界或超临界压力机组，以及900MW超临界压力机组、1000MW超超临界压力机组的生产实际现场，详细阐述了开关量控制系统的基础理论，分析了锅炉炉膛安全监控系统（FSSS）、汽轮机监测保护仪表（TSI）、汽轮机瞬态数据管理系统（TDM）、紧急跳闸系统（ETS）、旁路控制系统（BPS）、火电机组的顺序控制系统等系统的原理、结构和功能。本书从工程实际需要出发，力求理论与实际相结合，内容涉及面较广，使学生能从总体概念、基本工作原理、安装和调试等方面全面地掌握本课程的基本知识，为今后工作打下扎实的基础。同时，对热工自动化专业人员而言，本书也是一本能结合生产实际的重要参考书。

　　本书是在王志祥主编的《高等学校教材　热工保护与顺序控制》的基础上修订的，内容更注重先进性和实用性。黄伟副教授编写了本书第四、五章，王志祥教授级高级工程师编写了绪论及第一～三章，并进行了全书统稿。华东电力设计院苏辛果教授级高级工程师和上海交通大学徐伟勇教授担任本书主审并提出了许多宝贵的意见和建议。在编写过程中还得到其他同仁的大力支持和帮助，在此表示衷心的感谢。

　　由于编者水平有限，书中难免存在不足之处，敬请读者批评指正。

编　者

2008 年 7 月

第一版前言

本书是根据"能源部高等专科热能动力类专业教学组研究会"上讨论通过的"热工保护与顺序控制"教材编写提纲编写的,作为高等专科学校电厂热工过程自动化专业"热工保护和顺序控制"的必修教材,同时也可供有关人员参考。

大机组热工自动化包括控制、报警、监测和保护等内容,简称 CAMP。热工保护和顺序控制是其中的重要组成部分。本书详细阐述了大型火电机组的热工保护和顺序控制系统的结构、原理及现场应用情况,分析了自动报警系统的工作原理及特点,对电厂热工控制设计也作了简要介绍。

本书在题材的选择上注重了先进性、实用性和普遍性。本书阐述了开关量控制系统的基础理论,重点讨论了火电机组普遍应用的热工保护系统和顺序控制系统。本书从实际工程需要出发,力求理论与实际相联系,内容涉及面较广,使学生能从总体概念、基本工作原理、安装和调试等方面较全面地掌握本课程的基本知识。

本书第六章和第七章由黄伟编写,其他章节均由王志祥编写,并进行了全书统稿。华东电力设计院胡惠源高级工程师主审了全书,提出了许多宝贵意见和建议,谢冰贞同志做了大量具体工作,在此表示衷心的感谢。

由于编者水平有限,加上编写时间短促,书中难免存在缺点和错误之处,敬请使用本书的师生和读者批评指正。

编　者

1994 年 6 月

目　录

绪 论

近年来,我国电力工业飞速发展,机组容量不断扩大,到目前为止,全国已有几百台 600MW 的机组陆续投入了运行;数十台 1000MW 机组正在建设或已投入运行。热工参数不断提高,从过去的亚临界参数火电机组到目前的超临界、超超临界参数的单元机组相继投入运行。机组的热效率不断提高,运行成本不断降低,机组自动化水平越来越高。

一、单元机组热工自动化

在现代大型火电厂中,一般以每台机组的锅炉、汽轮机、发电机及其辅助设备构成一个单元系统,各机组之间是相对独立的。单元机组热工自动化主要是对以上设备进行自动控制。控制的目的是使机组自动适应工况的变化,保证机组安全、经济地投入运行。因为电能无法储存,电厂的生产过程必须是连续的,而且随时适应外界负荷变动的需要,所以火电厂对自动化的要求特别高。

20 世纪 70 年代以前,采用常规仪表(模拟量显示仪表、模拟量调节仪表、继电器和控制开关等)进行监控,控制效果及系统稳定性较差。20 世纪 80 年代后期,随着过程控制技术、自动化仪表技术和计算机网络技术的成熟和发展,控制技术先后出现了 PLC(可编程序控制器)、DCS(分散控制系统)、FCS(现场总线控制系统)三大类型的控制系统,使电厂自动化水平有了飞速的发展。

火电厂热力过程自动化(简称电厂热工自动化)是保证所有电厂热力系统主要设备以及辅助车间和系统的安全可靠、经济运行而设置的检测、监视、控制、保护、连锁、报警功能的总称。电厂热工自动化的诸多功能是由不同的仪表和控制装置完成的,它们通称为电厂热工自动化系统或电厂仪表控制(I&C)系统。热工保护与顺序控制是电厂热工自动化重要的组成部分,它的重点是研究保护、连锁及顺序控制。

1. 可编程序控制器(PLC)

可编程序控制器 PLC(Programmable Logical Controller)是从开关量控制发展到顺序控制、运算处理、逻辑控制、定时控制、计数控制、顺序(步进)控制、连续 PID 控制、数据控制(PLC 具有数据处理能力)、通信和联网等功能。可用一台 PC 为主站,多台同型号 PLC 为从站。也可以一台 PLC 为主站,多台同型号 PLC 为从站,构成 PLC 网络,这样使用户编程更方便。随着 PLC 技术的发展,功能不断增强。有些厂家采用多级控制,有些厂家用 PLC 构成分散控制系统。

火电厂自动控制中,PLC 主要用于辅助系统的顺序控制,如火电厂的输煤、化学水处理、除灰出渣、脱硫和脱硝等系统的顺序控制。

2. 分散控制系统(DCS)

分散控制系统 DCS(Distributed Control System)是 20 世纪 70 年代发展起来的控制系统,它采用集中监视、操作、管理和分散控制的模式,过去有一段时间被称为集散控制系统。它既有计算机计算精度高、响应速度快的优点,又有仪表控制系统安全可靠、维护方便的优点。

DCS 是目前火电机组监视和控制的主要手段，如机组给水、燃料、送风、炉膛负压、过热蒸汽温度、再热蒸汽温度、辅助风挡板控制等模拟量控制，炉膛安全监控，辅机顺序控制等。在扩大 DCS 应用范围时，尽管 DCS 在实现 DEH、MEH、TSI、BPS、ASS 及电气保护等功能时，技术上不存在困难，但考虑到这些系统对机组安全运行的关键作用，以及传统上是随主机成套的现实情况，目前仍采用专用控制装置。但根据原国家电力公司有关决定，应加快电气控制纳入 DCS 的试点工作。

3. 现场总线控制系统（FCS）

由现场总线与现场设备组成的控制系统称为现场总线控制系统 FCS（Fieldbus Control System），它是在 DCS 的基础上发展起来的，FCS 顺应了自动控制系统的发展潮流，属第五代过程控制系统。FCS 的特点是：用全数字化、智能、多功能仪表取代模拟式单功能仪表，用两根线连接分散的现场仪表、控制装置；"现场控制"取代"分散控制"；数据的传输采用"总线"方式；从控制室到现场设备的双向数字通信总线是互联的、双向的、串行多节点，开放的数字通信系统，并用其取代单向、单点、并行、封闭的模拟系统；采用分散的虚拟控制站取代集中的控制站；将微处理器转到现场自控设备，使设备具有数字计算和数字通信能力，信号传输精度高，远程传输，可上局域网，还可与 Internet 相连，既是通信网络，又是控制网络。

现场设备（也称为现场总线设备）是指连接在现场总线上的各种仪表设备。按其功能可分为：变送器、执行器、转换设备、接口设备、电源设备以及各种附件。

采用现场总线技术，可以提高系统控制精度，改善控制品质，简化控制系统机柜，大量减少电缆，便于调试和维修。有资料估计，与分散控制系统相比较，采用现场总线技术，可使电缆、调试和维修成本节省 40% 以上。

现场总线技术应用的关键是制订统一现场总线通信标准，生产开放的、具有可互换性和统一标准的现场总线设备。经过多年努力，现场总线国际标准 IEC61158（2001 年 8 月第三版）规定出 10 种类型的现场总线。其中，Profibus 和 FF 两种现场总线，其现场设备品种较齐全，已在火电厂中有许多应用业绩。

国内火电厂现场总线控制系统应用刚刚起步，主要用于辅助系统，如化学补给水、闭式冷却水系统采用 Siemens 的 PLC 系统和 Profibus 现场总线设备，现已投入使用；山东莱城电厂（2×300MW 机组）低压开关柜（Profibus-TXP）、浙江宁海电厂（4×600MW 机组）电动执行机构 4×34 台 Profibus-TXP、浙江玉环电厂（4×1000MW 机组）锅炉补给水处理和废水处理两个辅助系统全面采用 Profibus-DP/PA 现场总线，涉及近 50 台变送器和 70 台电动机的监视和控制。

由于现场智能化仪表价格较高，现场总线技术在电厂中使用的业绩目前还不多，现场总线技术在我国火电厂中广泛应用还需较长时间。但是现场总线技术的出现，给自动化仪表带来了又一次革命。因此，我们应当积极跟踪现场总线技术的发展，在当前现场仪表设备还不完全具备现场总线通信接口的情况下，可采用现场总线连接远程 I/O 或 PLC，在电厂辅助生产系统中首先推广应用。

4. 大型火电机组控制系统的组成

现代大型火电机组的控制系统由以下几部分组成。

（1）机组控制 DCS
- 数据采集系统（DAS）
- 模拟量控制系统（MCS）
- 顺序控制系统（SCS）
- 锅炉炉膛安全监控系统（FSSS）

（2）随主机提供的成套控制装置

汽轮机（主机）
- 旁路控制系统（BPS）
- 数字电液控制系统（DEH）
- 汽轮机监测保护仪表（TSI）
- 紧急跳闸系统（ETS）
- 汽轮机瞬态数据管理系统（TDM）
- 凝汽器胶球清洗装置

给水泵汽轮机（小机）
- 给水泵汽轮机电液控制系统（MEH）
- 给水泵汽轮机监测保护仪表（MTSI）
- 给水泵汽轮机紧急跳闸系统（METS）

锅炉
- 吹灰顺序控制系统
- 炉管泄漏监测系统
- 燃烧器火焰监测器
- 烟气排放连续监测系统
- 飞灰含碳量检测装置

（3）厂区辅网控制
- 输煤控制系统
- 除灰出渣控制系统
- 脱硫、脱硝控制系统
- 水处理（包括锅炉补给水处理、废水处理、净水处理等）控制系统

（4）闭路电视监视系统

（5）厂级信息系统
- 厂级管理信息系统（MIS）
- 厂级监控信息系统（SIS）

5. 单元机组集中控制室

大型火电机组的高度自动化使单元机组的主机与辅机、主系统与辅助系统之间相互渗透、相互牵连，使炉、机、电成为一个有机整体。同时，运行人员监控不再按过去的炉、机、电分别控制，而是以全能值班员的方式进行监视和操作，运行人员可以在集控室内实现单元机组的启动、停机、正常运行和事故处理。

大型发电机组通常两台单元机组布置在一个集中控制室内（即两机一控方式），单元控制室附近还布置有工程师工作间、热控电子设备间、热控电源设备间、电气继电器室以及交接班室等。

随着计算机、通信和网络技术的发展，控制系统人机界面与电子设备间的距离传输已不成问题，软件、硬件的可靠性越来越高。另外，电厂对自动化水平和运行管理水平的要求也越来越高。因此，对于连续建设的多台火电机组，采用多机一控方式也逐渐成为发展趋势。如浙江宁海电厂 4×600MW 机组和玉环电厂 4×1000MW 机组均采用四机一控的集中控制室。与传统的两机一控相比，四机一控具有明显的优越性，可以减员增效，降低电厂生产运行成本，还可以节省控制室面积。广东惠州电厂的燃机机组还做到八机一控。由此可见，多

机一控是提高电厂单元机组集中控制的重要方面。

二、厂级信息系统

随着现代信息技术的发展和一系列改革措施的实施，厂网分开，竞价上网，电力市场的交易将在现代信息网络中实现。因此，火力发电厂和电力系统必将形成生产过程自动化和企业管理现代化的一体化信息网络。

信息网络的主要功能为：①发电生产过程实时监控；②实时处理全厂经济信息和成本核算；③实现机组之间的经济负荷分配；④机组运行经济评估和优化运行操作指导；⑤竞价上网报价处理；⑥历史数据查询、检索、统计分析。

电力企业生产和管理一般分为三个层次：下层的控制操作层，面向运行操作者；中间的生产管理层，面向生产和技术管理者；上层的经营管理层，面向行政和经营管理者。目前，我国面向运行操作者的分散控制系统 DCS 已经非常普及；面向经营管理层的管理信息系统 MIS 比较普及；面向厂级的监控信息系统 SIS 也正在积极推广中。

1. 厂级管理信息系统（MIS）

管理信息系统 MIS（Management Information System）是集计算机技术、网络通信技术为一体的管理信息系统。采用 MIS 可以改善企业的经营环境，降低生产成本，提高企业的竞争力。企业的管理必然以产品为主线，销售为龙头，效益为中心，发电企业也不例外。MIS 可进行实时画面显示及各种数据处理，使企业领导层对生产和经营的决策依据更加充分。MIS 可实现实时信息、设备维修、财务、人事管理、档案资料以及办公室的自动化。MIS 的主要功能如下。

（1）数据收集和信息处理。在数据收集中，要严格保证数据的正确性、唯一性，如果基础数据不正确，再好的 MIS 也无法正常工作；同时必须保证基础数据的可统计性和合理性，便于数据存储、传输和加工处理。

（2）节省人力和支持决策。大量数据的重复计算由计算机完成，不仅可减轻工作量，而且可节省人力。如果人工处理各种数据，由于条件所限，难以根据需要提供各种综合分析的数据，使决策者往往带有一定的片面性和盲目性。通过计算机系统将数据存储起来，随时提供各种所需的数据，保证经营管理者的决策正确、及时。

（3）统计分析和数据查询。将大量现场实时的运行数据、设备状态信息送到 MIS，可以帮助运行人员规范操作，帮助管理人员对设备运行情况及时分析。有关人员可在任意时间段对各项统计数据进行查询，便于及时发现问题，及时处理解决。

（4）备品备件管理。MIS 对每一件备品备件的信息进行全程跟踪与结算，依据设备大修计划、小修计划、安装计划等日程安排，参考历年消耗情况，为管理部门编制下年度的备品备件采购计划，实现对电厂备品备件的有效、合理的资源管理和整合利用，为管理者提供良好的决策支持。

（5）数据网上发布的管理权限。为方便电厂有关人员访问 MIS 的数据，设置了专用服务器，将有关数据发布到网上。同时，对前台的每一个操作，都需要保证只有拥有相应权限的人才能操作，根据每一个操作者的工作性质，将相应的权限赋予该操作者，使 MIS 正常工作。

2. 厂级监控信息系统（SIS）

厂级监控信息系统 SIS（Supervisory Information System）是介于 DCS 等控制网络与

MIS 管理信息系统之间的一个网络系统,该系统能实现全厂生产过程监控,实现机组之间负荷经济分配,实时进行各机组性能计算,全厂经济指标分析,优化运行操作指导和厂级性能计算。通过计算机和通信网络,实现全厂各生产部门的实时信息上网共享。

SIS 的基本应用功能至少应包括数据库应用,生产过程的信息采集、处理和监视、机组级性能计算和分析,厂级性能计算和分析,机组经济指标分析,运行优化和管理操作指导,设备状态监测(不包括诊断)。对于非直调电厂,负荷优化分配功能也应属于 SIS 的基本应用功能。其他应用功能应根据技术成熟性和经济合理性等具体情况选择配置。

SIS 与 MIS 主要有以下区别:

(1) SIS 是指实时生产过程,而将非实时生产过程如检修、备品备件等纳入 MIS。SIS 监控和管理的时间性较高,而 MIS 包括大量非实时信息,因而要求时间性较低。由于 SIS 是处理实时数据,因而不需配备大型实时/历史数据库及相关完善的数据库。

(2) 服务对象不同。SIS 主要服务于运行值班人员及管理生产运行的有关人员。而 MIS 主要服务于设备检修、计划、经营及行政人员。

(3) 安全要求不一样。SIS 是厂级实时生产过程的监控和管理,应比非实时生产过程管理的 MIS 有更高的安全保障。SIS 考虑在线监视和管理,而 MIS 主要考虑离线管理。

SIS 与 MIS 系统一样,都是全厂级公用系统。它们之间的数据流向应为单向的,并采取必要的隔离措施。MIS 需要的实时数据原则上均取自 SIS,故 SIS 与 MIS 无论是否设统一的网络,还是分开设置相互独立的网络,两个系统之间的耦合关系是无法切断的。若 SIS 与 MIS 分开设置相互独立的网络,则应在两个网络之间安装必要的网络单向传输装置,确保 SIS 与 MIS 之间的数据流向为单向。若 SIS 与 MIS 合设统一的网络,则应在 SIS 与 MIS 之间设置防火墙。在各控制系统与 SIS 的数据接口处也应设置单向的传输装置,保证数据传输安全。

全厂信息系统包括 SIS 与 MIS 应统一规划,对代码、数据源定义、应用软件功能、信息处理等规约应标准化,避免交叉重复,减少资源浪费。合理划分网络层次、结构和信息流向,各子系统及子系统内部的数据库共享,尽可能减少数据的冗余浪费。

在一般情况下,SIS 设计的基本原则是将 SIS 分成三个层次:第一个层次是将厂级实时数据采集与监视功能、厂级性能计算与分析功能,定义为 SIS 的基本功能;第二个层次是对负荷调度分配功能;第三个层次是将设备故障诊断、寿命管理、系统优化及其他功能,定义为非基本功能。SIS 设计要坚持经济实用的原则,确保系统正常投运。SIS 作为全厂实时监控和生产指挥调度中心,以整个电厂为监控对象,强调的是运行的质量和效率,以经济性为其首要目标,为生产管理人员的分析和决策提供支持。

综上所述,厂级监控信息系统(SIS)主要收集和处理电厂生产过程的实时数据,以优化电厂运行;厂级管理信息系统(MIS)主要收集和处理非实时的生产经营、管理数据,以优化电厂经营管理。

三、电厂热工自动化发展方向

1. DCS 向完全一体化方向发展

分散控制系统完全一体化是指整个电厂的控制、监视功能均由一个全厂统一的 DCS(有相同的硬件和软件结构、共同的数据通信结构,可存取全厂数据的分散控制系统)来完成。

采用全厂一体化 DCS 的优点在于：所有的数据对于系统的全部功能均是可以利用的；硬件品种少，软件结构统一，可减少备品备件，降低培训、维护的费用；取消了不同系统互联所用的网关（Gateways），及相关的硬件和软件，有利于减少时间迟延和潜在的故障点；可实现全厂采用统一的操作员站，提高运行操作水平。

2. DCS 应用技术的发展

（1）安全相关系统。安全相关系统也称安全仪表系统，它具有必要的安全功能，以使被控对象达到或保持在安全状态，并且同其他系统一起使所要求的安全功能达到必需的安全完整性。它可以防止危险事件的发生和减少危险事件的影响。当发生危险事件时，安全相关系统将采取适当的操作和防范措施，防止被控对象进入危险状态，避免危及人身安全及设备损坏。

（2）故障安全控制器的应用。

1）具有高度的安全性和可用性，多重模块冗余容错结构，系统的 MTBF（平均无故障工作时间）可超过 20 年；内置自检和智能的诊断功能，诊断覆盖率高；具有热维修能力。

2）具有故障安全和快速响应特性；组态和应用软件编程工具使用方便，能确保系统安全，可降低安全系统设计费用。

3）目前，国内火电厂的安全相关系统（如 DEH、ETS、FSSS）基本采用 DCS 或 PLC，仅有少数电厂采用了故障安全控制器。因为故障安全控制器价格偏高，且没有相应标准的支撑，故障安全控制器在火电厂尚未广泛应用。

（3）先进控制软件的应用。先进控制软件主要包括：先进的机组协调控制软件，用于改善机组对负荷的快速响应能力；先进的锅炉汽温优化控制软件，用于克服控制对象的大惯性和大延迟，改善汽温调节品质；燃烧优化控制软件，用于改善锅炉燃烧效率，降低 NO_x、飞灰含碳量，以满足环保要求。这些软件通常采用模糊逻辑，神经网络和预测控制，确定精确控制设定值和偏置，从而连续地优化机组性能。

优化管理软件主要包括：汽轮机和锅炉性能计算和分析指导；吹灰器优化软件；负荷经济调度的优化软件；设备故障诊断软件；设备寿命管理软件；设备状态检修软件。这些软件使用先进的数学和建模工具，分析过程性能，为电厂运行和管理人员提供操作指导。

3. 现场总线技术的发展

通过现场总线技术的发展和应用实践，人们对现场总线技术的认识逐步深入，认识到现场总线技术的实质仅在于现场设备的智能化，现场设备信号传输的数字化。如今，现场总线技术已经融入传统 DCS 和 PLC 中。FCS 与 PLC、DCS 之间并无严格分界线。从控制系统的应用角度来看，国内火电厂，完全可以采取灵活的循序渐进的应用策略；根据现场总线设备的发展和供货现状，及火电厂设备控制要求和布置方案，灵活地采用 DCS、PLC 和 FCS 技术，组成混合的（或集成的）电厂控制系统。单从技术需要与方便使用来说，作为数据通信与控制网络技术，理应是单一的通信协议标准，推广应用现场总线并不难。但是由于经济、社会与技术等原因，至今尚未有统一的国际标准。因而今后相当长一段时间内会有多种现场总线并存，用户只能根据自己的需要和各现场总线技术的性能进行选择。一旦国际统一的通信协议出台，将使 FCS 迅猛发展。

此外，现场总线控制网络应用于工业生产现场，应用环境较为恶劣、受到粉尘、温差、振动、强磁场干扰等因素的影响，因而其网络设备、传输介质、连接件等均需适应工业控制现场环境的要求。因此，对原有现场仪表设备应不断改进和完善，以满足现场总线控制的要求，也是今后工作的重要方面。

由于现场设备的安装位置分散，在不少应用场合，还需做到总线供电，即总线既作为现场设备的通信载体，又是供电线路。在某些易燃易爆的应用场合，还要求防爆措施。对有严格的时序和实时性要求的测控场合，就要求现场总线技术提供相应的实时通信，同时要求系统的通信具有有效性。

4. 电厂信息化系统的发展

信息系统是现代管理方法和手段相结合的系统。人们在管理信息系统应用的实践中发现，只简单地采用计算机技术提高处理速度，而不采用先进的管理方法，只能减轻工作人员的劳动强度，而信息化带来的好处没有充分发挥。只有用现代管理思想和方法来开发信息管理系统，才能真正发挥电厂信息化的作用。

当前，我国火电厂厂级监控信息系统 SIS 约有 200 多个电厂正在建设或已经建成，这说明广大用户对通过信息化达到优化火电厂实时生产过程的迫切性和对建设 SIS 一定会取得收益充满信心。对于一般电厂或新建电厂可以先建立 SIS 网络框架，设置一些数据库和性能计算等少量相对成熟的功能软件，随着技术的不断提高，可补充其他功能软件，比如负荷调度功能等，这就要求搭建网络框架时要留有将来扩充完善的接口。在功能上要避免重复开发，如 DCS 具有机组在线性能计算，而 SIS 也有此功能，这就造成不必要的浪费。建议可将性能计算的功能只放在 SIS 来实现，使 DCS 只用来做监控。

随着企业规模的扩大，互联网的发展与普及，远程监测与故障诊断利用网络技术将多台现场设备与诊断中心远程联系起来，设备出现故障时，可以向诊断中心发出诊断请求，由诊断中心的专家对故障进行诊断，然后返回诊断结果和处理意见，供管理人员决策和运行人员操作指导作参考依据。这充分利用了网络诊断资源，提高了故障诊断的准确性，可以满足现代大型火电厂的监测诊断的要求，是故障诊断技术发展的必然趋势。

第一章　热工保护与顺序控制的基础知识

在叙述热工保护与顺序控制的基础知识时，首先对分散控制系统和可编程序控制器作一介绍。因为目前火电机组 125MW 及以上机组都基本实现了分散控制系统（DCS）控制。现在 DCS 已应用到各种容量的火电机组中，新建机组则几乎无一例外地采用了 DCS 系统。而热工保护与顺序控制大多纳入了 DCS 控制范围，尤其是锅炉机组热工保护的炉膛安全监控系统（FSSS）等。汽轮机组热工保护的紧急跳闸系统（ETS）目前多数还采用可编程序控制器（PLC）控制，而火电厂公用辅助系统包括输煤系统、化学水处理系统、除灰/出渣系统、锅炉吹灰系统、定期排污系统、电除尘系统、脱硫系统等，目前大多也采用可编程序控制器（PLC）控制。因此，在叙述热工保护与顺序控制之前先对分散控制系统（DCS）和可编程序控制器（PLC）作一简单叙述，使读者对 DCS 和 PLC 有一个基本的概念，为后面学习热工保护与顺序控制打下基础。

第一节　分散控制系统(DCS)

DCS 分散控制系统从 1975 年问世，至今已发展了 30 多年。我国在 20 世纪 70 年代末和 80 年代初引进了 DCS，不同型号的 DCS 大约有二十几种，应用于各个行业。我国以常规仪表控制为主的系统由计算机控制系统代替，控制水平得到了提高。当时，DCS 主要完成以"PID"为基础的诸如压力、流量、物位和温度等模拟量的控制，PLC 完成开关量的逻辑控制。DCS 代替常规模拟仪表，PLC 代替继电器。后来两者彼此有些渗透，PLC 也能完成 DCS 的功能，但在算法方面没有 DCS 那样多，组态没有 DCS 方便；DCS 也能做一些逻辑方面的控制，但解算逻辑的速度不如 PLC 快。DCS 和 PLC 在不同领域的应用各有些侧重，由于 DCS 比 PLC 的价格高，开放性也没有 PLC 好，所以一些 DCS 的市场被 PLC 占领。但一些比较复杂的控制（如电力、石化、冶金等行业）还是普遍采用 DCS 控制。分散控制系统成功地应用于工业控制领域，从而进一步促进了 DCS 的发展。分散控制系统发展至今大致可分为三个阶段，并向新一代产品发展。

一、分散控制系统的发展过程

1. 第一代 DCS（初创阶段）

1975 年美国最大的仪表公司 Honeywell 率先推出综合分散控制系统 TDC-2000，因而开创了控制系统的新时代。从此美国、西欧、日本的一些著名公司开发了自己第一代分散控制系统，如美国贝利公司的 NETWORK-90、日本横河公司的 CENTUM、德国西门子公司的 TELEPERM、美国西屋公司的 WDPF、美国 Foxboro 公司的 SPECTRUM、英国肯特公司的 P4000 等。第一代分散控制系统的基本结构如图 1-1（a）所示，它主要由以下 5 部分组成。

（1）过程控制单元 PCU（Process Control Unit）。PCU 由 CPU、I/O 板、A/D 和 D/A 板、多路转换器、内总线、电源、通信接口和软件等组成，具有较强的运算能力，还有反馈控制功能，可独立完成一路或多路连续控制任务，达到分散控制的目的。

（2）数据采集装置或过程接口单元 PIU（Process Interface Unit）。它是微计算机结构，主要任务是采集非控制过程变量、开关量，进行数据处理和信息传递，一般无控制功能。

（3）CRT 操作站。它是由微处理器、高分辨率 CRT、键盘、外存、打印机等组成的人机接口，实现对过程控制单元进行组态和操作，对全系统进行集中显示和管理，包括制表、打印、复制等功能。

（4）监控计算机（上位机）。它是分散控制系统的主计算机，大多采用小型计算机或高性能的微机，具有大规模的复杂运算能力及多输入、输出控制功能，它综合监视全系统的各工作站或单元，管理全系统所有信息，通过它可以实现全系统的最优控制和全工厂的优化管理。

（5）数据传输通道（数据公路）。它由通信电缆、数据传输管理指挥装置以及通信软件等组成。它是联系 CRT、PCU、PIU 及监控计算机的桥梁，是实现分散控制和集中管理的关键，由它实现上通下达的纽带功能。

第一代分散控制系统的诞生，是控制技术、计算机技术、通信技术和 CRT 技术互相渗透的结果。一方面它具有集中型计算机控制系统的优点，另一方面采用分散控制，使危险分散，克服了集中型计算机控制系统的致命弱点，而且 CRT 操作站具有更丰富的画面，覆盖全系统的报警、诊断功能，以及先进的管理功能。然而，第一代分散控制系统还处于分散控制系统发展的初级阶段，在技术上尚有一定的局限性。

2. 第二代 DCS（成长阶段）

自 20 世纪 70 年代末以来，产品生产和销售的竞争日趋激烈，批量生产的控制系统需求剧增，厂家对信息管理要求不断提高，另外局部网络的成熟和对工业控制领域的渗透，导致了第二代分散控制系统的产生。随着超大规模集成电路集成度的提高，微处理器运算能力的显著增强，通信技术的进步以及市场需求的推进，第一代产品被替代已成必然。

第二代分散控制系统有些是新开发的，有些是通过升级而成的。代表系统有：美国霍尼威尔（Honeywell）公司的 TDC-3000，泰勒（Taylor）公司的 MOD300 系统，西屋（Westing House）公司的 WDPF，德国西门子（Siemens）公司的 Teleperm-ME 系统，日本横河公司的 YEWTTORIA 系统等。如图 1 - 1（b）所示为第二代 DCS 系统的基本结构图。一般由以下几个部分组成。

（1）局域网络。它比一般工业控制网络传输速率高，传输差错率低，扩展能力强，并有良好的可靠性、有效性和可恢复性，是分散控制系统各组成部分的纽带和主动脉。

（2）多功能现场控制站。它是在第一代产品的基础上采用更先进的 16 位微处理器，更大存储容量的存储器，更加丰富的控制功能（数据采集与处理、顺序控制、批量控制、监督控制等）而形成的控制单元。

（3）增强型中央操作站。它采用了 32 位微处理器，大大加强了系统集中监视操作、工艺流程显示、任意格式的报表打印、信息调度和管理等功能，为用户提供了更加完善和友好的人机界面，使运行人员、维护人员以及工程技术人员对生产过程和系统状态的了解更为简单明了，操作更为方便。

（4）主计算机（或称管理计算机）。它是用来实现高级过程控制、决策计算、优化运行、信息储存、系统协调等综合管理的核心。

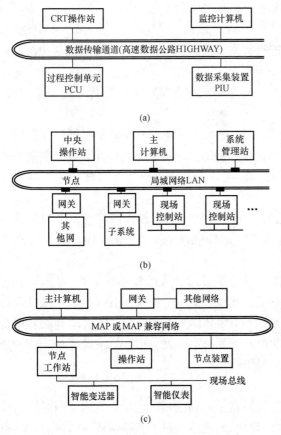

图 1-1　分散控制系统基本结构图
(a) 第一代 DCS；(b) 第二代 DCS；(c) 第三代 DCS

（5）系统管理站（或称系统管理模块）。为克服主计算机和增强型操作站的某些局限性，加强整个分散控制系统的管理功能，提高管理过程的响应能力，第二代分散控制系统采用了专用的硬件模块组成系统管理站。系统管理站包括了诸如应用单元模块、计算单元模块、历史单元模块、系统优化模块等。

（6）网间连接器（或称网关）。它是局域网络与系统子网络或其他工业网络的接口，用于两个不同通信规约的网络之间的通信规约翻译、通信系统转接、系统扩展的作用，加强了分散控制系统的开放程度。

第二代分散控制系统的特点：产品设计开始走向标准化、模块化、工作单元结构化；控制功能趋于完善，用户界面更加友好；数据通信的能力大大加强，并向着标准化方向发展；管理功能得到分散；可靠性进一步提高；系统的适应性及其灵活可扩充性增强。

3. 第三代 DCS（完善阶段）

20 世纪 80 年代末，为了克服第二代分散控制系统的主要缺点，即专利性局部网络给各大企业多种 DCS 互联带来的不便，开发和推出了具有开放性局部网络的 DCS 产品。

随着信息采集、加工、传输和存储等信息处理技术的迅速发展，以及与之有关的通信技术、仿真技术、人工智能及其相应的支持软件和应用软件相继成熟，促使分散控制系统的规模、控制功能和管理功能不断扩展。第三代分散控制系统的基本结构如图 1-1（c）所示。概括地讲，这一时期的分散控制系统具有以下特点。

（1）为适应信息社会发展的需要，提高企业综合管理水平和整个经济效益，分散控制系统加强了信息管理功能，这是能实现高一层次的信息管理系统。

（2）实现了开放式的系统通信。系统广泛采用标准通信网络协议，解决了不同厂家生产的不同设备的互联问题，系统向上能与 MAP（Manufactrue Automation Protocol）和 Ethernet 接口，便于与其他网络系统联系，以构成综合管理系统；向下支持现场总线，使现场控制设备之间能实现可靠的实时数据通信。

（3）32 位微处理器、智能 I/O 和数字信号处理器应用于现场控制站，使分散控制系统的速度更快，功能更强，算法更丰富，更便于采用先进及复杂的控制策略。

（4）操作站功能进一步增强。引入了三维图形显示技术、多窗口显示技术、触摸屏技术。多媒体技术使其操作更简便，响应更快捷。

（5）专用集成电路和表面安装技术用于分散控制系统的硬件设计中，使板件上的元件减少，板件体积更小，可靠性更高。

（6）提供了把个人计算机（PC）和可编程序控制器（PLC）连入分散控制系统的硬件接口和应用软件，提高了应用系统构成的选择性和灵活性，同时为建立低成本的分散控制系统开辟了新途径。

（7）顺序控制采用逻辑图编程，模拟量控制系统采用 SAMA 图形编程，使其更为直观方便。

（8）广泛采用实时分散数据库；引入专家系统和人工智能，实现自整定、自诊断等功能。

这一时期的代表产品有：美国 Honeywell 公司的 TDC-3000/PM，贝利（Bailey）公司的 INFI-90，福克斯波罗（Foxboro）公司的 I/A Series，德国西门子（Siemens）公司的 Teleperm-XP，Hartman and Braun 公司的 Contronic-E，意大利 ABB 公司的 Procontrol-P 等。

随着近几年信息技术（网络通信技术、计算机硬件技术、嵌入式系统技术、现场总线技术、各种组态软件技术、数据库技术等）的快速发展，以及用户对先进的控制功能与管理功能需求的增加，各 DCS 厂商纷纷提升 DCS 系统的技术水平，并不断地丰富其软件内容。可以说，以 Honeywell 公司最新推出的 Experion PKS（过程知识系统）、Emerson 公司的 PlantWeb（Emerson Process Management）、Foxboro 公司的 A2、横河公司 R3（PRM-工厂资源管理系统）和 ABB 公司的 Industrial IT 系统为代表的新一代 DCS 已经形成。新一代 DCS 的最显著标志是两个"I"开头的单词，即 Information（信息）和 Integration（集成）。

新一代 DCS（有人称为第四代 DCS）的体系结构主要分为现场仪表层、单元监控层、工厂（车间）层和企业管理层 4 层结构。一般 DCS 厂商主要提供除企业管理层之外的三层功能，而企业管理层则通过提供开放的数据库接口，连接第三方的管理软件平台（如 ERP），因此，当今 DCS 主要提供工厂（车间）级的控制和管理。

综上所述，DCS 的基本结构可以分为三个主要部分。

（1）系统网络——DCS 的骨架，它连接 DCS 系统的所有部件或设备，完成系统中各种数据的传送。它必须满足实时性的要求，确保所需的信息在规定的时间限度进行传送；它必须满足可靠性的要求，保证通信在任何情况下不能中断；它必须满足扩充性和开放性的要求，保证网络节点可随时增加，且使通信网络在较低负荷下运行，采用标准通信协议，通用的拓扑结构，便于同其他系统的通信。

（2）分散处理单元（DPU），也称为数据站或现场控制站，它是 DCS 的核心部件，执行 DCS 的全部控制功能。它由微处理器或控制器模块以及输入/输出（I/O）模块、通信模块等构成。

（3）人机接口（MMI），它是 DCS 与人的界面，它通常包括工程师站和操作员站。工程师站用于 DCS 的程序开发、系统组态和诊断、数据库和画面的编辑修改及系统调试，也用于在线运行时对系统进行实时监视和调整；操作员站是运行操作人员的操作和监视生产过程的手段，是操作人员同 DCS 联系的界面。

二、分散控制系统的应用

从应用功能上来看，DCS 应包括下列主要功能系统：数据采集系统 DAS（Data Acquisition System）、机组协调控制系统 CCS（Coordinated Control System）、辅机顺序控制系统 SCS（Sequence Control System）、锅炉炉膛安全监控系统 FSSS（Furnace Safeguard Supervisory System）、汽轮机旁路控制系统 BPS（Bypass Control System）、汽轮机数字电液控制系统 DEH（Digital Electro-Hydraulic Control System）等，分散控制系统的功能结构如图1-2所示。

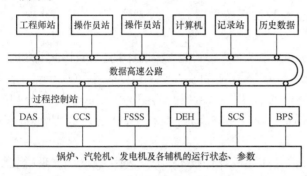

图 1-2 分散控制系统的功能结构

分散控制系统作为一种对生产过程进行监视、控制、操作和管理的新型控制系统，既具有监视功能（如 DAS），又具有控制功能（如 CCS、SCS、DEH），也具有保护功能（FSSS、ETS），完全可以满足大型火电单元机组的热工自动控制要求。分散控制系统的监视功能和各控制功能之间还可通过网络或总线进行数据、信息的通信，实现信息共享，并可通过接口与全厂管理计算机联网，实现全厂信息的综合管理。

1. 数据采集系统（DAS）

数据采集系统（DAS）是 DCS 系统的一个子系统，主要负责采集显示过程参数。包括三个方面。过程变量的扫描和处理：相关 I/O 信号的采集，A/D、D/A 转换，输入信号的判断、滤波、非线性修正、参数补偿，故障处理及光电隔离和控制。报警处理及打印：对过程变量越限及重要事件进行报警，可自动启动打印机和人工请求打印设备运行状态变化的操作记录；参数趋势记录；SOE（事件顺序记录）；值班员操作记录。历史数据查询及打印：可人工设定时间段来查询打印所需数据；性能优化计算；包括锅炉性能计算，汽轮机性能计算，机组效率、发电量、厂用电率以及高低压加热器、除氧器、空预器性能计算等功能。

2. 机组协调控制系统（CCS）

机组协调控制系统（CCS）是 DCS 系统的另一个重要子系统，主要负责机组的协调功能。通常有 4 种基本运行方式，即炉跟机方式、机跟炉方式、汽轮机—锅炉综合功率控制方式及手动方式。协调方式又分定压控制方式和滑压控制方式。CCS 的子系统有：协调主控系统、燃料控制系统、风量控制系统、给水控制系统、一次风压力控制系统、磨煤机风量控制系统、二次风挡板控制系统、过热/再热汽温控制系统、炉膛压力控制系统、氧量/偏差极限控制系统、燃油流量控制系统、除氧器水位/压力控制系统、发电机氢气温度控制系统、发电机定子冷却水温度控制系统、励磁机风温控制系统等。

3. 炉膛安全监控系统（FSSS）

炉膛安全监控系统（FSSS）是 DCS 系统的一个重要子系统，主要负责炉膛的安全监控。其功能有三个方面。油燃烧器管理：包括自动点火、吹扫、油燃烧器跳闸等功能；煤燃烧器管理：包括磨煤机、给煤机的程序启停和紧急跳闸，以及相关风门、挡板的连锁；炉膛安全保护：包括火焰监视、炉膛吹扫、燃油泄漏试验、主燃料跳闸、燃油跳闸、辅机故障减负荷（RB）及机组快速甩负荷（FCB）等。

4. 顺序控制系统（SCS）

顺序控制系统（SCS）是 DCS 系统的另一个重要子系统，是将大型火电机组的辅机和系统按照运行规律的规定顺序（输入信号条件顺序，动作顺序或时间顺序）实现启停过程的自动控制。例如某 600MW 超临界机组，按照工艺系统的特点，分成 40 个执行某一特定的功能组，这些功能组受 DCS 系统控制，完成相应的控制功能，如主汽轮机盘车、凝汽器真空泵、电动给水泵等顺序控制。

5. 旁路控制系统（BPS）

由于旁路控制系统的高度专业化，其组态逻辑一般是不透明的，所以 BPS 纳入 DCS 系统的目前还不多。但是随着 DCS 技术的发展，旁路控制纳入 DCS 系统只是时间问题。如果 BPS 纳入 DCS 系统控制，就不必像目前的 AV6 旁路控制需通过硬接线实现数据传输，而是通过总线结构进行信息通信。与其他系统的接口也更为开放，可通过 DCS 的操作员接口站对旁路系统进行直接监控；对整个系统在线进行诊断和控制策略的修改；对旁路的运行记录和文件进行统一管理；可迅速找出故障点以便迅速修复；控制软件完全透明且组态灵活方便，机组自动化水平进一步提高，机组的安全运行也进一步有了保障。

6. 数字电液控制系统（DEH）

汽轮机部分的控制非常复杂，而且对于安全性要求极高，常规设计中，一般由汽轮机厂成套提供 DEH 及小机的 MEH，然后通过硬接线和数据通信与 DCS 接口。这种方法既增加投资成本，又增加故障点，给运行维护人员带来极大不便。为此，国产首台 600MW 超临界机组的 DCS、DEH、MEH 的软、硬件一体化考虑。DEH 由哈尔滨汽轮机厂供货，MEH 由杭州汽轮机厂供货，DEH/MEH 均采用 Symphony 系统，与 DCS 系统采用相同的软、硬件设备，即 DEH/MEH 控制装置作为 DCS 的功能站挂在 DCS 通信网上。自 2004 年底投运至今，使用效果良好。DCS 软、硬件一体化平台的建设又为全厂信息化平台的建设打下扎实的基础。

7. 紧急跳闸系统（ETS）

紧急跳闸系统（ETS）是机组非常重要的保护系统。目前由汽轮机厂成套的 ETS 柜不仅通过硬接线完成自动遮断功能，还进行诸如超速，低 EH 油压、低真空等遮断试验。另外，ETS 柜内部还有一套复杂的电源系统。

随着 DCS 技术水平的提高，ETS 纳入 DCS 也是大势所趋。首先，所有逻辑判断由 DCS 完成、汽轮机跳闸信号统一由 DCS 发出；其次，由 DCS 操作可完成各种汽轮机遮断试验，试验过程和结果都在 CRT 上显示；另外，由于控制回路简单，减少了大量继电器和按钮。因此，ETS 纳入 DCS 也是必然的。

8. 电气系统纳入 DCS

（1）电气自动化系统与热工自动化系统相比，在控制要求及运行方式上有着很大不同，电气系统的主要特点表现为以下三个方面。

1）电气设备相对热工设备而言控制对象少，操作频率低，有的系统或设备运行正常时，几个月或更长时间才操作一次。

2）电气设备保护自动装置要求可靠性高，动作速度快。发电机—变压器组保护动作速度要求在 40ms 以内；自动准同期采用同步电压方式，转速、电压调整和滑压控制要求在 5ms 以内；电压自动调整装置快速励磁要求时间极短；厂用电快切装置快速切换时间一般小于 60～80ms，同步鉴定相位差 $5°～20°$。

3）电气设备。电气系统的连锁逻辑较简单，但电气设备操作机构复杂。因此，机组的电气系统纳入 DCS 控制，要求控制系统具有很高的可靠性。除了能实现正常启停和运行操作外，尤其要求能够实现实时显示异常工况和事故状态下的各种数据和状态，并提供相应的操作指导和应急处理措施，保证电气系统在最安全的工况下运行。

由于电气系统的特殊性，其自动化功能往往由各类专用自动装置完成，如数字式综合测控装置、数字式综合继电保护装置、自动准同期装置、励磁调节系统、发电机—变压器组保护装置、厂用电快切装置等。国内电气专用设备制造厂家，如国电南瑞、国电南自、北京四方、许昌继电器等厂家，纷纷将这些自动装置在智能网络化的基础上推出了自主知识产权的电气综合自动化系统。

（2）为了将电气系统纳入主控室 DCS 画面集中监控，在系统设计时采取了保持电气综合自动化系统独立性，在加强电气综合自动化系统与 DCS 系统通信能力的基础上，将部分 ECS 控制功能纳入 DCS 控制的策略，由 DCS 实现的厂用电控制功能主要有以下两个方面。

1）监视部分。包括发电机—变压器组系统，励磁系统，高、低压厂用电系统及备用电源系统，220V 直流系统和 UPS 电源系统，电气公用系统，所控电气设备开关、闸刀的状态监视，中央信号及事故报警，事故记录及追忆功能。

2）控制部分。包括发电机—变压器组单元电气一次设备的控制、连锁，发电机程序启停，ASS（自动同期系统）的投切，厂用工作电源，高、低压厂用变压器与高、低压备用变压器之间的正常切换操作，电气接地系统管理，220kV 断路器、隔离开关的控制。

发电厂辅助车间和公用系统主要包括化学水处理、废水处理、净水处理、输煤、燃油、空压站、除灰、烟气脱硫等系统的自动监控。除了烟气脱硫等系统采用独立的 DCS 系统外，其他系统主要由联网的 PLC 系统实现监控。

如表 1-1 所示为 DCS 在我国 600MW 及以上容量机组的部分应用情况。

表 1-1　　　　　　　DCS 在我国 600MW 及以上容量机组的部分应用情况

电厂名称	编号	容量(MW)	功能范围	型号	供货商	投产日期
石洞口二厂	1、2	600	DAS、CCS、SCS、FSSS	N90	BAILEY	1990、1991
北仑港电厂	1、2	600	DAS、CCS、SCS	MOD-300	ABB	1990、1991
哈尔滨三电厂	3	600	DAS、CCS、SCS、FSSS	INFI-90	BAILEY	1995
沙角 C 厂	1、2、3	660	DAS、CCS、SCS、	INFI-90	BAILEY	1996
元宝山电厂	3、4	600	DAS、CCS、SCS、FSSS	INFI-90	BAILEY	1996、1997
邹县电厂	5、6	660	DAS、CCS、SCS、	WDPF-II	WESTINGHOSE	1997、1998
扬州二厂	1、2	600	DAS、CCS、SCS、FSSS	TELEPERM-XP	SIEMENS	1998、1999
邯峰电厂	1、2	660	DAS、CCS、SCS、FSSS	TELEPERM-XP	SIEMENS	1999
中华聊城电厂	1、2	600	DAS、CCS、SCS、FSSS	SYMPHONY	BAILEY	2001
华能德州电厂	5、6	660	DAS、CCS、SCS、FSSS	TELEPERM-XP	SIEMENS	2002
华能沁北电厂	1、2	600	DAS、CCS、SCS、FSSS、DEH	SYMPHONY	ABB	2004

电厂名称	编号	容量(MW)	功能范围	型号	供货商	投产日期
外高桥二厂	5、6	900	DAS、CCS、SCS、FSSS	HIACS-5000M	日立	2004
邹县电厂	四期	1000	DAS、CCS、SCS、FSSS	OVATION	EMERSON	2006
玉环电厂	1、2	1000	DAS、CCS、SCS、FSSS	OVATION	EMERSON	2006
外高桥三厂	7、8	1000	DAS、CCS、SCS、FSSS、DEH	T-3000	SEIMENS	2007

例如外高桥三厂 1000MW 超超临界发电机组的汽机和仪控岛均由西门子公司供货，DCS 和 DEH 均采用 T-3000 系统，从而实现控制系统之间的无缝连接，提高系统的可靠性。DCS 总 I/O 点数约 13000 点（包括机组的公用部分）。

三、分散控制系统的应用实例

目前分散控制系统的应用已极为普遍，国内大中型火电机组都采用 DCS 控制。其功能也在不断扩大，DCS 的发展正向着两个方向延伸，向上延伸到厂级监控信息系统（SIS），向下延伸到现场总线控制系统（FCS），使 DCS 系统真正成为名副其实的既集中又分散的控制系统。

下面举一个分散控制系统的典型实例。某电厂扩建两台 600MW 燃煤火力发电机组。锅炉采用东方锅炉厂 DG2060/17.6-Ⅱ1 型亚临界参数、一次中间再热、自然循环汽包锅炉；汽轮机采用哈尔滨汽轮机厂 NZK600-16.7/538/538 型亚临界、中间再热、四缸四排汽、凝汽式汽轮机组；发电机采用哈尔滨电机厂 QFSN-600-2YHG 型 600MW 水氢发电机组。

机组采用两机一控方式，两台机组设一个集中控制室，集中控制室位于两炉之间，集中控制室后面布置工程师室、电子设备间。

集中控制室内布置两台机组控制盘台及辅助车间的控制盘台、全厂工业电视系统控制盘台、消防报警盘、值长操作台等，两台机组的控制盘、台布置为折线形式。辅助车间监控制盘台和全厂电视监视系统的控制盘台布置在两台单元机组控制盘台的中间。下面介绍 DCS 的应用情况。

1. 单元机组自动化水平

机组采用 ABB 公司 Symphony 分散控制系统控制，单元机组的热工自动化水平较高，机组达到如下的控制要求。

（1）设置厂级监控信息系统（SIS）。SIS 将与全厂管理信息系统（MIS）、各单元机组 DCS、全厂辅助车间监控网络等留有通信接口，以使全厂逐步实现统一管理。

（2）单元机组炉、机、发—变组、厂用电以及电气公用系统，实现单元机组的统一监控与管理。在集中控制室内，单元机组以 DCS 的操作员站及大屏幕显示器为主要监视和控制手段，不设常规控制盘，实现全 CRT 监控。仅在 DCS 操作台上配置炉、机、发—变组的硬接线紧急停止按钮及少量设备的硬接线操作按钮，以保证机组在紧急情况下快速安全停机。单元机组由一名值班员和两名辅助值班员完成对炉、机、电单元机组的运行管理。

（3）采用技术先进且经济实用、符合国情的优化控制和分析软件，特别是机组性能分析、优化运行软件，以使机组始终处于最优运行状态。

（4）单元机组应能接收来自电网调度系统的机组负荷指令，实现自动发电控制（ACC）功能。另外，电网调度系统也可将负荷指令送 SIS 网，经处理和优化后，分送各单元机组，完成自动发电控制（ACC）功能。

（5）设置两台机组公用系统控制网，厂用电等公用系统的监控接入该网。ABB 采用单独的公用环作为两台机组公用控制系统的环网，公用系统的现场控制单元 HCU 挂在该网上，两台单元机组的环网分别通过冗余的网络至网络接口 ⅡL 与公用环网连接，并且在网桥内有隔离，使单元机组环与公用环无电耦合，在两台机组的操作员站上可同时监视公用系统的运行，并且通过软件闭锁，保证只有一台机组能控制公用系统的运行。

（6）空冷凝汽器系统的监视、控制采用物理分散方案，控制系统随空冷岛主设备成套供货，采用与单元机组 DCS 相同的硬件，系统接入单元机组 DCS，与单元机组 DCS 无缝连接，通过单元机组 DCS 的操作员站实现空冷系统的集中监控，由 DCS 操作员站完成其工艺系统的程序启/停、中断控制及单个设备的操作。

（7）汽轮机数字电液控制系统（DEH）随汽轮机成套供货，采用与单元机组 DCS 相同的硬件，控制机柜布置在集控室电子设备间，系统接入单元机组 DCS，与单元机组 DCS 无缝连接，通过单元机组 DCS 的操作员站实现 DEH 系统的集中监控，由 DCS 操作员站完成对其工艺系统的程序启/停、中断控制及单个设备的操作。

（8）锅炉的脱硫系统随脱硫岛成套供货，脱硫控制系统采用与单元机组 DCS 相同的硬件，全部 DCS 机柜及操作员站、工程师站设备等布置在脱硫控制室和电子设备间内。脱硫 DCS 系统通过通信接口与机组 DCS 系统相连接，在机组集中控制室内操作员站统一监控。

（9）空调系统、锅炉吹灰系统、水汽取样及化学加药系统等主厂房内辅助系统在集中控制室控制，就地不设运行值班人员，控制机柜布置在主设备附近。控制系统均采用 PLC，通过通信接口与 DCS 相连接，由 DCS 的操作员站完成对其工艺系统的程序启/停、中断控制及单个设备的操作。

（10）锅炉炉管泄漏监测系统与机组 DCS 间设置通信接口，可在单元控制室内 DCS 操作员站上监视锅炉炉管泄漏情况。

2. DCS 控制范围

单元机组 DCS 的重要系统包括数据采集系统（DAS）、模拟量控制系统（MCS）、顺序控制系统（SCS）、电气控制系统（ECS）、锅炉炉膛安全监控系统（FSSS）、汽轮机危急遮断系统（ETS）、人机接口（HMI）与其他控制系统接口。

单元机组现场 I/O 信号数量如表 1 - 2 所示，单元机组公用系统现场 I/O 信号数量如表 1 - 3 所示。

表 1 - 2　　　　　　　　　　　单元机组现场 I/O 信号数量

输入/输出	DAS	MCS	SCS	FSSS	ETS	ECS	合计
AI（4～20mA）	300	280	10	85	10	188	873
AI（RTD）	190	45	165	120	30		550
AI（TC）	114	56	10	18	20		218
DI	287	10	1430	1169	120	750	3766

续表

输入/输出	DAS	MCS	SCS	FSSS	ETS	ECS	合计
PI	10				3	55	68
AO（4~20mA）	4	170					174
DO	40	24	790	551	60	230	1695
SOE	155		60			185	400
总计	1100	585	2465	1943	243	1408	7744

此外，DEH 系统、空冷控制系统和脱硫控制系统的 I/O，均由所属控制系统的设备供应商提供。其中 DEH 系统约有 500 点 I/O，空冷控制系统约有 1700 点 I/O，脱硫控制系统约有 1500 点 I/O。DCS 总 I/O 点数应包括这些 I/O，构成 DCS 完整的监视和控制系统。

表 1-3　公用系统现场 I/O 信号数量

I/O	公用系统
AI（4~20ma）	54
DI	216
PI	2
DO	80
SOE	44
总计	396

3. 数据通信网络结构

该机组的分散控制系统采用 ABB 贝利公司的 Symphony 系统，该系统是在 INFI-90 open 系统的基础上推出的新一代 DCS 系统。如图 1-3 所示为 Symphony 系统网络结构图。

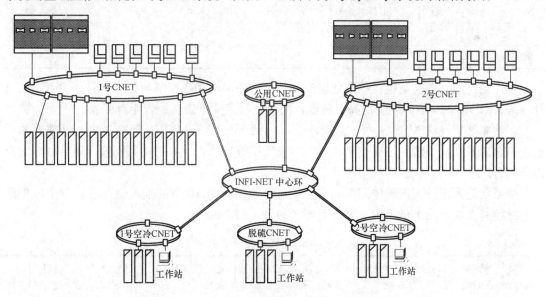

图 1-3　Symphony 系统网络结构图

两台机组的 DCS 系统网络采用超级环路的形式，每台机组分别采用两个环形控制网络，一个用于单元机组的控制，另一个是空冷控制系统。并设置单独的公用环作为两台机组公用控制系统的环网，公用系统的 HCU 挂在该网上，脱硫控制也采用单独的环路，合计 6 个环路分别通过冗余的ⅡL-网桥与超级环路连接，并且在网桥内有隔离，使单元机组环之间无电耦合，在两台机组的操作员站上可同时监视公用系统的运行，并且通过软件闭锁，保证只有一台机组能控制公用系统的运行。

CNET 控制网络主要用来进行现场 I/O 数据采集、过程控制操作、过程及系统报警等管理数据交换的工作。在控制网络内，各个节点之间没有主从之分，信息的通信采用缓冲寄存器插入的方式，网络的物理形式为封闭的环形结构，具有较强的扩展能力。由高速 INF1-NET 中心环网和置于控制柜内的控制通道（C.W）及扩展 I/O 总线（X.B）构成控制级，中心环和每个子环最大的带载能力为 250 个节点，传输速率为 10Mbps。控制网络内节点间的最大距离为 2000m。

在中心环与子环间配置了系统标准设备，它们叫网络至网络接口（ⅡL）。由于这一接口是该系统可配置的标准设备，并且承担着内部交换数据的工作，所以不会降低网络间相互传输数据的特性。

4. 现场控制单元（HCU）

现场控制单元 HCU 是控制网络上的一个专门节点，它包括了执行现场过程控制所需的相关设备，如智能控制器、I/O 子系统、端子、电源和机柜及相应的其他保护系统结构等。其中控制器模块包括 BRC100 桥控制器和多功能处理器 MFP。Symphony 系统的现场控制单元使用 32 对 BRC100 桥控制器和 17 对多功能控制器模块，Symphony 系统控制功能数量分配表如表 1-4 所示。

表 1-4　　　　　　　　　　　**Symphony 系统控制功能数量分配表**

	DAS	MCS	ETS	FSSS	ECS	SCS	ACC	COMM	合计
BRC100（对）	2	4	1	7	4	8	5	2	33
MFP12（个）	5	1			8	1			15
MFP01（个）	1								1

桥控制器 BRC100 是过程数据处理控制器，主要用于在线控制与管理，目前 BRC100 已升级为 BRC300，其运算速度提高了两倍，使得控制速度更快，处理能力更强。

多功能处理模块 MFP 是一个系列产品，包括 MFP01…MFP12 等。多功能处理器的功能包括数据采集及处理、过程控制、通信协议转换等功能，并有自动判别软、硬件故障的自诊断能力。

按照功能系统分配现场控制单元机柜，每台机组共有 16 个机柜，此外还有三个机柜用于空冷控制系统，两个机柜用于公用系统，如表 1-5 所示。

表 1-5　　　　　　　　　　　**Symphony 系统机柜分配表**

名称	数据采集系统（DAS）	模拟量控制系统（MCS）	紧急跳闸系统（ETS）	数字电液控制系统（DEH）	炉膛安全监控系统（FSSS）	电气控制系统（ECS）	顺序控制系统（SCS）	空冷控制系统（ACC）	公用系统（COMM）	合计
控制机柜数	2	2	1	1	3	3	4	3	2	21

5. 人机接口站（HMI）

Symphony 系统的 HMI 接口站包括人系统接口 Conductor 和工程师站 Composer。Conductor 采用通用计算机和操作系统，用于过程监视、操作、记录等功能。Composer 采用通用计算机和操作系统并配以完整的专用组态工具担负软件组态、系统监视、系统维护等任务。该电厂两台单元机组分别配置 4 套操作员站，两套工程师站，其中之一套用于空冷控制系统。

以上介绍的是该电厂采用 ABB 贝利公司 1998 年开发成功的 Symphony 系统，应该说该电厂采用本系统达到的热工自动化程度在我国目前的水平是较先进的。但是 ABB 贝利公司在 2004 年成功地开发了新的 Symphony 系统，即 Industrial IT Symphony 系统。它是 ABB Bailey 公司结合 ABB 成熟的工业控制技术和最新的信息技术开发的一个新产品。其主要特点是在充分利用现有的先进的信息技术的同时，向下兼容 Symphony 系列系统，最大限度地保护 ABB 用户的现有资产。

Industrial IT 是融合 IT 技术和专业知识的一套开放式控制系统。它基于目标属性的概念设计，可在统一平台上集成 ABB 多种控制系统。由于配备了大多数通用的标准通信接口及专用接口，使其与其他控制设备的数据交换能力大大增加，是将过程控制和企业管理融为一体的新一代控制系统。

最新的 Industrial IT Symphony 系统的系统结构合理、带载能力强、控制软件丰富、人机接口充分、体现现代意识设计、维护方便、通信系统开放，因此能够适应多种过程控制、数据采集、过程管理、市场运作等场合，具有广泛的应用领域。

第二节　可编程序控制器 (PLC)

可编程序控制器是 20 世纪 60 年代末在美国首先出现的，当时叫 PLC (Programmable Logical Controller)，目的是用来取代继电器，执行逻辑判断、计时、计数等顺序控制功能。因此，有时也把它称作顺序控制器 (Sequence Controller)。由它组成的顺序控制系统简称为 SCS。

随着半导体技术，尤其是微处理器和微型计算机技术的发展，到 20 世纪 70 年代中期以后，PLC 已广泛地使用微处理器作为中央处理器。输入/输出组件和外围电路也都采用了中、大规模甚至超大规模的集成电路。这时的 PLC 已不再仅有逻辑 (Logic) 判断功能了，它同时还具有数据处理、PID 调节和数据通信功能。

一、PLC 的基本结构

一台可编程序控制器原则上和一台普通的微型计算机是一样的。可编程序控制器 PLC 是微机技术和常规控制技术相结合的产物。它由 CPU (中央处理器)、存储器和输入/输出接口等构成。因此，从硬件结构来说，可编程序控制器实际上就是计算机。

所不同的是可编程序控制器用于工业控制，必须能适应恶劣的工业环境，如湿度、温度、噪声、干扰等。因此可编程序控制器的所有部件都要经过严格的环境试验，按照一定的工业标准进行测试，以提高其耐温、耐湿和抗干扰能力。

另外，可编程序控制器还必须有面向工业控制的编程语言，如梯形图编程语言、流程图语言等，以便用户不需要学习更深的计算机知识就能直接使用它。

在具体结构上，可编程序控制器一般做成总线模块框架式结构。装有 CPU 模块的框架称之为基本框架，其他为扩展框架。不同厂家生产的不同系列产品，在每个框架上可插入的模块数量是不同的。

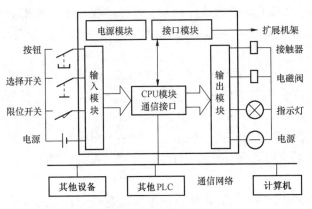

图 1-4　PLC控制系统结构示意图

如图1-4所示为PLC控制系统结构示意图。它由CPU模块、通信接口、输入模块、输出模块、电源模块、接口模块等组成。

1. CPU模块

CPU是PLC的核心部件。小型PLC的CPU是8位字长的微处理器。中型以上PLC的CPU常有两个处理器，即字处理器和位处理器，字处理器是主处理器，其主要功能是管理和协调PLC中的位处理器、输入/输出接口、编程器及内部控制器等环节，并对这些环节进行诊断。它通常是8位或16位单片机。位处理器又称从处理器，它的主要功能有两个，一是快速处理位指令，以减轻主处理器的负担；二是把面向用户的语言（逻辑梯形图及控制流程图等）变换成机器码。位处理器通常是能高速完成布尔运算的专用芯片。

PLC中的存储器包括存放系统软件（操作系统等）的EPROM，系统软件运行所必需的RAM和存放用户应用程序的EPROM或E^2PROM等。对于由单片机组成的字处理器，其本身就有一定量的随机存储器和可扩充的存储器。扩充存储器是PLC中的主要存储器。8位机的存储器可扩充到64KB。在PLC中，常把CPU和存储器设计在一块模板上，此模板称为CPU模块。

2. 输入/输出模块

它是PLC与被控对象联系的部件。按钮、选择开关、限位开关等开关量信号，还有脉冲量、模拟量等信号通过输入模块进入PLC控制器。

经PLC控制器运算处理后的输出信号经输出模块去控制接触器、电磁阀等，进而控制被控对象，并有指示灯显示输出通道。

3. 数字处理和过程控制

现代PLC具有数学运算（含矩阵运算、函数运算、逻辑运算）、数据传送、数据转换、排序、查表、位操作等数字处理功能，可以完成数据的采集、分析及处理。这些数据可以与存储在存储器中的参考值进行比较，完成一定的控制操作，也可以利用通信功能传送到别的智能装置进行信息交换。

PLC具有过程控制功能。它是指对温度、压力、流量等模拟量信号进行闭环控制。作为工业控制计算机，PLC能编制各种各样的控制算法程序，完成闭环控制。PID调节是一般闭环控制系统中用得较多的调节方法，大中型PLC都有PID模块，目前许多小型PLC也具有此功能模块。过程控制在电力、冶金、化工等行业有非常广泛的应用。

4. 通信和联网功能

PLC具有通信和联网功能。PLC通信含PLC间的通信及PLC与其他智能设备间的通信。随着计算机控制的发展，工厂自动化网络发展得很快，各PLC厂商都十分重视PLC的通信功能，纷纷推出各自的网络系统。

例如：ABB公司的AC500控制系统在现场提供主从通信方式运行。连接到驱动设备、人机界面和传感器这样的 Profibus 自动化系统和智能处理器。网络（RS485）的最大通信距离：在 9.6Kb/s 时为 1200m。最多站数：每一个网络（主站和从站）可以连接 32 个站，使用总线中继器可连到 126 个站。支持传输速率 9.6Kb/s～12Mb/s。通信介质（电缆）：普通双绞线，工业屏蔽双绞线和光纤。传输标准：EIARS485。新近生产的 PLC 都具有通信接口，通信非常方便。它通过接口模块，扩展机架；通过通信接口，与其他设备、其他 PLC 及计算机通信网络进行数据传输及信息交换。

二、PLC 的工作原理

1. PLC 的工作过程

可编程序控制器是一种实时控制计算机。其工作过程实质上是循环的扫描过程。它包括自诊断、与编程器进行信息交换、与位处理器进行信息交换（在双处理器中）、与通信网络进行信息交换（在联网系统中）、用户程序的处理（按实时控制的策略对各种信息进行计算、判断等处理）、I/O 接口的服务（把用户程序的处理结果通过 I/O 接口实现对被控对象的控制）等。

PLC 扫描流程中每个环节均含有丰富的内容。自诊断包含对各主要硬件的功能或性能的诊断；与编程器间的信息交换包括编程时的程序写入、判断和修改，调试时的监视，改进和参数的变更，在网络通信中的信息交换等。PLC 所以能有序地循环扫描，并使各部分硬件周而复始有条不紊地工作，靠的是软件的支持，使 PLC 完成各种控制任务。

2. PLC 的软件组成

PLC 的软件分两大类，即系统软件和应用软件。

（1）系统软件。系统软件是使 PLC 有节奏地完成循环扫描过程中各环节内容的软件，它是软件的基础。由于 PLC 是实时处理系统，所以系统软件的基本部分是操作系统。它统一管理 PLC 的各种资源，协调各部分之间的关系。操作系统的主要功能如下：

1）CPU 的主、从处理器之间的协调。

2）存储器的调度、分配、登记和管理。

3）I/O 接口的管理，使之能更好地与现场设备相联系。

4）在各环节间进行信息交换过程中的通信管理。

5）控制过程中各程序的调用、实时中断的响应和处理。

6）对用户程序的解释、处理和执行。

操作系统也是一种程序，它通常存放在 PLC 的 CPU 模块的存储器内。这些存储区用户是不允许介入的（用户不可访问）。它包括操作系统的程序区和数据区。

系统软件由 PLC 生产厂家完成，并驻留在规定的存储区内，与硬件一起作为完整的 PLC 产品出售。对一般的用户不必顾及它，也不要求掌握它，但它确实存在着。

（2）应用软件。它是为完成一个特定的控制任务而编写的程序，通常由用户根据任务的不同，按照 PLC 生产厂所提供的语言和规定的法则编写而成。对于 PLC 的用户来说，编写、修改、调试和运行应用程序是最主要的工作。

PLC 的语言面向生产、面向用户，是开发 PLC 的准则和 PLC 的优势所在，也是 PLC 能迅速发展和推广的奥秘之处。PLC 的设计者针对广大用户是从事控制工程的技术人员这一特点，把按逻辑梯形图进行编程的简易助记符作为第一语言。这种语言由一组含义明确、功能强、简单、易学易记的指令助记符组成。

PLC 以往基本上都使用继电器梯形图逻辑控制的程序设计语言。现在，各种类型的 PLC 产品正在努力获得并使用一些或者全部与 IEC 61131-3 标准兼容的程序设计语言，包括梯形图逻辑图表、功能模块图表、顺序功能图表、结构化文本和指令表等程序设计语言。

三、PLC 与 DCS 的比较

DCS 的优势在于 DCS 是一个系统。硬件上包括现场控制器、操作员站、工程师站，以及联系它们的网络系统，DCS 通常提供完整的系统给用户；软件上是一个整体方案，采用一个统一的开发环境，解决的是一个系统的所有技术问题，系统各部分之间结合严密。DCS 是分布式控制，拥有全局统一数据库。DCS 系统更大，是以时间为基准的控制。控制的回路数目更多，有比较多的控制和算法，可以完成比较复杂的回路间控制。DCS 开发控制算法采用仪表技术人员熟悉的风格，仪表人员很容易将 P&I 图转化成 DCS 提供的控制算法。整体来说包括工程师站（过程管理层），用于现场控制站的组态控制算法的开发以及流程图画面的开发等，能做到 I/O 的冗余。DCS 在复杂的过程控制中占优势，在发展的过程中也是各厂家自成体系，大部分的 DCS 系统的通信协议不尽相同，但操作级的网络平台不约而同地选择了以太网络，采用标准或变形的 TCP/IP 协议，这样就提供了很方便的可扩展能力。在这种网络中，控制器、计算机均作为一个节点存在，只要网络到达的地方，就可以随意增减节点数量和布置节点位置。另外，基于 Windows 系统的 OPC、DDE 等开放协议，各系统也可很方便地通信，以实现资源共享。

PLC 只是一个装置。硬件上等同于 DCS 中的现场控制器，要构成系统还需要上位 SCADA 系统和与之相连的网络，并需要系统集成；软件上是一个局部方案，站与站之间组织松散。PLC 用于过程控制需要不同的开发环境，首先要对 PLC 进行逻辑开发，再通过相应的上位机软件建立与 PLC 相对应的数据库，然后进行流程图画面的开发。PLC 采用梯形逻辑来实现过程控制，对于仪表人员来说相对困难，尤其是复杂回路的算法，不如 DCS 实现起来方便。PLC 不可以做到 I/O 的冗余。对于 PLC 系统来说，一般没有或很少有扩展的需求，也很少有兼容性的要求。因为 PLC 系统一般针对于设备来使用。

DCS 与 PLC 硬件可靠性差不多。PLC 的优势在于软件方面，PLC 采用的是顺序扫描机制。PLC 在高速的顺序控制中占主导地位。PLC 的循环周期在 10ms 左右，而 DCS 控制站在 500ms 左右。PLC 的开放性更好，不同厂商的产品互联性好。作为产品，其独立工作的能力更强。DCS 实现顺序连锁功能相对于 PLC 来讲是弱势，且逻辑执行速度不如 PLC。相对而言，PLC 构成的系统成本更低。DCS 的现场控制站层通常采用集中式控制，尽管支持远程分布式 I/O，但由于成本原因，很少采用。而 PLC 基于现场总线的远程分布式 I/O，体积小，使用更灵活，能有效地节省成本。DCS 虽然通信及管理能力较强，但体积大，价格相对较高。

PLC 与 DCS 技术。它们各自具有明显的优势及劣势，在这种情况下，用户期望得到一种集 PLC 与 DCS 优点于一体的控制系统，这种 PLC 与 DCS 结合的混合式控制系统应既能完美地实现逻辑及顺序控制，又能很好地完成过程控制，同时还应具有管理功能，且体积小，价格较低，可靠性高。

四、PLC 的发展趋势

PLC 具有操作方便、可靠性高、容易掌握、体积小、价格便宜等特点，在工控领域得到迅速普及。据统计，当今世界 PLC 生产厂家约 150 家，生产 300 多个品种，年销售额约为 86 亿美元，占工控机市场份额的 50%，PLC 将在工控机市场中占有重要地位，并保持继续发展的势头。

PLC 在 20 世纪 60 年代末引入我国时，只用作离散量的控制，只能完成以继电器梯形逻辑的操作。新一代的 PLC 具有 PID 调节功能，它的应用已从开关量控制扩展到模拟量控制领域，广泛地应用于航天、冶金、轻工、建材等行业。但 PLC 也面临着其他行业工控产品的挑战，目前正采取措施不断改进产品，主要表现为以下几个方面。

1. 微型、小型 PLC 功能明显增强

很多知名的 PLC 厂家相继推出高速、高性能、小型、特别是微型的 PLC。如日本三菱的 fxos 14 点（8 个输入，6 个输出），其尺寸仅为 58mm×89mm，而功能却很强，使 PLC 的应用扩大到远离工业控制的其他行业，如快餐厅、医院手术室、旋转门和车辆等，甚至引入家庭住宅、娱乐场所、商业部门等。

2. 集成化发展趋势增强

由于控制内容的复杂化和高难度化，使 PLC 向集成化方向发展，PLC 与 PC 集成、PLC 与 DCS 集成等，并强化了通信能力和网络化，尤其是以 PC 为基础的控制产品增长率最快、PLC 与 PC 集成，将 PLC 及操作人员的人机接口结合在一起，使 PLC 能利用计算机丰富的软件资源。以 PC 为基础的控制，开放的结构体系使编程更容易，最终使生产成本大大降低。

3. 向开放性转变

PLC 曾存在严重的缺点，主要是 PLC 的软、硬件体系结构是封闭而不是开放的，绝大多数的 PLC 是专用通信网络及协议，编程虽多为梯形图，但各公司的组态、寻址、语言结构不一致，使各种 PLC 不兼容。国际电工协会在颁布了 IEC 61131-3《可编程序控制器的编程软件标准》后，为各 PLC 厂家标准化铺平了道路。现在开发的 PLC 是在 Windows 平台下，符合 IEC 61131-3 国际标准的新一代开放体系的 PLC，正在迅速发展。

PLC 与 DCS 的关系问题在工业控制领域中讨论的时间已经很长了。从今天 PLC 技术的发展状况来看，PLC 不仅可以作为 DCS 的控制站计算平台，而且还可以为 DCS 的标准化问题开辟出一条新的途径。在 PLC 技术发展中，有几个关键技术正在迅速发展，例如数据通信技术、模拟量运算技术、内存管理技术、任务管理技术，这是促成 PLC 成为 DCS 控制站的重要因素。现在，PLC 的数据通信技术性能已经达到甚至超过了 DCS。10MB 或者 100MB 的工业以太网技术已经在 PLC 中普遍应用。相对于 DCS 而言，PLC 的网络数据通信技术更加成熟，网络设备可靠性更高，网络稳定性更好。传统观念认为，PLC 的功能体现在继电器逻辑及布尔代数控制方面，而模拟量的运算和处理能力则远不及 DCS。现在，这种观念正在改变。今天的 PLC 具有非常优越的模拟量运算和处理能力。借助先进的软件技术，PLC 已经可以实现 32 位或者 64 位的高精度复杂的计算过程。实时性是 DCS 控制站最重要的性能指标之一。日本 OMRON 公司的 CSI 序列 PLC 基本指令，执行周期已达到 $0.02\mu s$，而美国 Rockwell 公司的 PLC 每千布尔指令，执行周期也达到了 0.06ms 的水平。这样的计算速度是 PLC 能够成为 DCS 控制站的充分条件。此外，PLC 的实时性能与内存管理的能力也有着密切的关系。现在，PLC 已经具有足够的内存管理能力，包括了对内存的间接寻址，能满足控制过程实时计算的基本需求。许多中大型的 PLC 还具有多达 32 个或者更多的任务管理性能，这也是 PLC 能够成为 DCS 的控制站最基本的几个条件。此外，双机冗余系统配置、大容量存储技术（例如 OMRON 公司的 SPU 模块）、更加丰富的 FB 指令集合以及越来越完善的 PLC 自诊断功能，都驱使 PLC 尽快突破传统应用范畴的限制，融合到 DCS 的阵营中，发挥更大的作用。

第三节　热工保护与顺序控制的基本概念

热工信号的输出按类别来分可以分为模拟量信号和开关量信号等，模拟量仪表是以被测量值的连续函数输出或显示的仪表；开关量仪表是提供无源触点输出的仪表，主要用于报警和保护、连锁等。其控制系统可以分为模拟量控制系统和开关量控制系统等。

热工保护、连锁和顺序控制，均涉及到开关量信号、数字量信号和逻辑运算，它与实现机组启动、停止、正常运行和异常工况下的各种操作及事故处理密切相关，它是确保设备和人身安全的重要控制设备。

一、热工保护、连锁和开关量控制

（1）热工保护是指在各个环节上，当设备和系统的某一部分发生异常和事故时，根据故障的性质和程度，按照一定的规律和要求，自动地对个别或一部分设备或一系列设备以至整个机组进行操作，以消除异常和防止事故的发生和扩大，保护相关设备和人身安全。按保护的作用程度，可分为停止机组的保护、辅助设备的保护或局部操作的保护。

（2）连锁是在一个装置或许多装置的组合中，当一个装置中的某个部件或该组合中的某个装置动作时，将引起另一个部件或该组合的另一装置的动作。例如大型辅机与相关的冷却系统、润滑系统、密封系统之间的连锁控制。

（3）开关量控制是对各种辅机（风机、水泵）、阀门、挡板的控制，它们的控制、操作必须遵循与工艺系统相关的特定的规律或顺序，也必须满足设备本身要求的启动许可条件和安全准则进行控制。现代火电厂开关量控制系统的设计机理是按照火电厂的工艺系统和设备特点，把开关量控制的对象（或称驱动设备）划分成若干相对独立又相互关联的功能组、或子功能组，实现功能组（或子功能组）的顺序控制，以及单个驱动设备的控制。因此，开关量控制也称为顺序控制（SCS）。

功能组（或子功能组）的顺序控制中必须满足各个设备之间的启动/停止顺序要求和设备本身要求的安全准则或启动许可条件，实际上就是连锁功能或涉及局部操作的保护。开关量控制和连锁功能也已经全部综合到 DCS 的顺序控制系统之中，全部用 DCS 软逻辑完成。

二、热工保护的设计准则

（1）热工保护系统的设计应有防止误动作和拒动作的措施，当保护系统电源中断或恢复时不会发出误动作的指令。

（2）热工保护系统应遵守下列"独立性"原则。

1）保护系统的逻辑控制器应单独冗余设置。

2）保护系统应有独立的 I/O 通道，并有隔离措施。冗余的 I/O 信号应通过不同的 I/O 模件引入。

3）保护系统应有独立的电源。

4）锅炉保护控制系统应按单元机组配置。

5）允许保护系统与其他控制系统通过数据通信总线连接。

6）触发机组跳闸的保护信号，其开关量仪表和变送器应单独并应二取一或三取二冗余配置，当确有困难而需与其他系统合用时，其信号应首先进入保护系统。

7）机组跳闸命令不应通过通信总线传送，保护信号必须通过硬接线连接。

（3）机组跳闸保护回路在机组运行中，能在不解列保护功能和不影响机组正常运行情况下进行动作试验。

（4）总燃料跳闸、停止汽轮机和解列发电机的跳闸按钮，应直接接至停炉、停机的驱动回路。

（5）保护输出指令的触点不应是瞬态的或自动复位型的。

（6）热工保护系统输出的操作指令应优先于其他任何指令，即执行"保护优先"的原则。

（7）保护回路中不应设置运行人员切、投保护的任何操作设备。

（8）保护逻辑应受到保护，避免未经授权进行修改。

三、热工保护系统

（1）锅炉保护系统是指锅炉炉膛安全和监控系统（FSSS）中炉膛安全保护系统，通常采用冗余的 PLC、DCS 或专用安全型控制器实现其逻辑。FSSS 由锅炉燃烧器控制（BCS）和炉膛安全保护（FSS）两部分组成。锅炉燃烧器控制就是锅炉燃料系统（煤和燃油系统）在满足锅炉安全条件的许可下对有关设备的顺序启停控制。

（2）汽轮机保护系统一般由单独的控制系统"汽轮机紧急跳闸系统（ETS）"组成，其早期采用双通道设计的由继电器组成的控制装置，随着可编程控制器（PLC）和 DCS 的可靠性和运算速度的日益提高，目前的 ETS 采用冗余设计的 PLC、DCS 专用控制器或故障安全型控制器实现。

（3）机组保护系统。机组保护系统也称机组大连锁系统，它是在三大主机（锅炉、汽轮机、发电机）中，任一个出现事故跳闸时，停止机组运行的保护系统。按运行要求，当发生下列情况之一时，应停止机组的运行。

1）锅炉事故停炉。

2）汽轮机事故停机。

3）发电机主保护动作。

4）发电机解列（不设快速甩负荷时）。

有些机组设计有所谓机组快速甩负荷（FCB）功能，它是指在发电机与电网解列时，快速减低机组负荷，并快速打开汽轮机旁路，使机组处于带厂用电运行或停机，而锅炉保持最低负荷运行工况，以达到故障恢复后机组快速启动的目的。如 FCB 不成功，仍应立即紧急停炉。

四、顺序控制的设计准则

（1）在手动顺序控制方式下，SCS 为操作员提供操作指导，这些操作指导以图形方式显示在操作员的屏幕上。

（2）进行自动顺序操作的目的是为了在机组启、停时减少运行人员的手动操作，并且减少误操作。对于每一个所控制的设备，它们的状态、启动许可条件、操作顺序和运行方式，均能在控制系统的人机接口上显示。

（3）运行人员通过手动指令，可对执行的顺序跳步，但这种运行方式必须满足安全要求。控制顺序中的每一步，均能通过从设备来的反馈信号得以确认，每一步都必须监视预定的执行时间。如果顺序未能在约定的时间内完成，则应该报警，且禁止顺序进行下去。如果事故已经消除，则在运行人员再次启动后，方可使程序再进行下去。

（4）自动顺序控制期间，出现任何故障或运行人员中断信号，能使正在进行的程序中断并回到安全状态，使程序中断的故障或运行人员指令能在控制系统的人机接口上显示。当故障排除后，顺序控制在确认无误后再进行启动。

（5）运行人员可在控制系统的人机接口上操作每一个被控对象。手动操作应满足许可条件，以防运行人员误操作。同样，逻辑中应提供相关的连锁，以防设备在非安全或潜在危险工况下运行。

（6）在各级顺序控制逻辑中所包含设备和设备组的连锁和安全保护功能，具有最高优先级。

（7）安全保护和连锁功能保持始终有效，无法由运行人员人工切除。当由于运行工况需要进行切除时，系统采用明显的特殊标志予以标识，以便运行人员了解实际保护和闭锁功能的投入状态。

（8）为了便于运行人员迅速查找事故发生原因，在 SCS 中提供所有设备跳闸事件的首出原因判断逻辑。

（9）用于保护的触点，要求分析各种误动作或拒动作可能引起的后果，合理使用"动合型"或"动开型"触点，以避免信号电源或回路断电时，发生误动作或拒动作，以使设备和系统向安全方向动作。

五、顺序控制的项目内容

顺序控制的项目内容很多，其执行机构可分为电动、气动和液动执行机构。火电厂中最常用的是电动执行机构，根据动作频繁程度分为开关型电动阀门/挡板执行机构（动作频率小于 60 次/小时）和电动调节阀/调节挡板执行机构（动作频率不小于 1200 次/小时）。电动执行机构有一体化结构和非一体化结构，电动执行机构电源多数采用 380VAC。

气动执行机构常用于疏水阀、逆止阀的控制，所用的气动执行机构一般由气关/气开膜盒、电磁阀及行程开关等组成，电磁阀带电（进气）为工作状态，电磁阀失电（排气）为安全状态。

液动执行机构用于个别特殊的阀门控制，它由液动执行机构、还有油泵、油箱、蓄能器等附属设备组成。

目前，国产大型火力发电机组与引进的同类机组相比较，在辅机等设备的控制范围上大体相当。例如某引进的 300MW 机组 SCS 的控制项目 301 项，其中电机 97 项；电动门和电动执行器 148 项；电磁阀 44 项；电加热器 12 项。整个系统划分为 43 个功能子组，采用 DCS 分散控制系统实行顺序控制。

某厂国产 300MW 机组的 SCS 控制项目有各类被控对象 289 个，锅炉 12 个功能子组，汽轮机 20 个功能子组，电气 6 个功能子组，一共 38 个功能子组，大约 1670 个 I/O 开关量点。SCS 的控制范围见下列各汇总表。各类被控对象共计 289 个，如表 1-6 所示。功能组的划分如表 1-7～表 1-9 所示。

表 1-6 各类被控对象 I/O 统计表

类 别	输入数	输出数	对象数目	合 计
电机	3	2	36	36
电机	2	2	42（6个单输出）	42
电机	1	1	4	4
电磁阀	2		50	50
逆止门	1	1	9	9
电动门	2	1	110	110
可调整电动门	2	3	4	4
挡板	2		16	16
电磁调节阀	2	1	18	18
合 计				289

表 1-7 锅炉部分各功能组统计表

序 号	功能子组或系统名称	被 控 对 象
1	空气预热器 A 功能子组	空气预热器主电机、辅助电机、润滑油泵和有关烟风挡板等
2	空气预热器 B 功能子组	
3	引风机 A 功能子组	引风机、动叶油泵、油加热器、油冷风机、轴承冷却风机、风烟挡板等
4	引风机 B 功能子组	
5	送风机 A 功能子组	送风机、动叶油泵、油冷风机、油加热器、风烟挡板等
6	送风机 B 功能子组	
7	一次风机 A 功能子组	一次风机、润滑油泵、油加热器及挡板等
8	一次风机 B 功能子组	
9	锅炉给水、减温水系统	锅炉一、二级减温水电动门及主给水电动门、锅炉上水电动门、省煤器再循环门等
10	锅炉排汽、疏水系统	汽包放汽门、定期排污门、连续排污门、锅炉疏水门等
11	燃烧器管理系统 BMS	点火器、油燃烧器、煤燃烧器、磨煤机、给煤机等
12	锅炉循环系统	锅炉炉水循环泵

表 1-8 汽轮机部分各功能组统计表

序 号	功能子组或系统名称	被 控 对 象
1	汽轮机低压油系统	顶轴油泵、交直流润滑油泵、排烟风机等
2	凝结水系统 A	凝结水泵和出入口电动门、凝升泵、再循环门、出口主/副阀门等
3	凝结水系统 B	
4	1号、2号、3号高压热器功能子组	高加给水出入口电动门、进汽电动门、进汽门前疏水门、逆止门以及疏水电动门等
5	除氧器系统	除氧器进汽电动门、逆止门、放水门、排汽门、启动循环泵等
6	低压加热器功能子组	各加热器的进汽电动门、逆止门、水侧进水出口电动门及紧急疏水门等
7	汽轮机防进水系统	汽轮机管系及本体疏水阀等
8	小机疏水系统	小机管系及本体疏水阀等

续表

序　号	功能子组或系统名称	被 控 对 象
9	凝汽器真空泵 A 系统	真空泵、真空泵入口门、喷射器入口门等
10	凝汽器真空泵 B 系统	
11	汽封系统	供汽电动门、排汽风机、疏水门、低位水箱水位调整门等
12	闭式冷却水系统	闭式循环水泵、出入口电动门系统放水门，应急水泵等
13	汽动给水泵 A 功能子组	前置泵、油泵、油加热器排烟风机及汽侧、水侧电动门等
14	汽动给水泵 B 功能子组	
15	电动给水泵功能子组	给水泵、润滑油泵及有关电动门等
16	凝汽器及冲洗系统	连通阀、循进/出阀等
17	循环水泵系统	循环水泵、连通门、出水门等
18	汽轮机杂项	
19	发电机冷却水系统	冷却水泵等
20	发电机密封油系统	氢侧或空侧交直流密封油泵和排烟风机等

表 1 - 9　　　　　　　　　　　　电气部分各功能组统计表

序　号	功能子组或系统名称	被 控 对 象
1	发电机 AVR 及 50Hz 手动励磁调节	励磁调节装置
2	发电机并列/发电机解列	高压开关等
3	6kV 三段母线由备用电源改为常用电源供电	
4	6kV 三段母线由常用电源改为备用电源供电	
5	6kV 四段母线由备用电源改为常用电源供电	
6	6kV 四段母线由常用电源改为备用电源供电	

第四节　开关量控制的基础部件

开关量控制（ON/OFF 控制）包含了全部逻辑控制和位式操作。开关量控制的功能应满足机组的启动、停止及正常运行工况的控制要求，并能实现机组在事故和异常工况下的控制操作，保证机组安全运行。本书的顺序控制和连锁保护均属开关量控制，本节叙述的是开关量控制的基础部件。

开关量控制具体应完成以下功能：

（1）实现主/辅机、阀门、挡板的顺序控制、单个操作及试验操作。

（2）大型辅机与其相关的冷却系统、润滑系统、密封系统的连锁控制。

（3）在发生局部设备故障跳闸时，连锁启动备用设备。

（4）实现状态报警、联动及单台辅机的保护。

开关量控制系统是根据输入的开关量信号，按预定工艺要求进行逻辑运算，将结果通过输出部件、驱动执行机构完成操作任务的。开关量信号的传感部件主要有热工开关量变送器、行程开关、操作按钮等。执行开关量指令的常用电器主要有各种继电器、交流接触器、气动执行机构、液动执行机构、电动执行机构等，这些都是开关量控制系统中的基础部件，它对控制系统的正常工作关系极大，下面分别叙述。

一、开关量变送器

开关量变送器也称逻辑开关，过程开关或二位式控制器，它的任务是将被测物理量转换成开关形式的电信号。开关形式的信号是仅有两种对立状态的逻辑变量，例如，一对触点的闭合状态或断开状态，用于控制二位式（开关量）控制回路或连锁保护回路。

（一）开关特性

当被测物理量在某一范围内变化时，开关量变送器输出一种状态的信息，而当被测物理量达到某一值并继续变化时，开关量变送器输出另一种状态的信息。其输入—输出特性如图1-5所示。

1. 切换差

对于开关量变送器，其输入量是连续变化的物理量，输出量只有两种突跳状态：开或关，类似于电路中的施密特触发器。为了使开关触头不致发生误动作，开关触点的切换是突跳的，即在微动开关中

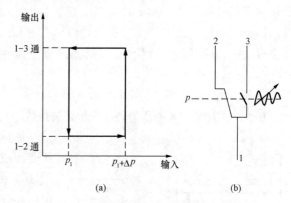

图1-5　开关量变送器的输入—输出特性
(a) 输入—输出特性；(b) 开关示意图

有起突跳作用的簧片。因此，在开关量变送器中总会存在切换差。所谓切换差，是指被测介质的压力、差压、液位、流量或温度等物理量上升时开关动作值与下降时的开关动作值之差。如图1-5（a）所示，Δp为切换差，p_1为下切换值，$p_1+\Delta p$为上切换值。

这里说的切换差，不同于模拟测量中的误差概念，测量误差应越小越好，但切换差并不是越小越好，而应根据使用要求来确定。例如，要求使用在干扰信号大的场合，一般应选用切换差大的产品；而用于干扰信号小的地方，一般选用切换差小的产品。

2. 设定值调节范围

切换差分为可调与不可调两种，前者切换差可以从某一值连续调到另一值；后者切换差是固定的，用户不能随意变动。

如图1-6所示为设定值调节范围示意图。

不论是切换差可调还是不可调，设定值在规定的调节范围（Δp）内均是连续可调的。图1-6（a）中，各符号含义如下：p_1为设定值调节范围下限（或称低端）；p_2为设定值调节范围上限（或称高端）；Δp_1为设定值节调范围下限时的切换差；Δp_2为设定值调节范围上限时的切换差。

图1-6（b）中的p_1、p_2含义同图1-5（a），其余的符号含义如下：Δp_1为设定值调节

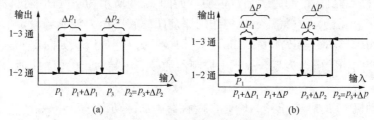

图1-6　设定值调节范围示意图
(a) 切换差不可调；(b) 切换差可调

范围下限时可调切换差的最小值；Δp_2 为设定值调节范围上限时可调切换差的最小值；Δp 为设定值调节范围上限及下限时切换差可调的最大值。

如图 1-6 所示，设定值调节范围下限 p_1 用于下限报警，上限 p_2 用于上限报警。

开关量变送器主要用于检测介质的压力、压差、流量、液位和温差等物理量，输出是开关量触点信号或电平。由于开关量变送器触点的闭合或断开是在瞬间完成的，具有继电器特性，因此也可称为继电器。如有压力继电器、温度继电器等。开关量变送器的主要品种有：压力开关、差压开关、流量开关、液位开关、温度开关和位置开关等。

（二）压力开关

1. 工作原理

压力开关用来将被测压力转换成为开关信号，如图 1-7 所示为压力开关的工作原理示意图。

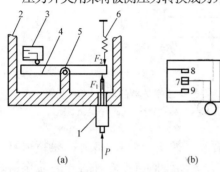

图 1-7 压力开关的工作原理示意图
（a）压力开关结构；（b）微动开关结构
1—传感器；2—外壳；3—微动开关；4—杠杆；
5—支点；6—调节弹簧；7—动触点；
8、9—静触点

传感器部分的主要功能是将被测介质压力或差压变换成力 F_1 作用于杠杆 4 的右下端，被测压力（差压）的设定值通过调节弹簧 6 的压缩力 F_2 来确定，并作用于杠杆 4 的右上端，F_1 和 F_2 产生的作用力方向相反。当 F_1 产生的作用力矩小于 F_2 产生的力矩时，微动开关 3 的触点 7—8 接通，如图 1-7（b）所示。当 F_1 产生的作用力矩等于或大于 F_2 产生的力矩时，微动开关 3 的触点突跳，由原来的 7—8 触点切换到 7—9 触点接通，于是压力开关发出动作信号。

2. 压力开关特点

该压力开关具有以下特点：

（1）传感器产生的作用力与设定值调节弹簧的作用力作用于杠杆的同一端，且距离很近。在工作时杠杆所承受传感器及压缩弹簧的作用力可以较大，而对杠杆产生的力矩并不大。这样可使杠杆与轴承的承受应力减小，抗干扰能力增加。

（2）轴位于杠杆的中心位置，自由端左右对称，这样可减少外界振动的影响，抗振性能提高。

（3）传感器内部有过载保护装置。

（4）微动开关接通或断开均为突跳式，因而触点不易烧损，触点容量大、寿命长。

3. 应用实例

下面以空气压缩机的控制为例加以说明。如图 1-8 所示为空气压缩机的压力控制原理图。如图 1-8（a）所示为空气压缩机的作用原理图。其中压力控制器设定值调节范围的下限设定为 0.7MPa，上限设定为 0.8MPa，Δp 切换差为 0.1MPa，如图 1-8（b）所示。

由于储气罐的初始压力为零，故压力控制器的触点原始为 $P(1-2)$ 接通，如图 1-8（a）所示。

当按下电动机 M 的启动开关 HK 时，接触器 J 励磁动作，常开触点 J 闭合，其中三副主触点闭合，使电动机运转，驱动压缩机转动，于是储气罐的压力上升。

当储气罐的压力升高到上切换值（0.8MPa）时，压力控制器由 $p(1-2)$ 接通突跳到

$p(1-3)$ 接通。接触器 J 失电，J 的常开触点断开，电动机停转，空气压缩机停止运行。

由于空气不断从储气罐输出，压力不断下降，当压力下降至下切换值（0.7MPa）时，压力控制器动作，由 $p(1-3)$ 触点接通突跳到 $p(1-2)$ 触点接通。重复前一过程，周而复始地进行压力调节。如图 1-8（c）所示，在压力控制器的作用下，储气罐的空气压力可保持在 $0.7 \sim 0.8$MPa 范围内，电动机间歇工作。

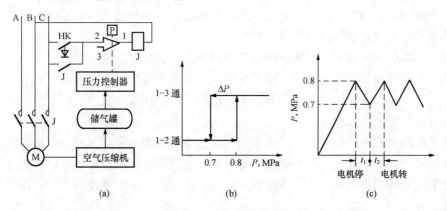

图 1-8　空气压缩机的压力控制原理图
(a) 作用原理图；(b) 压力控制器的输入—输出特性；(c) 储气罐的空气压力与时间关系

如图 1-9 所示为切换差减小时的控制特性。如果将压力控制器的上切换差调整至 0.71MPa，即切换差调小到 0.01MPa，则压力控制器的输入—输出特性如图 1-9（a）所示。

如图 1-9（b）所示，储气罐的气压力虽然被控制在 $0.7 \sim 0.71$MPa 范围内，可是电动机始终在频繁的启、停过程中，接触器容易损坏，电动机也不能正常运行。

由此可见，二位式控制器的切换差大小应根据工程实际需要而定，并不是切换差越小越好。更不能以切换

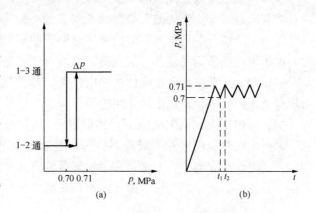

图 1-9　切换差减小时的控制特性
(a) 压力控制器的输入—输出特性；
(b) 储气罐的空气压力与时间关系

差大小作为评价控制器的性能指标。因此，切换差与模拟仪表中的回差、死区是有根本区别的。

（三）差压开关

差压开关也称差压控制器或差压继电器，传感器大多采用膜片或波纹管，使用时将高、低压介质分别引入膜片或波纹管的高、低压侧，其差压 Δp 作用在敏感元件上，使其发生位移，然后根据力平衡原理推动微动开关，工作原理与压力开关相同。它们的区别仅是：压力开关测量传感元件是单室的，而差压开关的测量传感元件是双室的。

（四）流量开关

流量开关也称流量控制器或流量继电器。流量开关的种类很多，按其工作原理来分，可

分成差压式、电磁式、活塞式、浮子式、翼板式和叶片式等。在火电厂中，水、油、蒸汽等的流量信号大多采用差压测量方法，得到流量的开关量信号。利用孔板或喷嘴等标准节流装置，将流量信号转换成差压信号，并输入到差压开关，根据节流装置的流量—差压特性整定差压开关的流量动作值，即可得到流量的开关量信号。用节流装置和差压开关组成的流量开关主要用于精度要求较高的场合。

道管中滤网前后的差压大小反映滤网的堵塞程度，将滤网前、后的差压信号输入到差压开关，当差压增大时，发出滤网堵塞信号。

火电厂的断煤信号通常是由装在给煤机上的断煤开关提供的。断煤开关由一个可以绕轴摆动的挡板、连在轴端的压板以及微动开关组成。当存在煤流时，挡板被煤推起，带动轴和压板转动，这时微动开关不被压而断开；而当煤断流时，挡板在重力作用下返回，带动压板按压微动开关，输出断煤信号。

对于管道内水或油的断流信号，可根据被测管道的大小，采用不同的方法来实现。如采用浮子式或挡板式流量开关，流体通过流量开关时，推动浮子或挡板，其位移通过杠杆驱动外部的磁钢使外部的干簧管动作，或微动开关动作，从而发出流量开关信号，以判断管道中的液流是否存在。

（五）液位开关

液位开关也称液位控制器或液位继电器。液位开关的种类很多，如浮子式、电极式、超声波式和电容式等。常用的一类是浮子式，另一类是电极式。

浮子式液位开关利用容器内的液体对浮子的浮力来监测液位。当液位变动达到一定数值时，浮子带动的磁钢将使外部的舌簧管触点动作，送出开关量信号。

电极式液位开关是利用液体的导电性来测量液位的。电极式液位开关有许多不同种类，可根据监测需要来设置电极和控制信号。例如，要监测和控制一个容器的液位，可设置液位开关的上限值电极和下限值电极，并设置金属容器作为公用电极，监控系统将根据液位变化，输出上限控制信号和下限控制信号，控制水泵的启、停，从而保证液位在规定的范围内。在高温高压容器上，通常采用平衡容器输出的差压信号，驱动差压开关来输出液位开关量信号。此外，近年来一种电磁浮子翻板式液位计，带有触点输出，目前正在推广中。

（六）温度开关

温度信号的开关量转换有气体膨胀式温度开关和固体膨胀式温度开关两种。

固体膨胀式温度开关的工作原理是利用不同固体受热后长度变化的差别而产生位移，从而使触点动作，输出温度的开关量信号。例如，通常使用的双金属温度控制器就是固体膨胀式开关。

气体膨胀式温度开关由温包和压力开关两部分组成，通常温包内充以化学稳定性较高的氮气。温包通过密封的毛细管将压力传递到压力开关的传感元件上，当被测温度升高时，温包内氮气的膨胀压力相应增大，当温度升高到规定值时驱使压力开关动作。

（七）行程开关

行程开关也称限位开关。装在预定的位置上，当运动部件移动到此位置时，装在运动部件上的挡铁碰撞行程开关，使常闭触点断开，电路被切断，设备停止运行。

行程开关是一种主令电器，用来将机械信号转换为电信号，以控制运动部件的行程。

常用的行程开关有滚动式和直动式两种。如图1-10所示为滚动式行程开关结构图。当运动部件上的挡铁压到行程开关的滚轮 1 上时，传动杠杆 2 连同转轴 3、凸轮 4 一起转动，并推动撞块 5，当撞压到一定位置时，调节螺钉 6 使微动开关 7 的触点动作，运动部件停止运行或反转；当滚轮离开挡铁后，弹簧力使行程开关各部分复位。

在某些电气控制系统中，还经常采用一种微动开关式行程开关，其结构如图 1-11 所示。

这种行程开关，由于簧片具有杠杆放大作用，推杆 1 只需有较小的压力，便可使动触点快速动作，故又称微动开关。开关的快速动作是靠弯形片状弹簧 2 中储存的能量得到的。开关的复位由恢复弹簧 5 来完成。

（八）接近开关

接近开关又称无触点接近开关，是理想的电子开关量传感器。当金属检测体接近开关的感应区域，开关就能无接触，无压力、无火花、迅速发出电气指令，准确反映出运动机构的位置和行程，即使用于一般的行程控制，其定位精度、操作频率、使用寿命、安装

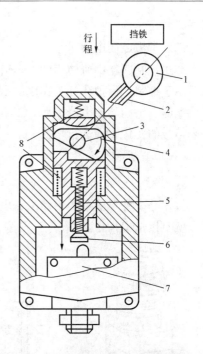

图 1-10　滚动式行程开关结构图
1—滚轮；2—杠杆；3—转轴；4—凸轮；
5—撞块；6—调节螺钉；7—微动
开关；8—复位弹簧

调整的方便性和对恶劣环境的适用能力，是一般机械式行程开关所不能相比的。在自动控制系统中可作为限位、计数、定位控制和自动保护的重要部件。

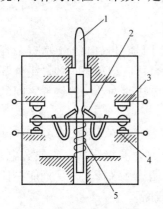

图 1-11　LXW2-11 型微动
开关结构图
1—推杆；2—弯形片状弹簧；
3—常开触点；4—常闭
触点；5—恢复弹簧

接近开关是一种开关型传感器（即无触点开关），它既有行程开关、微动开关的特性，又有传感器的性能，且动作可靠，性能稳定，频率响应快，使用寿命长，抗干扰能力强等，并具有防水、防震、耐腐蚀等特点。产品有电感式、电容式、霍尔式、交流和直流型等。

电磁感应式：用以检测导磁或不导磁金属；

电容类型：用以检测各种导电或不导电的液体或固体；

光电式：用以检测所有不透光物质；

超声波式：用以检测不透过超声波的物质；

高频振荡式：用以检测各种金属体。

接近开关按供电方式可分为直流型和交流型；按输出类型来分又可分为直流两线制、直流三线制、直流四线制、交流两线制和交流三线制等不同种类的接近开关。

随着 DCS 可靠性的不断改善以及模拟量变送器性价比的提高，采用变送器替代开关量仪表，也是一种很好的选择。变送器输出的模拟量信号由 DCS 数据处理后，用于连锁逻辑或报警，可设置多种定值，满足多个逻辑的需要；可实现控制、保护、报警合用变送器，减少热工测点及一次仪表的

配置。

二、常用控制电器

热工控制回路中所使用的电器开关一般属于低压电器，即在交流 1000V 或直流 1200V 以下用于控制、保护和开关作用的电气设备。按切换原理来分，可分为手动切换电器和自动切换电器。手动切换电器依靠人工直接操作，而自动切换电器是依靠控制对象的参数变化或外来信号的变化自动进行切换。

（一）手动电器

1. 按钮

按钮是一种最简单的手动主令电器。它广泛应用于自动控制系统中，操作人员通过按钮对系统直接发出指令。

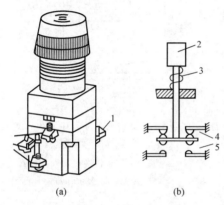

图 1-12　按钮结构示意图
（a）外形图；（b）结构示意图
1—触点接线柱；2—按钮帽子；3—复位弹簧；
4—常闭触点；5—常开触点

按钮可分为启动与停止两类：启动按钮具有常开触点，停止按钮具有常闭触点。同时具有常开与常闭触点的按钮叫复合按钮。触点对数有 1 常开 1 常闭，2 常开 2 常闭，多的可至 6 常开 6 常闭，如 LA18-66X2 型按钮。有的按钮附带有信号灯，信号灯装在按钮的颈部，按钮帽兼作信号灯的灯罩，如 LA19-11D 型按钮。如图 1-12 所示为按钮结构示意图。

对于复合按钮来讲，按下按钮时，其常闭触点先断开，经过一个很短的时间间隔，它的常开触点再闭合，利用这一特点可以实现连锁保护控制。

2. 组合开关

组合开关的作用是引入电源或控制小容量电动机的启动，如一般辅机的冷却泵电动机就是用组合开关来直接启动和停止的。组合开关属于闸刀开关类型，它的特点是用动触片作为刀刃，以转动的方法改变动、静触片之间的通或断。

目前国产的组合开关有 HZ1、HZ2 和 HZ10 等系列。如 HZ10-10/3 组合开关有三副静触点，每一触点的一端固定在绝缘垫板上，另一端伸出盒外，并附有接线柱，以便和电源、用电设备相接。三个动触点装在绝缘垫板上，垫板套在附有手柄的绝缘杆上。手柄能在任一方向每次转 90°，并带动三个动触点分别与三副静触点保持通或断。

铁壳开关和转换开关手动控制的特点是线路简单、使用电器少，对于容量较小，启动不频繁的电动机，用它们来直接控制既经济又方便。

3. 控制开关

控制开关是具有多种操作位置，能够换接多个电路的手动电器。一般用来控制厂用电动机的启停，电动门的开大或关小，连锁回路的接通和断开等。由于这类开关用途广泛，连接的线路很多，触点的断开和闭合的次序可以按照不同的要求进行组合，因此又叫做万能转换开关。电厂常用的有 LW$_2$、LW$_5$ 等系列。

如表 1-10 所示为 LW₂ 系列控制
开关的结构类型。

控制开关的选用取决于被控回路
的工艺要求。例如，在某电动门的远
方操作控制系统中，被控制对象是电
动执行器，操作简单，选用 LW₂-W-
2.2/F6 型控制开关即可。

（二）自动电器

表 1-10　　LW₂ 系列控制开关的结构类型

开关代号	含　义
LW₂-YZ	带定位及自动复归，有信号灯（有保持触点）
LW₂-Y	带定位及信号灯
LW₂-Z	带定位及自动复归（有保持触点）
LW₂-W	带自动复归
LW₂-H	带定位及可取出手柄
LW₂	带定位

自动电器与手动电器的动作方式不同，它的执行元件（如接触器的触点、电磁铁的衔
铁）的动作是由电器的感应元件（如励磁线圈）控制的。因此可以用小功率信号来控制感受
元件，而使其操作执行元件去控制大功率的主电路的切换，实现对被控对象的远距离自动控
制。自动电器中用于控制环节的有中间继电器，用于切换主电路的有接触器等，直接利用
电器控制机械运动的有电磁铁等。自动电器是开关控制系统中不可缺少的元件。

1. 电磁式继电器

继电器的工作原理与测量表计有很多相似之处，如反应电流的继电器与电流表相似，电
压继电器与电压表相似。其主要区别在于：测量表计随着被测量的变化而指示出不同的数
值；而继电器预先调好某个定值，当超过或低于这个定值时继电器才动作。

继电器按照其工作线圈控制电流种类的不同，可分为交流和直流两类。按它的用途不
同，可分为如下几种。

（1）电流继电器。电流继电器主要反映电流的变化，其特点是工作线圈串接在被监视的
电路中，线径粗、电阻小。电流继电器又分为过电流继电器和欠电流继电器两种。过电流继
电器是当通过线圈的电流超过允许值时衔铁被吸引，继电器动作；欠电流继电器在正常电流
时衔铁是被吸合的，当电流低于整定值时，衔铁被释放，触点断开。

在热工控制系统中，电流继电器常用于电动机过载保护，使电动机停止转动。如电动
门紧闭后，电动机过电流，过电流继电器动作，停止电动机转动，防止电动机因过载而
烧坏。

（2）电压继电器。电压继电器主要反映电压变化，其特点是工作线圈并接在被监视的电
路上，线圈匝数多、线径细，线圈电阻大。电压继电器也分为过电压继电器和欠电压继电
器，动作过程与电流继电器相同。

一般电流继电器和电压继电器称为主继电器（或一次继电器）。它们的特点是消耗功率
小、返回系数高、触点对数少、触点容量小、触点断开或闭合的时间一般很短。

（3）中间继电器。中间继电器本质是电压继电器，它的特点是有很多的触点数和较大的
触点容量，因此，中间继电器可以看作继电器式的功率放大器。凡是需要同时闭合或断开几
条独立的回路或要求较大的触点容量的地方均可采用中间继电器。经常选用的中间继电器的
型号是 DZ-50、DZ-60 型。前者外形不大，有保护外罩。后者带有插座，便于维护、JZ 型交
流中间继电器的外形尺寸小，触点对数很多，也常被采用。

（4）时间继电器。时间继电器是使输入信号延迟一段可整定的（即可人为调整的）时间
后再起作用。输入信号使时间继电器线圈得电以后经过一段时间，继电器的延时触点才动
作，输出开关信号，即继电器触点动作发出的信号比输入信号要晚一段时间。延时信号不仅

可以在线圈通电后延时发出，也可以在线圈断电后延时发出。时间继电器有电磁式、空气式、电动机式和晶体管式等多种类型。

此外，还有一种固态继电器，它是一种电子开关型继电器，利用半导体器件导通时阻抗很小而截止时阻抗很大的特性，在电路中起控制开关的作用。在热工控制系统中，固态继电器通常采用低电平信号驱动较高电压等级的电动执行机构。例如 DCS 系统的自动控制回路中，较多地使用一种直流 24V 的固态继电器，它的开门电平是直流 24V，关门电平是直流3V，它有单相和三相两种类型，分别适用于工作交流电源电压为 220V 或者 380V 电动执行机构的控制回路。

2. 接触器

接触器是一种可以频繁接通和切断交直流电动机等各种用电设备的主电路的自动开关。电磁接触器触点的通断由电磁铁线圈来控制，因此可以远距离自动操纵。接触器按电流种类分为直流和交流两种接触器。由于接触器主要用于切换主电路，所以触点接触需良好，接触压力要足够大，触点通断速度要快，并要求一套灭弧装置，使电弧迅速熄灭。因此接触器允许有较高的操作频率，可以频繁工作。

接触器是利用电磁吸引使电路接通和断开的一种电器。它的主要结构和工作原理如图1-13 所示。

接触器的主要结构由电磁系统（铁芯与线圈）和触点组成，线圈与静铁芯（下铁芯）固定不动，当线圈通电时，铁芯线圈产生电磁吸力，将动铁芯（上铁芯）吸合，由于动触点与动铁芯都在同一根轴上的，因此动铁芯就带动三条动触点向下运动，与三对静触点接触，使电源与电动机接通，电动机就启动运转。当手松开按钮时，由于线圈断电而电磁吸力消失，动铁芯与静铁芯依靠弹簧作用而分离，动静触点就断开，电路就被切断，电动机停止运转。因此，只要操纵按钮就能方便地控制电动机的启动与停转。用接触器来控制电动机的运转线路如图 1-14 所示。

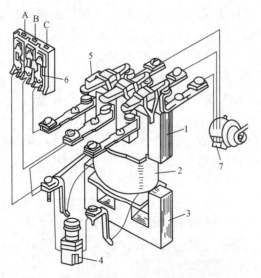

图 1-13　接触器的主要结构和工作原理
1—上铁芯；2—线圈；3—下铁芯；4—按钮；
5—主触点；6—熔断器；7—电动机

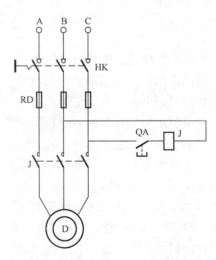

图 1-14　接触器控制电动机运转线路

图 1-14 中有两个电路，一个是三相电源 ABC 经过开关 HK、熔断器 RD 和接触器的三对触点 J 到电动机 D，这个电路是电动机的工作电路，称为主电路或主回路。主电路的特点是：流经的电流较大，在线路图中用较粗的线条表示。另一个是按钮 QA 与接触器线圈 J 组成的电路，它是控制主电路的接通或断开的，称为控制电路或控制回路。控制电路的特点是：由于接触器的线圈具有较大的交流阻抗，因此，流过控制电路的电流较小，只有零点几安培，在线路中用细线表示。

在运转线路图中，同一接触器的线圈与触点是用同一个字母表示的（如图 1-14 中 J）。我们在看线路图时，应注意：虽然接触器的线圈与触点是不画在一起的（其他电器也有类似情况），其实这两部分是表示接触器的整体，因为当线圈一通电，它的触点就动作（闭合或断开）。

在图 1-14 中，电源开关 HK 合上后，因接触器主触点 J 未闭合，电动机不会运转，必须按下按钮 QA，接通控制电路，使接触器线圈 J 通电，主触点 J 闭合，接通主电路，电动机开始运转。按下按钮 QA 时，接通的控制电路是：C 相电源——常开按钮 QA——接触器线圈 J——B 相电源。

当手松开按钮 QA 时，线圈 J 断电，使主触点断开，电动机停转。这种必须按一下按钮电动机才会转，手松开按钮电动机便停转的控制方法称为点动控制。在需要经常启动和停车的生产机械上，如各种绕线车就常采用这种点动控制线路。

三、执行机构

目前，火电厂中驱动阀门、挡板、泵和风机等的执行机构，可以使用不同的能源，如电、压缩空气、压力油或压力水等。根据使用能源的不同，分为电动执行机构、气动执行机构和液动执行机构。

（一）电动执行机构

电动执行机构具有设备投资小，工作可靠性高、维修工作量小、运行费用低的优点，还可以适用于分散和远距离控制，所以火力发电厂中的大量旋转机械设备，绝大多数都采用电动执行机构。

但电动执行机构驱动力矩小，执行动作较慢，阀门开启全行程时间一般在 40~50s 之间。目前，西门子公司的电动执行机构作了改进，采用高/低速两个电动机及多级变速电动机，其快速动作时间已提高至 5s。

电厂中的厂用电动机主要分两类。一类是功率较大的高压电动机，工作电源电压为 6000V，控制电动机的主要电器为油断路器。用于驱动的旋转机械主要有磨煤机、送风机、引风机、电动给水泵等。另一类是功率较小的低压电动机，工作电源电压为 380V，控制电动机的电器通常为接触器和自动空气开关。用于驱动旋转机械的主要有凝结水泵、润滑油泵、冷却水泵等。电动机的控制电路种类很多，下面介绍一种典型的电动门控制电路，如图 1-15 所示。

电动门由阀门电动装置和阀门本体配套组合而成，电站阀门电动装置适用于闸阀、截止阀和球阀等阀门的开启和关闭，可满足自动控制、远方操作和就地控制等不同方式的使用需要。

电动门控制的技术要求如下所述。

电动门的动力来源于电动机，它的转矩特性必须适应阀门操作转矩的要求。阀门操作转矩的特点是：在开启（或关闭）阀门的初始（或终了）一瞬间出现最大转矩，而在整个开启（或关闭）阀门的过程中转矩是不大的。这样就要求电动机具有高启动转矩和大的过载能力，阀门专用电动机就是按这样的转矩特性进行设计的。它的启动转矩倍数和过载能力可以达到3倍以上，而普通 JO 型电动机的过载能力仅为 1.8～2.2 倍，启动转矩倍数仅为 1.0～1.8 倍。阀门专用电动机还有其他专为启闭阀门而考虑的技术要求，下面举例说明。

（1）电动机上装设一个弹簧式电磁释放刹车（BRAKE），用以防止电动机失电后的惰走现象。当刹车的电磁线圈不带电时，电动机能立即停止旋转。例如某些系统中由于连锁方面的要求，需要阀门停止在某一确切位置时，就必须装设刹车装置。

（2）电动装置装有限位开关。这些开关不仅对阀门处于电动操作时起作用，而且在手动操作时也起作用。限位开关用于连锁、报警和产生阀位信号，并可送计算机以便进行自动控制。

（3）电动装置装设力矩开关。当阀门正常运行时，力矩开关触点是闭合的；一旦遇到故障而超过安全力矩值时，力矩开关常闭触点立即断开，迫使电动机停止运转，以防止操作力矩过大而造成电动装置及阀门有关部件的损坏。电动阀门的打开和关闭方向分别装有力矩开关，它们分别装设在打开回路和关闭回路中。

（4）电动装置具有位置发送器，供外接远方位置指示用。输出信号为 0～10V 电压信号和 4～20mA 电流信号。

（5）每个电动装置都配有手轮和就地阀位指示表，手动—电动切换装置既能使阀门电动操作又能实现手动操作。

电动装置所操作的阀门绝大多数是全开、全关双位控制的阀门。在电站这类阀门的启闭都不是很频繁。周期短的为数小时一次，周期长的为几个月、半年甚至一年启闭一次。电站又多为高温高压工况，稍有锈蚀，阀门的启闭就十分困难，尤其是对于开启那些长期关闭着的阀门，困难就更大。

对于闸阀和截止阀，从理论上和实际上都应以转矩值来确定关向终端位置较为合理。但是长期以来人们都是用行程来控制其关向终端位置，造成这一类阀门长期处于关不严、打不开的局面。其一是由于人们习惯以转矩作为保护手段，而不用转矩作为控制手段；其二是以往的电动装置转矩限制机构不具备良好的控制性能，限制了人们的大胆使用。

1. 电动门控制电路的工作原理

如图 1-15 所示为电动门控制电路图。图中 KM1 是开阀接触器，KM2 是关阀接触器，在电源开关 Q 合上之后，根据接入电源的相序不同，控制电动机正转或反转，使阀门关闭或开启。

SB3 是开阀启动按钮，在控制回路许可条件都满足时，按下 SB3，开阀接触器 KM1 吸合，其常闭触点断开，切断 KM2 通路，形成开阀与关阀电路的电气互锁。接触器 KM1 的主触点和自保持触点吸合，电动机启动运转，打开阀门。当阀门全开时，行程开关 S1 断开，切断开阀电路，KM1 释放，电动机停止转动。

关阀电路的工作原理与开阀电路类似，由关闭按钮 SB4 启动。当阀门全关时，关阀位置开关 S2 断开，切断关阀电路。

行程开关 S1 和 S2 是一种比较特殊的开关，在阀门全关和开门途中，S1 为闭合状态，只有当阀门全开时才变为断开状态，而 S2 是在阀门全开和关门途中为闭合状态，只有当阀

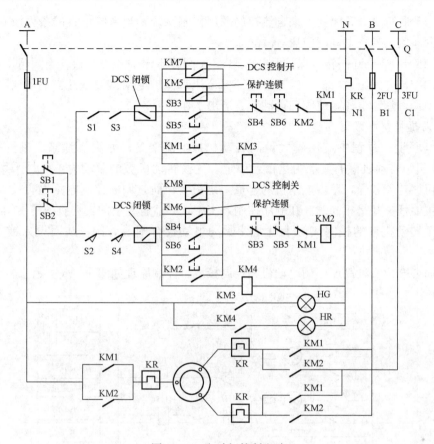

图 1-15　电动门控制电路

SB1、SB2—停止按钮；Q—电源开关；KM1—开阀接触器；KM2—关阀接触器；SB3—开阀按钮；
SB4—关阀按钮；S1、S2—行程开关；KM3、KM4—中间继电器；SB5—近控开按钮；
SB6—近控关按钮；KM5、KM6—连锁保护触点；KM7—"DCS 开"指令；
KM8—"DCS 关"指令；KR—热继电器；S3—开阀转矩保护开关；
S4—关阀转矩保护开关；HG—绿灯；HR—红灯

门全关时才变为断开状态。KM3 和 KM4 是阀门状态指示中间继电器，它们在行程开关 S1 和 S2 控制下的状态组合指示出阀门的当前位置，并常以红、绿指示灯显示。阀门全开时 KM4 吸合，红色指示灯亮；阀门全关时，KM3 吸合，绿灯亮；当阀门在中间位置（开门或关门途中）时红绿灯都亮；而在电源中断时，红绿指示灯全熄灭。当 KM3 和 KM4 触点信号引入计算机时，可在 CRT 上用 4 种不同的颜色来表示阀门的状态。

当电动门纳入顺序控制系统时，KM7 指令（"DCS 开"）取代手动按钮 SB3 的作用，启动开阀电路工作；同样 KM8 指令（"DCS 关"）取代手动按钮 SB4 的作用，启动关阀电路工作。

图 1-15 中的 SB5 为阀门电动装置的近控开按钮，SB6 为阀门电动装置的近控关按钮，仅在设备维修或电气回路检查时才操作。SB1 和 SB2 分别为安装于近控箱和遥控操作台上的停止按钮，操作人员可在阀门的任意开度位置上停止阀门的开启或关闭。

图 1-15 中的"保护连锁"来自系统的保护回路，当发生超越保护定值的情况时，则切断控制电路，停止阀门电动装置工作。

图1-15中的"DCS闭锁"来自热控的顺序控制系统，当系统设置的条件没有满足时，将闭锁控制电路，禁止电动阀门启/停操作。

图1-15中S3是开阀转矩保护开关，S4是关阀转矩保护开关，只有当阀门发生机械卡住时才会动作，并发出故障信号。热继电器KR用来保护电动机过载。当上述故障发生时，相应元件动作，切断电源，使阀门电动装置退出工作。

2. 电动机控制电路

在火电厂生产过程中应用着大量的转动机械，例如各种水泵、油泵、风机等。一台300MW的机组转动机械的数量约达百台以上。这些转动机械的驱动力主要是采用电动机。由于转动机械功能各异，厂用电动机的容量差别很大，而它们的控制电路也有较大的差别，但完成的主要任务却是相同的。在顺序控制系统中，必然有大量的转动机械需要纳入控制范围，而对于转动机械的控制实际上就是使驱动电动机合闸或分闸，从而投入或切除转动机械。

下面简要介绍一种高压厂用电动机的控制接线。控制原理如图1-16所示。

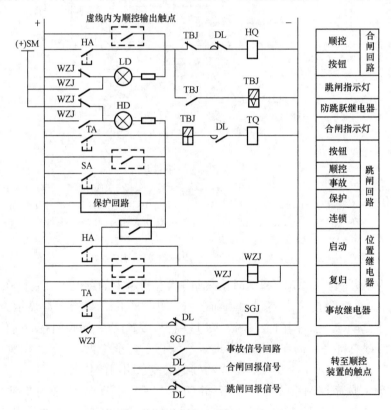

图1-16　高压厂用电动机控制原理图

HA—合闸按钮；TA—跳闸按钮；DL—断路器辅助触点；HQ—合闸接触器；SM—闪光正电源；

TBJ—防跳跃继电器；TQ—断路器跳闸线圈；SA—事故按钮；WZJ—双位置继电器；

HD—红色信号灯；LD—绿色信号灯

油断路器是用于接通或断开电动机动力电源回路的一种高压电器，其触点的跳、合闸动作是依靠操作机构完成的。合闸线圈由合闸接触器HQ控制，合闸线圈带电时，将使连杆机构带动断路器主轴转动，从而闭合主触点，电动机启动运行，这时连杆机构依靠机械自保持，使断路器维持在合闸状态。跳闸线圈带电时，使连杆机构失去机械自保持，在断路器跳闸弹簧力作用下，主轴反转，断开主触点，电动机停止运行。

控制电路的工作原理如下所述。

当按下合闸按钮 HA，或顺控合闸输出触点动作时（顺控的合、跳闸脉冲应是短时的），控制合闸线圈 HQ 励磁，油断路器合闸，电动机启动运行。这时断路器的常开辅助触点 DL 闭合，为电动机的跳闸线圈 TQ 励磁做好准备。同时，双位置继电器 WZJ 启动线圈带电，位置继电器用来反映电动机所处状态。带电后，它们的几个触点改变位置，其中一个常开触点闭合，使红灯 HD 点亮，表明电动机已处正常运行中；另一常开触点闭合，使闪光母线 SM 和绿灯 LD 接通，为 LD 闪光作准备。图 1-16 下部两个 WZJ 触点也闭合，为 WZJ 复归和事故继电器带电作备。此后因启动按钮的触点断开，WZJ 启动线圈虽然又失电，但其触点状态不变，这是由双位置继电器的特性所决定的。

当按下跳闸按钮 TA，或顺控跳闸输出触点动作时，断路器跳闸线圈 TQ 励磁，跳开断路器，电动机停止。同时，WZJ 的复归线圈带电，它的触点全部复归，使绿灯 LD 点亮，表明电动机已停止。

在电动机运行过程中，保护回路、连锁跳闸回路动作，或按下事故按钮 SA（在就地）时，使 TQ 励磁，油断路器跳闸，电动机停止，断路器常开辅助触点 DL 打开，红灯 HD 熄灭。由于 WZJ 触点仍保持启动状态，其常开触点闭合，于是绿灯 LD 闪光，并使事故继电器 SGJ 励磁，发出事故报警。这时，由运行人员按下停止按钮 TA，或由 SGJ 事故信号触点向顺序控制装置发出事故信号进行处理，使 WZJ 的复归线圈带电，于是 LD 由闪光转变为平光。

TBJ 是防跳跃继电器，是一种采用电气方法防止油断路器产生跳闸现象。油断路器跳、合闸速度很快，一般合闸时间不大于 0.2s，跳闸时间不大于 0.07s。在某些故障情况下，操作机构将会使断路器发生机械跳跃，不能很好地稳定在合闸或跳闸的位置上，即油断路器发生了"跳跃现象"。由于油断路器瞬间多次跳、合闸，其结果将会使断路器损坏，因此必须加以防止。

TBJ 是一个双线圈继电器。一个是电流线圈（I），作为继电器初始动作用；另一个是电压线圈（V），作为继电器动作后保持继电器触点状态用。电流线圈接在跳闸回路内，其灵敏度较之操作机构的跳闸线圈 TQ 高很多，以保证 TQ 动作时 TBJ 继电器一定动作。当电动机合闸过程中，又有跳跃现象发生时，跳闸回路中的 TBJ（I）线圈带电，其常闭触点 TBJ 将断开合闸回路，使合接触器 HQ 不再带电，即不能重新合闸。由于跳闸回路 DL 断开，TBJ（I）将失电，这时合闸信号如果已消失，将不会发生跳跃现象。但是如果这时合闸信号仍然存在，则将通过原已闭合的 TBJ 常开触点使 TBJ（V）线圈带电，以保持合闸回路中 TBJ 触点断开，并维持 TBJ（V）线圈继续带电，这样合闸接触器 HQ 将仍然不能带电，直到合闸信号消失后，TBJ（V）失电，其触点复位。这样 TBJ 将使控制电路稳定在跳闸状态，起到防止跳跃的作用。

低压厂用电动机的控制电路与图 1-16 电路相似，只是采用自动空气开关或磁力启动器来控制电动机的动力电路。

（二）气动执行机构

驱动阀门的气动执行机构，常用的有薄膜式和活塞式两种。这两种执行机构都是利用压缩空气的压力在薄膜或活塞上产生推力，通过推杆和阀杆去驱动阀门的开度。下面以气动调节阀为例加以说明。

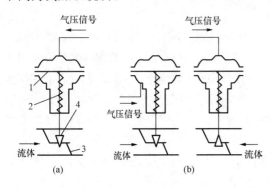

图 1-17　气动薄膜执行机构的两种作用方式
(a) 正作用（气关式）；(b) 反作用（气开式）
1—薄膜；2—弹簧；3—阀座；4—阀芯

常用的气动调节阀有气动薄膜调节阀和气动活塞调节阀。

气动薄膜执行机构有两种作用方式，如图 1-17 所示。

所谓正作用（气关式、或气闭式）就是当薄膜气室无气压信号时，阀芯与阀座处于全开的位置，而气室压力增加至最大时，阀芯与阀座处于全关闭的状态，这种状态习惯称为 FO（Fail Open）。此状态下，薄膜气室无压力时，阀门处于全开状态。

所谓反作用（气开式）就是当薄膜气室无信号压力时，阀芯与阀座处于全关闭的位置，气室压力增加至最大时，阀芯与阀座处于全开的状态。这种状态习惯称为 FC（Fail Close），此状态下薄膜气室无压力时，阀门处于全关状态。

1. 气动薄膜调节阀

气动薄膜执行机构正作用（气开式）如图 1-17（a）所示，当气压（控制）信号压力输入薄膜气室时，在薄膜 1 上产生推力，使推杆移动并压缩弹簧 2，直至弹簧的反作用力与气压信号在薄膜上产生的力相平衡。由于推杆的移动，与推杆连接在一起的阀芯 4 也作相应的移动，这就是气动薄膜调节阀的行程。行程的变化使阀芯 4 与阀座 3 之间的流通面积发生变化，使流经阀门的流量发生变化，从而实现了对压力、温度、流量、液位等参数的调节。

如果控制信号是 4～20mA 的直流电流信号，则可以利用电/气转换器，将电流信号转换成气压信号。有些调节阀需要有阀位反馈信号，则可以通过位置转换器，将阀位变化转换成 4～20mA 的直流模拟量信号，以便送入指示表显示或其他控制装置。

2. 气动活塞调节阀

气动活塞调节阀由气缸、活塞、推杆等组成。执行机构的活塞推杆随着活塞两侧压力差值而移动，从而控制被调量。

气动活塞式与气动薄膜式执行机构相比，在同样行程条件下，具有较大的输出力，因此特别适用于高静压、高差压的场合。

气动隔膜阀的作用方式也分正作用与反作用两类，从结构上看有薄膜式和活塞式两种。根据所选择的隔膜或衬里材料的不同，可适用于各种腐蚀性介质管路上，作为控制介质流动的启闭阀。例如，化学水处理顺序控制用的阀门，通常采用气动隔膜阀执行机构并与电磁阀配合，实现阀门的全开或全闭控制。

（三）液动执行机构

火电厂的某些场合也采用以压力油为工作介质的液动执行机构。如汽轮机数字电液控制系统（DEH）中的自动主汽门、高压调门、中压主汽门及中压调门的控制就是采用液动执行机构，用高压抗燃油控制执行机构。苏尔寿公司的旁路控制系统也采用液动执行机构。该系统融合了大的定位出力、快的定位速度和高的定位精度等优点，适用于汽轮机高、低压旁路的控制要求。油动执行机构和气动执行机构的工作原理相同，但是工作介质不同，前者用压力油，后者用压缩空气。油动执行机构需要在其附近配备专门的供油装置，包括油箱、油泵和蓄能器等。

液压缸习惯上称为油动机，用以直接操作蒸汽阀门。油动机大都采用弹簧复位液压开启式结构，液压缸单侧进油，充油时阀门开启，开启行程大小取决于液压缸充油量。当液压缸泄油时，阀门借助弹簧的力量关闭，其工作原理如图 1-18 所示。这是一种安全型机构，例如在系统"漏"油时，油动机向关闭方向动作。

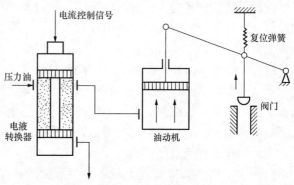

图 1-18　油动机工作原理图

由于液动执行机构的辅助设备较复杂，并且难以避免出现泄漏等问题，因而液动执行机构的使用受到了限制。

第五节　开关量信号的可靠性

保护连锁和顺序控制的输入信号来自各种参数的检测仪表或反映设备状态的开关触点，它由模拟量信号经信号转换器变成开关量信号，或由逻辑开关（压力、差压、液位、温度、流量等）从现场来的开关量触点，这些开关量信号要求可靠性高，并且具有适当的精度。根据保护、连锁和顺序控制的重要程度，采取适当的开关量信号组合，以保证输入信号的可靠。例如，对于不太重要的保护、连锁和顺序控制项目，可采取单信号输入法；对于拒动作率或误动作率有特殊要求的项目，可相应地采用两个信号并联或串联的形式；对于一些非常重要的参数，例如直接用于停机、停炉的保护信号，则采用"三取二"法以满足保护系统的可靠性要求。热工保护和顺序控制系统通常由测量仪表、信号单元、逻辑处理回路及执行机构几个主要环节串联组成。要使控制系统可靠地执行控制功能，就必须要求各个环节可靠地工作。

热工保护运行统计表明，测量仪表和信号单元是保护系统中可靠性相对较低的部分。某些重要的热工保护，如炉膛灭火停炉、汽包满、缺水停炉等，不能正常地投入运行，其主要原因就在于测量仪表和信号单元的可靠性太差，即摄取的保护信号可靠性不高。因此，保护系统可靠动作的先决条件是必须保证摄取的保护信号真实可靠。这通常是靠变更信号回路的结构来实现的。

一、保护系统的可靠性

可靠性可以定义为：在一定的使用条件和规定时间内，正确持续完成预定功能的概率。对于不同的系统对象，可以用多种不同的度量指标来评估其可靠性。例如，对于计算机系统常用平均无故障时间（MTBF）等指标来衡量其可靠性。目前，对于国内大机组的热工保护系统的可靠性尚无统一的标准统计指标，年度考核仅以投入率为指标来评估热工保护运行情况。从可靠性的一般定义来说，用平均无故障率来评估各个热工保护系统的可靠性，大体上符合实际应用。

　　与可靠性的一般定义相同，把某个热工保护系统在实际使用条件下和规定时间内，能完成保护设计功能的概率定义为热工保护系统的平均无故障率。

　　保护系统的任务是在设备发生某些可能引发严重后果的故障时，及时采取相应的措施并加以保护，避免发生重大的设备损坏和人员伤亡事故。即当运行设备无故障时，保护系统处于带电准备状态；当运行设备发生故障时，保护系统才发生作用，投入工作状态。因此，保护系统在设备运行时具有准备和工作两种状态。

　　所谓"准备状态"，就是当设备正常运行时，保护系统处于带电准备状态，经受长期的通电考验。如果在这期间因保护系统本身原因发生故障而引起动作，造成主设备停运，称之为无故障误动作。也可以说，当保护系统投入，其运行参数未超过保护定值的公差范围时发生的保护动作，称为误动作。

　　所谓"工作状态"，就是当设备发生故障时，保护系统正常动作，起到保护设备和人身安全的作用，称之为正确动作；如果在设备发生故障时，保护系统也发生故障而不动作，造成设备重大损坏或人员伤亡，则称之为拒动作。也可以说，当保护系统投入，其运行参数已超过保护定值允许的公差范围时保护仍不动作，则称为拒动作。

　　热工保护系统的故障，可分为拒动和误动两种类型。误动作和拒动作反应了热工保护系统故障的两个方面，假如用公式符号来表示热工保护系统的可靠性计算，则可用以下公式来表示：

$$P_s = \frac{E}{M+E+F} \times 100\%$$

$$Q_s = \frac{F}{M+E+F} \times 100\%$$

$$W_s = \frac{M}{M+E+F} \times 100\%$$

式中：P_s 为保护系统误动作率，%；Q_s 为保护系统拒动作率，%；W_s 为保护系统无故障率，%；E 为规定时间内误动作次数；F 为规定时间内拒动作次数；M 为规定时间正确动作次数。

　　为了计算上的方便，我们把规定时间定义为一年。这样，就可以计算出热工保护系统的误动作数学期望值、拒动作数学期望值和平均无故障数学期望值，为设计和改进提供依据。

　　从热工保护系统运行实践来看，信号检测单元是可靠性相对较低的部分。因此，信号摄取方式在热工保护系统的设计过程中必须认真加以考虑。现在常用的热工保护信号摄取方法主要有：信号串联法、信号并联法、信号串并联法、"三取二"法和多重表决法等。

二、开关量信号摄取方法

1. 单一信号法

　　单一信号法是指用单个检测元件组成信号单元的方法。显然，检测元件误动作时，信号单元也误动作；反之，检测元件拒动作时，信号单元也拒动作。设单一信号法的误动作率为 P_1，拒动作率为 Q_1，则信号单元与检测元件的误动作率、拒动作率相等。下面用 p、q 分别表示信号检测单元的误动作率和拒动作率，即

$$P_1 = p, \quad Q_1 = q$$

　　下面的可靠性分析，都是以单一信号法为基础进行的。单一信号单元保护系统虽然元件少、结构简单，但系统的可靠性太差，因此产生以下几种信号摄取法：串联、并联、串并联、"三取二"及其他信号摄取法。

2. 信号串联法

在某些保护系统中，为了减少信号单元的误动作率，将反映同一故障的检测元件触点进行串联。例如，为了使轴向位移保护装置的动作可靠，在国产机组中过去采用过将轴向位移检测元件的输出触点与推力瓦温度检测元件的触点相串联，这些参数都能直接或间接地反映机组的轴向位移大小。在引进国外的机组中，往往采用双选轴向位移监测装置，它由两套传感器监测同一轴向位移参数。当两套传感器均发出危险信号时，轴向位移保护装置动作，即两者为"与"逻辑，逻辑表达式为

$$y = AB$$

式中：A、B 为检测元件（传感器）的输出信号；y 为信号单元的输出信号。

由于信号串联，所以在每个检测元件都误动作时，信号单元才会误动作。换句话说，只有一个检测元件误动作时，不会造成信号单元的误动作。

设两个检测元件的输出信号 A、B 是相互独立的，即一个事件的出现并不影响另一事件出现的概率，则两事件同时出现的误动作概率，即为信号单元的误动作率：

$$P_\wedge = p_A p_B$$

设两个检测元件的误动作率为 $p_A = p_B = 1 \times 10^{-2}$，则两个检测元件的输出信号串联后，信号单元的误动作率为 $P_\wedge = 1 \times 10^{-4}$，比单一信号的误动作率减小很多。

在考虑拒动作情况时，由于两个事件并非不能同时出现（非互斥），即一个检测元件拒动作时，另一个检测元件可能也发生拒动作。所以，信号单元拒动作率可表示为

$$Q_\wedge = 1 - (1 - q_A)(1 - q_B)$$
$$= q_A + q_B - q_A q_B$$

设两个检测元件的拒动率 $q_A = q_B = 1 \times 10^{-3}$，则两个检测元件的输出信号串联后的拒动作率比单一信号时增加了约一倍。因此，信号串联法只适用于特别强调减小保护系统的误动作率，而对拒动作率要求不高的场合。

3. 信号并联法

在某些保护系统中，为减小信号的拒动作率，将几个检测元件输出信号并联，因而只要有一个检测元件能正常工作，信号单元就能可靠工作。或者说，只有当所有检测元件都拒动作时，信号单元才发生拒动作。例如，为了防止高压加热器水位过高而引起汽轮机进水，采用两个水位表的触点并联成一个高加水位信号。只要有水位过高信号时，即将高加切除。又如主蒸汽压力高保护，采用两只主蒸汽压力表触点并联电路控制电磁安全门动作。

信号并联的逻辑表达式为

$$y = A + B$$

拒动作率为

$$Q_V = q_A q_B$$

误动作率为

$$P_V = 1 - (1 - p_A)(1 - p_B)$$
$$= p_A + p_B - p_A p_B$$

显然，信号触点并联后，拒动作率大大下降，而误动作率却增加了近一倍。所以信号并联法只能用于要求拒动作率小，而误动作率要求不高的场合。

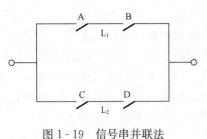

图 1-19 信号串并联法

4. 信号串并联法

为了综合信号串联后误动作故障率降低和信号并联后拒动作故障率降低的优点，将两个信号先进行串联，然后进行并联，如图 1-19 所示。

信号串并联的逻辑表达式为

$$y = AB + CD$$

误动作率为

$$P_{\wedge \vee} = p_{L1} + p_{L2} - p_{L1} p_{L2}$$
$$= p_A p_B + p_C p_D - p_A p_B p_C p_D$$

拒动作率为

$$Q_{\wedge \vee} = q_{L1} q_{L2}$$
$$= (q_A + q_B - q_A q_B)(q_C + q_D - q_C q_D)$$

如果检测元件的结构和性能完全相同，则

$$p_A = p_B = p_C = p_D = p, q_A = q_B = q_C = q_D = q$$

若 $p = 1 \times 10^{-3}$，则 $P_{\wedge \vee} \approx 2 \times 10^{-6}$；

若 $p = 0.618$，则 $P_{\wedge \vee} \approx 0.618$；

若 $p = 0.8$，则 $P_{\wedge \vee} \approx 0.87$；

若 $q = 5 \times 10^{-4}$，则 $Q_{\wedge \vee} \approx 1 \times 10^{-6}$；

若 $q = 0.382$，则 $Q_{\wedge \vee} \approx 0.382$；

若 $q = 0.5$，则 $Q_{\wedge \vee} \approx 0.562$。

上述数字说明，单个检测元件的误动作率 p 或拒动作率 q 很小时，四信号串并联后的信号单元的误动作率或拒动作率均大大减小。当 $p = 0.618$ 或 $q = 0.382$ 时，四信号串并联法与单一信号法的误动作率或拒动作率相等。如果单个检测元件的 $p > 0.618$，$q > 0.382$，则四信号串并联法反而比单一信号的误动作率或拒动作率增加了。因此，关键问题是提高单个检测元件的可靠性，以减小信号单元的误动作率和拒动作率。

除了上面信号串并联法，即对检测元件信号进行先串联，然后进行并联的组合方式外；还可以先进行并联，然后进行串联的组合方法。以构成正确动作率较高的信号单元。如图 1-20 所示为信号并串联法，即先进行并联，再进行串联的组合方式。其逻辑表达式为

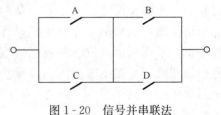

图 1-20 信号并串联法

$$y = (A + B)(C + D)$$

读者可仿照前例进行误动作率和拒动作率的分析。

5. "三取二"信号法

为了既减小误动作故障率又减小拒动作故障率，目前已广泛采用"三取二"信号法。大型火电机组中，如给水流量、汽包水位、过热汽出口温度、炉膛压力等参数，大多采用三个检测元件测量。当其中两个或两个以上检测元件触点闭合时，信号单元就有输出。"三取二"信号法如图 1-21 所示，其中 1-21（a）为等价的"三取二"继电器梯形图；1-21（b）为"三取二"逻辑图。

由图 1-21 可见，它实际上也是一种信号串并联组合方法，信号系统有三条最小路径：[A、B]，[B、C]，[C、A]

其逻辑表达式为

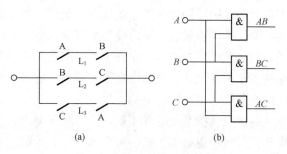

图 1-21　"三取二"信号法
(a) 梯形图；(b) 逻辑图

$$y_{AB} = 1 - (1-A)(1-B) = A + B - AB$$
$$y_{BC} = 1 - (1-B)(1-C) = B + C - BC$$
$$y_{CA} = 1 - (1-C)(1-A) = C + A - CA$$

"三取二"信号单元的误动作率为

$$P_{2/3} = p_A p_B + p_B p_C + p_C p_A - 2p_A p_B p_C$$

拒动作概率为

$$Q_{2/3} = q_A q_B + q_B q_C + q_C q_A - 2q_A q_B q_C$$

设

$$p_A = p_B = p_C = p, \quad q_A = q_B = q_C = q$$

则

$$P_{2/3} = 3p^2 - 2p^3$$
$$Q_{2/3} = 3q^2 - 2q^3$$

当单个检测元件的误动作率和拒动作率很小时，"三取二"信号单元的故障率将大大低于单一信号法。当单个检测元件的 $p=0.5$ 或 $q=0.5$ 时，则"三取二"信号单元的误动作率或拒动作率也为 0.5。当 $p>0.5$ 或 $q>0.5$ 时，则"三取二"信号单元的误动作率或拒动作率反而比单一信号法还要大。当然，实际的检测元件的误动作率和拒动作率不可能这样高，否则就不能用作保护装置的检测元件了。为了提高整个保护系统的可靠性，必须提高每个检测元件的可靠性。

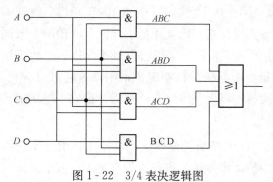

图 1-22　3/4 表决逻辑图

6. 信号表决法

在某些热工保护系统中装设多个检测元件，如炉膛安全监控保护系统，在炉膛的 4 个角装有火焰检测器。当每层 4 个火焰检测器中有两个或两个以上检测到火焰时，则逻辑电路表决为"有火焰"；当三个或三个以上未检测到火焰时，则逻辑电路表决为"无火焰"。这种逻辑判断电路称为 2/4 或 3/4 表决电路，或称为逻辑门槛单元。

如图 1-22 所示为 3/4 表决逻辑图。3/4 逻辑表达式为

$$y = ABC + BCD + ACD + ABD$$

2/4 逻辑表达式为

$$y = AB + AC + AD + BC + BD + CD$$

还有多种表决电路，如 3/5 等，这些表决电路都能有效地防止信号单元的误动作或拒动作。因为一个检测元件的误动作或拒动作可能性较大，但几个检测元件同时误动作或同时拒动作的机会将大大减小。

7. 信号的多重化摄取法

在引进机组和国产大型火电机组中，为了提高重要参数的测量准确性和保护系统的可靠性，普遍采用了模拟量信号多重化摄取法，如"二取好"、"二取均"、"三取中"、"三取均"

等信号摄取法。例如在测量烟气含氧量等参数时，由于炉膛很宽，往往采用"二取均"的方法，取其平均值能较正确地反映烟气含氧量。在测量汽包水位时，一般在汽包的两侧和中间适当的位置取三个信号，在三个信号中取其中值。在某些场合也可采用三取均的测量方法。这些多重化摄取法，虽然增加了变送器的数量，增加了投资，但对提高测量准确性，增加系统的可靠性，是很有必要的。

对热工保护系统的开关量信号，除了要求其检测信号必须正确、可靠外，还要求保护装置和执行机构也必须正确、可靠地动作，才能使热工保护系统正常地投入运行。

三、保护系统动作原因分析

随着设备质量、技术水平和人员素质的提高，目前火电机组的热工保护可靠性比以前有了很大提高。但从整个区域电网来看，由于热工保护误动作或拒动作引起机组跳闸，造成非计划停电的比例还是较大的。如华中电网在 2000 年 7 月份用电高峰时，有 17 次因热工保护拒动作而引起机组解列，严重影响电网正常运行。其中 8 次是由于"汽包水位低"引起 300MW 机组 MFT 动作，而造成"汽包水位低"的直接原因都是由于汽动给水泵跳闸后电动给水泵连锁启动失败，即拒动作，造成不该发生的停机事故。

再如某地区 2005 年火电机组发生保护动作 63 次，其中正确动作 49 次，动作正确率为 77.8%。还有 14 次是由于热控设备故障引起的保护误动，其中控制系统硬件和软件异常引起的误动作 12 次，测量传感器故障引起的误动作 2 次。

保护动作原因分析如下所述。

1. 电气方面原因

在 63 次保护动作中，电气方面原因引起保护动作达 22 次，其中如 400V 辅机电气开关突然跳闸，引起汽动给水泵油泵失电，切换到备用油泵期间因油压低引起两台汽动给水泵同时跳闸，引起机组 MFT 保护动作 1 次；又如引风机变频器异常引起引风机全停，导致机组 MFT 动作 4 次；再如 UPS 电源异常造成低电压，引起保护控制电源跳闸，致使机组 MFT 动作 8 次；还有发电机定子接地，保护动作 1 次等。以上是电气方面原因，造成机组跳闸。

2. 机炉方面原因

机炉方面原因引起的保护动作达 20 次，其中如燃煤质量差造成燃烧不稳，引起全炉膛熄火而停炉 3 次；又如汽轮发电机组振动大，保护动作停机 4 次；再如汽包水位波动大而引起 MFT 动作 2 次；还有凝汽器真空低，机组 MFT 动作 1 次等，这是机炉方面原因引起机组跳闸。

3. 热控设备方面原因

热控设备软件、硬件故障引起保护动作 12 次，其中如风压测量偏差大，造成炉膛压力高，导致机组 MFT 动作 1 次；又如通信总线卡件故障，导致通信数据差错，引起送/引风机跳闸，接着跳磨煤机，造成机组 MFT 动作 2 次等。这是热控设备方面原因造成的停机。

4. 操作方面原因

操作不当而引起保护动作 4 次，其中如运行人员操作不当引起全炉膛熄火 1 次；又如操作不当引起炉膛压力高，机组 MFT 动作 2 次；再如运行人员在循环水泵切换过程中操作不当造成循环水泵中断，导致 MFT 动作 1 次等操作不当引起机组跳闸。

四、提高热工保护可靠性的措施

由于大型火电机组都采用 DCS 分散控制系统，无论从工业控制计算机，网络结构、信号采集，直至控制执行机构，不论是硬件还是系统软件、应用软件，均比较稳定可靠，这样就为热工保护系统的可靠投入打下扎实的基础。但是由于炉、机、电主设备故障或运行人员操作不当，引起保护系统的误动作或拒动作还时有发生，热控设备的软、硬件及一次测量传感器的故障也经常发生，为此必须采取相应的措施，进一步提高热工保护系统的可靠性。下面就热控专业方面如何提高热控设备可靠性提出以下意见。

1. 提高热控专业技术水平

（1）如果是同一信号源而采用多路信号时，应尽量分散在 PCU（过程控制单元，它是系统的基本控制器，完成数据采集和控制功能）的不同模件上，如炉膛负压"三取二"的三个负压开关量信号，汽包水位"三取二"的 6 个模拟量信号（三个汽包压力信号，三个平衡容器差压信号），这样可以发挥 DCS 的"危险分散，集中控制"的优点。

（2）为了提高保护系统的可靠性，防止保护系统误动作和拒动作的发生，信号可采用"三取二"或"四取三"摄取方法。在做 DCS 逻辑组态时，为防止意外事件发生，可分别对每一个信号串联一个对应的品质判断信号，以进一步提高保护系统的可靠性。

（3）汽轮机主保护 ETS（汽轮机紧急跳闸保护系统）目前大部分采用热备用、双冗余 PLC 实现，对该系统的主要监测信号，如轴向位移，轴振，差胀、超速、EH 供油系统，低真空等保护的检测元件及安装位置都有严格的要求，并必须出具详细的技术校验报告，防止保护信号不可靠而造成保护系统误动作或拒动作，确保保护系统万无一失。今后，随着 DCS 可靠性进一步提高，可以将 ETS 也纳入 DCS 中去。

2. 加强热控专业管理水平

（1）热工保护的投/退必须严格按照热工监督管理规定，防止发生机组在运行而某个单项热工保护又没有投入，特别是防止在 DCS 中对参与保护的信号点强制退出。由于管理不到位，工作不细心，在生产运行过程中，造成热工保护退出运行，给机组安全运行带来隐患。针对这种情况要制定考核制度，还必须制定 DCS 工程师站的管理制度。

（2）为了使热控设备正常运行，消除热控设备缺陷是非常重要的，使热控设备完好地投入运行，在对热控设备消缺时，一定要坚持执行热控设备投/退制度，要严格执行"两票三制"，防止因处理不当而造成设备或人身事故。

（3）维护人员应加强定期巡检工作，提高"预防为主"的安全思想。

（4）对参与热工保护的测量元件，如温度、压力、液位、转速、火焰监测、机械量传感器等一定要用质量可靠的产品，杜绝伪劣产品参与保护。

（5）机组启动前，应对热工主保护，机炉连锁保护等进行静态或动态试验。机组运行过程中要经常切换计算机画面，从而了解机组各系统的运行情况，及时调整工况。热控设备投入自动后，要经常关心设备投运情况。运行人员应定期对备用设备进行倒换试验，如汽动给水泵跳闸后，电动给水泵能否连锁启动，通过倒换试验可以及早发现问题。

3. 加强事故分析

对机组的热工保护每发生一次误动作或出现一次拒动作应及时地严格按照事故调查规程进行分析，充分利用计算机的存储功能，对每个系统都应做好相关的历史趋势曲线，发挥 SOE 事故顺序记录功能，同时要注意 DCS 的各个计算机时钟一定要同步。加强事故分析，杜绝同类事故发生。对分析不清的事故绝对不能放过，应组织专家进行调查分析，直到搞清事故原因，并制定反事故措施。

　　热工控制涉及锅炉、汽轮机、辅助设备等主辅设备及其系统，要从工程设计、制造、运行、管理等方面做好工作，才能确保机组安全、经济运行。就热工保护来说，要从可能引起保护误动、拒动的各个环节入手，有针对性地采取具体措施，就能有效地提高热工保护的可靠性，最大限度地防止保护装置误动作、拒动作的发生，使其真正做到"该动时则动，不该动就不动"，这对保证企业的经济效益和形象、维护电网稳定性都有重大意义。

第二章　锅炉的热工保护

　　锅炉包括锅和炉两部分：锅是指火上加热的容纳水、汽的压力容器，炉是指燃烧燃料转换成热能的场所。它将燃料（煤、油、天然气或其他）的化学能转换成热能，通过金属受热面传递给净化的水，将其加热到一定压力和温度的蒸汽的换热设备，称为锅炉。

　　锅炉是一个非常复杂的热力设备，除锅炉本体外，还包括许多辅助设备，如制粉设备、泵和风机等。在正常启停和运行过程中，通过热工检测和自动调节等手段，使各个系统的运行参数维持在规定值或按一定的规律变化。然而由于煤种变化、设备故障、运行人员操作不当或汽轮机负荷突然变化等原因，往往会造成运行参数超过规定的限值，以致发生设备或人身事故。

　　锅炉热工保护的任务，就在于当某些设备或系统运行工况不正常时，如主蒸汽压力过高、汽包水位过高或过低、再热汽温过高、直流锅炉断水和炉膛熄火等情况发生时，保护装置及时采取措施，防止事故的发生和扩大，使设备尽快恢复正常运行。锅炉热工保护的内容取决于设备本身的结构、容量、运行方式和热力系统的特点。

　　锅炉的热工保护有以下几方面功能：

　　（1）限值保护。根据锅炉和辅机的运行工况对锅炉的最大出力和变负荷速度予以限制；对锅炉的各种调节阀门和挡板的最大、最小开度加以限位。

　　（2）连锁保护。锅炉在启停或运行中，一旦出现误操作，连锁保护装置能自动加以制止；在锅炉运行中，如某些辅机发生故障时，与某相关的设备立即连锁动作，以避免事故进一步扩大。如锅炉运行中引风机因故障而停止运行时，送风机也应立即停止运行，避免造成炉膛正压喷火。

　　（3）紧急停炉保护。当某些重要辅机发生故障时，应迅速降低锅炉的负荷或停止锅炉运行；当锅炉运行中某些主要参数超过允许值时，保护装置立即动作，采取紧急措施，直至紧急停炉保护，以免重大事故发生或事故进一步扩大。

第一节　锅炉汽水系统热工保护

　　锅炉汽水系统热工保护的项目很多，本书仅对锅炉汽压、汽包炉水位、直流炉断水和再热器保护进行叙述。

一、锅炉汽压保护

（一）汽压保护的重要性

　　锅炉机组的承压部件，如汽包、过热器、主蒸汽管等部件在正常运行时已承受很高的压力和温度，如某亚临界 300MW 机组汽包锅炉，主蒸汽压力为 16.8MPa，主蒸汽温度为 555℃；某超临界 600MW 直流锅炉的主蒸汽压力为 25.7MPa，主蒸汽温度为 541℃；又如国内某 1000MW 超临界锅炉机组，过热器出口蒸汽压力 26.25MPa，过热器出口蒸汽温度 605℃。在这样高的压力和温度的作用下，有关部件的钢材强度余量已经极小，尤其是高温过热器，是在接近材料蠕变的极限状况下进行工作，若继续增加压力就可能会发生爆管事故。为了避免在煤种变化、操作失误或汽轮机甩负荷时锅炉压力超限过度，必须装设蒸汽压力高保护装置。

为了保证锅炉安全运行，在汽包、过热器和再热器上必须装设安全阀。当锅炉的介质超过允许压力时，安全阀会自动开启，排出蒸汽、降低压力以确保锅炉安全运行。在排汽时，安全阀将发出较大的声响，引起运行人员警觉，及时采取措施。当安全阀排汽降压到允许压力以下时安全阀会自动关闭。

对于大型汽包锅炉来说，除了在汽包上安装安全阀外，还要在过热器的出口联箱上安装安全阀。就控制主蒸汽压力这一作用而言，安全阀都装在汽包上是完全可以的，但是当蒸汽大量从装于汽包上的安全阀排放时，流经过热器的蒸汽流量下降，极端情况下甚至没有蒸汽流过，这对保护过热器是不利的。因为安全阀动作并不意味着锅炉灭火，此时过热器在高温烟气冲刷下因得不到蒸汽冷却而烧坏。对于再热器保护也是如此，因此在锅炉的汽包、过热器和再热器上应分别安装安全阀。

安全阀的种类很多，过去小型锅炉上常用重锤式和脉冲式安全阀，现代大型锅炉一般采用弹簧式安全阀。为了保证设备和人身安全，必须对锅炉安全阀作严格规定，下面是安全阀启动过程中的一些专门术语。

（1）排放压力。安全阀阀门芯开启时，设备中压力继续上升，当达到设备允许超过的最高压力时阀芯全开，排出额定排汽量。此时，阀门进口处的压力叫排放压力。

（2）关闭压力。安全阀开启后，排出部分介质，设备中压力逐渐降低，当降至小于设备压力的预定值时，阀芯关闭，介质停止排出，此时阀门的进口压力叫关闭压力，关闭压力通常由阀门厂规定，一般为工作压力的 95%。

（3）工作压力。锅炉正常工作时介质的压力。

（4）开启压力。当介质压力上升到安全阀安装调整的预定压力时，阀芯自行开启，介质明显排出，此时阀门进口处压力称为开启压力。

锅炉正常运行时，其工作压力应比安全阀开启压力低。若锅炉的正常工作压力与安全阀开启压力差值很小时，则安全阀会反复跳动，并使阀门密封面腐蚀或产生凹槽，从而引起泄漏。关于安全阀开启压力也有严格规定，如过热器安全阀，其开启压力应为工作压力的 1.02 倍；汽包控制安全阀，其开启压力应为工作压力的 1.05 倍；汽包工作安全阀，其开启压力应为工作压力的 1.08 倍。由此可见，锅炉蒸汽超压时，过热器安全阀最先动作，以保证过热器能在安全的条件下工作。

为了减少安全阀的动作次数，延长安全阀的使用寿命，大型锅炉除了装设安全阀外，还装设泄压阀。下面就电磁泄压阀的原理进行说明。

（二）电磁泄压阀

1. 电磁泄压阀的用途

电磁泄压阀是防止锅炉蒸汽压力超过规定值的保护装置，在安全阀动作之前开启，排出多余的蒸汽，以保证锅炉在规定压力下正常运行。同时减少安全阀的动作次数，延长安全阀的使用寿命。

2. 电磁泄压阀的结构及工作原理

电磁泄压阀动作原理如图 2-1 所示。

整套电磁泄压阀有主阀、控制阀、电磁线圈、APS型控制器、PS型（三位控制）开关板和隔离阀等组成。APS型控制器设有高压和低压两个压力开关，并由压力传感元件接受主蒸汽管道的压力信号，当压力达到定值时，高压开关或低压开关动作，接通或断开电磁线圈，使阀门打开或关闭。

PS型（三位控制）开关板带有"自动"、"手动"和"关断"三个位置，阀门可以由控制器接受主蒸汽管道压力信号自动操作，也可以由运行人员在控制室通过三位开关手动操作。

在锅炉正常运行时，主阀瓣在弹簧的作用下处于关闭状态。当蒸汽压力上升到整定值时，控制器的高压压力开关动作，电磁线圈通电，电磁铁芯通过杠杆将控制阀打开，随即使主阀打开，从而排出部分蒸汽。当压力降至阀门回座定值时，控制器的低压压力开关动作，电磁线圈失电，控制阀恢复到关闭位置，在主阀瓣下面再次建立蒸汽压力，将主阀关闭。

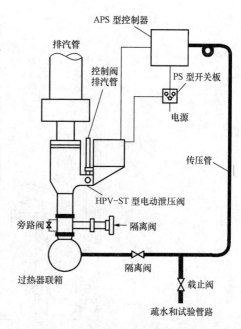

图2-1 电磁泄压阀动作原理图

（三）弹簧式安全阀

弹簧式安全阀是利用弹簧的压力来平衡容器或管道内压，根据工作压力的大小来调节弹簧的松紧。弹簧式安全阀主要由阀体、阀座、喷嘴、阀芯、阀杆、弹簧及其调节机构等组成，有的还带有气动装置、液动装置或电磁装置，帮助安全阀开启或关闭。

1. 弹簧式安全阀结构原理

安全阀的选用要根据实际工作压力决定。对于弹簧式安全阀，在公称压力范围内，生产厂家有多种工作压力级的弹簧供选用。

在安装使用安全阀时，不仅要了解安全阀的型号、名称、工作介质、介质温度等，还要了解安全阀内弹簧的工作压力等。

下面介绍螺旋弹簧式HC及HCA型安全阀，其结构如图2-2所示。

安全阀在投入使用前可通过调节机构调整好弹簧的紧力。当锅炉容器内的汽压超过规定值时，喷嘴内的蒸汽作用于阀瓣（芯）上的力大于弹簧的作用力，阀瓣就被推离阀座，即安全阀起座，排汽降压，直至锅炉或容器内的汽压降低到作用于阀瓣上的力小于弹簧的作用力时，安全阀才能回座关闭，其结果是保证锅炉设备在规定的压力范围内工作。

弹簧式安全阀的工作原理是：当安全阀阀芯瓣下的蒸汽压力超过弹簧的压紧力，阀瓣就被顶开。阀瓣顶开后，推出蒸汽由于下调节环的反弹而作用在阀瓣夹持圈上，使阀门迅速打开，如图2-3（a）所示。随着阀瓣的上移，蒸汽冲击在上调节环上，使排汽方向趋于垂直向下，排汽产生的反作用力推着阀瓣向上，并且在一定的压力范围内使阀瓣保持在足够的提升高度上，如图2-3（b）所示。随着安全阀的打开，蒸汽不断排出，系统内的蒸汽压力逐步降低。此时，弹簧的作用力将克服作用于阀瓣上的蒸汽压力和排汽的反作用力，从而关闭安全阀。

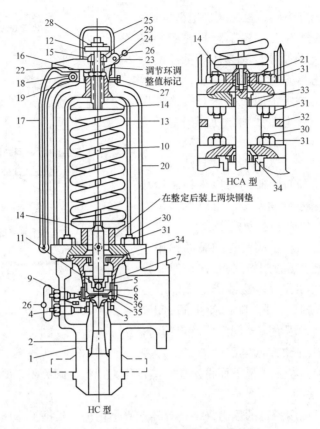

图 2-2　HC 及 HCA 型安全阀结构图

1—阀体；2—阀座；3—下调节环；4—下调节环定位螺钉；5—阀瓣夹持圈；6—阀瓣衬套；
7—导向套；8—上调节环；9—上调节环定位螺钉；10—阀杆；11—锁紧环；12—阀杆
螺母；13—弹簧；14—弹簧座；15—调整螺栓；16—调整螺母；17—杠杆；
18、19、23、24—销子；20—阀盖；21—阀盖阀杆；22—叉形杠杆；
25—盖帽；26—铅封；27—盖帽定位螺钉；28—阀杆螺母定位
销；29—调整螺栓衬套；30—螺栓；31—螺母；32—冷却圈；
33—冷却圈支承座；34—导向轴承；35—阀瓣；36—销子

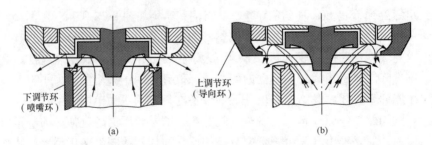

图 2-3　调节环的作用

（a）下调节环（喷嘴环）的作用；（b）上调节环（导向环）的作用

2. 弹簧式安全阀的泄漏现象

　　一般弹簧式安全阀泄漏现象是由"前泄"造成的，当安全阀喷嘴内的蒸汽作用于阀瓣上的力与弹簧作用于阀瓣上使密封的力相等时，安全阀未跳前，这时少量的蒸汽往往会以极高的速度从阀线间隙中逸出，称之为"前泄"，很容易使阀线受到吹损而造成缺陷性泄漏。弥补这一缺陷的方法有多种：采用辅助启闭装置，如气动装置；或采用特殊的阀瓣阀座结构等。带有辅助气动装置（即压缩空气缸）的安全阀，正常运行时气缸的上缸与气源接通，下缸通大气，使阀瓣上附加了 $200\sim300N$ 的紧力。当蒸汽与弹簧的作用力相等时，依靠这一附加紧力仍可以保持阀线的密封。只有当锅炉压力达到安全阀的起座整定压力时，压缩空气系统受控动作，使上缸泄气，下缸进气，附加力改变方向，阀瓣上产生 $200\sim300N$ 的起座力，使安全阀起跳。这时阀芯和喷嘴之间的流通面积已经很大，从而可以避免前泄吹损现象。当蒸汽压力降低到安全阀回座整定压力时，压缩空气系统又受控动作，使活塞反向，帮助安全阀迅速回座。总之，压缩空气缸的附加力向下作用可以帮助安全阀回座和密封，向上作用可以帮助安全阀起跳。压缩空气缸附加力的大小取决活塞的截面积和气源压力。目前引进型安全阀多采用特殊的阀瓣结构，如图 2-4 所示。

在阀瓣外侧的导向筒和喷嘴上各套有一只圈，分别称为上调节圈和下调节圈，用以增加阀瓣和喷嘴的截面积，使得安全阀在即将起座时泄出来的介质作用在较大的面积上而产生较大的起跳力，从而消除"前泄"现象。这一原理可这样来解释：安全阀起跳前阀瓣与喷嘴的阀线密切结合，这时介质作用在阀瓣上的面积较小，介质作用力小于弹簧的作用力，阀芯不动作；如果介质的压力继续升高，

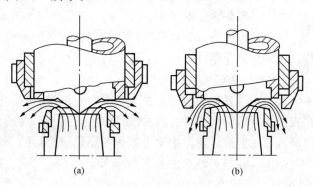

图 2-4　分别套有上调节圈和下调节圈的阀瓣和喷嘴
(a) 上调节圈位置较上；(b) 上调节圈位置较下

介质作用于阀瓣上的力逐渐增大，介质作用力等于弹簧作用力时，介质开始外泄，但由于上调节圈和下调节圈的作用使得介质作用力立即大于弹簧作用力，而使阀瓣起跳，这样，前泄现象不能够持续，因而不会发生吹损阀线的情况。套在导向筒上的上调节圈和套在喷嘴上的下调节圈可分别通过导向销调节其上、下位置，使得安全阀能够在某一规定的介质压力时介质对阀瓣的作用力略小于弹簧的作用力而回座；阀瓣一旦回座关闭，介质对阀瓣的作用面积立即减小到喷嘴的内截面积，使得介质作用力比弹簧作用力小出一定的数值，阀瓣紧密关闭。如图 2-4 (a) 所示为上调节圈位置调整得较上、泄出的介质向外扩散开；如图 2-4 (b) 所示为上调节圈的位置调整得较下，上调节圈笼罩着喷嘴，泄出的介质向下转弯，这样对阀瓣可产生较大的作用力，使得回座压力降低。

（四）汽压保护系统

锅炉汽压保护系统和锅炉机组的运行方式有关，对于母管制运行锅炉，汽压保护系统动作参数分两值。当锅炉汽压升高到第一值时，保护系统应发出压力偏高信号，此信号并作第二值的"与"条件。当压力升高到第二值时，停掉部分给粉机或打开安全阀向空排汽，使主汽压力回降。对于单元制的燃煤锅炉，有旁路系统的锅炉主汽压力保护系统图如图 2-5 所示。

当汽轮机甩负荷时，应立即切除部分燃烧器，同时投油以稳定燃烧，但一般因炉内燃烧强度不能立即减弱，仍会产生大量蒸汽使压力继续上升，从而造成安全阀动作。因此，一般

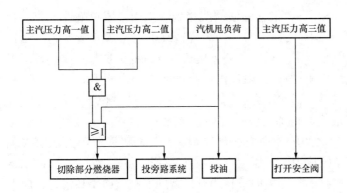

图 2-5　有旁路系统的锅炉主汽压力保护系统图

在打开安全阀向空排汽降压的同时，应投入旁路系统。有旁路系统的机组，使锅炉产生的蒸汽经旁路减温减压后回收，以提高机组的热经济性。

安全阀保护是锅炉汽压重要的保护装置。当运行中发生大幅度甩负荷等情况时，汽压骤然升高。汽压达到高三值（安全阀动作压力）时，安全阀自动打开向空排汽，防止受压设备超压。

二、汽包炉水位保护

汽包也称锅筒，是自然循环和强制循环锅炉最重要的承压元件。汽包上装有压力表、水位计和安全阀等附件，汽包上还装有事故放水装置等，用来保证锅炉汽包的安全运行。

（一）汽包水位保护的重要性

汽包水位是锅炉运行是否正常的重要指标之一。维持汽包水位在一定范围之内是保证锅炉安全运行的必要条件。因为汽包水位过高将减少蒸汽重力分离行程，破坏汽水分离效果，使蒸汽带水造成过热器中盐类沉积，恶化过热器的工作条件，严重时还可能引起汽轮机水冲击，造成汽轮机大轴弯曲等恶性事故。水位过低时锅炉水循环将遭破坏，水冷壁安全受到威胁。

锅炉汽包水位常见的事故是锅炉缺水和锅炉满水。

1. 锅炉缺水

汽包水位低于规定的最低水位时称为缺水。缺水分为轻微缺水和严重缺水。当水位低于规定的最低水位，但仍有可见水位时，为轻微缺水；当水位不仅低于规定的最低水位，且无可见水位时，即为严重缺水。

（1）锅炉缺水的原因。

1）水位计指示不准确，无法判明真实水位。运行中若汽连通管或汽连通门泄漏，则水位计指示偏高；若水连通管或水连通门泄漏，则水位计指示偏低。若水位计结垢造成连通管堵塞，水位计也不能反映真实水位。因此，运行中应及时核对、冲洗、检查水位计，及时消缺，保证其指示正确。

2）给水自动调节系统故障或给水调整门卡死，造成自动调节失控，引起锅炉缺水。

3）给水压力降低。运行中高压给水管路泄漏、高压加热器泄漏等原因，均会引起给水压力降低。若给水压力低于汽包压力，则给水无法进入汽包，造成锅炉缺水。因此，运行中要密切注意给水压力的变化并及时调整。

4）锅炉受热面爆管。如省煤器、水冷壁管爆破，引起汽水工质大量损失。

5）锅炉排污不当。运行中若排污量过大、排污门泄漏等也会造成锅炉缺水。因此，锅炉排污时应保持高水位，低水位时不允许排污，每次开启一组排污门，排污时间不宜过长，且应及时检查排污门的严密性。

6）运行人员误操作。运行人员对水位监视不严，误判断、误操作而造成缺水。如锅炉负荷突然变化时或安全阀起座时，或燃烧热负荷大幅变化引起汽水共腾时，易造成运行人员的误判断、误操作。因此，运行人员必须熟悉设备性能和汽水系统，掌握水位的变化规律，提高判断和处理事故的能力，保证机组安全运行。

（2）锅炉缺水的处理。运行中发现水位低于正常水位，尚属轻微缺水时，应核对水位计，并查找原因，加强给水调节，必要时降低机组的负荷。

若水位急剧下降或低于可见水位并无法维持时，即属严重缺水，此时应立即停炉，并严禁向炉内进水。因为严重缺水时，无法判明缺水的程度，水冷壁可能处于干烧，此时若强行进水，则会由于温差过大，产生过大的热应力，造成水冷壁爆管。锅炉缺水时，应停止排污，同时，应注意调节过热汽温。

2. 锅炉满水

汽包水位高于规定的最高水位时称为满水。满水也分为轻满水和严重满水。当水位高于规定的最高水位，但仍有可见水位时，为轻微满水；若水位不仅高于规定的最高水位，且无可见水位时，为严重满水。

引起锅炉满水的原因与锅炉缺水的原因相似，读者自行分析。

（二）水位保护系统

水位保护的作用是：当锅炉缺水而造成汽包水位过低时，为了避免"干锅"和烧坏水冷壁管，应采取保护措施，如打开备用给水门，必要时采取紧急停炉；当水位过高而造成"满水"时，及时打开放水门，必要时也采取紧急停炉，以避免事故发生或防止事故扩大。锅炉水位保护与锅炉的容量、结构和运行方式有关。下面以某 300MW 机组的锅炉汽包水位保护为例进行分析。如图 2-6 所示为锅炉水位保护框图。

一般水位偏差分为三个值，称为高一、高二、高三值（例如，＋75、＋150、＋250mm）；反之称为低一、低二、低三值（例如，－75、－150、－250mm）。高或低一、二值为报警值，三值为停炉值。

如图 2-6（a）所示，当水位高至高一值时，保护装置发生水位高预告信号，引起运行人员注意，此预告信号作为水位高二值信号的"与"条件。若运行人员采取措施后水位仍继续升高至高二值时，保护系统自动打开事故放水门。水位高二值信号同时作为水位高三值信号

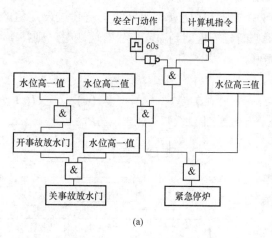

(a)

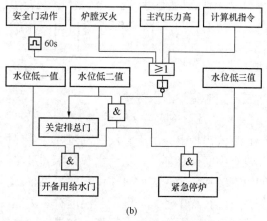

(b)

图 2-6　锅炉水位保护框图
(a) 水位高保护；(b) 水位低保护

的"与"条件。若放水后水位仍继续升高到高三值，保护系统发出紧急停炉信号，停止锅炉运行。当水位至高二值经放水后，水位恢复到高一值以下，证明水位确实恢复正常，水位保护系统应立即关闭事故放水门，以免汽包水位再降低。

汽包压力降低也会使水位升高，但这是虚假水位现象（如汽包安全门动作），这种水位升高即使高至高二值或高三值，保护系统也不应动作。因此，对安全门动作需加延时（图2-6中为60s），待虚假水位消失，禁止信号才解除，防止误动作发生。另外，计算机也可发出禁止命令，防止设备不必要的动作。

如图2-6 (b) 所示，当安全门动作（60s内）、炉膛灭火、主汽压力高或计算机指令均不存在的情况下，水位低二值信号存在，则关定期排污总门。当水位低一、低二值相继出现时，开备用给水门。当水位低二、低三值相继出现时，说明汽包严重缺水，应紧急停炉。

当水位在高一、高二、高三值或低一、低二、低三值时均应发出报警信号。

目前，国内大型火电机组都采用DCS控制，为了提高汽包水位保护的动作可靠性，其保护逻辑都采用"三取二"控制。如图2-7所示为某350MW机组锅炉汽包水位保护"三取二"逻辑框图。三个汽包水位变送器（LT）和三个汽包压力变送器（PT）来的信号输到DCS系统，汽包压力经"三取中"运算，再经压力修正运算，得到的修正值和设定值在DCS中进行比较运算，如果修正值超过设定值的范围，则发出报警信号。水位变送器进行故障判断，当检测到输入信号有问题时，则在CRT上发出报警信号，保证汽包水位保护动作可靠。

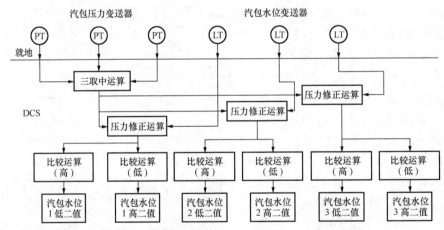

图2-7　某350MW机组锅炉汽包水位保护"三取二"逻辑框图

三、直流锅炉断水保护

（一）直流炉汽水系统的特点

在直流锅炉上，由于它没有汽包，各受热面（省煤段、蒸发段和过热段）没有明显分界线，没有中间储存环节，从给水泵给水到过热蒸汽形成的过程是连续的、一次完成的。由于中间没有缓冲地带，因此对于供水的要求很严。直流锅炉要求给水和燃料必须紧密配合，从而保持汽水行程中各处的湿度和温度符合规定要求。如果直流锅炉在运行中发生断水故障，就会导致受热面严重超温而损坏，如果在断水后几秒钟内不能恢复供水，这将严重危及锅炉的安全，为此必须装设断水保护系统。

（二）直流锅炉断水保护系统

直流锅炉断水保护系统的断水信号摄取和组合有多种方法。常见的有使用给水流量过低的信号组合来形成断水停炉信号；也有的是采用给水母管压力低和给水流量低的信号组合来形成断水停炉信号。如图2-8所示画出了这两种断水停炉保护系统。

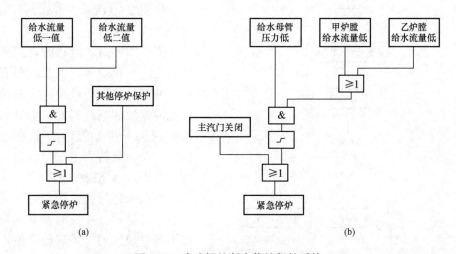

图2-8　直流锅炉断水停炉保护系统
（a）单炉膛直流锅炉的断水保护系统；（b）双炉膛直流锅炉的断水保护系统

如图2-8（a）所示为某单炉膛直流锅炉的断水保护系统原理图。图中采用给水流量低一值和低二值两个信号来监视锅炉供水量。为提高保护系统的可靠性，信号单元采用信号串联法构成，即只有在给水流量低一值和低二值同时存在时，经过延时处理后才送出断水停炉指令。给水流量低值和延时时间需根据锅炉制造厂提供的数据，并经运行测试后确定。例如本例是1025t/h亚临界直流锅炉，给水流量低一值为225t/h，低二值为210t/h，延时时间为9s。

如图2-8（b）所示是一台1025t/h亚临界双炉膛直流锅炉的断水保护系统。只要甲、乙两侧炉膛进水管道的流量有一侧发生低流量，并且给水母管的给水压力也达到低限值，则将发出断水停炉信号。这里的"给水母管压力低"的作用，是防止在正常流量时的误动作。

四、锅炉再热器保护

再热器保护通常分为再热器壁温高保护和再热汽温高保护两个方面。

（一）再热器壁温高保护

中间再热机组的再热器壁温高保护是很重要的，因为锅炉点火后，受热面被加热，受热管道中的积水被蒸发。锅炉升压后，部分管道中的积水亦被流过的蒸汽而带走。此时过热器或再热器内部分或全部管子几乎没有蒸汽流过，而仅仅受到微量蒸发出来的蒸汽所冷却，其冷却效果是很差的，因而管壁温度接近烟气温度。此外，在汽轮机冲转前，过热器、再热器通汽量受到旁路系统容量的限制，汽轮机冲转后又受到汽轮机流通量限制，因而蒸汽在管内的流量还是很小的。在启动升压阶段，一般锅炉蒸发量小于额定值的10%，为此对再热器必须进行壁温高的保护。

再热器壁温高保护是采用限制受热面入口烟气温度的方法，防止管壁超温。另外，由于启动阶段只投少量的燃烧器，烟气侧会存在较大的热偏差，同时管内蒸汽流量的分配也是不

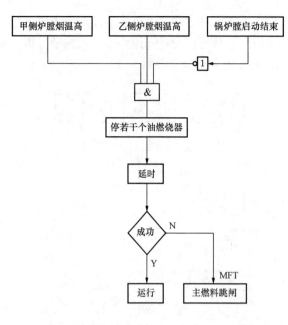

图 2-9　屏式再热器壁温高保护系统框图

均匀的，所以管间就存在壁温差，烟气进口温度控制值应比金属材料最高允许温度还要低些。屏式再热器所用的材料较差，因而在锅炉启动时更要严密监视。如图 2-9 所示为屏式再热器壁温高保护系统框图。

为了掌握锅炉启动时屏式再热器管壁温度的变化规律，以及取得有效地防止管壁超温的运行经验，在锅炉两侧装设能伸缩的烟温检测器。锅炉启动时将测温探头伸进烟道，严密监视烟气温度。启动结束转为正常运行时，将测温探头退出，以免探头烧坏。

当烟温超过规定限值时，应停运若干个油燃烧器，并及时调整风量，使烟温不超过规定值。若调整失败，烟温继续超过限值，则主燃料跳闸（MFT），迫使紧急停炉。而当锅炉启动成功，再热器内有冷却蒸汽流动，则该项保护措施将手动切除。

如图 2-10 所示是某 1025t/h 亚临界中间再热机组上的锅炉再热器保护跳闸逻辑。有以下几种情况将发生 MFT 动作以保护再热器。

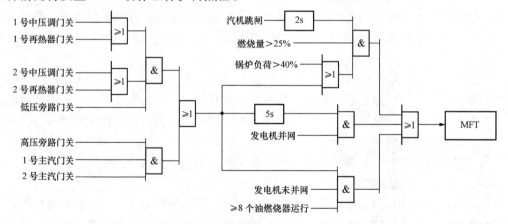

图 2-10　再热器保护跳闸逻辑

（1）汽轮机跳闸时燃料量＞25％额定值，并且锅炉热负荷＞40％，则 MFT 动作。

（2）汽轮机跳闸时燃料量＞25％额定值，且发生中压调门与低压旁路门同时关闭，或者发生主汽门和高压旁路门都关闭，则 MFT 动作。

（3）发电机并网后发生中压调门和低压旁路门都关闭，或者发生主汽门和高压旁路门同时关闭，则 MFT 动作。

（4）发电机尚未并网，但油燃烧器≥8 个投入运行，并且发生中压调门和低压旁路门关闭，或者高压旁路门和主汽门都关闭，则 MFT 动作。

（二）再热汽温高保护

再热汽温的调节通常是采用改变煤粉燃烧器的上、下摆动角度来调节。再热汽温低时可将燃烧器的摆角上倾，而汽温高时则将摆角下倾，以此调节再热蒸汽温度。由于喷水调节再热汽温会降低机组的热经济性，因而正常运行时一般都不使用喷水调节。但当再热汽温超过规定的限值时，为了防止再热器烧坏，不得不使用喷水减温。如图 2-11 所示为锅炉再热汽温高保护逻辑图。

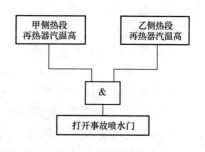

图 2-11　锅炉再热汽温高保护逻辑图

当锅炉燃烧恶化而引起烟道中二次燃烧、再热器前受热面积灰、结焦而引起再热器进口烟温严重升高，或减温减压装置失灵等，都可能引起再热汽温过高。保护措施是打开事故喷水门，进行紧急降温，以保护再热器。当再热汽温达到正常值时，自动关闭事故喷水电动门。

第二节　炉膛爆炸的原因及其防止措施

锅炉启停过程、低负荷或变动负荷运行中，常因进入炉内的燃料量与风量控制不当而发生燃烧不稳乃至锅炉突然熄火。若此时未察觉濒临灭火前的燃烧不稳，又未及时采取紧急保护措施，继续让燃料进入炉膛，燃料就有可能在未受控制的情况下瞬间爆燃，造成炉膛外爆，这就是通常所说的"锅炉灭火放炮"。严重的锅炉灭火放炮事故造成的经济损失是巨大的，有时还会造成人员的伤亡。为了预防灭火放炮事故的发生和将可能出现的事故损害减小到最低程度，从 20 世纪 60 年代起，国外火电机组就采用并推广了一系列火焰检测装置和炉膛安全监控系统，并制定了有关的安全规程，如美国国家燃烧保护协会（NFPA）标准。其中 NFPA-85C、NFPA-85E 标准适用于燃用煤粉的多燃烧器锅炉，为炉膛燃料燃烧系统以及有关控制设备的设计、安装和运行制定最低限额标准，预防炉膛爆炸事故的发生，以利于锅炉的安全运行。从 20 世纪 70 年代起，我国从国外引进的大型火电机组配套有锅炉安全运行必不可少的重要监控设备。为此原水电部在 1993 年就明文规定："今后凡新投产机组必须安装火焰检测和安全防爆装置，现有机组在条件许可情况下也必须设法加装"。原电力工业部电力规划设计总院于 1993 年 9 月 22 日以电规发（1993）255 号文颁发了《锅炉炉膛安全监控系统设计技术规定》（DLGJ116—1993），为国内炉膛安全监控系统的设计提供了依据。

一、炉膛爆炸的原因

炉膛爆炸指的是在锅炉炉膛内积存的可燃混合物突然同时被点燃，即爆燃而使烟气侧压力升高而造成炉墙结构破坏现象，称为炉膛外爆。烟气侧压力过低，造成炉墙结构破坏的现象，称为炉膛内爆。

（一）炉膛外爆

炉膛爆炸的主要原因在于炉膛或烟道中积聚了一定数量未经燃烧的燃料与空气一起形成的可燃混合物，在遇有点火源时，如锅炉启动点火、锅炉熄火后重新点火或炉膛内燃料本身所积存的热能，使可燃混合物突然点燃。由于火焰传播速度极快，积存的可燃混合物近于同时点燃，生成烟气后容积突然增大，一时来不及由炉膛排出，因而使炉膛压力骤增，这种现象称为爆燃（俗称"打炮"），严重的爆燃即为爆炸。由于炉膛压力过高，超过炉膛结构所能承受的压力，使炉墙外延崩塌，称为"外爆"。

从炉膛结构原理上来分析，只有符合下列三种情况才有可能发生可燃混合物突然爆燃：

（1）炉膛或烟道内有燃料和助燃空气同时存在。

（2）积存的燃料和空气混合物是爆炸性的。

（3）具有足够的点火能源存在。

炉膛内最可能发生可燃混合物积存的几种危险情况：

（1）燃料在停炉时积存或停炉后漏进锅炉炉膛中，未经吹扫，进行点火。

（2）重复不成功的点火，未及时吹扫，造成大量爆炸性混合物积聚。

（3）在多个燃烧器运行时，一个或者几个燃烧器燃烧不良或失去火焰，从而堆积起可燃的混合物。

（4）运行中整个炉膛熄火，造成燃料和空气可燃混合物的积聚，随后再次点火或者有其他点火源存在时，使这些可燃混合物点燃。

对于大容量锅炉而言，炉内可燃混合物积存到发生爆炸往往发生在 $1\sim2\text{s}$ 时间之内，运行人员根本来不及反应。炉膛爆燃的关键是炉膛内可燃混合物的存在，燃料和空气按一定比例混合才能形成爆炸性的可燃混合物。燃烧煤粉时，每立方米空气中含有 0.05kg 煤粉时，就会形成爆炸性混合物。爆燃的理论分析可以假定瞬间的爆燃为定容绝热过程，可近似地用理想气体方程式来表达：

$$\frac{p_2}{p_1} = \frac{T_2}{T_1} = \frac{T_1 + \Delta T}{T_1} = 1 + \frac{\Delta T}{T_1} \qquad (2-1)$$

式中：p_1、T_1 分别为爆燃前炉膛介质的压力和绝对温度；p_2、T_2 分别为爆燃后炉膛介质的压力和绝对温度。

若瞬间爆燃放出的热量用来加热炉内介质，则定容绝热过程中炉内介质的温升 ΔT 为

$$\Delta T = \frac{V_r Q_r}{V C_v} \qquad (2-2)$$

式中：V_r 为炉膛中积存的可燃混合物的容积；Q_r 为炉膛中积存的可燃混合物的容积发热值；V 为炉膛容积；C_v 为定容过程中炉膛介质的平均比热。

由式（2-1）和式（2-2）可得

$$p_2 = p_1 \left(1 + \frac{V_r Q_r}{V C_v T_1}\right) \qquad (2-3)$$

由式（2-3）所算出的爆燃后的炉膛压力 p_2 可能偏高，我们的目的是要用此式来说明影响爆燃后压力升高的几个因素。容积比值 V_r/V 是一个相对值，只有当容积比比较大时才会使爆燃压力升高。大容积炉膛中积存少量可燃混合物，即使爆燃也不过只是"噗"的一声，不会造成破坏。炉膛内产生可燃混合物积存是因为有未经点燃而进入炉膛的燃料，延续时间越长可燃物的积存量将越多，这说明在点火时，如送入的燃料未能点燃或已点燃而火焰又中断时，就应立即切断燃料，切断越快，进入炉膛的燃料就越少。

单位容积的热值 Q_r 越大，爆燃后的压力升高越大。Q_r 值的大小同燃料空气的浓度比有关，在理论空气量时，Q_r 值最高，这时的火焰传播速度也最快。当空气量超过理论量时，热值降低，空气过多时混合物成为不可燃的。我们正是利用这一原理来防止炉膛爆燃的。在实

际运行中，如火焰熄灭而切断燃料，炉膛和烟道中可能有未点燃的燃料积存，暂时因空气不足而不爆燃，但当空气扩散进入后，又可能引起爆燃。

式（2-3）还说明炉膛介质的绝对温度 T_1 越低，爆燃后的压力升高越大，破坏力越大。在点火暖炉期间炉膛温度低，这时爆燃的破坏力更为严重。当炉膛温度超过可燃混合物的着火温度时，混合物一进炉膛立即点燃，就不会有可燃混合物的积存。矿物燃料的着火温度大多不超过 650℃，理论上当炉膛温度超过此值时就不会有爆燃。但是由于燃烧器送入的混合物有一定流速，要求有更高的温度才能迅速点燃，一般认为炉膛温度超过 750℃时就可保证不发生炉膛爆燃。

在推导式（2-3）时曾假定爆燃为定容过程，实际上烟气膨胀时总有些由炉膛出口排出，炉膛出口和烟道的阻力系数越小，排出的烟气将越多。爆燃能量越大，瞬间的烟速将使阻力增大很多，这时排烟降压的作用是有限的。炉墙装设的防爆门也有类似情况，只能对局部不大的爆燃起降压作用。对于能量较大的爆燃，防爆门的作用是很不够的。最好的办法是防止爆燃的发生，关键是防止可燃混合物的积存。

（二）炉膛内爆

当炉膛压力过低，其下降幅值超过炉墙结构所能承受的压力时，炉墙就会向内坍塌，这种现象称为炉膛内爆。

引起炉膛内爆的主要原因：一是引风机产生较大的负压头，甚至超过锅炉结构所能承受的限度，或由于控制系统发生误操作，或由于运行人员操作失误，造成直接施加在锅炉结构上的负压，例如打开运行着的引风机挡板，即使锅炉没有燃烧，也会造成破坏性负压；二是炉膛"火焰丧失"或"灭火"，造成炉膛负压过大，引起炉膛内爆。

假定炉膛内烟气为理想气体，理想气体方程式为

$$pV = RMT$$

式中：p 为炉膛绝对压力；V 为炉膛容积；R 为通用气体常数；M 为炉膛介质质量；T 为炉膛介质绝对温度。

因炉膛容积为一常数，即 $V_1 = V_2$，则

$$p_2 = p_1 \frac{M_2 T_2}{M_1 T_1}$$

当火焰突然丧失或切断燃料时，例如主燃料跳闸（MFT）时，炉膛内介质温度 T_2 急剧降低，则炉膛压力 p_2 也随之急剧降低，如果这一负压超过炉墙结构设计允许强度，就有可能造成炉膛的炉墙破坏。如图2-12所示为某锅炉突然切断燃料时的炉膛负压曲线。

引起炉膛内爆的原因大致有以下两个方面。

（1）引风量大于送风量，造成介质质量的减少。例如：引风机产生较大负压头，使引风量大于送风量；控制系统误动作或运行人员操作失误，打开运行着的引风机挡板，同时关闭送风机挡板等。

（2）炉膛灭火引起炉膛温度 T 下降，造成负压过大。

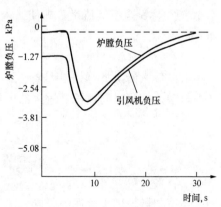

图2-12　燃料突然中断时的炉膛负压曲线

二、防止炉膛爆炸的措施

（一）防止炉膛爆炸的原则

如前所述，若能防止可燃混合物积存就可防止炉膛爆炸，经验证明大多炉膛爆炸发生在点火和暖炉期间，在低负荷运行或在停炉熄火过程中也会发生，对于不同的运行情况，要采取不同的防止方法。就原则而言如能做到如下几点就可有效防止炉膛爆炸。

（1）在主燃料与空气混合物入口处有足够的点火能源，点火器的火焰要稳定，具有一定的点火能量，而且位置恰好能将主燃料点燃。

（2）当有未点燃的燃料进入炉膛时，这段时间应尽可能缩短，使积存的可燃物容积只占炉膛容积的极小部分。

（3）对于已进入炉膛未点燃的可燃混合物，尽快地冲淡，使它达不到可燃范围，并不断地把它吹扫出去。

（4）当送入的燃料只有部分燃烧时，就加快冲淡，使之成为不可燃的混合物。

（二）点火暖炉期间

点火期间炉膛是冷状态，这时要启动的设备和进行操作的项目很多，很容易造成误操作。点火器的火焰是炉膛的第一个火焰，在点火之前应使炉膛与烟道内没有积存的可燃混合物。因此，点火前必须用空气吹扫炉膛和烟道，将任何积存的燃料吹扫出去，同时还要防止有燃料流入炉膛和烟道。为能达到吹扫目的，吹扫时要有一定的换气量和一定的空气流速，一般要求换气量不少于炉膛容积 4 倍的空气量，而空气流量应不小于额定负荷时空气流量的25%（一般规定为30%），以免被吹起的燃料又积存下来。吹扫时间必须连续保持 5min，保证吹扫彻底。另外在 5min 吹扫前，一般先进行油系统泄漏试验，保证油跳闸阀和油枪喷嘴阀关闭严密，防止燃油在停用时漏入炉膛。

现在普遍采用"二次风挡板开启"的点火方式，在吹扫时所有燃烧器的二次风挡板均打开，保持不少于25%的额定空气流量。在点火暖炉期间，所有二次风挡板仍开启，仍保持不少于25%的额定空气流量。暖炉期间的燃料量一般不超过额定燃料量的10%，而空气量则不小于25%额定空气流量，即使送入的燃料未被点燃，也将被冲淡成为不可燃的混合物，从而避免爆燃。

（三）火焰中断

不论在什么情况下，如果燃烧器的火焰熄灭，就应立即切断燃料，否则进入的燃料将积存在炉膛中，这段时间越长，进入的燃料就越多，就可能形成严重爆燃。任一燃烧器的火焰熄灭，就应立即切断该燃烧器的燃料。如全部火焰熄灭，应立即切断全部燃料。

第三节　火　焰　检　测　器

火焰检测器是用于监视炉膛内火焰燃烧的稳定性和火焰动态变化的探测与监视，对于防止炉膛爆燃、维护锅炉运行的安全性极为重要。对于大容量锅炉、燃烧器多层布置且多数配置中速磨直吹式制粉系统。由于磨煤机运行性能直接影响燃烧稳定性，在煤质变差或低负荷燃烧工况下，燃烧稳定性变差，容易出现灭火或爆燃事故。为此，不仅需要全炉膛火焰探测与监视，而且更需要实现单只燃烧器火焰的探测与鉴别，判别层火焰的稳定性及火焰是否存在。因此，火焰检测器是锅炉炉膛安全监控系统十分重要的部件。

一、火焰检测原理

锅炉使用的燃料主要有煤、油和可燃气体等，这些燃料在燃烧过程中会发出可见光、红外线、紫外线等光谱。燃料不同，三种光线的强度也不同。煤粉火焰除有不发光的 CO_2 和水蒸气等三原子气体外，还有部分灼热发光的焦炭粒子和灰粒等，它们有较强的可见光、红外线和一定数量的紫外线，而且火焰的形状会随着负荷的变动而有明显的变化；可燃气体火焰中含有大量 CO_2 和水蒸气等三原子气体，主要是不发光火焰，但还包含有较强的紫外线和一定数量的可见光；油火焰中除了有一部分 CO_2 和水蒸气外，也有丰富的紫外线和可见光。火焰检测器就是利用燃料火焰发出的紫外线、可见光、红外线特性进行检测，具体可分为紫外线火焰检测器、可见光火焰检测器和红外线火焰检测器。光电管对火焰的光感效应相当于人的眼睛，火焰光谱与炉膛辐射能量之间的关系如图 2-13 所示。

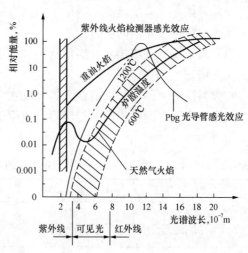

图 2-13　火焰光谱与炉膛辐射能量之间的关系

紫外线火焰检测器利用火焰本身特有的紫外线强度来判别火焰的有无。紫外线波长范围较狭小，在 $2\times10^{-7}\sim3\times10^{-7}$ m 之间，因此，探头采用可见光和红外线不敏感的紫外光敏管。它是一种固态脉冲器件，发出的信号是火焰频率与辐射强度成正比例的随机脉冲。紫外线火焰检测器对天然气和轻油火焰效果较好，能有效地监视单只燃烧器的着火情况，在油、气炉上被广泛采用。由于紫外线辐射易被油雾、水蒸气、煤尘及燃烧产物所吸收，所以在风量失调工况下的重油燃烧或煤粉燃烧中，用紫外光敏管检测是不可靠的，尤其在低负荷时，用紫外光敏管检测煤火焰灵敏度很低，故紫外光敏管只适用于燃气和燃油的火焰检测，而不适用于煤粉的火焰检测。

红外线火焰检测器利用火焰中大量存在着可见光和 9×10^{-7} m 以上的红外线，这些波长的光线不易被煤尘和其他燃烧产物吸收，故适用于检测煤粉火焰，也可用于重油火焰。是一种较好的火焰检测器。

可见光火焰检测器利用火焰中存在大量可见光，而可见光的强度和火焰的闪烁频率经逻辑处理后，即可鉴别相应燃烧器火焰的"有"和"无"。可见光敏感元件为硅光电二极管，经红外滤波后，感受区在 $3\times10^{-7}\sim8\times10^{-7}$ m 之间（可见光的蓝绿区）。

综上所述，火焰具有三大特性：火焰的波长、燃烧频率、强度。

（1）油燃烧的火焰含有大量的紫外线、红外线、可见光，燃烧频率较高。可用可见光、红外线或紫外线火焰检测器。但是，蒸汽雾化的油燃烧的火焰应使用红外线火焰检测器，因为蒸汽和灰分能吸收部分紫外线而可能导致紫外线火焰检测器不稳定。

（2）煤粉燃烧的火焰含有大量的红外线、可见光，燃烧频率较低。一般使用可见光或红外线火焰检测器。

（3）气体燃烧的火焰含有大量的紫外线，少量的红外线和可见光，燃烧频率较高。一般使用紫外线火焰检测器。

火焰检测器是 FSSS 系统中的重要设备。每个燃烧器和油枪点火器均应配置相应的火焰检测器。不同的燃料选用火焰检测器的形式不一样，火焰检测器有以下几种：

（1）紫外光（UV）火焰检测器，响应紫外光谱约 290～320nm 波长，适用于检测气体和轻油燃料火焰。

（2）红外光（IR）火焰检测器，响应红外光谱约 700～1700nm 波长，适用于检测油、煤、固体燃料燃烧的火焰检测。

（3）可见光火焰检测器，适用于检测重油和煤火焰，也可用于检测轻油火焰，但受背景光干扰大，穿透黑龙区的能力较差。

（4）离子棒（火焰棒）火焰检测器，利用火焰的导电性检测气体燃烧的火焰（一般为气体点火火焰）。

在大型锅炉上配套的火焰检测器，现在大多采用供货厂商新推出的复合式检测器，即在一个检测器中装有两种不同的传感器，适用于多种燃料场合。目前常用的几种火焰检测器如表 2-1 所示。

表 2-1 目前常用的几种火焰检测器

型 号	检测原理	制造商	国内电厂应用情况
SAFE-SCAN	可见光	CE	平圩、石洞口二厂、北仑等
UNIFLAME	紫光+红外	FORNEY	常熟二厂、沁北、珠海、汕尾等
UVISOR	紫外+红外	ABB	北部湾、台山、安顺等
ISCAN	紫外+红外	COEN	盘山、定州、惠莱等

二、SAFE-SCAN 型火焰检测器

美国 CE 公司生产的 SAFE-SCAN 火焰检测器为可见光检测原理，分为 I 型、II 型和数字式火焰检测器几种类型，下面分别叙述。

（一）SAFE-SCAN-I 型可见光火焰检测器

SAFE-SCAN-I 型火焰检测器是一种带有近红外线滤波光敏特性的光电元件，如图 2-14 所示为光纤和光电管的光敏特性，它是在大型燃煤炉上作出的一组实验曲线。

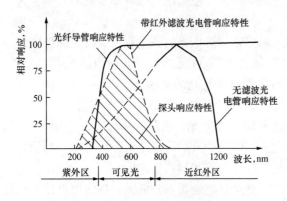

图 2-14 光纤和光电管的光敏特性

如图 2-14 所示，光纤导管的传输特性在波长 400～1500nm（$1nm = 10^{-9}$ m）范围内是较平坦的；无红外滤波光电管对红外线区和可见光区有响应，而带红外滤波的光电管仅对可见光区有响应，从图中三条曲线来看，它们对紫外线区均不敏感，因而它们不会受紫外线的干扰。

SAFE-SCAN 型火焰检测器采用了带红外滤波器的光电二极管，它的敏感波长仅为 400～700nm，这个范围正好是可见光的波长范围，其波形的峰—峰值较大，灵敏度高，所以采用带红外滤波的光电管来检测炉膛的火焰是合适的，这将可提高检测系统的

可靠性和探头的鉴别能力。

如图 2-15 所示为火焰检测器原理框图。

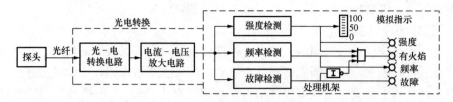

图 2-15　火焰检测原理框图

炉膛火焰的可见光通过探头内的透镜将光信号引出炉膛，经光电二极管将光信号转换成电流信号，该电流信号的大小反映了炉膛火焰的强弱，电流信号的频率反映了火焰的脉动频率。

电流信号经放大后送往远方处理机架，该机架有三个通道，分别对火焰的强度、频率进行检测，若检测电路工作正常，而火焰的强度和频率又在设定范围内，则"强度"、"频率"指示灯亮，"故障"指示灯灭，并发出"有火焰"信号。

1. 光电转换

如图 2-16 所示为光电转换原理框图。

炉膛火焰通过视角为 3°～5°的透镜，再经长度为 1.5～2m 的光纤电缆，将火焰信号送到位于锅炉旁边的光电转换器。光纤传输的光电信号直接照射到光电管，由于光电二极管输出的电流是光信号的对数关系，因此采用了对数放大器，使转换后的电流信号与光信号成线性关系。对数放大器有两个外接电位器，一个用于调增益，另一个用于调零。光电流信号通过对数放大器转换成火焰光的电压信号。由于电流信号易于传输，且抗干扰性能好，因而采用传输（跨导）放大器将电压信号转换成电流信号，然后通过 4 芯屏蔽电缆将信号送到处理机架。

图 2-16 中的发光二极管 LED 作为负反馈信号源，当锅炉停止运行时，模拟一次元件的光源，用于对光电转换电路的自检及判别电缆是否开路。

2. 处理机架

处理机架内有三个处理回路，即强度检测、频率检测和故障检测。它们都有各自的发光二极管指示检测结果。当三个回路的信号输出均正常，即强度允许、频率允许且无故障时，灯和表计插件面板

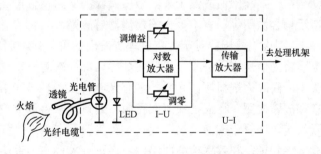

图 2-16　光电转换原理框图

上的指示灯将点亮，指出这一回路的火焰存在，同时在面板的小型光度表上可以看出该火焰信号的强度大小。

（1）强度检测。强度检测是对火焰的直流分量进行检测，直流分量是反映火焰的强度（亮度），火焰越亮，信号的直流分量越强。

从现场来的电流信号送到处理机架后，首先经过 I/U 放大，将电流信号转换成电压信号，然后分成三路，同时输到强度检测，频率检测和故障检测回路中去。

　　强度检测时首先对强度信号的高限和低限进行设定。当火焰的强度信号超过高限设定值时，强度允许信号即有输出。反之，低于低限设定值时则没有输出。适当提高高限阈值以提高火焰鉴别能力，设置较低的低限值以保证有足够的灵敏度。

　　众所周知，炉膛火焰在各处的分布是不均匀的，如燃烧器火焰包络的根部火焰强度最强，而其远端火焰强度就相对弱些。根据这种现象就可以在背景火焰的情况下，对开始点火的燃烧器状态进行监视，以判断燃烧器是否点着。如果燃烧器点燃，火焰的强度分量就会超过高限设定值，该电路就输出强度允许信号，显示"有火焰"。如果检测器用于全炉膛火焰监视，若燃烧器熄火但炉膛仍有余火，则强度信号虽低于强度高限值，但不低于低限值，因而仍显示有火焰，直至炉膛灭火，强度信号消失，显示"无火焰"。当然，这些强度高、低限设定值是通过现场试验确定的。强度信号还可用来作为模拟量显示信号，送到火焰强度指示表进行强度显示。

　　（2）频率检测。它是利用火焰的脉动特性进行检测的。在燃烧器出口的气粉混合物，当气流扰动越强时，燃烧反应速度越快，其燃烧火焰发出可见光的脉动频率就越高。而距燃烧器出口越远的燃烧区，即火焰伸展部分，由于氧量供应不足且扰动减弱，因而使燃烧速率降低，其燃烧火焰的脉动频率也较根部火焰的频率为低。

　　不同燃料燃烧时，其火焰频率是不同的，如煤燃烧的火焰频率约为 10Hz，油燃烧的火焰频率约为 30Hz。根据这一特性，当多种燃料同时燃烧时，如煤、油混合燃烧时，由于两种火焰的脉动频率有明显差异，油燃烧火焰脉动频率高于煤燃烧火焰的脉动频率。如果需检测油燃烧的火焰是否存在，只要采用高通滤波器将火焰信号的低频分量滤去，就可得到油燃烧的火焰信号了。

　　（3）故障检测。故障检测回路能连续地将火焰信号的幅值与事先整定好的高、低限值进行比较，当光电转换电路工作正常时，火焰信号电平在上限和下限之间的正常范围内检测回路输出低电平，表示无故障。当探头、信号传送电缆或光电转换电路出现故障时，输入信号就会高于某高限值或低于某低限值，检测回路将输出高电平，故障报警指示灯亮，"有火焰"指示信号被闭锁，表示该火焰检测器有故障。

　　Ⅰ型火焰检测器对于燃烧过程所发出的可见光的固有频率和强度进行检测，它利用光纤电缆将光信号引出炉膛。光纤在炉膛内部一端有一个透镜，配有专用的冷却风系统，保护镜头不受高温火焰损坏。光纤外端有光电转换器，将光信号转换成电信号，然后进行强度、频率和故障检测。在强度检测回路内，通过高限可调电位器和低限可调电位器进行强度高、低限设定，如对于燃油火焰，其火焰强度高限值一般设定为 55%～60%；低限值一般设定为 38%～40%。在频率检测回路内，通过开关调整内部参考频率，使其调至建立稳定火焰所需的频率，如将频率插件板的开关（SW301）1、2、7 和 8 置于闭合（ON）的位置，插件将产生高于 26Hz 的参考频率。

　　同一层 4 个角的火焰信号再进行 2/4 逻辑运算，当 4 个探头中有两个或两个以上有火焰时，就发出"2/4 火焰"信号，并点亮指示灯，表示层火焰存在。鉴别型火焰检测器仅仅用来鉴别每根油枪的火焰，因此不需要参加 2/4 运算。

　　SAFE - SCAN - Ⅰ型火焰检测器可以在以下范围内使用：①燃煤锅炉炉膛火球监视；②带负荷油枪火焰监视；③暖炉油枪火焰监视；④燃焦类锅炉火焰监视；⑤燃天然气锅炉火球监视。

（二）SAFE‑SCAN‑Ⅱ型火焰检测器

它的测量原理与Ⅰ型基本相同，但它采用一个探头同时检测两种不同的火焰，它能在背景是炉膛火球火焰的情况下，鉴别出邻近单根油枪的火焰。探头部分将检测到的两种燃料的可见光信号转换成电流信号，送到检测器的处理机架，处理机架内部也设有频率检测、强度检测和故障检测回路。

Ⅱ型火焰检测器的频率检测回路有两路：一路按单根油枪火焰频率设定；另一路按煤粉火焰频率设定。两路频率检测回路都与探头相连，这样就避免了在同一个二次风室内装设两套火焰检测探头的必要，可以节省一部分探头及电缆的投资。探头置于油枪边，当油枪停止工作时，又可监视煤粉火焰。

（三）SAFE‑FLAME‑DFS数字式火焰检测器

SAFE‑FLAME‑DFS数字式火焰检测器是CE公司提供的新一代数字式产品，也采用了可见光原理。它使用了一种多燃料的检测探头，即一个探头可同时检测煤、油、天然气等不同燃料。它采用了计算机技术，每个信道都配有独立的微处理器，其灵敏度和可靠性都有进一步提高，并且具有相互独立的检测、判断输出、带有多种接口的输出方式。

DFS（Digital Flame Scanner）数字型火焰检测器的组态结构也是由火焰探头和信号处理机架组成，但机架和探头最远可相距2000m，每一个信号处理机架有4块独立的信号处理卡、一块信号故障输出卡和一块电源卡。探头电流信号通过信号处理卡对信号进行放大，数据采集和A/D转换，经微处理器处理后，对火焰信号进行判别，SAFE‑FLAME‑DFS火焰检测卡将DFS火焰检测信号和背景特征参数相比较，进行不断判别，同时进行计算，得出一个综合输出，对特征参数（频率、强度）进行显示。

DFS检测器除具有以上功能外，还有火焰品质参数计算功能，它是对火焰检测效果的综合反映。通过对火焰检测计算出火焰频率、强度及火焰品质，可以方便地对火焰检测设备进行调整、设定及维护。

三、UNIFLAME火焰检测器

1. UNIFLAME火焰检测器原理

FORNEY公司UNIFLAME系列火焰检测器是利用火焰的三大特性于近期推出的智能一体化火焰检测器。UNIFLAME 95IR、95UV和95DS型火焰探头是基于微处理器的火焰探头，采用了固态红外、紫外和双通道传感器。

UNIFLAME 95型火焰探头内部带有火焰继电器，可调整ON/OFF（有火/无火）门槛值，因此不需要远程火焰放大器。UNIFLAME探头检测目标火焰产生的脉动幅值和频率。相关的频率和探头增益可以手动选择（S1型）或忽略手动功能进行自动调节（S2型）。

UNIFLAME探头带有4个按键用于就地操作，液晶显示屏显示各种火检信息。其内部有状态菜单、自动调节菜单和编辑菜单三个菜单。现场所有功能均可通过远程PC火检联网来实现显示和调节。

燃烧器产生火焰的光信号通过光纤装置（或观察管）传递到UNIFLAME探头的光电传感器上进行光/电转换，电流信号经过放大并进行信号预处理，然后将有一定特征（代表火焰的波长、频率、强度）的信号转化为脉冲信号，完成火检信号的预处理过程。

UNIFLAME探头可就地控制或远程调试。就地控制可输入密码后进入编辑菜单直接对火焰探头进行调试，特别适用于单个燃烧器故障，急需现场解决和现场调试的情况；远程调试可在远程 PC 上通过专用火检软件进行调试，在燃烧器点火和运行调试中可同时对多个火检进行参数设定和监视，可通过软件对燃烧工况进行分析。因此，UNIFLAME探头的就地控制或远程调试功能适用于火检故障报警输出，并伴有信号隔离措施，便于与 DCS 连接。

UNIFLAME 火检含有自检系统，以确保不会提供一个虚假的"有火焰"信号，每只火检探头的火焰强度信号输出有 4～20mA 标准模拟量信号输出，以及"有火/无火"开关量触点输出和火检故障报警输出，并伴有信号隔离措施，便于与 DCS 连接。

2. 火检系统组成

一套完整的 UNIFLAME 火焰检测系统包括以下几方面：①外导管组件、内导管组件（含光纤）和安装管组件；②UNIFLAME 探头；③电缆组件及接线箱；④火检电源箱；⑤PC、通信软件及附件；⑥火检冷却风系统。

以上配置为 600MW 机组火检系统的基本配置，根据炉型不同，其配置也会不同。一般四角切圆的锅炉由于燃烧器要摆动，要求配绕性的内、外导管；对冲炉煤火检一般含内、外导管，而油火检可根据具体情况选用带光纤型或非带光纤型，也可选择紫外线或红外线探头。

四、UVISOR 型火焰检测器

ABB 公司 UVISOR 型火焰检测器有两种：UR600 - 1000UV 型用于检测油火焰的紫外线火焰检测器；UR600 - 2000IR/EF - A 型用于检测煤火焰的红外线火焰检测器。

Gap 是一种磷化镓光敏电阻，其特点是对紫外线辐射特别敏感。燃料燃烧时，由化学反应产生闪烁的紫外线辐射，使磷化镓光敏电阻感应，经过光电转换，再经放大器运算处理后，输出 4～20mA 的火焰强度信号。

Pbs 是一种硫化铅光敏电阻，其特点是对红外线辐射特别敏感，燃料燃烧时，由化学反应产生闪烁的红外线辐射，使硫化铅光敏电阻感应，经光电转换，再经放大运算处理后，使硫化铅光敏电阻感应，经光电转换，再经放大运算处理后，输出 4～20mA 的火焰强度信号。

火焰检测器由石英镜头，光电二极管感应元件及位于探头头部的信号调节/前置放大电路组成。该火焰检测器具有以下功能。

1. 参数自动调整功能

使用自动调整菜单中的 SCOFF，SCON 和 CALC 命令可使通道有关的参数自动进行最优选择。燃烧器关闭时，通过 SCOFF 控制，处理器以火焰不存在为假设，对信号进行扫描检测并查找可编程滤波器内的全部组合参数。得到的组合参数被保持一段时间，随后将这一组参数储存起来，它代表无火工况。

燃烧器投用时，通过 SCON 控制，处理器以火焰存在为假设，对信号进行扫描检测，这个检测过程保持 400s 时间，待监测过程稳定，如扫描过程不曾被中断，则发出 SCON、SCOFF、GOOD 信息，否则发出 BAD 信号。再通过 CALC 命令，处理器自动计算出带通最佳值（LF、HF）和背景值（B），随后这一组参数被储存，它代表有火工况。

2. 自动诊断功能

该处理器具有以下三种诊断功能。

（1）启动诊断：在火焰探测开始前先对硬件、软件功能进行诊断。诊断通过后，表示已做好准备。

（2）在线诊断：在运行中连续不断地对电源系统进行诊断，发现问题会作处理并进行报警。

（3）循环诊断：重复上电时的诊断，在发现故障时将关闭火焰继电器，只有在一次自检通过后火焰继电器才恢复工作。

3. 预报警功能

当火焰信号达到预报警门槛时，发出预报警信号，预报警信号通信接口与监控系统相连。

4. 记录功能

火焰信号的信息可以记录在储存器中，共有 1200 对数据可储存。

五、ISCAN 火焰检测器

COEN 公司的 ISCAN 火焰检测器既能探测紫外火焰，又能探测红外火焰，它能够检测油、气及煤等各种燃料的火焰。ISCAN 从光转换到电信号，直至数字信号的全部处理过程都在火检探头里完成，所以也是一体化火检，不需要单独的放大器。

ISCAN 的工作原理是基于检测火焰的闪烁频率，找到最大背景辐射强度为零时的闪烁频率点，忽略低于该频率的所有信号，而只检测闪烁频率高于该点的火焰，即所谓单点检测原理。ISCAN 能够对相邻火焰视而不见，只对目标火焰响应。

对于对冲火焰，虽然火焰监测器视线既穿过目标火焰的高频区又穿过对冲火焰的高频区，但对冲火焰高频区距离较远，火焰强度较弱，通过调节有火/无火阈值，将强度较弱的对冲火焰调至阈值以下，从而使火焰监测器对对冲火焰也可视而不见，只对目标火焰响应。

六、火焰检测器的安装和调整

火焰检测器的安装位置对火焰检测的可靠性至关重要，煤粉燃烧器的火焰监视一般采用交叉布置，即相邻两层煤粉喷嘴中间布置一层探头，该探头对于上、下相邻两层煤粉喷嘴火焰均有信号反映，而以下层火焰监视为主。这是因为探头对于下层邻近的一次风口火焰敏感，而对于上层火焰有时由于风压变动或在工况变动时会受到影响。探头平行装在二次风口内，有利于探头清洁、防止结焦等。探头开孔比较简单，不涉及水冷壁弯管等问题。但由于二次风道长，很难用机械的办法调整探头角度，一般采用固定探头。

探头除了置于二次风口内外，也可将探头从侧墙看火孔或从侧墙开孔插入，对准火焰靠近根部的光亮区域。由于探头不在二次风口内，炉膛辐射温度很高，因而要求探头冷却风可靠。为降低探头温度，往往将探头退至炉墙外，前端加装导光管，对准目标区域。

为了提高火焰检测器的可靠性，在安装和调整火焰检测器时必须做到以下几点。

（1）火焰检测器安装位置要得当。火焰检测器安装位置的原则是：视野合适，保证对火焰信号检测效果的灵敏性和准确性；安装方便，便于维护，尽量延长检测器的使用寿命。在火焰检测器探头安装时，一定要通过计算、调整和试验，使探头视野始终落在火焰初始燃烧区，才能保证火焰信号检测效果。

（2）探头的安装数量要合适。如果探头数量少，就无法完整地反映全炉膛喷燃器的燃烧情况，因此探头的安装数量必须足够。最大限度地监视炉膛内各部位火焰燃烧情况，不得存在监视的局限性和盲点，以保证火焰检测器在燃烧不稳时也能可靠地监视火焰，防止因外部干扰而使灭火保护误动作。

（3）采用"火焰强度"和"闪烁频率"双信号判定火焰信号。燃烧的火焰不但有光亮强度信号，同时又有一定的闪烁频率信号。不同燃料的燃烧有不同的闪烁频率，火焰根部的闪烁频率较高，炉膛四壁和熔渣发出的光闪烁频率很低。根据燃烧火焰这一特性可选用"火焰强度"及"闪烁频率"这两个信号作为燃烧器的火焰信号，以保证火焰检测器的准确可靠。

（4）光纤必须可靠且要求冷却风通畅。选用可靠耐高温的光导纤维，保证低损耗地传递火焰信号。一般选用通径不小于 4mm 的石英光纤，使用效果较好。如果探头处的温度不超过 300℃，也可考虑选用通径不小于 4mm 的玻璃光纤。即使使用石英光纤，火焰检测器探头的冷却风也必须保证通畅，风管应通畅且不破损。一旦探头失去冷却风，光纤将会烧坏。

（5）保持探头清洁。必须定期清洁检测器透镜，脏污的透镜会减弱进入光电管的光强度，导致错误的判断。如果检测器探头冷却风系统装有滤网，则应定期检查清洗，以保持冷却风通畅，并达到探头清洁作用。

（6）做好调整标定工作。在现场一定要做好火焰检测器的调整标定工作，可采用蜡烛光代替白炽灯光，因为蜡烛光更接近燃烧火焰光，调整合适的灵敏度上、下限值，才能保证火焰检测器发出的火焰信号可靠。

总之，在大型锅炉燃烧过程中，要判断锅炉燃烧状况，实现燃烧自动管理和控制，火焰检测器是必不可少的。先进的火焰检测器一定要安装、调整和维护得当，才能正确检测炉膛火焰的燃烧和熄灭，还能判断火焰的稳定性，有利于炉膛安全监控系统的投运。

第四节　炉膛安全监控系统（FSSS）的作用和组成

炉膛安全监控系统（Furnace Safeguard Supervisory System，FSSS）是现代大型锅炉机组必须具备的一种监控系统。它能在锅炉正常工作和启停等各种运行方式下，连续地密切监视燃烧系统的大量参数和状态，不断地进行逻辑判断和运算，必要时发出动作指令，通过各种顺控和连锁装置，使燃烧系统中的有关设备（如磨煤机、给煤机、油枪等），严格按照一定的逻辑顺序进行操作或处理未遂事故，以保证锅炉燃烧系统的安全。

它的另一个名称是燃烧器管理系统（Burner Management System，BMS）。它是对锅炉的各层燃烧器进行投切控制，以满足机组启停和增减负荷的需要，对锅炉的运行参数及状态进行连续监视，并自动地完成各种操作和安全连锁保护，完成对锅炉燃烧设备必要的操作管理或处理未遂事故，以保证锅炉燃烧设备的安全。

一、FSSS 的作用及功能

炉膛安全监控系统一般可分为三大部分：燃烧器控制系统、燃料安全系统和汽包锅炉的炉水循环泵控制。下面简述它们的作用。

（一）作用

（1）燃烧器控制系统（Burner Control System，BCS）。它的主要作用是连续监视运行，控制点火及暖炉油枪，对磨煤机、给煤机等制粉设备实现自启停或远方操作，分别监视油层、煤层及全炉膛火球火焰。当吹扫、点火和带负荷运行时，控制风箱挡板位置，以便获得炉膛所需的空气分布。还提供状态信号到模拟量控制系统（MCS）、数据采集系统（DAS）、旁路控制系统（BPS）及汽轮机自启停系统（ATC）等。

（2）燃料安全系统（Fuel Safety System，FSS）。其主要作用是在锅炉运行的各个阶段，包括启停过程中，预防在锅炉的任何部分形成一种可爆燃的气粉混合物，防止炉膛爆炸。在对设备和人身有危险时产生 MFT（主燃料跳闸）信号，并提供"首次跳闸原因"的报警信号，以便事故查找和分析。MFT 信号发出后，切除所有燃烧设备和有关辅助设备，切断进入炉膛的一切燃料。MFT 以后仍需维持炉内通风，进行跳闸后炉膛吹扫，清除炉膛及尾部烟道中的可燃混合物，防止炉膛爆炸。

（3）汽包锅炉的炉水循环泵控制（Boiler Circulation Pumps，BCP）。其主要作用是保证炉水循环泵的正常工作。如三台炉水循环泵中应保证至少有一台在运行，若不能维持最后一台泵的运行，则发出 MFT 信号，实行紧急停炉。炉水循环泵控制与前面两部分控制有较大的独立性，彼此之间联系较少。

由此可见，不管在锅炉启停和正常运行，还是在事故处理中，FSSS 都起着重要作用。可以说，FSSS 和 MCS 是保障锅炉机组正常启停和安全运行的两大支柱，MCS 主要起调节作用，而 FSSS 主要起安全保护作用。

（二）功能

从 FSSS 的功能来看，大致可归纳为以下 5 项：

（1）炉膛吹扫。锅炉点火前和停炉后必须对炉膛进行连续吹扫，以保证炉膛和烟道内不积聚任何可燃物。

（2）油枪或油枪组顺控。点火前炉膛吹扫完成后，锅炉具备了点火条件，则运行人员可在控制室内进行油枪或油枪组的点火或停运。

（3）炉膛火焰检测。炉膛火焰监测一般分为"火球"火焰检测和单个燃烧器（油枪或煤燃烧器）火焰监测两种。前者一般只监测火焰的强度，后者则同时监测火焰的强度和火焰的脉动频率。一般火球监视只是用于全炉膛监视，即在满足一定条件下，如锅炉负荷大于 20% 时，可以认为炉膛内的燃烧已形成火球。以是否观察到火球为标准来判断各煤层是否着火。在点火阶段仍以单个燃烧器为基础，并以火焰强度和脉动频率来综合判断。

（4）磨煤机组顺序启停和给煤机、磨煤机保护逻辑。锅炉满足投煤粉许可条件时，运行人员可在控制室内 CRT 键盘（或鼠标、球标、光笔、触屏）上按预定程序手动启停磨煤机组各有关设备，或磨煤机组按预定程序成组自动启停。给煤机、磨煤机为锅炉的重要辅机，其自身设备的安全亦必须得到保护，因此设计有给煤机、磨煤机的启动、运行许可条件和保护逻辑。

（5）主燃料跳闸（MFT）是锅炉安全监控系统的主要组成部分，它连续地监视预先确定的各种安全运行条件是否满足，一旦出现可能危及锅炉安全运行的危险情况，就快速切断进入炉膛的燃烧，以免发生设备损坏事故，或限制事故的进一步扩大。当机组在运行中出现某些影响正常运行的特殊工况时，如主要辅机故障、汽轮发电机故障或主开关跳闸等，需要快速将负荷降低，使锅炉从全负荷或高负荷运行迅速切回到低负荷运行。这些都是 FSSS 系统的主要功能。

二、FSSS 的组成

FSSS 主要由操作盘、逻辑控制柜及现场设备三大部分组成，如图 2-17 所示。

　　FSSS系统将锅炉的燃烧控制与安全保护融于一体，即向运行人员提供燃烧系统的全部操作控制，又可在锅炉运行的各个阶段进行监视、报警和跳闸保护。

　　1．操作盘

　　操作盘包括运行人员操作盘和就地操作盘。

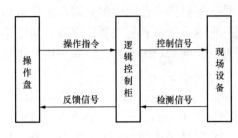

图2-17　FSSS的组成示意图

　　（1）运行人员操作盘。大型火电机组大多采用DCS分散控制系统实现FSSS系统的操作，运行人员的操作由位于中央控制室CRT键盘实现，运行人员的操作指令通过键盘发出。设备运行状况反馈信息由CRT显示。运行人员通过CRT显示的信息及时掌握FSSS系统及现场设备的工作状况。操作盘主要由下列两部分组成。

　　1）指令按钮：如启停燃烧系统有关设备所必要的开关和按钮等。

　　2）反馈显示：如状态指示灯，向运行人员提供设备运行状态（如阀门开、阀门关，电动机启动、电动机停止等）以及运行操作情况，如"吹扫开始"、"吹扫完成"等。当机组发生紧急停炉时，显示首次跳闸原因。

　　（2）就地操作盘。就地操作通常限制在最低程度，主要用于维修、测试和校验现场设备。在正常运行时，所有现场控制开关均应设置在遥控位置，使得这些设备处于逻辑系统控制之下。与FSSS有关的就地操作盘有给煤机操作盘、磨煤机润滑油系统以及油枪就地维护等。

　　2．现场设备

　　现场设备包括驱动装置和敏感元件。

　　（1）驱动装置。驱动装置用于控制进入炉膛的燃料和空气，相当于FSSS系统的"手脚"。燃烧系统的驱动装置包括：①电动、气动和液动的阀门；②电动机驱动设备，如给煤机，磨煤机，密封风机等；③点火器、油枪推进装置等。

　　运行人员通过逻辑控制系统控制这些装置。逻辑控制系统给这些驱动装置的指令，不是开，就是关；不是启动，就是停止；不是伸进，就是退出。给煤量多少，风门挡板开度大小调整，则由MCS模拟量控制系统执行。

　　（2）敏感元件。敏感元件是用来监测炉内燃烧和燃料空气系统状态的装置，如炉内有无火焰，空气、燃油的压力、温度是否满足规定要求，以及阀门、挡板开关位置等，它相当于FSSS系统的"耳目"。

　　敏感元件包括压力开关、温度开关、流量（差压）开关、限位开关以及火焰检测器等。

　　3．逻辑控制柜

　　逻辑系统可以看作是FSSS（见图2-18）的"大脑"。它对运行人员的操作指令和敏感元件的状态进行连续的监测和处理，运行人员发出的指令只有通过逻辑系统验证，满足一定的安全许可条件后才能将信号输到驱动装置，当出现危及设备和机组安全运行时，逻辑系统会自动停运有关的设备。逻辑装置按放在逻辑控制柜内，用微处理器实现FSSS的逻辑控制，只需修改软件就可修改逻辑程序，而不需更换硬件设备。

　　FSSS采用了分层的逻辑结构，具体分为下位逻辑和上位逻辑，而上位逻辑又分为层逻

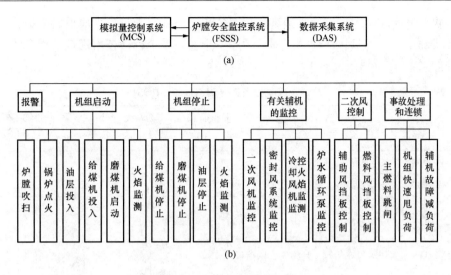

图 2-18　FSSS 系统示意图

(a) FSSS 与 MCS、DAS 的连接；(b) FSSS 的逻辑结构

辑和公共逻辑。下位逻辑控制的具体对象是角逻辑回路，用来实现对一台煤粉燃烧器或点火器的控制；层逻辑是对层燃烧器进行自动点熄火控制和状态监视的回路；公共逻辑是对全部燃烧器进行监控，实现主燃料跳闸（MFT）或锅炉紧急停炉、机组快速甩负荷（FCB）、主要辅机故障减负荷（RB）功能的逻辑控制。

运行中，操作指令（计算机指令或手动控制指令）送至上位逻辑，再由它向各个下位逻辑发出指令，对角逻辑回路实现控制。若上位逻辑发生故障，仍可通过下位逻辑或现场操作对燃烧器实现控制，不会影响锅炉运行。若下位逻辑发生故障，则仅仅影响该逻辑控制的燃烧器运行，而其他燃烧器仍可继续运行。

炉膛安全监控系统采用分层逻辑结构，既能使控制操作更加灵活，又能确保系统的可靠性，并且便于在线检修。如果系统采用的是专门设计的面向控制对象的语言，就可以方便地修改系统的控制功能。

第五节　FSSS 系统的逻辑程序

FSSS 系统的逻辑程序是指锅炉燃烧系统各个设备的动作所必须遵循的安全连锁、许可条件和先后顺序以及它们之间的逻辑关系，它使得整个系统能按照正确的顺序安全启停和正常运行，一旦安全连锁条件破坏或规定的许可条件不满足，则自动停止执行程序，并作出相应的动作，保证锅炉燃烧系统所有设备保持在安全状态。

FSSS 逻辑程序的一个核心问题是通过周密的安全连锁和许可条件，防止可燃性混合物在炉膛、煤粉管道和燃烧器中积存，以防止炉膛爆炸的发生。FSSS 系统的逻辑程序一般分成以下几个部分：炉膛吹扫、泄漏试验、油层控制、煤层控制、火焰检测及全炉膛灭火保护、主燃料跳闸、二次风挡板控制，辅机故障减负荷及机组快速甩负荷等控制逻辑。下面对其中的主要逻辑控制作介绍，便于读者在实际工作中进一步分析控制逻辑。

一、炉膛吹扫

锅炉在点火启动前必须进行吹扫，以稀释或吹尽炉内可能存在的可燃混合物，防止点火时爆燃。吹扫开始和吹扫过程中必须满足一定的吹扫条件，吹扫条件应根据锅炉容量和制粉系统的形式确定。DLGJ116—1993《锅炉炉膛安全监控系统设计技术规定》规定的锅炉炉膛吹扫条件如表 2-2 所示。

表 2-2　　　　　　　　　锅炉炉膛吹扫条件（DLGJ116—1993）

序号	吹 扫 条 件	中间储仓式制粉系统（t/h）		直吹式制粉系统（t/h）	
		220～670	1000～2000	220～670	1000～2000
1	主燃料跳闸条件不存在	√	√	√	√
2	锅炉炉膛安全监控系统电源正常	√	√	√	√
3	至少有一台送风机在运行，且相应送风挡板打开	√	√	√	√
4	至少有一台引风机在运行，且相应引风挡板打开	√	√	√	√
5	至少有一台回转式空气预热器在运行，且相应挡板未关	√	√	√	√
6	炉膛通风量 25%～30%额定负荷风量范围内	△	√	△	√
7	总燃油（燃气）关断阀或快关阀关闭	√	√	√	√
8	全部油（气）枪关断阀或快关阀关闭	○	√	○	√
9	全部一次风机停运	√	√		√
10	全部排粉机停运	√	√		
11	全部给煤机停运	√	√		
12	汽包水位正常（达到点火规定的水位值）		√		√
13	"吹扫"手动指令启动	√	√	√	√

注　√—"应"；△—"宜"；○—"可"。

1. 炉膛吹扫条件

炉膛吹扫时，必须切断所有进入炉膛的燃料输入，吹扫通风量为 20%～30%额定负荷风量，吹扫时间不少于 5min，且中间不允许中断。

炉膛吹扫的一般条件如下：

（1）所有磨煤机出口挡板都关闭；

（2）所有磨煤机停运；

（3）所有给煤机停运；

（4）所有一次风调节风门都关闭；

（5）点火器母管跳闸阀关闭；

（6）空气预热器都运行；

（7）至少一台送风机和引风机运行；

（8）一次风机停运；

（9）二次风在点火状态；

（10）二次风量大于 25%且小于 40%；

（11）所有重油再循环阀关闭。

炉膛吹扫控制系统为操作人员提供了吹扫先决条件的状态及吹扫进度指示。如"吹扫请求"、"吹扫在进行中"、"吹扫中断"、"吹扫完成"等，这些指示可通过操作人员接口设备管理命令系统（MCS）或数字逻辑站（DLS）等实现。

2. 炉膛吹扫过程

上述许可条件均在操作员站 CRT 上有相应的指示，当 MFT 记忆信号存在，吹扫条件尚未满足时，CRT 显示"吹扫请求"。当所有许可条件都满足，吹扫 5min 计时器自动投入，CRT 显示"吹扫在进行中"，"吹扫请求"显示消失。如在 5min 内所有吹扫条件保持满足，则 5min 后，CRT 显示"吹扫完成"，而"吹扫在进行中"显示消失。如在 5min 吹扫周期内任一吹扫许可条件失去，则 CRT 显示"吹扫中断"，而"吹扫在进行中"显示消失，运行人员必须检查造成吹扫中断的原因并进行处理。当所有吹扫条件重新满足，则连续保持 5min 吹扫后，发出"吹扫完成"信号。

吹扫完成后，运行人员通过操作 CRT 或操作台手动 MFT 复位按钮将主燃料跳闸（MFT）存储器复位，清除 MFT 信号，使锅炉进入点火准备。吹扫完成后，吹扫风量将一直保持到锅炉达到相应的负荷。在锅炉运行中风量均不得低于吹扫风量，一般当低于吹扫风量时将发出报警，低于吹扫风量 5% 则导致 MFT 动作。

二、燃油系统及点火方式

锅炉燃油系统是指燃油从油库来的燃油，经燃油泵输送到锅炉房的燃油母管上，然后经一系列的阀门和油燃烧器进入炉膛。燃油的作用是：①作为煤粉燃烧器的点火油；②作为锅炉启动初期的升温升压，即暖炉之用；③当锅炉处于低负荷而燃烧不稳定时起稳定燃烧作用。

燃油系统的任务：将燃油连续不断地送往锅炉内，以满足锅炉点火及低负荷助燃的需要。送往锅炉的燃油必须符合以下几点要求：①保证一定的燃油流量，以满足锅炉点火及低负荷助燃的需要；②保证燃油的工作油压，因为油压对燃油在炉内的雾化质量有很大影响，所以应使燃油保持在规定的油压内。

1. 燃油系统组成

如图 2-19 所示为某锅炉机组的暖炉油系统简图。图中 FM、PM 分别为流量、压力测量仪表，FS、PS、TS 分别为流量、压力和温度的开关量信号，DPS 为差压开关。

本系统采用高能点火器—暖炉油—煤粉的点火方式，当暖炉油在常温下黏度较大时，为了便于输送和雾化，一般在送到锅炉之前要采用辅助蒸汽加热。加热后的暖炉油经跳闸阀（快关阀）、压力调节阀、喷嘴阀（三用阀）至暖炉油枪。跳闸阀在机组运行时是常开的，使炉前油管路处于热备用状态。当发生 MFT 时，跳闸阀则自动关闭。压力调节阀根据暖炉油母管压力和锅炉的需要来控制调节阀的位置。

炉前油系统的每层都有 4 支暖炉油枪，分别布置在炉膛 4 角，每只暖炉油枪的入口处设置了油枪进油阀（简称油角阀）。这种阀集油阀、蒸汽吹扫阀和蒸汽雾化阀于一体，因此称为三用阀，也叫油枪喷嘴阀。三用阀有三个位置，即燃烧（运行）、吹扫和关闭（停止）三个位置，有两个进口（油和蒸汽）和两个出口（油和蒸汽），三用阀处在关闭位置时，油和蒸汽均被切断，防止油枪停运时油和蒸汽流经三用阀进入炉膛。在吹扫位置时，蒸汽不仅进入油枪的蒸汽侧，同时也进入油枪的油侧，以清除掉三用阀至油枪这段管路上的存油，吹扫

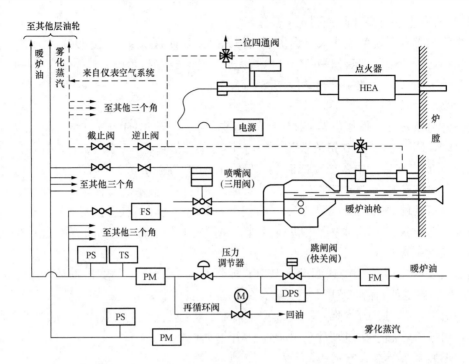

图 2-19 某锅炉机组的暖炉油系统简图

过程一般持续 5min。在燃烧（运行）位置时，雾化蒸汽和油各走其道，这种位置即为燃烧位置，也即油枪阀开启位置。

油枪进油阀具有跳闸功能，再循环阀兼有隔离功能，因此控制了这两个阀门，就控制了整个燃油系统的油源。

2. 锅炉点火方式

目前大容量锅炉的点火方式大致有以下几种。

（1）采用二级点火方式，即将高能点火器先点燃轻油燃烧器，再点燃煤粉燃烧器。采用高能点火装置直接点燃轻油燃烧器，以轻油作为锅炉启动到 20％额定负荷时的燃料，也作为锅炉低负荷时的助燃燃料。每一只轻油燃烧器配置一只高能点火装置，而煤粉燃烧器不另设置点火装置，煤粉依靠轻油燃烧产生的能量着火。

（2）采用三级点火方式，将若干具有高能点火装置的轻油点火器（或称涡流板式点火器）设置在每一只重油燃烧器和煤粉燃烧器的侧面。轻油点火器由高能点火装置来点燃，其火焰以一定角度与主燃烧器喷射轴线相交，以保证可靠地点燃主燃料（重油、煤粉）。投用重油燃烧器或煤粉燃烧器时必须先投用相应的点火器，而且在点燃煤粉燃烧器时，其点火能量应大一些。在停用重油或煤粉燃烧器时，也必须投用相应的点火器，以燃尽残油或余粉。即采用高能点火装置点燃轻油点火器，再由轻油点火器点燃其相应的重油燃烧器，重油燃烧器设置在相邻的两层煤粉燃烧器之间。煤粉燃烧着火能量是由重油燃烧器提供的。

（3）采用一级点火方式，即直接由等离子点火装置点燃煤粉，但为满足锅炉稳燃的需要，仍保留轻油系统，轻油还是由高能点火器点燃。

3. 油系统泄漏试验

在机组点火启动前必须进行油系统泄漏试验，其目的是为了防止油漏入炉膛而在点火瞬间发生爆炸的危险。在炉膛吹扫进行前，应先完成油系统的泄漏试验。泄漏试验必须满足喷嘴阀全关和一定油压后才可进行，当运行人员启动试验后，程序自动分两阶段进行检测。

第一阶段检测燃烧器油阀或炉前油管路是否泄漏，第二阶段检测油跳闸阀是否有泄漏，当两个阶段检测都通过时，泄漏试验成功。泄漏试验开始，首先打开跳闸阀和回油阀进行充油，15～30s 后关闭回油阀，对油系统的各部分进行 10～15s 充压。当跳闸阀前后差压为零时关闭跳闸阀。跳闸阀关闭 15min，进行 10min 的检测，由跳闸阀前后差压判断燃烧器三用阀和油管路是否泄漏，若在跳闸阀关闭后仍能保持跳闸阀前后差压为零，则表明跳闸阀出口管路、阀门无泄漏。第一阶段证实无泄漏后，再进行第二阶段试验，打开回油阀 10～15s 进行泄压，10～15s 后关回油阀进行 60s 的检测，根据此过程中油压是否低来判断主跳闸阀是否泄漏。若在规定时间内母管压力低信号仍然存在，则表明主跳闸阀无泄漏，随即发出"泄漏试验成功"信号。

4. 油燃烧器控制

(1) 油燃烧器的基本功能。对于煤粉锅炉，在启动或低负荷运行时，往往需要采用油燃烧器帮助点火启动、助燃和稳定煤粉燃烧。因此，油燃烧器的控制是 FSSS 系统中的基本职能。

一般油燃烧器有以下几个功能：

1) 为锅炉启动到机组带 20%～30% 额定负荷的全过程提供必需的燃料。

2) 在锅炉主要辅机发生故障而减负荷（RB）、机组快速甩负荷（FCB）、停机不停炉、电网故障、主开关跳闸及机组带厂用电运行时，油燃烧器起稳定燃烧、维持低负荷运行的作用。

3) 点燃煤粉燃烧器。煤粉着火需要一定的能量，投用一定数量的油燃烧器，使锅炉达到 20% 额定负荷以上（炉内具有一定热负荷），可以保证煤粉稳定燃烧。

(2) 油点火控制。点火控制包括锅炉正常启动、停运和燃烧不稳定时点火器投入运行时的控制，锅炉正常启动时，只有当炉膛吹扫完成且满足一定的许可条件，暖炉油枪才能投入运行。如吹扫完成、主油管跳闸阀打开、油温正常、油压正常、雾化蒸汽压力正常等。轻油以层为单位启动，各层启动逻辑相同。

轻油点火器包括轻油枪、高能点火装置（HEA）以及轻油枪和高能点火装置的进退机构。它们在点火过程中按下列顺序进行，如图 2-20 所示。

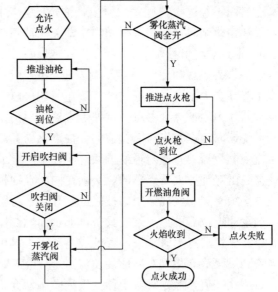

图 2-20 点火油枪组启动顺序示意图

　　点火油枪控制系统处于遥控位置时，可以接收油层控制系统发出的启动信号，也可由运行人员在 BTG（炉机电）控制盘或 OIS（操作员站）上直接发出油枪组启动指令。当满足点火油枪组已准备好条件发生时，则使点火油枪组启动存储器置位，在不存在点火油枪组停止和吹扫指令的情况下，向点火油枪组控制器发出远方启动点火油枪组指令，点火油枪组控制器接到该指令后进行下列一系列动作。

　　1）将控制空气四通电磁阀通电，控制空气推动驱动活塞，将组内点火油枪推进。

　　2）当所有点火油枪位置开关指示点火油枪已经推进到位，发出高能点火器火花棒推进指令。

　　3）火花棒推进到位，高能点火器电源接通，开始打火并且打开吹扫蒸汽阀。

　　4）吹扫蒸汽阀打开进行 10s 予吹扫后再关闭，发出开启雾化蒸汽阀命令。

　　5）雾化蒸汽阀位置开关指示全开到位后，发出开启燃油角阀命令。

　　6）燃油角阀开启 10s 后，发出指令，使高能点火器电源断开，火花棒退回。

　　7）燃油角阀开启且火焰信号收到后，油层投运。

　　将上述过程归纳如下：当油层控制系统发来启动油角指令时，油角控制系统首先对本油角启动的必要条件进行检查核对，如果条件满足，就对油枪伸缩机构实施控制，将油枪推进到位，点火器推进到位后，打开油阀，同时点火器产生高能火花，点火器点火大约持续 30s 后自动退出炉膛。

　　30s 点火周期过后，高能点火器信号就失去，此时油角的火焰检测器应检查点火是否成功，即检查是否有角火焰指示。如有火焰则保持油角阀继续开启，启动成功，油枪投入正常运行。如油角阀开启后 30s 检测油角无火焰，即油角点火不成功。控制系统将发出油角关闭指令，直接切断油燃料，停运油角。

　　油角停运分正常停止和事故跳闸。油角的正常停止和油角事故跳闸是有区别的，尽管两者的最终结果是关闭油角阀。在正常停止时油枪必须经过"吹扫"程序，将油阀出口到油枪喷嘴间的管道内现存的油吹扫干净。而在油角跳闸时，因为是危急工况，应直接关断油阀，切断燃料而不经过吹扫程序。所以，油枪的正常停运包括关油角阀和油枪吹扫两个控制过程，而油角跳闸时，在很短时间内立即关闭油角阀。

　　5. 重油燃烧器控制

　　轻油作为启动和 20% 额定负荷及助燃的燃料，但由于轻油价格较高，使机组启动运行的成本提高。为了求得较好的经济效益，还可以采用三级点火方式，即用高能点火器点燃轻油点火器，由轻油点火器点燃重油点火器，再由重油点火器点燃煤粉燃烧器。在停运重油和煤粉燃烧器时，也要先点燃相应的轻油点火器，以燃尽残油或剩余的煤粉。

　　重油燃烧器的布置与轻油枪相对应，重油层的控制逻辑与轻油层也基本相同。由于重油燃烧器是由轻油点火器点燃的，必须在同层轻油枪启动成功后，才能启动重油燃烧器，即同层轻油必须有 3/4 轻油三用阀被验证已开且运行正常，才能启动重油燃烧器。

　　当重油燃烧器的点火条件具备，即重油燃烧器"点火许可"时，可对重油燃烧器进行点火。重油燃烧器点火时，采用气动或电动式进退机构将重油燃烧器自动推入炉膛，并开启进油电磁阀及蒸汽雾化阀（Y 形油喷嘴），重油喷入炉内与点火器火焰相遇点燃，重油燃烧器进入点燃状态后，经延时若干秒（重油燃烧器允许点火时间），然后发出"重油燃烧器点火时间完"信号，该指令送入点火器的熄火顺序，点火器自动熄火。当点火时间结束而重油燃烧器火焰监视器仍显示"无火焰",则发出"重油燃烧器点火失败"的报警信号,必须重新进行点火操作或重发点火指令。

重油燃烧器的熄火顺序:关闭进油电磁阀、切断油路、关闭雾化蒸汽阀、开启吹扫阀吹扫油枪 3min,然后关闭吹扫阀,熄灭点火器,重油燃烧器自动从工作位置退出。

6. 点火器和轻油枪控制实例

下面以某 900MW 超临界压力锅炉为例,说明点火器和轻油枪的控制相关条件和顺序,如表 2-3 所示。该锅炉从德国阿尔斯通公司引进的,形式为塔式,超临界压力锅炉,一次中间再热,扩容式启动系统,单炉膛四角切向燃烧,露天布置,平衡通风,固态排渣煤粉锅炉。

锅炉主要参数包括以下几个。过热蒸汽流量:2788t/h;过热蒸汽压力:25.76MPa;过热蒸汽温度:542℃;再热蒸汽流量:2476t/h;再热蒸汽压力(进口/出口):5.92/5.74MPa;再热蒸汽温度(进口/出口):319.3/568℃。

表 2-3 点火器和轻油枪的控制相关条件和顺序

轻油点火许可条件	轻油枪(单根)启动顺序	轻油枪(单根)停运顺序	轻油枪跳闸条件
①燃油压力大于 1.3MPa ②锅炉保护存在 ③扫描风压力大于 11.5kPa ④冷却风压力大于 9kPa ⑤同层油燃烧器中至少有三个油燃烧器顺控没有故障	①轻油压力控制阀投自动 ②二次风挡板投自动 ③油枪向炉膛推进 ④点火器向炉膛推进 ⑤点火器点火 ⑥轻油快关阀打开,喷油燃烧 ⑦点火器自动退出炉膛	①轻油快关阀关闭 ②二次风投自动 ③点火器推进 ④点火器点火直至第一次吹扫完成(约30s) ⑤吹扫阀开,开始第二次吹扫(约300s) ⑥吹扫完成,吹扫阀关 ⑦油枪退出炉膛	①火焰检测器无火 ②因锅炉跳闸,油枪失去信号 ③轻油喷嘴阀等失去预定位置 ④锅炉跳闸

轻油枪以层为单位启动,各层启动逻辑相同。当启动某层轻油后,首先从 1♯ 角推进油枪和点火器,进行点火投用,点火后点火器自动退出。然后顺序启用 3♯、2♯ 和 4♯ 角,其间隔时间分别为 10s,10min 和 10s。每个角有火焰监视器,如果探测不到火焰,则说明点火不成功,油枪将关闭。启动程序允许二次点火,如第一次失败,则重复单根轻油枪启动顺序中(4)~(6)步骤。如监测到火焰,且油阀保持开位置,则证明点火成功。同一层有 3/4 轻油阀保持开位置,且油流量大于 10%,则认为该层轻油在运行。

三、磨煤机和给煤机控制

1. 制粉设备系统

大型锅炉机组大多采用直吹式制粉系统,本书介绍采用中速磨(如 HP 型碗式中速磨煤机、MPS 型中速辊环式磨煤机)的直吹式制粉系统磨煤机组。磨煤机组包括磨煤机、给煤机、磨出口阀门、有关风门挡板、磨油系统、磨密封空气系统等。磨煤机组启动通常设计有单台磨手动启动、单台磨自动启动和磨煤机组成组顺序启动三种方式。

如图 2-21 所示为某锅炉机组的制粉系统。它配置了 MPS-89J 型中速磨煤机,每台磨煤机供同一层 4 个煤粉燃烧器。每台磨煤机配一台电子称重式皮带给煤机。

煤粉制备和输送用的一次风经冷热风调节挡板调节至适当温度送入磨煤机磨环下部。煤从原煤仓经漏斗管进入给煤机,再经过落煤管进入磨煤机磨环中央部位,经磨煤机磨

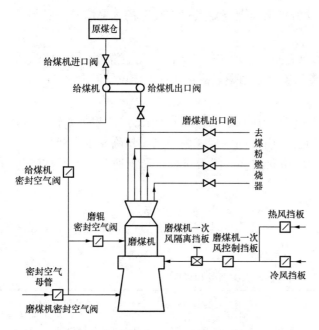

图 2-21　某锅炉机组机的煤粉制备系统

辊碾碎后，被高温一次风干燥并吹入上部分离器分离，细度合格的煤粉通过分离器出口 4 根煤粉管送至炉膛同一层的 4 个煤粉燃烧器。细度不合格的粗粉回到磨环再度碾碎。煤中的黄铁矿、煤矸石等不能被气流吹起而落入风箱之中，由随磨辊一起转动的刮板收集在磨煤机的废料箱内，定期运走。在磨煤机出口煤粉管道上均装有关断阀（称磨煤机出口阀），在磨煤机停运时关闭该阀，防止炉膛高温烟气倒流入磨煤机。在原煤仓与给煤机之间下煤管及给煤机出口管均装有隔离阀（分别称为给煤机进口阀与出口阀），用于切断和隔离煤源。磨煤机一次风入口装有隔离阀和控制阀

（分别称为磨煤机一次风隔离阀和控制阀），分别用于隔离进入磨煤机一次风和调节一次风量。

　　由于制粉系统是正压运行的，设置了两台高压离心式密封风机，将高于一次风压头的空气送至磨煤机和给煤机，作密封用，防止煤粉泄漏。每个磨煤机组密封空气管道装有三个阀门，总阀称为磨煤机密封空气阀，该阀打开时，密封空气直接引入磨煤机下部轭架动静部分间隙处，防止煤粉从研磨区泄漏至大气中。另两个分阀分别称为磨煤机磨辊密封阀和给煤机密封阀，当磨辊密封阀打开时，密封空气引入三个磨辊组件，用于保护磨辊的油封，防止煤粉进入油封，导致磨辊轴承故障。给煤机密封阀打开时，提供从给煤机至磨煤机轻微的正向空气流，防止磨煤机中热煤粉气流进入给煤机。

　　在正常运行时，给煤量、一次风量和磨煤机出口温度等均由 MCS 控制，磨煤机切投、启停由 FSSS 控制，有一整套安全连锁条件，保证煤粉制备系统安全启停和正常运行。

　　2. 磨煤机和给煤机控制

　　对于大型直吹式制粉的燃煤锅炉，磨煤机和给煤机的正常启动是保证煤粉燃烧器点火投运的重要前提。因此，在煤粉燃烧器点火投运前，FSSS 自动确认磨煤机和给煤机的启动条件，只有条件满足，FSSS 才允许磨煤机和给煤机启动。由于磨煤机和给煤机是为煤粉燃烧器提供燃料的，而煤粉燃烧器又是由轻油点火器点燃的，为保证进入炉膛内的煤粉即刻燃烧，"轻油点火器点火许可"必须是磨煤机和给煤机启动的首要条件。而"磨煤机启动条件成立"又是给煤机启动的必备条件，如果磨煤机尚未启动，将不允许给煤机启动。

　　只有当同一层的轻油或重油点着，或磨煤机的煤量达到一定值后，磨煤机达到点火能量充分，火球才能够建立。

　　磨煤机点火能量表明锅炉达到一定的蒸发量，炉内热负荷达到一定值，煤粉着火条件

好；空气预热器进口烟温达到一定值，与空气预热器出口热风温度达到一定值具有相同的意义，它可以保证煤的充分干燥和煤粉着火条件。

为使进入炉膛的煤粉可靠着火，给煤机启动时必须保证重油燃烧器（或点火油枪）处于运行之中。若已有一台以上给煤机在运行，说明炉内已有煤粉燃烧器投运，则重油燃烧器（或点火油枪）运行条件就不再受限制。为防止炉膛压力波动过大，在任意一台给煤机正处在启动过程中时（即有煤粉燃烧器正在点火），不允许其他给煤机同时启动。

磨煤机组启动通常设计有单台磨手动启动、单台磨自动启动和磨煤机组成组顺序启动三种方式。磨煤机组的启动方式虽有不同，但磨煤机组启动的顺序和许可条件都是一样的，即都是按照固定的程序使磨煤机组启动。

磨煤机组停运程序也分为磨煤机组成组顺序停运、单台磨煤机组顺控停止和运行人员手动停止三种正常停运方式。此外，还有磨煤机跳闸保护、给煤机跳闸保护和磨煤机 CO 检测和报警。实现制粉系统的防爆安全监控，这为制粉系统的安全运行提供了保障。

3. 煤粉燃烧器的自动点/熄火控制

自动点/熄火控制功能是 FSSS 的基本功能之一。如前所述，运行人员只需按动控制盘 CRT 屏幕上的"点火"或"熄火"按钮即可发出点、熄火指令，FSSS 就能对点火器和燃烧器的点/熄火操作全过程进行自动顺序控制，并由计时器监督各项操作是否在规定时间内完成，如在规定时间内没有完成，就发出点火（或熄火）失败警报，告知运行人员，同时使系统自动转向安全操作。

燃烧器点火时，要严格按照安全规程行事。必须做好以下几方面的工作：

（1）点火前的各项检查工作和准备工作。使锅炉、燃烧器、燃料系统、监测系统、控制系统的状态正常，并都具备点火所要求的各项条件。

（2）认真进行炉膛吹扫，以排除炉膛和烟道内容易引起爆燃的物质。

（3）在炉膛吹扫时启动回转式空气预热器、引风机和送风机，并使吹扫风由所有二次风口喷入炉膛，以尽量减少炉膛内的气流"死区"。

（4）密切注视点火过程中的异常情况并及时作出正确处理。

点火的各项具体操作步骤因炉膛的形式、燃烧器的结构与布置、燃料种类、点火器的类型而异，在操作的细节上也不尽相同，但一般原则还是一致的。

燃烧器点/熄火控制系统是一个逻辑顺序控制系统，由于燃烧设备的操作内容多，所以按系统功能分层的原则，将整个系统分解为若干个基本控制回路。每个回路使用逻辑元件设备模仿人的逻辑思维过程（操作过程），自动按顺序进行操作。顺序控制的逻辑都是由"或"、"与"、"非"、"延时"、"记忆"等逻辑元件组成的。

4. 磨煤机和给煤机的启动实例

下面以某超临界 900MW 机组为例进行说明，该锅炉机组采用正压直吹式制粉系统，磨煤机处于正压运行，为防止系统中有关转动部分（动静间隙部分）中侵入粉尘而损坏或煤粉外逸，要采用高压空气（密封空气）对有关部分进行密封。该锅炉机组配置 6 台磨煤机，投运 5 台磨煤机即可保证锅炉的最大连续蒸发量（MCR），其中一台作为备用。

磨煤机和给煤机不论在启动或正常运行时，均需具备许可条件以确保点火的成功和燃烧的稳定。表 2-4 所示为该锅炉机组磨煤机和给煤机的投运和顺控启动条件。

表 2 - 4　　　　　　　　　磨煤机和给煤机的投运和顺控启动条件

投运/启动条件	磨 煤 机	给 煤 机
允许投运的条件	①给煤机保护成立或磨煤机清扫程序 1 完成，或给煤机点火能量满足 ②磨煤机径向推力轴承、电动机轴承温度正常 ③磨煤机润滑油泵已投运 ④磨煤机齿轮箱油位正常 ⑤磨煤机液压加载油压正常（＜1MPa） ⑥磨煤机出口温度＜95℃ ⑦密封风一次风差压＞1kPa	①磨煤机液压油压力正常 ②给煤机点火条件成立 ③磨煤机已启动 ④磨煤机进口一次风流量＞23.5kg/s ⑤磨煤机出口温度＞80℃（"四取三"逻辑判别） ⑥磨煤机分离器电动机投自动 ⑦给煤机出口煤闸门开启 ⑧磨煤机加载油压力＞5.0MPa
顺控启动条件	①磨煤机液压油子组的顺控启动条件：磨煤机液压油箱油位正常 ②磨煤机一次风子组的顺控启动条件：热一次风风压＞8kPa；一台一次风机已投运 ③磨煤机子组的顺控启动条件：磨煤机润滑油箱油位正常；磨煤机清扫程序 2 完成或给煤机点火许可满足 ④磨煤机旋转分离器子组的顺控启动条件：磨煤机旋转分离器油箱油位正常	①给煤机一次风流量＞23.5kg/s ②给煤机点火许可条件满足 ③给煤机就地控制盘无故障 ④给煤机在遥控方式 ⑤磨煤机投运 ⑥原煤仓料位（A、B）＞8.5m ⑦该层煤火检正常

第六节　主 燃 料 跳 闸（MFT）

　　MFT（Master Fuel Trip）主燃料跳闸是锅炉安全监控系统的重要组成部分，它连续地监控预先确定的各种安全运行条件是否满足，一旦出现危及锅炉运行的危险情况，自动快速切断进入炉膛的燃料，以防止锅炉灭火后爆燃，避免发生设备损坏和人身事故，或限制事故进一步扩大。

一、主燃料跳闸条件

　　大型火电机组的保护系统十分复杂，锅炉本体的保护主要由 MFT 功能来实现，MFT功能是机组两个最重要的保护之一（机组另一项重要保护是汽轮机紧急跳闸保护 ETS）。所有的重要辅机也都有严密的保护措施，这些辅机保护的动作，也往往会扩大为 MFT。设计规定 DLGJ116—1993 中规定的 MFT 条件如表 2 - 5 所示。

表 2 - 5　　　　　　　　　主燃料跳闸条件（DLGJ116—1993）

序号	主燃料跳闸条件	中间储仓式制粉系统		直吹式制粉系统	
		全炉膛灭火保护	单燃烧器灭火保护	全炉膛灭火保护	单燃烧器灭火保护
1	全炉膛火焰丧失	√	√	√	√
2	炉膛压力过高	√	√	√	√

序号	主燃料跳闸条件	中间储仓式制粉系统		直吹式制粉系统	
		全炉膛灭火保护	单燃烧器灭火保护	全炉膛灭火保护	单燃烧器灭火保护
3	炉膛压力过低	√	√	√	√
4	汽包水位过高	√	√	√	√
5	汽包水位过低	√	√	√	√
6	全部送风机跳闸	√	√	√	√
7	全部引风机跳闸	√	√	√	√
8	全部一次风机跳闸	√	√	√	√
9	全部炉水循环泵跳闸	√	√	√	√
10	给水丧失（直流炉）				
11	单元机组汽轮机主汽门关闭或发电机跳闸	√	√	√	√
12	手动停炉指令	√	√	√	√
13	全部磨煤机跳闸，且总燃油（燃气）阀或全部燃油（燃气）支阀关闭			√	√
14	全部给煤机跳闸，且总燃油（燃气）阀或全部燃油（燃气）支阀关闭			√	√
15	全部给粉机跳闸，且总燃油（燃气）阀或全部燃油（燃气）支阀关闭	√	√		
16	全部排粉机跳闸，且总燃油（燃气）阀或全部燃油（燃气）支阀关闭	√	√		
17	再热器超温	○	○	○	○
18	风量小于额定负荷风量的 25%～30%	○	△	○	△
19	角火焰丧失		○		○

注　√—"应"；△—"宜"；○—"可"。

下面以其 600MW 亚临界压力汽包锅炉为例进行说明。

主燃料跳闸条件有以下几项组成。

1. 全炉膛火焰丧失

对四角喷燃的锅炉来说，一般层火焰检测至少有三个火检未检测到火焰即为该层"无火"，各层（包括油层和煤层）均发出"层火焰丧失"信号，即为全炉膛熄火。为了区别锅炉是正常停运还是事故（熄火）停炉，采用给煤机运行和油枪油阀状态等作为锅炉无火焰、火焰丧失和有火焰的辨别依据，确保逻辑程序达到保护的目的。

（1）层火焰丧失。由以下三个条件之一判断：①相邻两层给煤机停运 2s 以上；②层火焰检测至少有三个火检判断无火，且有两个油角阀未投运；③该油层至少有一个油角阀未关闭，且有两个油枪未投运。

（2）全炉膛火焰丧失。任一台给煤机运行时间超过 50s，且所有层均发出"层火焰丧失"信号。

2. 炉膛压力过高/过低

炉膛压力高/低信号的检测一般是采用压力开关，通常是炉膛正/负压力开关各取三个，采用"三取二"逻辑构成 MFT 条件。为了避免炉膛压力瞬间波动而产生炉膛压力触发 MFT 动作，通常在逻辑条件中加上延时条件，延时间一般在 2～5s 左右。本例中，炉膛压力大于 1.7kPa（5s）；炉膛压力大于 3.7kPa（2s）；炉膛压力低于-2.5kPa（2s），MFT 动作。

3. 汽包水位过高/过低

汽包水位高/低跳闸信号应采用"三取二"逻辑，汽包水位信号应有三个独立的通道，设置三个相互独立的水位变送器。变送器的模拟量信号在 DCS 的 FSSS 功能控制器中各自经汽包压力补偿后再与设定值比较，形成数字量，经"三取二"逻辑运算形成汽包水位高/低的信号，作为 MFT 触发条件。为了避免汽包水位瞬间波动引起 MFT 触发，通常在逻辑条件中加上延时环节，延时时间一般在 5～20s 左右。本例中，汽包水位过高/过低，延时 20s，MFT 动作。

4. 全部送风机跳闸/全部引风机跳闸

两台送风机或两台引风机的停运信号要求直接来自风机电动机开关的辅助触点，即来自电动机控制中心（MCC），俗称 6kV 开关室；不可用中间继电器的扩充触点，以提高可靠性。

5. 全部一次风机跳闸

一次风是煤粉喷入炉膛的输送风，因此是投入煤粉的重要先决条件之一，没有一次风或一次风速低都会使煤粉输送产生不安全因素。因此，全部一次风机跳闸，必将引起 MFT 动作。

6. 汽轮机主汽门关闭或发电机跳闸

汽轮机和发电机互为连锁，即汽轮机跳闸条件满足而紧急跳闸系统（ETS）动作时，将引起发电机跳闸。当发电机跳闸条件满足而紧急跳闸时，也会导致汽轮机紧急跳闸。不论何种情况都将引起机组快速甩负荷（FCB）保护。若 FCB 成功，则锅炉保持 30% 低负荷运行；若 FCB 不成功，则锅炉主燃料跳闸而紧急停炉。

7. 失去全部燃料

具体条件如表 2-5 中的第 13～16 条文。

此外，还有再热器超温，一次风量和二次风量小，角火焰丧失及手动停炉指令。当失去重要电源时，不论是 CCS 电源还是 FSSS 电源，为了保证 CCS、FSSS、DCS 的正常工作，当这些系统的重要电源丧失时，也将引起主燃料跳闸。

8. 全部炉水循环泵跳闸

炉水循环泵可以改善高参数自然循环驱动力的不足，炉水循环泵的正常运行是控制循环锅炉赖以安全运行的根本。因此，当全部炉水循环泵跳闸时，也将引起 MFT 动作。

如果是超临界、超超临界压力机组，由于锅炉是没有汽包的直流锅炉，就没有汽包水位过高/过低的 MFT 条件。直流锅炉在运行中如果发生断水现象，就会导致受热面严重超温而损坏，因此，当给水丧失时，应 MFT 动作。

对于超临界压力直流锅炉，水冷壁保护极为重要，应列为 MFT 条件。水冷壁保护包括：水冷壁出口温度、水冷壁流量、给水泵投停要求等。其中水冷壁实际出口温度不允许超过其最高温度限值。如某 900MW 超临界压力机组，当水冷壁实际出口温度超过 2.5℃时 MFT 就应动作。

二、主燃料跳闸后的连锁保护

在 MFT 信号生成以后，即送往各个执行机构，实现锅炉和机组的全面跳闸，归纳起来如下：

（1）MFT 信号送往制粉系统。①跳闸全部给煤机；②跳闸磨煤机及其辅助系统；③跳闸两台一次风机；④跳闸密封风机；⑤关全部一次风关断门，关热风挡板和冷风挡板（冷风挡板关闭一定时间后，如 5min 后再开启）。

（2）MFT 信号送往燃油系统。①关轻油/重油的进油和回油跳闸阀；②关全部油枪的油阀。

（3）MFT 信号送往二次风系统。①全部燃料风挡板开至最大（维持 30～60s）；②全部辅助风挡板开至最大（维持 60s 左右），并将辅助风挡板控制切换到手动方式。

（4）MFT 信号送往其他系统。①跳闸两台电气除尘器；②跳闸两台汽动给水泵；③跳闸全部锅炉吹灰器；④汽轮发电机跳闸；⑤送往 CCS 系统；⑥送往 DAS 系统；⑦送往辅助蒸汽控制系统。

（5）MFT 与引风控制。为了防止内爆，在 MFT 发生同时，送一个超前信号给引风机的控制系统，使炉膛熄火后，炉膛压力不至于变得太低。引风机控制系统接到这个 MFT 动作的超前信号后，立即将引风机控制挡板关小到一给定开度，并保持数 10s 后再释放到自动控制状态。

在锅炉 MFT 和停炉后均不应马上停送风机和引风机，应保持有一定的空气量进行燃烧后的炉膛清扫。只有在完成燃烧后清扫过程完成后才能关送、引风机。如果是由送、引风机故障跳闸引起 MFT，则不进行燃烧后的吹扫。

MFT 和停炉后的炉膛吹扫条件如下：

（1）所有燃油枪的燃油快关阀和吹扫快关阀关闭；

（2）所有给煤机、磨煤机停止；

（3）二次风量大于 25%且小于 40%；

（4）所有监视火球的火焰检测器显示"无火焰"。

三、主燃料跳闸首出原因显示和记忆

在 MFT 发生以后，为了很快地找到引起 MFT 的原因，系统应设置 MFT 首出原因的显示和记忆。在 MFT 发生以前，诸多的触发条件不可能绝对地同时成立，由 SOE（事件顺序记录）系统采用高分辨率的逻辑判别程序，即可将最先触发 MFT 的条件记忆下来，并发声光显示信号，表示该条件触发了 MFT。由于逻辑闭锁作用，该条件就成为一个唯一的首出原因而被显示和记忆下来。

大型锅炉机组 FSSS 功能由 DCS 实现。首先触发 MFT 的条件可在 CRT 上显示，诸触发 MFT 的条件及一些重要信号送至 SOE 事件顺序记录并打印出动作时间，分辨率可达 1ms。如果 DCS 自身的分辨率达到 1～2ms，则可不用 SOE，而由 FSSS 本身完成 MFT 首出原因的记忆和显示。MFT 首出原因保存到下次锅炉启动前。这样便于运行人员去查找故障原因，及时消除设备缺陷，为下次锅炉正常启动作准备。

第七节　辅机故障减负荷（RB）和机组快速甩负荷（FCB）

一、辅机故障减负荷（RB）

RB（Run Back）辅机故障减负荷是当锅炉机组的部分主要辅机故障跳闸后，需要将机组快速减负荷，如果此时仅靠运行人员手动操作，常会因处理不及时或操作失误，导致机组跳闸。因此，需要 RB 自动进行控制。

1. RB 的主要功能

RB 的主要功能是当重要辅机跳闸时，RB 发出指令降低主汽轮机及发电机负荷，同时提升剩余辅机出力至满负荷。充分发挥锅炉机组剩余设备能力，利用锅炉的蓄热作为缓冲，尽快降低机组的负荷至当时所能承受的最大能力负荷，使机组在最大能力负荷的新起点上达到新的机炉平衡。

2. RB 条件

下面以某 900MW 超临界机组为例进行说明。该机组的主要辅机包括一次风机、送风机、引风机和锅炉汽动给水泵等，均安装两台，每台带 50% 负荷。当这些辅机中有一台发生故障时，要求机组迅速而自动地减负荷至规定值，以保证机组安全运行。

当主要辅机发生异常时，就发出 RB 信号，FSSS 则根据不同的 RB 工况切停磨煤机，机组迅速从协调方式切换到 TF（汽轮机跟随方式）。锅炉主控接受按一定降负荷速率减到 RB 目标负荷指令，通过燃料主控快速减少燃料量，汽轮机主控进行压力控制。

RB 条件如下：

1）当机组负荷大于等于 374.4MW 时，在一台电动泵和一台汽动泵运行时发生汽动给水泵跳闸，此时 RB 动作。

2）当机组负荷大于 655.2MW 时，在两台汽动泵运行时发生一台汽动泵跳闸，或一台电动泵一台汽动泵运行时一台电动泵跳闸，导致 RB 动作。

3）当机组负荷大于等于 468MW 时，在两台一次风机（或送风机、引风机、空气预热器）运行时，一台一次风机（或送风机、引风机、空气预热器）跳闸，导致 RB 动作。

3. RB 实例

某 900MW 机组发生 RB 动作时，其主要辅机降负荷速率和目标负荷如表 2-6 所示。

表 2-6　　　　　　　　　　　　　RB 动作时的主要辅机降负荷特性

主要辅机	台数	负荷容量（每台）	降负荷速率（MW/s）	目　标　负　荷　值
送风机	2	50%	8.19	470MW
引风机	2	50%	8.19	470MW
一次风机	2	50%	8.19	470MW
预热器	2	50%	8.19	470MW
磨煤机	6	20%	5.4	剩余磨煤机台数×170MW
给水泵	3	汽泵 60%，电泵 40%	8.19	①两台汽泵运行，一台汽泵跳闸，5s 内电泵自启动，目标负荷 655.2MW ②仅一台汽泵，目标 470MW ③仅一台电泵运行，目标负荷 350MW

当 5 台磨煤机运行时，将减少至 4 台磨煤机运行；当 4 台磨煤机运行时，减少至 3 台磨煤机运行，且先跳最下层磨煤机。

二、机组快速甩负荷（FCB）

FCB（Fast Cut Back）机组快速甩负荷是当电力系统发生事故而使主开关跳闸时，汽轮发电机应实现无负荷运行或者带厂用电运行；当汽轮发电机故障跳闸，机组应实现停机不停炉运行方式，即具有机组快速甩负荷（FCB）功能，维持锅炉最低负荷运行，蒸汽经汽轮机旁路系统进入凝汽器。待事故原因消除后，机组可以进行热态启动，从而迅速并网发电。显然，锅炉在低负荷运行时，要切除一部分煤粉燃烧器。为稳定炉内燃烧，还要投运部分点火油枪。当发生 FCB 时，哪些煤粉燃烧器应保留，哪些煤粉燃烧器应切除，投运哪些油枪助燃，是预先设定的，并应由 FSSS 自动完成燃烧器的投切工作。

当汽轮机或发电机跳闸时，机组需满足以下条件才能实现 FCB 功能：锅炉本身不存在 MFT 条件，汽轮机真空正常，高压旁路控制应在自动方式，燃料主控必须在自动方式。

1. FCB 的类型

FCB 有以下三种类型：

（1）汽轮机本身故障跳闸或发电机—变压器组故障而连锁汽轮机跳闸，则汽轮发电机组停止运行，锅炉维持最小负荷旁路运行。

（2）因电网故障，如低频、失步等，引发 500kV 开关跳闸，机组与系统解列，汽轮发电机组带厂用电运行。

（3）发电机发生某些故障，如定子冷却水温高、氢温高、发电机过电压等，连锁发电机跳闸，但汽轮机维持转速 3000r/min。

在上述三种 FCB 情况下，锅炉负荷均减至 35％ 额定负荷的目标负荷，此时 100％ 容量的高压旁路（高旁）和 65％ 容量的低压旁路（低旁）均立即打开，锅炉 FSSS 按设定自动切除相应燃烧器，保留两台磨煤机运行。

2. FCB 的控制要求

下面以某 900MW 超临界机组为例进行说明。

当发电机侧、汽轮机侧发生故障跳闸时，就发出 FCB 信号，锅炉主控切至跟踪方式，锅炉主控按一定的速率（相应于 8.19MW/s）减至 FCB 目标负荷指令 470MW，汽轮机侧根据不同的 FCB 发生情况进行相应的控制。引起 FCB 的原因和控制要求如表 2-7 所示。

表 2-7　　　　　引起 FCB 的原因和汽轮机侧、发电机侧的控制要求

FCB 原因	锅炉侧目标燃料量	汽轮机侧控制要求	发电机侧控制要求
500kV 线路故障	470MW	维持 3000r/min	带厂用电运行
发电机异常工况	470MW	维持空转 3000r/min	500kV 开关跳闸
汽轮机故障	470MW	汽轮机跳闸	发电机跳闸

实践表明：FCB 在发生前机组处于低负荷（50％ 额定负荷以下）运行时，FCB 的成功率较高，因在低负荷时锅炉的负荷指令与目标负荷较接近，减至目标值比较容易，对机组扰动小，所以 FCB 的成功率就较高。当锅炉机组处在 90％ 额定负荷以上时发生 FCB，由于降负荷幅度较大，对风、水、煤、真空等各种参数的调整难度较大，稍有不慎就会引起 MFT 动作，造成整个机组跳闸。

　　目前，大型锅炉机组的 FSSS 功能一般都由 DCS 系统来实现，这是一方面对锅炉保护的各个条件可以由逻辑回路进行组态，避免了采用继电器易误动或拒动的缺点；另一方面，有关锅炉安全监视的各个参数可在 DCS 中通过信息通道与模拟量测量系统互相交换，特别是与 SCS 之间的逻辑联系和信息交换，使机炉原有的电气连锁和机炉电大连锁紧密联系在一起，对连锁保护实现全面的监视，并有利于机组故障分析。由于 DCS 的信息储存量大，不仅实现实时监视，而且还具有历史数据储存和事件顺序记录、打印功能，一旦机组出现危急工况停机，甚至属于 SCS 控制的各辅机和转动机械及阀门的启停，都能很方便地找出停机原因和不能启动的条件，便于运行、维护人员分析和处理。

第三章　汽轮发电机组的热工保护

随着汽轮发电机组容量的不断增大，蒸汽参数不断提高，热力系统越来越复杂。为了提高机组的热经济性，汽轮机的级间间隙、轴封间隙都选择得比较小。由于汽轮机的旋转速度很高，在机组启动、运行或停机过程中，如果没有按规定的要求操作控制，很容易使汽轮机的转动部件和静止部件相互摩擦，甚至碰撞，引起叶片损坏、大轴弯曲、推力瓦烧毁等严重事故。为了保证机组安全启停和正常运行，需对汽轮机组的轴向位移、偏心度、差胀、振动、转速、油动机和同步器行程等机械参数进行监控，并对轴承温度、油箱油位、润滑油压、高压缸上下壁温差、汽缸进水、凝汽器真空等热工参数进行监视和保护。当被监控的主要参数超过规定值（报警值）时发出报警信号；在超过极限值（危险值）时保护装置动作，关闭主汽门，实行紧急停机，避免发生重大恶性事故。

大型汽轮机组的安全监视和保护项目如表 3-1 所示。

表 3-1　　　　　　　　大型汽轮机组安全监测与保护项目一览表

序号	项目名称	所监测的参数	主要功能
1	轴向位移监测	转轴相对轴承止推环的轴向位移	监视、报警、保护
2	偏心度监测	主轴的弯曲程度（偏心度）	监视、越限闭锁
3	高压缸差胀监测	转子与高压汽缸之间的相对膨胀（高压差胀）	监视、报警、保护
4	低压缸差胀监测	转子与低压汽缸之间的相对膨胀（低压差胀）	监视、报警、保护
5	高压缸热膨胀监测	高压缸的绝对热膨胀值	监视、两侧差胀值大于规定值时报警
6	低压缸热膨胀监测	低压缸的绝对热膨胀值	监视、两侧差胀值大于规定值时报警
7	轴承座振动监测	轴承座绝对振动	监视、报警、保护
8	轴振动监测	轴相对轴承座的相对振动	监视、报警、保护
9	复合振动监测	轴的绝对振动	监视、报警、保护
10	汽轮机转速监测	转子的转速	监视、报警、保护
11	零转速监测	当汽轮机转速下降至零转速时启动盘车装置	连锁
12	汽轮机进水监测	对高、中压缸的上缸和底部进行温度监测，以判别汽缸底部是否有水	监视、报警、保护
13	汽轮机金属温度监测	监测左右两侧汽室的内、外壁温差	监视、报警
14	阀门油动机位置监测		监视
15	轴承温度监测		监视、报警、保护

续表

序号	项目名称	所监测的参数	主要功能
16	轴承油压低监测		监视、报警、保护
17	EH 油压低监测		监视、报警、保护
18	凝汽器真空低监测		监视、报警、保护
19	发电机监测	发电机氢系统、发电机、励磁机等故障	监视、报警、保护

目前，大型汽轮发电机组都采用进口的汽轮机监测仪表，如美国本特利（Bently Nevada）公司的 3500 系统，德国艾普（epro）公司的 MMS6000 系统，瑞士韦伯（Vibro-Meter）公司的 VM600 系统及德国申克公司的 Vibrocontrol 4000 系统等。

第一节 传 感 器

传感器是一种实现"机—电"信号转换的敏感元件，将被测对象的机械参量变换成电信号输出。目前传感器的形式和种类很多。按工作原理来分，传感器可分为电量参数变化型与发电型两类。电参数变化型传感器是将机械参量转换成电学参数，如电阻、电容、电感等。由于它本身不能产生电信号，因此，必须接入具有辅助电源的基本测量电路中。常用的有电涡流式、电容式、电阻式传感器等。发电型传感器是将被测机械参量直接变换成电信号，它本身能产生电信号，无需辅助电源，常用的有磁电式、压电式传感器等。下面将介绍汽轮机监测保护仪表中常用的传感器的工作原理及特点。

一、电涡流式传感器

电涡流式传感器采用一种非接触式的测量技术，具有结构简单、灵敏度高、测量线性范围大、不受油污介质的影响、抗干扰能力强等优点，所以在工业部门得到广泛应用。火电厂汽轮机的轴向位移、轴振动、主轴偏心度、转速的测量都广泛采用电涡流式传感器。它还可以用于测量压力、温度、电导率、厚度和间隙等参数，此外还可用来探测金属材料表面的缺陷和裂纹。

电涡流由加贝（Gambey）在 1824 年的实验中发现。在摆动的磁铁下方放一块铜板，磁铁的摆动将会很快停止，从而提出了电涡流的存在。几年后，傅科（Foucault）又证实了在强的不均匀磁场内运动的铜盘中有电流存在。1831 年，法拉第（Faraday）发现了电磁感应定律，变化的磁场能产生电场，并总结出电磁感应定律。由此，电磁感应现象一直成为电涡流基本原理的重要依据。1873 年麦克斯韦（Maxwell）用一组方程组完整地描述了一切宏观的电磁现象，建立了解决大多数电磁学问题的基本理论工具，同样也是分析电涡流试验方法的理论基础。

1879 年电涡流技术得到实际应用，休斯（Hughes）用它来比较不同温度下金属材料的差别。到 20 世纪四五十年代，德国的 Reutigue 研究所和美国 B. N 公司相继研究了电涡流式传感器的原理，并将它应用于测量位移、振动和电导率等，生产出了电涡流式传感器及检测仪表。此后，日本不少公司和研究所也研制和生产了许多不同用途的电涡流式检测仪表。

（一）电涡流式传感器工作原理及测量方法

1. 电涡流式传感器的工作原理

图 3-1 所示为电涡流式传感器原理图。它由一只扁平线圈 L，在离线圈 L 某一距离 d（可变）处有一金属导体（被测体）。

当线圈中流过一频率为 ω 的高频交变电流 i_1 时，线圈周围便产生一个高频交变的磁场 ϕ_i，在此磁场范围内的导体表面上便产生电涡流 i_2，此电涡流也将产生一个磁场 ϕ_e，根据焦耳—楞次定律，电涡流磁场总是抵抗外磁场的存在，使导体内存在电涡流损耗，并引起传感器的品质因素 Q 及等效阻抗 Z 减低。阻抗 Z 的变化与许多因素有关，其方程式为

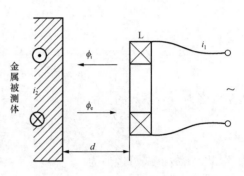

图 3-1　电涡流式传感器原理图

$$Z = f(d、\omega、I、\mu、g、a) \qquad (3-1)$$

式中：d 为线圈与金属被测体的距离；ω、I 分别为交变励磁电流的频率和幅值；μ、g、a 分别为金属被测体材料的导磁系数、导电率和导体厚度。

阻抗 Z 主要与式（3-1）中的 6 个参数有关，对这个多元函数方程进行全微分，得全微分方程为

$$\mathrm{d}Z = \frac{\partial f}{\partial d}\mathrm{d}d + \frac{\partial f}{\partial \omega}\mathrm{d}\omega + \frac{\partial f}{\partial I}\mathrm{d}I + \frac{\partial f}{\partial \mu}\mathrm{d}\mu + \frac{\partial f}{\partial g}\mathrm{d}g + \frac{\partial f}{\partial a}\mathrm{d}a \qquad (3-2)$$

若励磁电流是稳频稳幅的，并认为金属导体为某一均质材料，则 ω、I、μ、g、a 均为定值，其偏微分为零，所以得到

$$\mathrm{d}Z = \frac{\partial f}{\partial d}\mathrm{d}d \qquad (3-3)$$

式（3-3）表明：阻抗 Z 的变化近似地认为是距离 d 变化的单值函数，配以适当的电路，可将 Z 的变化成比例地转换成电压变化，即实现位移—电压的转换，这就是阻抗测量法的依据。图 3-2 所示为电涡流原理等效电路。

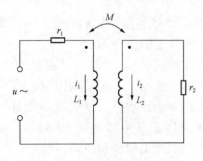

图 3-2　电涡流原理等效电路

设：r_1、r_2 分别为探头线圈和金属导体内阻；i_1、i_2 分别为探头线圈和金属导体中的电流；L_1，L_2 分别为探头线圈和金属导体的电感；j 为虚数单位，$j = \sqrt{-1}$；M 为探头线圈和金属导体之间的互感系数。由基尔霍夫定律可列出图 3-2 的方程组：

$$\begin{cases} i_1 r_1 + j\omega L_1 i_1 + j\omega M i_2 = v & (3-4) \\ i_2 r_2 + j\omega L_2 i_2 + j\omega M i_1 = 0 & (3-5) \end{cases}$$

解方程组，即可求出传感器的等效阻抗 Z（用复数表示），即

$$Z = \frac{u}{i_1} = r_1 + \frac{\omega^2 M^2}{r_2^2 + (\omega L_2)^2}r_2 + j\left(\omega L_1 - \frac{\omega^2 M^2}{r_2^2 + (\omega L_2)^2}\omega L_2\right) \qquad (3-6)$$

如采用高频振荡源，则 $\omega L_2 \gg r_2$，则式（3-6）可近似为下式：

$$Z = r_1 + \frac{M^2}{L_2^2}r_2 + \mathrm{j}\left(\omega L_1 - \frac{M^2}{L_2}\omega\right) \tag{3-7}$$

定义 $k^2 = \dfrac{M^2}{L_1 L_2}$ 为耦合系数，则式（3-7）可写成

$$Z = r_1 + \frac{L_1 k^2 r_2}{L_2} + \mathrm{j}\omega L_1(1 - k^2) \tag{3-8}$$

求阻抗 Z 的幅值为

$$|Z|^2 = \left(r_1 + \frac{L_1 k^2 r_2}{L_2}\right)^2 + \omega^2 L_1^2 (1 - k^2)^2 \tag{3-9}$$

求阻抗 Z 对耦合系数的偏微分，则得

$$\frac{\partial Z}{\partial k} = \frac{2(r_1 L_2 + L_1 k^2 r_2)L_1 r_2 k - 2k\omega^2 L_1^2 L_2^2 (1 - k^2)}{L_2\sqrt{(r_1 L_2 + L_1 k^2 r_2)^2 + \omega^2 L_1^2 L_2^2 (1 - k^2)^2}} \tag{3-10}$$

由于 $\omega L \gg r$ 故此式可近似为

$$\frac{\partial Z}{\partial k} = -2k L_1 \omega \tag{3-11}$$

由此，我们可以得到下列几个结论：

（1）阻抗 Z 受耦合系数 k 的影响较大，但耦合系数 k 主要与传感器线圈至金属导体的距离有关；

（2）传感器内阻 r_1，金属导体的内阻 r_2 和电感 L_2 对阻抗变化的影响甚小；

（3）增加传感器的电感和提高振荡频率，有利于测量阻抗。

以上是从电涡流损耗时阻抗 Z 引起的变化来讨论电涡流式传感器的各种影响因素，也可以从回路的品质因素出发，讨论影响电涡流式传感器的因素。回路的品质 Q 定义为无功功率与有功功率之比，即

$$Q = \frac{\omega L_1(1 - k^2)}{\dfrac{L_1}{L_2}r_2 k^2 + r_1} \tag{3-12}$$

由式（3-12）可得出以下结论：

（1）耦合系数 k 增大（即传感器线圈与金属导体的距离减小），品质因素 Q 下降。

（2）r_1 及 r_2 增大，对提高回路品质因素是不利的。

（3）传感器线圈电感 L_1 增大，则品质因素增大，所以应增大传感器线圈的电感 L_1，以获得较大的线性范围。

（4）增加角频率 ω，能提高品质因素 Q，有利于改善回路性能，所以应采用高频测量。

两种分析方法在理论上可获得一致的结果：当金属导体靠近传感器时，k 增加、Q 降低，其谐振曲线的峰值将下降，如图 3-3 所示。

在引入金属导体后，传感器的等效电感 L 可根据式（3-6）得出

$$L = L_1 - \frac{(\omega M)^2 L_2}{r_2^2 + (\omega L_2)^2} \tag{3-13}$$

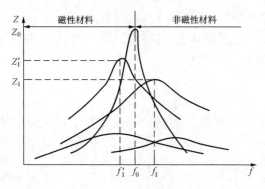

图 3-3　谐振曲线

式中：L_1 为不计涡流效应时传感器的电感；L_2 为涡流回路的等效电感。

由式（3-13）可见，等效电感中的第一项与静磁学效应有关，第二项和电涡流回路的反射电感有关。把电涡流式传感器调谐到某一谐振频率，再引入被测导体，回路将失谐，且当靠近传感器的被测导体为非磁性材料时，传感器线圈的等效电感量减少，谐振峰将右移；若为磁性材料时，传感器线圈的等效电感量增大，谐振峰将左移，如图 3-3 所示。其特性方程为 $L=f(d)$，这就是电感测量法的理论依据。

2. 测量方法

电涡流式传感器的线圈与金属导体间距离 d 的变化，可以变换成线圈的等效电感 L、等效阻抗 Z 和品质因素 Q 三个参量的变化，若再配以适当的电子线器，将其变换成电压值或频率值，通过显示、记录、报警等装置，可实现对位移、振动等参数的精确测量和报警。

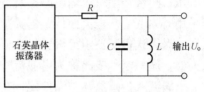

图 3-4　调幅式测量原理框图

目前常用的检测转换方式有调幅式、调频调幅式及调频式。图 3-4 所示为调幅式测量原理框图。

由石英晶体产生一高频稳频、稳幅正弦波作电源，接在电阻 R、电感 L、电容 C 所组成的回路上。在没有引入被测体时，使 L、C 并联回路谐振，输出电压为峰值。当引入被测体时，传感器的阻抗将发生变化，其阻抗的变化是距离 d 的单值函数，而输出电压 $U_\circ$ 又是阻抗 Z 的单值函数，所以输出电压 $U_\circ$ 可以反映距离 d 的变化，即 $U_\circ=f(d)$。

如果将输入频率 f_i 严格固定在某一频率 f_0（比如 1.5MHz）时，则对应于 $d=\infty$、d_1、d_2 时的输出电压 $U_\circ$ 为 U_∞，U_1，U_2，… 图 3-5 中 f_0、f_x、f_{x1}、f_{x2} 为不同频率时的谐振频率。

图 3-5 所示为输出电压 $U_\circ$ 的特性曲线。

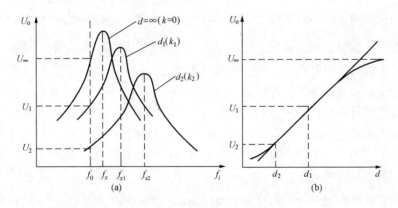

图 3-5　输出电压 $U_\circ$ 特性曲线

(a) 输出 $U_\circ$ 随 f_i 的变化曲线；(b) 输出 $U_\circ$ 随 d 的变化曲线

如图 3-5（b）所示，特性曲线的实线两端部都偏离直线，只有中段非常接近直线。在直线部分，输出 $U_\circ$ 的变化量与间隙的变化量成正比，这正是需要的使用间隙范围。为了得到尽可能宽的线性范围，在线路电容 C 上再并联一个可调电容 C'，以得到最佳的谐振点。$U_\circ$ 还并不是最后所要的电压，因为它是载波频率为 f_0 的调幅信号。为了得到最后正比于间隙的直流电压输出，还需对输出电压 U_o 进行检波，这才是得到最后间隙随时间变化的电压波形。

综上所述，为了实现电涡流位移测量，必须有一个专用的测量线路。这一测量线路应包括频率为 f_0 的稳定的振荡器（一般用石英振荡器）、检波环节、滤波环节和放大环节等。

（二）前置器（信号转换器）

1. 测量原理

当电涡流式传感器线圈通以较高频率 1～2MHz 的交变电压时，无论是用于测量位移或振动，其载波频率保持不变，而幅值相应发生变化。测量位移时，谐振回路输出的是高频等幅电压；测量振动时，输出的是载波调幅电压。如果直接将这种混频信号送到测量仪表，即使采用高频电缆，也会使传感器灵敏度显著降低，而且易受干扰。为防止这些不利影响，必须在电涡流式传感器附近设置检波器（振幅解调器）、滤波器、放大器、线性化网络和输出放大器，这一电子线路称为电涡流式传感器的信号转换器（前置器），如图 3-6 所示。

电涡流式传感器与被测件之间的 d 发生变化时，使传感器测量线圈的电感量亦随之改变，即传感器与被测件之间相对位置的变化，导致振荡器的振幅也做相应的变化。这样，便可使位移的变化（如旋转轴的振动、轴向位移等）转换成相应振荡幅度的调制信号。

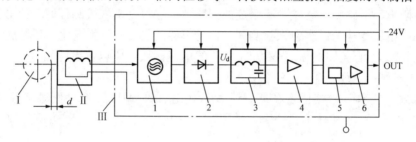

图 3-6   电涡流式传感器的信号转换器的工作原理
Ⅰ—被测件（轴或测量盘）；Ⅱ—电涡流式传感器；Ⅲ—信号转换器
1—高频振荡器；2—振幅解调器；3—低通滤波器；4—放大器；5—线性化网络；6—输出放大器

由振荡器输出的振荡幅度调制信号，送入振幅解调器（检波器）解调成直流电压信号，高频的残留波由低通滤波器滤去，然后送入放大器进行放大。由于传感器与被测件之间的间隙变化与经转换成直流电压的信号存在非线性关系，所以经低通滤波器后的直流电压信号，送入线性化网络进行线性化处理，然后再经输出放大器放大，得到所需的测量电压信号。

由此可见，前置器的输入来自传感器的线圈，其额定工作电压约 3.5V（有效值），其额定工作频率约 1.5MHz。前置器的输出是在直流电压上叠加相当于轴振动或位移的交流电压或直流电压，具有开路和短路保护。

前置器到电涡流式传感器的高频电缆是由制造厂精心调配好的，不同型号或不同系列的传感器不能互换，而且不能延长或缩短。有些电涡流式传感器为了安装方便，制造厂配制了延长电缆，目前最长达 10m。凡是配制了延长电缆的电涡流式传感器，使用时必须将延长电缆接上，否则会引起测量误差。

2. 技术参数

典型前置器的主要技术参数如下。

（1）输入：接电涡流传感器（如轴位移、轴振动、转速等传感器）。

（2）输出：直流电压上叠加与轴振动成正比的交流电压信号或与位移成正比的直流电压，有开路和短路保护；有反向保护。

（3）输出电压线性范围：$-20\sim-4V$（供电电压为$-24V$）。

（4）输出电压的最大范围：$-22\sim-1V$。

（5）参考电压：$-12V$（两端对称的测量范围）。

（6）允许负载电阻：$10k\Omega$。

（7）响应时间：$15\mu S$。

（8）额定频率范围：$0\sim15kHz$（当负载电容$C<20nF$时）。

（9）线性误差：$\leqslant2\%$。

（10）额定工作温度：$-40\sim+85℃$。

（11）温漂：零点$200mV/100K$，灵敏度$<2\%/100K$。

（12）时漂：$<0.3\%/48h$。

（13）供电电压的误差：$<0.2\%/V$。

3. 位移和振动测量

电涡式流传感器有 4 种最常用的测量方式，即位移测量、振动测量、转速测量和键相器信号测量等。

（1）位移测量。当传感器用于位移测量时，若采用恒定频率 f_0，则输入到检波器的信号是等幅的高频电压信号，如图 3 - 7（a）所示。

检波器前的输入信号可表示为

$$U_i = 2U_m\sin\pi f_0 t$$

用有效值表示为

$$U_i = k_1 k_2 d$$

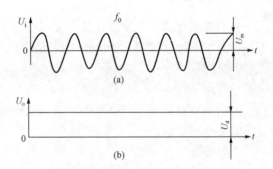

图 3 - 7 测量位移时检波器的输入/输出信号波形图
(a) 输入信号；(b) 输出信号

式中：k_1 为传感器变换系数；k_2 为放大器的放大倍数；d 为被测位移。

检波后的输出信号如图 3 - 7（b）所示，其表达式为

$$U_d = k_3 U_i$$

式中：k_3 为检波器系数。

综合以上两式，得

$$U_d = k_1 k_2 k_3 d = kd$$

式中：k 为转换系数，$k=k_1 k_2 k_3$。

上式表明检波器输出电压 U_d 是位移量 d 的函数。电涡流式传感器测量位移时检波器输出特性曲线如图 3 - 8 所示。

（2）振动测量。当传感器用于振幅测量时，输入到检波器的信号就成为调幅波。图 3 - 9 所示为经检波后的输出信号仍由两部分组成：一是与振动频率 f_x 和振幅 A 有

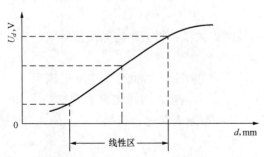

图 3 - 8 测量位移时检波器输出特性曲线

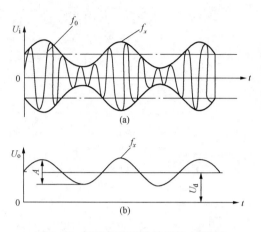

图 3-9　测量振幅时检波器输入/输出
信号的波形图
(a) 输入信号；(b) 输出信号

关的交流电压信号；二是与位移 d 成比例的直流电压信号 U_d。

检波和滤波后的输出电压即为前置器的输出信号，输往相应的监测模块，通过微处理器的运算处理，输出信号进行显示、报警或跳闸保护等。

电涡流式传感器的其他测量方式将在第二节中叙述。

4. 电涡流式传感器的优缺点

（1）优点：

1）可以测量轴的振动、轴的位置以及慢速转动（Slow Roll）时轴的弯曲；

2）可测量转速及相位角；

3）校准比较方便；

4）传感器系统是一个整体，其中没有相对运动部分，也不会产生磨损、疲劳；

5）可用于永久性监测，所测轴的振动曲线，可用来对机械进行故障诊断，并可得到很多有用测量信息。

（2）缺点：

1）对被测材料的成分，以及表面缺陷比较敏感；

2）需要外接电源；

3）有时安装比较困难。

（三）影响测量的因素

利用电涡流式传感器测量位移和振幅时，输出电压与距离 d 的单值函数关系是在其他条件不变的假设下得到的，这些条件变化均会影响测量的精度和灵敏度。下面简要分析被测体面积、表面光洁和被测材料的影响。

（1）被测体面积的影响。当被测体的面积比传感器相对应的面积大得多时，传感器的灵敏度不受影响。当被测体面积为传感器线圈面积的一半时，其灵敏度减小很多，面积更小时，灵敏度则显著下降。假如被测体为圆柱体，当其直径为传感器直径 D 的 3.5 倍以上时，不会影响被测结果；若二者直径相等，则灵敏度降至 70% 左右。在实际安装时应予以注意，即被测体的直径大于传感器直径的 3 倍以上，至少不小于 2 倍，否则严重影响测量灵敏度。

（2）被测体的厚度也会影响测量结果。如果被测体太薄，将会影响电涡流效应，使传感器灵敏度下降。

（3）不规则的被测体表面会给实际的测量值造成附加误差，因此被测表面应该光洁，不应该存在裂痕、洞眼、凸台、凹槽等缺陷，通常对于振动测量，要求被测表面粗糙度 Ra 在 $0.4 \sim 0.8 \mu m$ 之间（API670 标准推荐值），一般需要对被测表面进行衍磨或抛光；对于位移测量，一般要求表面粗糙度 Ra 不超过 $0.8 \sim 1.6 \mu m$。

（4）被测体材料的影响。实验表明：工件表面热处理对测量结果有影响，工件表面镀铬后，会使灵敏度增加，镀层厚度不均匀，会引起读数跳动，因此尽可能不要测镀铬的表面。

即使镀层均匀，也需进行静态校验。被测体的材质对灵敏度有影响，不同的材质，或同一材质，但表面不均匀，工件内部有裂纹等都将影响测量结果。

传感器特性与被测体的导电率和导磁率有关。当被测体为导磁材料（如普通钢、结构钢等）时，由于磁效应和涡流效应同时存在，而且磁效应和涡流效应相反，会抵消部分涡流效应而使传感器感应灵敏度降低；而当被测体为非导磁或弱导磁材料（如铜、铝、合金钢等）时，由于磁效应弱，相对来说涡流效应强，因此传感器感应灵敏度较高。

（四）电涡流传感器的安装

正确安装传感器是准确测量的前提，任何一种影响电涡流效应的因素出现，均会造成测量误差和结果的不可信，使用中必须考虑这些因素的影响。

1. 对被测体的要求

传感器在工作状态下，电感线圈向四周发射电磁场，磁场在被测体上形成电涡流，同时在临近的非被测体表面上也形成电涡流，它们形成与原磁场相反的磁场，改变传感器电感线圈的 L 值，从而改变了仪表的正常输出。为此，安装时传感器头部四周必须留有一定范围非导磁介质空间，如图 3-10 所示。若被测体与传感器间不允许有空间，可采用绝缘材料灌封。若测试过程中在某一部位需要同时安装两个或两个以上的传感器，为避免交叉干扰，两个传感器中间应保持一定的距离。图 3-11 所示为防止两个传感器交叉干扰的最小距离。

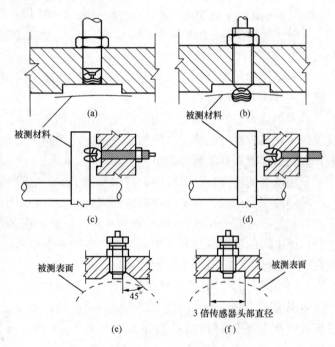

图 3-10 传感器对被测体的要求

(a) 不正确安装；(b) 正确安装；(c) 正确安装；(d) 不正确安装；

(e) 45°倒角；(f) 3 倍传感器头部直径

直径为 5mm 的探头安装时，应保证端部之间的距离不少于 38.1mm（1.5in）。另外，被测体表面应为传感器直径的 3 倍以上；表面不应有锤击、撞伤以及小孔和缝隙等，不允许表面镀铬。被测材料应与探头、前置器标定的材料一致，否则需重新校验。

2. 对传感器支架的要求

传感器通过支架固定在轴承座上，支架应有足够的刚度，以提高其自振频率，避免或减小被测体振动时支架的受激自振。一般而言，支架自激频率至少应为机器旋转速度的 10 倍。支架分为永久性、非永久性和临时性三种。永久性固定支架用于油介质密封的被测系统。例如在高压腔内或密封环处测油膜厚度，安装时传感器用高性能黏合剂灌封，干固后连同轴或轴瓦一起精加工，直至达到工艺要求。非永久性固定支架用于一般位移振动测量，为便于调整间隙，常设计为可调式，一旦调试完毕，常用螺钉锁紧。临时性固定一般用于实验室或简单现场测试。支架支承的传感器位置应与被测体的表面相垂直。

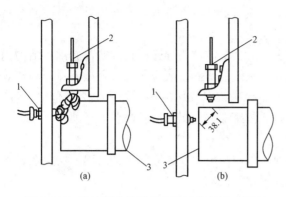

图 3-11　防止两个传感器交叉干扰的最小距离
1—轴位移监视；2—径向振动监视；3—轴

3．安装步骤

（1）探头插入安装孔之前，应保证孔内无外物，探头能自由转动不会与导线缠绕。

（2）为避免擦伤探头端部或监视表面，可用非金属测隙规整定探头的间隙。

（3）也可采用电气方法整定探头间隙。

当探头间隙调整合适时，旋紧防松螺母。此时应注意过分旋紧会使螺纹损坏。探头被固定后，探头的导线亦需牢固，以免由于油流、空气流或各种异常的应力引起的疲劳损坏。

延长电缆的长度（指探头至前置器之间的距离）应与前置器所需的长度一致，任意地加长或缩短均将导致测量误差。

前置器应置于铸铝的盒子内，以免机械损坏及污染。不允许盒上附有多余的电缆。在不改变探头到前置器的电缆长度的情况下，允许在同一个盒内装有多个前置器，以降低安装成本，简化从前置器到监视器的电缆分布。

采用适当的隔离和屏蔽接地，将信号所受的干扰降到最低限度。探头导线与延长电缆屏蔽层的隔离用聚四氟乙烯绝缘材料，外露的连接器必须用非导体、耐油、防火的带子，聚四氟乙烯收缩管或其他连接器保护/密封装置。延长电缆的屏蔽层只连到前置器外壳。每一种现场引接电缆的屏蔽层只允许一端接地。在同一框架内接到监视器的所有现场导线的屏蔽应接在同一接地点，以免形成接地回路。

（五）电涡流式传感器的标定

电涡流式传感器在长期使用中应对其灵敏度、动态线性范围进行定期标定。对于调幅式传感器在测量不同材料的被测体时，要重新标定。

标定所需要的仪器及系统的连接如图3-12所示。标定分静态标定和动态标定两种。静态标定由螺旋测微仪、标准模拟被测试件及传感器支架组成；动态标定由标准模拟被测试件、摆臂和可变速驱动马达组成。

1．静态标定

它可以测量传感器的电压—位移曲线，并可确定传感器的输出灵敏度和线性范围。标定时，用螺旋测微仪改变传感器与标准模拟试件之间的间隙，用数字万用表测量输出电压。其操作步骤如下：①将传感器插入连接测微仪1与支架3中，并将测微仪

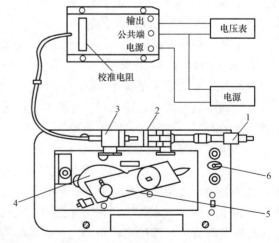

图 3-12　传感器标定所需仪器及系统的连接示意图
1—测微仪；2—静态标定模拟试件；3—传感器支架；4—动标定模拟试件；5—摆臂；6—驱动马达开关

置零位；②将传感器轻抵在静标定模拟试件 2 上并用支架固定好；③以每次 $10\mu m$ 量程增加间隙，直至读到满量程为止，记录每次的输出电压；④根据所测结果，绘出静态特性曲线，并与出厂规定曲线进行比较，在线性范围、灵敏度不符合要求时，应进行电路调整；⑤若标定不同的材料，应更换模拟被测体。

2. 动态标定

它是在静态标定的基础上，检查显示传感器输出信号的表头指示是否正确，操作步骤如下。①将千分表插入摆臂中，并调节指示值至中点。②转动振动板，调整摆臂达到所要求的振动值（等于监视仪表满量程），然后锁紧摆臂。③把传感器插入摆臂，使其间隙位于线性区中点。④将摆臂移动到所要标定的位置，启动电动机，若监视仪表显示的峰—峰值与千分表摆动值相同，则认为标定正确；若不相同则应以千分表指示值为准，调整监视仪的刻度系数。

传感器的动态标定也可以由激振器提供振动源，用精确读数显微镜读出振动值。需要指出的是，电涡流式传感器由于受结构限制，只能安装在轴承座上，测量得到的值为转子与轴承座的相对振动值。用速度传感器可以测得轴承座的绝对振动值。

二、磁电式速度传感器

目前，机组振动测量常用的磁电式速度传感器及压式加速度传感器均属于发电型接触式振动传感器，从力学角度而言，都是根据惯性原理工作的，故又称为惯性传感器。

惯性式速度传感器适用于测量轴承座、机壳及基础的一般频带内的振动速度和振动位移（经积分后）。其频带大约从 $5\sim500Hz$（即 $300\sim30000r/min$）。测量更低的频率时，要求采用具有摆式结构的速度传感器。

惯性式速度传感器属电动力式变换原理的传感器。这种传感器具有较高的速度灵敏度〔一般可达 $100\sim500mV/(s\cdot cm)$〕和较低的输出阻抗（一般为 $1\sim3k\Omega$ 范围），能输出较强的信号功率，因此，不易受电磁场的干扰，即使在复杂的现场，接用较长的导线，仍能获得较高的信噪比。一般说来，这类传感器不需设置专门的前置放大器，测量线路比较简单，再加上安装、使用简易，因此被广泛应用于旋转机械的轴承、机壳和基础等非转动部件的稳态振动测量。

1. 磁电式速度传感器的工作原理

磁电式速度传感器是目前一种较为常见的振动传感器，它实际上是一个往复式永磁小发电机。按其支承系统工作原理分有绝对式和相对式两种。磁电式振动传感器的结构示意图如图 3 - 13 所示。

永久磁铁 2 固定在圆筒形导磁壳体 6 中，这样就形成了一个磁路。磁场两端各有一个环形气隙，在气隙中放着一个多匝工作线圈 7，左气隙中放着一个阻尼器 3，两者均固定在连接杆 5 上，并用两个弹簧片 1 与 8 将其悬空，当外壳沿轴向

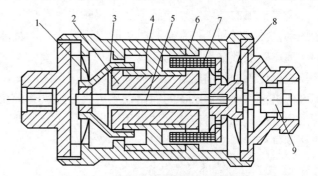

图 3 - 13　磁电式速度传感器的结构示意图
1—弹簧片；2—永久磁铁；3—阻尼器；4—铝架；5—连接杆；
6—壳体；7—工作线圈；8—弹簧片；9—引出线接头

振动时，工作线圈 7 便感应出电动势，由右端的引出线接头 9 引出被测信号。

当传感器的壳体 6 固定在被测振动物体上时，整个传感器跟振动体一起振动，而处在空气间隙中的工作线圈 7 是用很软的弹簧片 1、8 固定在壳体上的，其自振频率 ω_0 较低。当振动物体的频率 $\omega \geqslant 1.5\omega_0$ 时，工作线圈处在相对（相对于传感器壳体）静止状态，线圈与磁铁之间产生相对运动，根据电磁感应定律，工作线圈切割磁力线而产生感应电动势 e，即

$$e = BNLv \times 10^{-4} \quad (\text{V}) \quad\quad\quad (3\text{-}14)$$

式中：B 为磁通密度，T；N 为气隙中工作线圈的匝数；L 为每匝线圈的平均长度，cm；v 为线圈相对于磁钢的运动速度，$v = \dfrac{\mathrm{d}x_m}{\mathrm{d}t}$，cm/s。

式（3-14）说明传感器的输出信号反映了被测对象的振动速度。

阻尼器是一个紫铜制成的短路环，当它在磁场中发生相对运动时，便在环中产生感应电流。这带电的金属环在磁场中运动时又将受到电磁力的作用，此作用力的大小与阻尼器的相对运动速度成正比，而方向与运动方向相反，起到阻尼作用。

由于输出电动势 e 正比于相对运动速度 v，所以又称它为速度传感器。因为其振动的相对速度是相对于空间某一静止物体而言，故又称为绝对式速度振动传感器，或称为地震式速度传感器。相对式速度传感器和绝对式速度传感器的工作原理基本相同，不同的是工作线圈采用较硬的弹簧片和壳体固定。与工作线圈直接相连的拾振杆伸出传感器外壳，测量振动时将拾振杆直接压在振动物体上，传感器外壳固定在支架上，测量的振动是表示支架相对于物体的振动，所以称它为相对式速度传感器。由于拾振杆与振动物体存在摩擦，因此这种传感器目前应用较少。

不论是绝对式还是相对式速度传感器，若要取得与振动位移成正比的振动信号，传感器的输出信号必须经积分电路积分，才能将速度信号变换成位移信号。

一般垂直和水平两用的惯性式速度传感器的固有频率约为 $10 \sim 12\text{Hz}$，因此可测的最低转速为 $600 \sim 700\text{r/min}$。某些旋转机械，例如大型风机、往复式压缩机和水轮机等，其工作转速可能低至 $200 \sim 300\text{r/min}$，这时要求选用固有频率更低的传感器。如以测量 300r/min 工作转速的旋转机械为例，要求传感器固有频率低于 5Hz。此时，水平和垂直测量统一在一个传感器上就难以实现，因为当传感器自水平方向转至垂直方向时，可动部分由于自重而引起的静挠度可达 10mm，而传感器由于内部结构所限，不容许有这样大的行程。

需要指出的是，速度传感器从修正曲线上看似乎对高频没有限制。其实不然，传感器由于内部机械结构和零件在高频时可能出现谐振，以及传感器安装频率所限，不可能测量很高的频率，一般频率高限约为 $500 \sim 1000\text{Hz}$。

速度传感器的输出电压与振动速度成正比，因此，对于那些以振动速度的大小作为监测标准的机械，速度传感器的输出电压可直接提供分析和处理；对于那些以位移幅值作为监测标准的机械，则需对传感器的电压输出进行积分处理，使得经过积分线路后的输出电压正比于振动位移。

2. 磁电式速度传感器的技术参数

典型的速度传感器（以 PR9268 型为例）的主要技术参数如下所述。

（1）主要技术参数

1）安装方向：垂直安装 PR9268/20；水平安装 PR9268/30。

2）频率范围：4～1000Hz。

3）振幅（峰—峰值）：3000μm；限值±2000μm。

4）固有频率（20℃）：水平方向 4.5Hz±0.5Hz；垂直方向 4.5Hz±0.5Hz。

5）灵敏度：28.5mV/（s.mm）。

6）线性误差：小于 2%。

7）测量线圈的直流阻抗：1875Ω±2%；电感≤68mH。

8）允许加速度（与测量方向垂直）：持续 10g，瞬间 20g。

9）传感器工作温度范围：－20℃～＋100℃。

（2）物理参数

1）高：78mm。

2）最大直径：58mm。

3）质量：260g。

4）壳体材料：A1Mg Si Pb F 28。

5）最大承受冲击：50g（490m/s^2）。

三、压电式加速度传感器

1. 压电式加速度传感器的工作原理

压电式加速度传感器是利用某些晶体材料（如石英、陶瓷和酒石酸钾钠等）的压电特性，当有外力作用在这些材料上时便产生电荷而制成加速度传感器。这种传感器具有极宽的频带（0.2～10kHz），本身质量较小（2～50g），动态范围很大，因此比较适合于轻型高速旋转机械的轴承座及壳体振动的加速度测量。此外，对于监测滚动轴承及气流脉冲等引起的高频机械噪声，也推荐使用加速度传感器测量。一般说来，在旋转机械中，振动频率越高，其相应的振动位移的幅值也越小，而其振动加速度幅值仍有一定的量级，此时用速度传感器或涡流位移传感器，显得灵敏度不够，但加速度传感器就比较能适应在这种情况下的测量。

压电式加速度传感器应用较广，它是利用具有压电晶体作为振动感受元件进行加速度测量。振动过程中由于加速度作用，使得压电晶体受到压力或张力，产生与加速度成正比的电荷，经积分放大器将电荷转换成电压。目前在现场振动测量中一般均采用人工烧结合成的多晶体压电材料，又称为压电陶瓷。这类材料必须在一定的温度下进行高压极化处理后才具有压电效应，其性能可以通过制造时改变其组成成分或极化条件来控制，以获得很大的压电模数和介电常数，较高的机械性能和安全温度。

晶体压电效应的强弱采用压电系数 d 来衡量，它表示压电晶体承受机械力作用时所产生的电量 Q 与所加机械力 F 的比值，即

$$d = \frac{Q}{F} \tag{3-15}$$

受力情况不同，压电系数的大小也不同，并采用不同的表示方法。以图 3-14 为例，晶体的上、下表面为极化表面，在其上烧渗银层，x 为极化轴。若在此面上作用均匀压力 F_x，则晶体上、下表面上分别产生正电荷和负电荷，电荷量为

$$Q = d_{33}F_x C \tag{3-16}$$

式中：d_{33} 为压电系数（C/N），表示压电材料在第三面上受单位力时，在第三面上产生的电荷量。

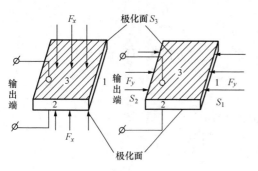

图 3 - 14　压电晶体工作原理

上面所述的现象亦称为顺压电效应；反之，若在压电晶体上施加交变的电场会引起晶体片的振动，称为逆压电效应。

由于压电晶体材料都比较脆，不能承受较大的变形，因此，从力学原理上讲都以加速度传感器状态工作，按受力形式不同有压缩型、剪切型和弯曲型。

加速度传感器的结构如图 3 - 15 所示，它利用压电材料（如石英、陶瓷和酒石酸钾钠等）的压电特性，当有外力作用在这些材料上时便产生电荷。

如图 3 - 15 所示，蝶形簧片 6 通过质量块 4 和导电片 3 与压电晶体 2 紧密接触，保证在一定的振动值下它们相互不会分离。将这些部件装在不锈钢外壳 5 内，压电晶体的电荷通过导线 8 引出。当把这样的装置固定到振动物体上时，由于物体振动而产生加速度。若振动是简谐振动，其加速度可用式（3 - 17）表示：

$$a = \omega^2 A = 4\pi^2 f^2 A \tag{3 - 17}$$

式中：ω、f 分别为振动圆频率和频率；A 为振动幅值（单振幅）。

根据牛顿定律 $F = ma$，施加在压电晶体上的作用力与质量块的质量 m 和振动加速度 a 成正比。而压电晶体输出电荷与作用在晶体上的力成正比。当 m 一定时，传感器输出电荷与振动加速度成正比，所以称它为加速度传感器。压电晶体产生的电荷，只有当测量电路具有无限高的输入阻抗时才能存在，这一点实际上是办不到的。因此，加速度传感器不能作静态测量，而只能作动态测量，即只有在受到连续交变力作用时，压电晶体才能连续不断地产生电荷，并在电路中形成电流和电压。整个电子电路，包括混合电路，可以把原始的加速度信号转变成速度信号；这个低噪声放大器/积分器电路，可提供一个速度信号输出。如果加速度传感器的输出信号通过较长的导线输到振动仪，即使输入阻抗很高，也会显著降低传感器的灵

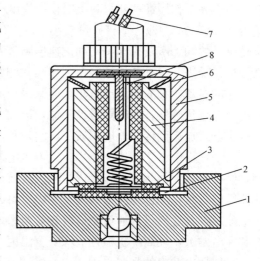

图 3 - 15　加速度传感器结构图
1—底座；2—压电晶体；3—导电片；4—质量块；
5—外壳；6—碟形簧片；7—引出线接头；8—导线

敏度，而且仪表的指示值与导线长度、阻抗直接有关。为了克服这些不利影响，所有加速度传感器输出都采用了一定阻抗而长度较短的高频电缆。为满足远距离传送振动信号的需要，将其输出信号先送到前置放大器，然后才能输送到振动模块或测振仪表。采用加速度传感器，要获得振动速度信号，必须经一次积分；要获得振动位移信号，必须经过两次积分。由此使原来的振动信号衰减 98% 以上，灵敏度显得不足，而且受外界干扰影响较大，所以加速度传感器虽然结构简单，且特别牢靠，但在汽轮发电机组振动测试中没有得到广泛应用。

但对于具有滚动轴承或齿轮部件的旋转机械来讲，由于需要获得故障振动加速度信号，加速度传感器得到了广泛应用。对于转速在 10^4 r/min 以上，振动量的测量通常已不再使用位移和速度传感器，而采用加速度传感器。加速度传感器的频响性能好，特别是高频段，频响可以从 0.2～20kHz，质量轻，动态范围宽，使用的环境温度较高。加速度传感器使用中需要提供－24V 的直流电源。

2. 典型参数

下面以瑞士 VM600 系统的 CA136 型加速度传感器为例进行说明。

CA136 型加速度传感器带有一个内置的多晶体测量元件，其内部壳体绝缘。当仪器的灵敏度要求很高时，可用 CA136 型加速度传感器来测量振动。该传感器的信号处理采用电荷放大器，与壳体绝缘的差分输出二线制系统进行信号传输。

CA136 型加速度传感器的技术参数（工况 23℃±5℃）：

(1) 灵敏度（120Hz）：100pC/（m/s²）±5%。

(2) 动态测量范围（随机）：（0.0001～1000）（m/s²）峰值。

(3) 过载能力：达到 2000（m/s²）峰值。

(4) 线性误差小于 2%［在 100～1000（m/s²）之间］。

(5) 共振频率：35kHz。

(6) 频率响应：5%（在 0.5～6000Hz 之间），10%（在 6000～10000Hz 之间）。

(7) 内置绝缘电阻：最小 109Ω；电容 6000pF（极对极），32pF（极对壳）。

(8) 温度：－54～260℃（短期可承受－70～280℃）。

(9) 对电源输入无要求。

3. 压电式加速度传感器的优缺点

(1) 优点：

1) 可在外部安装，比安装电涡流探头容易。

2) 高频响应好。

3) 体积小。

4) 耐温性能好。

(2) 缺点：

1) 对于安装表面情况比较敏感。

2) 校准较困难（相对于电涡流式传感器）。

3) 对噪声比较敏感。

4) 有时要求在监测器内加上滤波器。

对于转速高的旋转机械，如压气机等，工作转速在 10^4 r/min 以上，振动测量通常已不再用位移和速度，而采用加速度传感器测量。另一类是自身质量轻的物体的振动测量，如发电机定子端部线圈或叶片，质量大的速度传感器吸附上之后会使被测物体本身原由的固有频率显著降低，这种场合下只有加速度传感器可以满足测量要求。

四、振动传感器的选择

目前较先进的振动测量系统分别配有电涡流式传感器、磁电式速度传感器和压电式加速度传感器。在机组振动测试中合理地选择振动传感器，不但可以获得满意的测量结果，节省劳力和时间，而且对于尽快查明振动故障原因、提高转子平衡精度和减少机组启停次数，都有着重要作用。

合理地选择传感器主要考虑两个方面：一是传感器性能，二是被测对象的条件和要求。只有两者很好地结合，才能获得最佳效果。

表 3-2 所示为各种振动传感器的比较。

表 3-2   各种振动传感器的比较

型号	电涡流式位移传感器	磁电式速度振动传感器	压电式加速度振动传感器
机械种类	汽轮机、大中型水泵、压缩机（平面轴承）、燃气轮机、发电机、电动机、风扇（平面轴承）、齿轮箱（平面轴承）等	汽轮机、燃汽轮机、大中型水泵、发电机、电动机、风扇等	汽轮机、电动机（滚动轴承）、泵（滚动轴承）、齿轮箱（滚动轴承）等
用途	用于测量旋转机械主轴的位移、壳体热膨胀、转速、相位、偏心和轴的相对振动等	用于测量旋转机械的轴承和外壳的绝对振动，可垂直方向或水平方向安装，也可用于手持式振动测量	用于测量旋转机械的轴承、外壳和其他被测体的加速度振动，也可用于手持式振动测量
主要特性参数	线性范围：2mm 灵敏度：8V/mm 频率响应：DC 到 10kHz 传感器使用温度：−40∼180℃ 电源：−24V DC	最大振幅：2500μm（峰—峰值） 灵敏度：30mV/mm/s（峰值） 频率响应：4∼1000Hz 使用温度：−20∼120℃ 电源：不需要	测量范围：50g（峰值） 灵敏度：100mV/g（峰值） 频率响应：1∼10kHz 使用温度：−30∼130℃ 电源：±8∼±15VDC
注意事项	如果主轴测量处的材质不均匀或有剩余磁性，则传感器的输出会有干扰（跳动），灵敏度是随着被测物的材料而变化的。如果两个或两个以上的传感器相邻毗连使用，则可能会产生相互影响和干扰	由于此类传感器在低频区的相位特性差，因此它不适宜作多元化振动分析用。安装位置常受到限制	传感器易受电磁场干扰，对噪声比较敏感，对于安装表面情况也比较敏感

第二节　旋转机械状态参数的测量

汽轮机、泵、风机、压缩机、高速齿轮箱等旋转机械由转子、动静叶片，壳体及轴承座等部件组成。为了提高运行的经济性，往往把级与级之间的间隙做得很小，机组在异常工况下，很容易造成转动部件与静止部件之间相互摩擦，引起主轴弯曲等重大事故发生。另外，现代大型旋转机械的金属材料大部分在接近极限值情况下工作，如果运行不当，就很容易造成机组损坏。为了保证机组安全启停和正常运行，对旋转机械的状态参数必须严格监视，如对轴向位移，相对膨胀差、缸体绝对膨胀、振动、偏心和转速等状态参数进行测量和监视。当被监测的主要参数超过规定值时发出报警信号，在超过极限值时触发保护装置动作，迫使停机，以避免机毁人亡的重大事故发生。

如图 3-16 所示为某 600MW 汽轮机组状态参数测点布置图。

该机组需要监测的状态参数多达 38 个测点，大部分采用电涡流原理进行测量，包括轴向位移 4 个测点（27∼30），差胀 2 个测点（24、35），缸胀 2 个测点（19、20），偏心 1 个

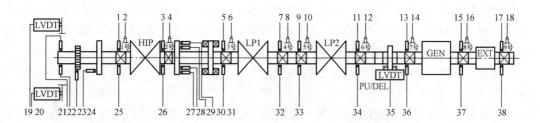

图 3-16　某 600MW 汽轮机组状态参数测点布置图

1~18—1~9 号轴承的复合振动测量（其中单数为轴 X 方向的电涡流轴振动测量，双数的磁电式轴承
振动测量）；19、20—高压缸缸胀；21—键相；22—偏心；23—零转速；24—高压缸差胀；
25、26、31~34、36~38—1~9 号轴承 Y 方向的电涡流轴振动测量；
27~30 为轴向位移测量；35—低压缸差胀测量

测点（22），键相 1 个测点（21），零转速 1 个测点（23），振动 27 个测点。其中轴振动用 18 个电涡流式传感器测 9 道轴承的 X 方向和 Y 方向的轴振，用 9 个磁电式速度传感器测量 9 道轴承（瓦）的振动。

下面就这些状态参数的测量目的和测量方法分别叙述。

一、轴向位移测量

（一）轴向位移产生的原因

汽轮机转子以 3000r/min 转速高速转动，转子除经受圆周力做功外，还受有轴向推力。为了不使转动的部件与静止的部件在轴向力的作用下发生轴向摩擦和碰撞，在叶片和喷嘴、轴封的动静部分之间及叶轮与隔板之间，必须保持适当的轴向间隙，并使转子与汽缸间保持相对的轴向间隙。

在正常情况下，汽轮机转子所受的轴向推力由下述原因产生。

（1）蒸汽进出各动叶片时的速度沿轴向分速度所产生的轴向推力。

（2）转子上各叶轮、动叶片及转鼓阶梯上前后的压力差所产生的轴向推力。

（3）由于转子的挠度不同而产生的转子重力沿轴向的分力。

为了减少大型汽轮机组产生的巨大轴向推力，已在设计上采取了一些措施，如高中压缸采取头对头布置，低压缸采用分流结构等，使轴向推力互相平衡抵消，减轻推力轴承的负担，防止轴向位移的形成。

1. 引起转子轴向推力增大的原因

（1）轴向推力随机组流量的增加而增大。这是因为当流量增加时，压力级前后压差增大，汽轮机超负荷运行时，蒸汽流量增加，轴向推力就增大。

（2）汽轮机发生水击时，即含有大量水分的蒸汽进入汽轮机，造成汽轮机叶片的汽蚀，损坏动叶和静叶，这是不允许发生的工况。水珠冲击叶片时，使轴向推力增大。由于水珠在汽轮机内流动速度较慢，堵塞蒸汽通路，在叶轮前后造成很大的压力差，使轴向推力增大。

（3）蒸汽品质不良，含有较多盐分时，会在动叶片结垢，结垢使蒸汽流通面积缩小，使叶片和叶轮前后压差增大，使轴向推力变大。

（4）真空下降，使理想焓降下降，动叶中焓降所占比重增加，使轴向推力增大。

（5）新蒸汽温度急剧下降，转子温度也跟着降低，由于转子的收缩量大于汽缸的收缩量，使推力轴承的负荷增加。

冲动式汽轮机的轴向推力全部由推力轴承来承担，反动式汽轮机的轴向推力的大部分或全部由平衡盘来抵消，其余的轴向推力由推力轴承来承担。推力轴承承担了转子的轴向推力，并保持转子和汽缸的相对轴向位置，保证了机组的稳定工作。

汽轮机在正常运行时，整个转子上的轴向推力指向发电机侧，推力盘靠向推力轴承的工作推力瓦块。在某些特殊情况下，轴向推力会指向汽轮机侧，这时推力盘靠向推力轴承的非工作推力瓦块，由非工作推力瓦块来承受轴向推力。不论是工作瓦块或非工作瓦块，都浇有一层特殊的合金，合金的最小厚度为 1.5mm。

汽轮机在启停和运行时，转子有可能发生正向（向发电机侧）和反向（向汽轮机侧）窜动。

2. 汽轮机转子出现正向轴向位移的原因

（1）转子轴向推力增大，推力轴承过载，使油膜破坏，推力瓦块乌金烧熔。

（2）润滑油系统油压过低，油温过高等原因，使油膜破坏，推力瓦块乌金烧熔。

上述两项原因中，第一项的影响因素较为复杂，因为汽轮机在运行时，负荷、初参数、中间再热参数和终参数在不断变化，并不始终在设计工况下工作。这种变工况运行，必然要引起轴向推力的变化。

3. 汽轮机转子出现反向轴向位移的原因

（1）汽流反向布置的大容量汽轮机高压缸发生水击时，会出现巨大的反向轴向推力。

（2）机组突然甩负荷，出现反向轴向推力。

（3）高压轴封严重损坏，调节级叶轮前因抽吸作用而压力下降，也会出现反向轴向推力。

（二）轴向位移测量方法

轴向位移的测量方法很多，常用的有液压式、电感式和电涡流式测量方法等几种。

（1）液压式轴向位移监视保护装置是利用汽轮机轴向间隙改变时，使喷油嘴与汽轮机轴端平面（或转子上凸缘平面）之间的间隙改变，引起流量改变，使喷嘴后压力改变，用此压力指示轴向位移的大小。当压力低于某数值时，便动作滑阀，实行紧急停机。

（2）电感式轴向位移监视保护装置是根据电磁感应原理，将转子的机械位移量转换成感应电压的变量，然后进行指示、报警或停机保护。

（3）电涡流式轴向位移监视保护装置是根据电涡流原理，将位移的变化转换成与之成比例的电压变化，从而实现对位移的测量、监视和保护。

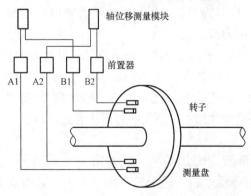

图 3-17　轴向位移测量示意图

以上的第（1）、（2）种轴向位移监视保护装置目前已基本不采用，只有早期生产的小容量机组上还在使用。下面就目前广泛采用的电涡流式轴向位移监视保护装置进行叙述。

1. 轴向位移测点选择

图 3-17 所示为轴向位移测量示意图。通常采用两套探头对推力轴承同时进行监测，这样即使有一套探头损坏失效，也可以通过另一套探头有效地对轴向位移进行监测。这两个探头可以安装在轴的同一端面，也可以在两个不

同端面进行监测，但这两个端面应在止推法兰盘 305mm 以内；安装方向可以是同一方向，也可以是不同方向。

目前，大型汽轮机组往往采用 4 个涡流探头来测量轴向位移，如图 3-16 所示的 27～30 测点。该电涡流探头信号经前置器后输入轴向位移测量模块，经模件运算处理后提供显示、报警或跳闸信号。一般将 27、29 测点信号并联后作为报警信号，28、30 测点信号串联后作为跳闸信号。

该监测系统的选择逻辑可使两个报警信号中任一个起作用，但危险跳闸信号采用"与"逻辑，只有两个信号均发出时才起作用，这样就可在一个通道有故障时不会使虚假的危险信号起作用。轴向位移是机组保护中的一个重要参数，该信号经测量模块转换后去记录仪作记录用，同时送 MIS 系统作图表数据显示及报警窗报警用。该信号同时送机组保护系统作报警和跳闸保护用。电涡流传感器输出接前置器，其输出送往 I/O 测量模块，如图 3-18 所示。

2. 电缆选择与敷设

首先，选用电缆要满足测量系统的要求。模拟量要选用屏蔽电缆，其中输入信号（特别是弱小的交流信号）最好选用双层芯屏蔽电缆（即分屏蔽加总屏蔽）传送，而且每个输入信号单独使用一根屏蔽电缆。接触油和高温的电缆要选用耐油和耐高温电缆。连接探头到前置器的电缆一般选用 4 芯的屏蔽电缆。前置器输出信号的电缆芯数可根据信号的去向合理选择。

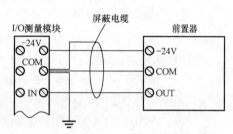

图 3-18　前置器与测量模块的连接方法

汽轮机监测保护系统（TSI）的抗干扰是相当重要的，除了在仪表本身的设计过程中重点考虑抗干扰以外，现场屏蔽电缆的连接方法对机组的安全运行也起到了十分重要的作用。电厂因屏蔽电缆的连接不当而造成机组停机的事故也时有发生。前置器应通过屏蔽电缆与测量模块相连，屏蔽电缆在前置器的 COM 端不接地，而测量模块的 COM 端应接地（见图 3-18）。

（三）轴向位移测量模块

目前，国内大型汽轮机组选用不同厂商的不同型号 TSI，其测量模块也各不相同，但功能大同小异。下面以德国 epro 公司的 MMS6000 系统为例进行叙述，它的轴向位移测量模块型号为 MMS6210。

1. 用途

双通道轴位移测量模块 MMS6210 用于测量轴的位移，如轴向位移、差胀、热膨胀、径向轴位移等。它可与 DCS、DEH 等系统通信或连接，也可以自成体系，作为特殊测量系统；运行参数或曲线可在 DCS、DEH 或其他二次仪表上显示，也可以在组态工具上显示；可连接其他在线故障分析诊断系统，也可配备自身的在线故障分析诊断系统。

2. 特点

（1）可在运行中更换监测模块，也可以单独使用该模块，电源冗余输入。

（2）自检功能扩展，内置传感器自检功能，操作级口令保护。

（3）RS232/RS485 端口用于现场组态及通信，可读出测量值。

（4）内置线性化处理功能。

（5）记录和存储最近一次启/停机的测量数据。

3. MMS6210 位移监测模块的工作原理及功能

MMS6210 是双通道位移/差胀测量模块。其工作原理如图 3 - 19 所示。

（1）信号输入。

1）MMS6210 有两路独立的电涡流式传感器信号输入：SENS 1H(z8)/SENS 1L(z10) 和 SENS 2H (d8)/SENS 2L (d10)。与之匹配的电涡流式传感器为德国 epro 公司生产的 PR642X 系列电涡流式传感器及相应的前置器，也可使用其他厂家生产的同类型传感器。输入电压范围为：$DC-22\sim-1V$。

测量模块为传感器提供两路 $-26.75V$ 直流电源：SENS 1+（z6）/SENS 1-（b6）和 SENS 2+（d6）/SENS 2-（b8）。传感器信号可以在模块前面板上 SMB 接口处测到。

2）模块有两路电压输入：EI 1（b14）/EI 2（b16）。

3）模块还备有键相信号输入（必须大于 13V），该信号是速度控制方式所必需的。

（2）信号输出。

1）特征值输出：模块有两路代表特征值的电流输出：即 I1+（z18）/I1-（b18）和 I 2+（z20）/I 2-（b20），可设定为 $0\sim20mA$ 或 $4\sim20mA$。模块有两路代表特征值的 $0\sim10V$ 电压输出：即 EO 1（d14）/EO 2（d16）。

2）模块提供两路 $DC0\sim10V$ 电压输出，即 NGL1（z12）/NGL2（d12）。该输出与传感器和被测面的距离成正比。

（3）限值监测。

1）报警值：在双通道独立测量的模式下，每个通道可以单独设置两组报警值和危险值。为避免测量在限值附近的变化反复触发报警，可设置报警滞后值，在满量程的 $1\%\sim20\%$ 之间选择。

2）限值倍增器及倍增系数 x：在特殊情况如过临界转速时，为避免不必要的报警或跳机，可在软件中激活限值倍增器功能，并设置倍增系数 x（取值 $1.00\sim5.00$）。使用此功能时，d18 应为低电平。倍增系数 x 同时影响报警值和危险值。

3）报警输出（模块给出 4 个报警输出）。

通道 1：危险 D1-C，D1-E（d26，d28），报警 A1-C，A1-E（b26，b28）。

通道 2：危险 D2-C，D2-E（d30，d32），报警 A2-C，A2-E（b30，b32）。

不管报警是向上或向下触发，都会给出报警输出。

4）报警保持功能。使用此功能，报警状态将被保持。只有通过软件中复位命令（Reset latch channel 1/2）才能在报警条件消失后取消报警。

5）报警输出方式。使用 SC-A（报警 d24）和 SC-D（危险 z24）时可以选择报警输出方式：①当 SC- 为断路或为高电位（+24V）时，报警输出为常开；②当 SC- 为低电位（0V）时，报警继电器为常闭。

为避免掉电引起报警，便于带电插拔，建议选用报警输出为常开。

6）禁止报警。在下述情况，报警输出将被禁止：①模块故障（供电或软件故障）；②通电后的延时期，断电和设置后的 78s 延时；③模块温度超过危险值；④启动外部报警禁止，ES（z22）置于 0V；⑤在限值抑制功能激活时，输入电平低于量程下限 0.5V 或高于量程上

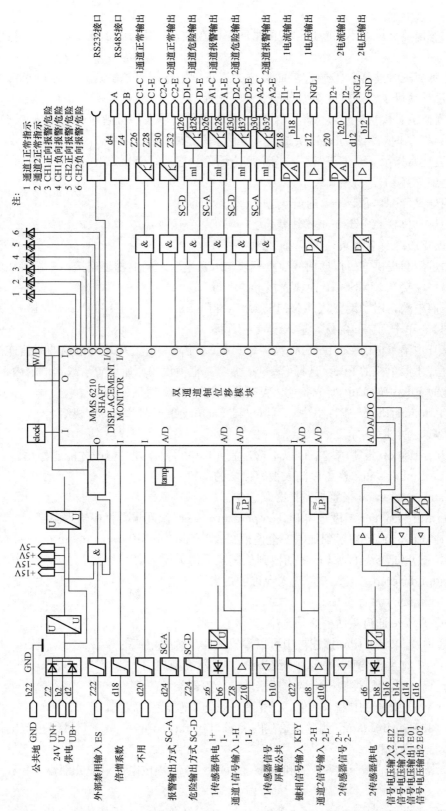

图 3－19　MMS6210 工作原理图

限 0.5V。

（4）状态监测。模块不间断地检查测量回路，在发现故障时给予指示，并在必要时闭锁报警输出。

状态指示有三种途径：①通过前面板"通道正常"指示灯；②通过"通道正常"输出 1/2；③通过计算机及组态软件在 Device status 显示。

1）通道监测：模块检查输入信号的直流电压值。当输入信号超过设定上限 0.5V 或低于设定下限 0.5V 时，给出通道错误指示（传感器短路或断路）。

2）通道正常指示：通道正常时，指示灯为绿色。指示灯变化如下：

指示灯熄灭（off）——故障；

慢速闪烁（FS）0.8Hz——通道状态；

快速闪烁（FQ）1.6Hz——模块状态。

4. MMS6210 位移监测模块的设置步骤

（1）通过配套提供的一根通信线建立模块与设置电脑之间的物理连接，一端接在电脑串行口上，另一端接在 MMS6210 模块面板上的串行口。

（2）开启电脑，启动设置软件 MMS6000 Konfiguration。在 ID 和 Password 中分别输入一个小写的 s，单击 Login 确认，进入设置主画面。

（3）打开主菜单栏的 Connection，选择 Connect 命令，建立模块与电脑的通信连接。

（4）打开主菜单栏的 File，选择 Receive 命令，把模块的原始设置下载到电脑内存中来。

（5）此时 File 中的 Edit 变成亮色，可选择。打开 Edit 对话框。

1）在 Administration 属性页中：可以设置 Factory 工厂名和 Block 机组名。

2）在 Basis 属性页中：

Limit increase on 报警倍增框可以不选，假如选中需要作硬件修改才能起作用。

Limit multiplier value 栏可以输入报警倍增的系数。

Limit suppression on 报警抑制框必须选中。

Temperature Danger 温度危险和 Temperature Alert 温度报警栏中输入温度。

Switch on EX-mode 切换到加装安全栅模式，Switch on difference monitoring 切换到差值监视模式，Switch on slave mode 切换到从模式框均无需选中。

Maximum difference 最大差值输入允许的最大测量差值。

3）在 Channel 1 属性页中。

Channel Active 通道激活框必须选中。

KKS 通道和 Description 描述栏中可以设置成便于理解记忆的参数。

CON-Type 前置器类型栏中选中所安装的前置器类型。

Sensor-Type 传感器类型栏中选中所安装的传感器类型。

Sensitivity 灵敏度栏中输入数值，该值由 16 除以量程范围得到。

Start of measuring range 测量起始范围和 End of measuring range 测量终止范围栏中分别输入基量程和满量程。

Tare value displacement 零位值和 Tare value voltage 零位电压栏中分别输入 0 和对应的电压值。

Measuring chain operating range highest level（V）测量最大工作范围电压值。

Measuring chain operating range greatest distance（mm）测量最大工作范围位移。

Measuring chain operating range lowest level（V）测量最小工作范围电压值。

Measuring chain operating range smallest distance（mm）测量最小工作范围位移值栏在选中了传感器和前置器型号后会自动填入。

Invert measurimg range 反向测量范围框根据实际需要是否选中。假如选中的话，注意零位电压要作修改。EX-variant 安全栅类型、EX-series resistance 安全栅阻值栏无需输入。

4）Channel 2 属性页中的设置同 Channel 1。

5）Linearization channel 1 属性页中：

Linearization active 线性化激活框必须选中。

打开主菜单栏中的 Display，选中 Char. Variables，打开实时棒状图，根据已经设置的零位电压值，由现场操作员在现场调整传感器，使棒状图中显示的测量值在零位。现场固定零位。

根据调试员指令，现场操作员调整传感器到基量程。假如已经反向，则需调整到满量程。

调试员在 Linearization channel 1 属性页中的第一点的 Displacement（mm）位移栏输入当前基量程的值，并单击对应该点的 Online，则可在该点的 Voltage（V）中接收到当前前置器的实际电压。

操作员根据指示，把传感器由基量程向满量程方向移动一定的值，调试员在第二点的位移栏中输入当前实际位移，单击 Online 接收实际电压值。

同样步骤，把传感器一直移动到满量程的值，接收实际电压，完成线性化表的制作。该表一共可以做 32 个线性化点。

6）Linearization channel 2 属性页中的设置同 Linearization channel 1。

7）Data acquisition 属性页中：

Control 控制循环选中框中选中 time 模式。

Subspeed 最低转速、Normial speed 正常转速、Speed tolerance 转速公差、Over speed 超速栏均无需修改，使用默认设置。

Support diagnosis system 支持诊断系统框可以选中。

8）Output channel 1 属性页中：

Limit watching active 限值监测激活框必须选中。

Danger high 危险高值、Alert high 报警高值、Alert low 报警低值、Danger low 危险低值栏根据电厂实际情况输入数值。

Alarm Hysteresis 报警回差循环选择框可以选择 1%～10%。

Latching active 锁定激活循环选择框选中 not active 无需激活。

Alarm delay 报警延迟循环选择框可以选择 1～6s。

Time constant current output 时间平滑常数栏中输入时间。

Current output 循环选择框中选择输出电流量程。

Current suppression 电流抑制框不必激活。

9）Output channel 2 属性页中的设置同 Output channel1。

（6）此时已经全部设置完毕，假如设置符合软件默认值，没有错误的话，各属性页中

Status 栏颜色是绿色的，修改过的栏 Status 旁边的白色框会变成蓝色。而假如设置错误的话，Status 栏颜色是红色的。依次单击 Apply、OK 确认，关闭 Edit 对话框。

（7）打开主菜单栏的 File，选择 Transmit 命令，假如设置正确，可以成功上传设置到模块。假如无法上传，重复第 5 步，修改设置至正确。

（8）至此，MMS6210 模块已经设置完成。打开主菜单栏的 File，选择 Save as 命令可以把所作设置保存到软件安装目录下的 m6m 文件夹中。

上面简述了德国 Epro 公司 MMS6210 测量模块的工作原理、功能及设置步骤，其他模块与此类同，限于篇幅不再赘述。

5. MMS6210 模块的特点

通过以上介绍可以看出，该测量模块有以下特点：

（1）有 RS232 和 RS485 数字接口，系统运行方式、运行参数和保护参数的设置，既可以通过组态工具在模块上进行，又可以在系统网络上进行。通过这些接口、测量参数、画面、曲线等可发送到 DCS、DEH、分析诊断系统、网络等相关系统，提高了电厂的整体自动化水平。

（2）采用双通道设计，可以利用组态软件设置成单通道工作、双通道工作、串联方式、冗余方式等。

（3）该测量模块具有大量程测量并具有 32 点线性修正功能，提高差胀等测量大量程的准确性，使实际位移与输出指示保持一致。

（4）每块模块具有工作温度监测功能，提高系统的工作可靠性。

（5）报警及跳闸采用正逻辑，当测量系统不好时，封锁报警及跳闸信号输出，避免保护系统误动作发生。

二、差胀测量

（一）差胀产生的原因

汽轮机在启动、停机过程中，或在运行工况发生变化时，都会由于温度变化而使汽缸和转子产生不同程度的热膨胀。汽缸受热膨胀时，由于滑销系统死点位置的不同，可能向高压侧延伸或向低压侧延伸，也可能向左侧或向右侧膨胀。转子受热时也要发生膨胀，由于转子的体积小，而且直接受蒸汽冲刷，因此温升和热膨胀较快；而汽缸的体积大，温升和热膨胀就比较慢。当转子和汽缸的热膨胀还没有达到稳定之前，它们存在较大的热膨胀差值，简称"差胀"（或"胀差"），也称汽缸和转子的相对膨胀差。差胀的变化，引起了动、静部分轴向间隙的变化。当转子的膨胀大于汽缸时，定义为正差胀，表明动叶出口与下一级静叶入口的间隙减小，通常这一间隙设计得较大。当汽缸的膨胀大于转子的膨胀时，定义为负差胀，表明静叶出口与动叶入口间隙减小。汽轮机各级动叶片的出汽侧轴向间隙大于进汽侧轴向间隙，故允许正差胀大于负差胀。

汽轮机带负荷运行后，转子和汽缸受热逐渐趋于稳定，热膨胀值随之稳定，它们间差胀也就逐渐减小，最后达到某一稳定值。在运行时，一般负荷变化对差胀影响不是很大，只有在负荷急剧变化或主蒸汽温度不稳定时，由于温度的变化，才会对热膨胀产生较大的影响。

1. 差胀的表示方法

汽缸的绝对膨胀理论上可以用式（3-18）表示，即

$$\Delta L = \int_0^L \alpha_y(t) \Delta t_y \mathrm{d}y \quad (\mathrm{mm}) \tag{3-18}$$

式中：$\alpha_y(t)$ 为计算段材料的线膨胀系数，1/℃；Δt_y 为计算工况金属温度与安装温度之差，即计算段的温度增量，℃；L 为计算截面至死点的轴向距离，mm。

但在实际应用时，往往采用近似的方法进行计算，即沿着轴方向分成若干区段，先计算各区段的绝对膨胀值，然后进行修正和叠加，得出汽缸的绝对膨胀值。

由于汽轮机的轴向位置是由推力轴承固定的，所以差胀是以推力轴承到某一处转子和汽缸总的膨胀差。例如高压缸在 c 点处的差胀可表示为

$$\Delta L = L_x - L_y = \int_0^c \alpha_x(t)\Delta t(x)\mathrm{d}x - \int_0^c \alpha_y(t)\Delta t(y)\mathrm{d}y \qquad (3\text{-}19)$$

式中：L_x、L_y 分别为转子和外汽缸的膨胀值，mm；$\alpha_x(t)$、$\alpha_y(t)$ 分别为转子和汽缸材料的线膨胀系数，1/℃；$\Delta t(x)$、$\Delta t(y)$ 分别为转子和外汽缸的计算工况温度增量，℃。

由式（3-19）可知，加热时差胀由前段至后段，一般是递增的，这就是一般制造厂在设计动、静部分轴向间隙时，自前至后把间隙设计得越来越大的原因。一旦某一差胀超过轴向预留的动、静部分之间的间隙，就将发生动、静部件之间的摩擦，造成设备损坏。

汽轮机轴封和动、静叶片之间的轴向间隙设计得较为紧凑。若汽轮机启停或运行时差胀过大，超过了轴封及动、静叶片间正常的轴向间隙时，就会使动、静部分发生碰撞和摩擦，轻则增加启动时间，重则引起机组强烈振动、大轴弯曲、掉叶片等恶性事故，甚至毁机。因此，在机组启停和工况变化时，要密切监视和控制差胀的变化。

2. 汽轮机正差胀过大的原因

（1）升速过快，暖机时间不够，使转子膨胀大于汽缸膨胀。

（2）增加负荷的速度过快，暖机时间不够，使转子膨胀大于汽缸膨胀。

3. 汽轮机负胀差过大的原因

（1）减负荷速度过快，或由满负荷突然甩至空负荷，使转子收缩大于汽缸的收缩。

（2）空负荷或低负荷运行时间过长，使转子摩擦鼓风损失加大，低压缸温度升高，出现负差胀。

（3）发生水冲击（包括主蒸汽温度过低时）。

（4）停机过程中，用轴封蒸汽冷却汽轮机的速度太快。

（5）真空急剧下降，排汽温度迅速上升，使低压缸负差胀增大。

（二）差胀测量方法

差胀测量方法与轴向位移测量方法相同，现在一般都采用电涡流式测量方法。下面以600MW 机组为例作说明。一般 600MW 机组的差胀包括高压缸和低压缸差胀两部分，高压缸差胀是通过计算高压缸与高压缸内转子轴系的膨胀差值，低压缸差胀是计算汽轮机低压缸与发电机连接处转子轴系的膨胀差值。如图 3-16 所示，高压缸差胀通过布置在高压缸轴头的电涡流探头测量，轴端法兰与汽缸之间的间隙即为高压缸差胀。低压缸由于差胀变化范围较大（一般 15～25mm 左右），往往采用 LVDT（线性差动变压器）方法测量或用两支电涡流探头串联测量（这种测量方法要求将两支电涡流探头相对安装在同一测点的两侧，可以通过两个通道间联合计算将量程扩大到单只传感器的两倍），还可以用锥面方法进行测量。下面就双锥面测量方法进行叙述。

轴系通过布置在汽轮机低压缸和发电机之间轴的斜面两端各安装一支电涡流探头，在热膨胀过程中，当被监测的位移超出第一个探头测量范围时，紧接着就进入第二个探头的测量

范围，由测量模块的微处理器选择从一个探头线性范围转换到另一个探头线性范围。这种补偿式测量方法可将测量范围扩大一倍。如图 3-20 所示为低压缸差胀双锥面测量示意图。

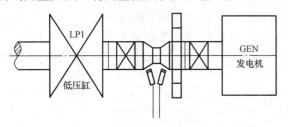

图 3-20　低压缸差胀双锥面测量示意图

该测量方式需要同型号的两个探头反向安装以测量位移，测量范围是单通道的 2 倍。为了调整测量范围，两个探头到测量盘的距离和其中一个探头到测量点的位置都必须能调节。在初始状态下，位移为零，位于工作范围的中点，两只探头和测量面的距离应该一致。当轴向位移发生时，一只探头与测量面的距离会增大，而另一只探头和测量面的距离相应地等量减少。

用这种方式可测量的最大轴位移量为

$$s = \frac{a}{\sin\theta}$$

式中：s 为工作范围，mm；a 为探头的测量范围，mm；θ 为锥面角度，$1°\leqslant\theta\leqslant45°$。

锥面测量的机械要求：① 锥面的角度要求 $1°\leqslant\theta\leqslant45°$，并且在整个锥面上角度要一致；② 锥面必须足够大，探头在整个量程范围内必须能够探测到等量的斜面；③ 测量锥面的探头必须始终垂直于锥面。

如果现场无法通过测量面对测量回路进行校准，建议将两只探头安装在一个支架上，可以通过调整支架的位置来调节探头与测量面的距离，然后通过软件组态和调试。图 3-21 所示为经硬件调整和软件调试前、后的探头输出特性曲线。显然，经调整后探头的线性度有了很大提高。

若锥面角度为 30°，则 $a = s\sin\theta = \frac{s}{2}$，即 $s = 2a$。

上式表明，探头能探测到轴的轴向位移为探头线性范围的 2 倍，亦即加大了探头探测范围。

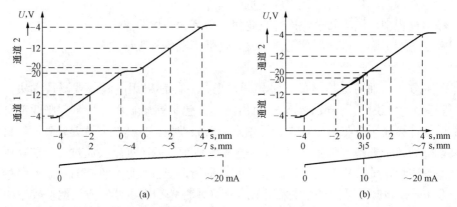

图 3-21　调整（试）前、后的探头输出特性曲线
（a）调整（试）前输出特性曲线；（b）调整（试）后输出特性曲线

三、缸胀测量

（一）汽缸膨胀产生的原因

在汽轮机启停和变工况时，转子和汽缸各自以自己的死点为基准膨胀或收缩。汽轮机的

轴向长度很长，因此汽缸的热膨胀值往往达到相当大的数值。在运行过程中，必须加强对汽缸热膨胀的监视，以防止热膨胀受阻和左右侧热膨胀不匀乃至卡涩造成汽缸变形和动、静叶片之间的摩擦事故。

600MW 机组低压缸为固定点，汽缸膨胀仪测量自低压缸的固定点至调节阀端轴承座间轴向尺寸的伸长。设计时应考虑到使调节阀端轴承座可在经过润滑的轴向导键上自由移动。若汽缸膨胀时，机组的自由端在导键上的滑动受阻，则可能导致机组的严重损坏。

汽缸膨胀仪测定调阀端轴承相对于基础固定的位移，它显示出在启动、停机、带负荷及蒸汽温度变动时汽缸的膨胀和收缩情况。在负荷、蒸汽参数、真空度等情况相似时，测量仪器所示调阀端轴承座的相对位置应当大致相同。如汽缸膨胀仪不能显示出上述各种状态，那就必须查明原因。

汽轮机在开机过程中，由于受热使汽缸膨胀。如果膨胀不均匀就会使汽缸变斜或翘起，这样的变形会使汽缸与基础之间产生巨大的应力，由此带来的不对中现象会引起严重后果。汽缸膨胀的测量一般在机壳两侧各设置一个测点，如图 3-16 中的 19、20 测点，监测两侧的膨胀是否一样，不均匀的膨胀说明机壳变斜或翘起。

（二）缸胀测量

汽缸绝对膨胀检测系统一般由一只直流线性差动变压器式传感器（配有接线电缆）和一只安装在机架内的汽缸膨胀指示器组成。该系统可连续测量汽缸相对于汽轮机基础的绝对膨胀。在测量汽缸相对于基础的膨胀时，传感器线圈固定在基础上，其铁芯固定在汽缸上，利用铁芯在差动线圈的位移相应地输出一个与其成比例的电压信号供给汽缸膨胀指示器。汽缸膨胀指示器配有一只装有固定调整点的传感器系统 OK 线路。如果传感器信号超过给定值，指示器便产生一个非 OK 信号，使 OK 继电器（安装在机架内）动作，用户可将该继电器触点接入报警或汽轮机保护系统。

线性差动变压器 LVDT（Linear Voltage Differential Transformer）的结构示意图如图 3-22 所示。它由三个绕组组成，其中 L_0 为激磁绕组，由 15kHz 的振荡器提供交流激磁电源，L_1、L_2 为输出绕组，反相差动连接，输出的交流电压正比于铁芯偏离的距离，交流信号经解调器检波后变为直流输出信号。当 LVDT 用于测量缸胀时，外壳固定于基础上，而铁芯与汽缸相连。当 LVDT 用于测量差胀时，外壳固定于汽缸上，铁芯与汽机转轴上的凸缘相耦合。

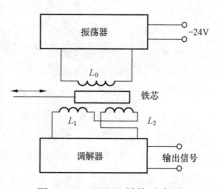

图 3-22　LVDT 结构示意图

两个绕组是反向连接的，因此，二次绕组的净输出是该两绕组所感应的电动势之差值。当绕组内的铁芯处于中间位置时，两个二次绕组所感应的电动势相等，变送器输出的信号为零。当铁芯与绕组有相对位移，例如铁芯向左移动时，则左半部绕组 L_1 所感应的电动势较右半部绕组 L_2 所感应的电动势大，其输出的电压代表左半部的极性。二次绕组感应的电动势经解调滤波后，转变为铁芯与绕组间相对位移的电压输出。在实际测量装置中，外壳固定在基础上，铁芯通过杠杆与汽缸相连，这样，输出信号即表示汽缸的绝对膨胀位移量。

图 3-23 所示为输出信号与铁芯位移的特性曲线图。本特利公司的 LVDT 系列有三种型

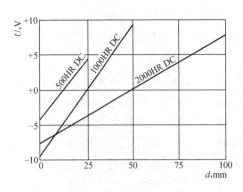

图 3-23　输出信号与铁芯位移的特性曲线

号，图中画了 500HR DC、1000HR DC 和 2000HR DC 三种型号的特性曲线。当铁芯在中间位置时，输出信号为零。当铁芯左右移动时，输出信号为正、负直流电压信号，并具有线性关系。三条曲线的量程为 0～25mm（±0.5in）、0～50mm（±1in）和 0～100mm（±2in）。其灵敏度分别为 0.35、0.4 和 0.14V/mm，线性范围分别为 ±12.7、±25.4 和 ±51mm。频率分别为 20、15 和 10Hz，线性误差为 ±0.5％满量程，稳定性为 0.125％满量程。LVDT 的输出信号可直接输到缸胀测量模块，经微处理器运算处理后，输出报警、跳闸信号。LVDT 具有内置线性化处理功能，并有 R232/R485 端口用于现场组态及通信，可读出测量值。

四、振动测量

每台汽轮机组在启动和运行中都会有不同程度的振动。当设备发生缺陷或机组的运行工况不正常变化，或操作不当时，都会使汽轮机组的振动加剧，严重威胁设备和人身安全。

（一）汽轮机组发生振动的原因

1. 由于机组运行中中心不正而引起振动

（1）汽轮机启动时，如暖机时间不够，升速或加负荷太快，将引起汽缸受热膨胀不均匀，或滑销系统有卡涩，使汽缸不能自由膨胀，均会使汽缸对转子发生相对歪斜，机组产生不正常的位移，造成振动。

（2）机组运行中若真空下降，使排汽温度升高，后轴承上抬，因而破坏机组中心，引起机组振动。

（3）靠背轮安装不正确，中心没找准，运行时会产生振动。此振动随负荷增加而增加。

（4）机组进汽温度超过设计规范条件，使差胀和汽缸变形增加，如高压轴封向上抬起等，会造成机组中心移动超过允许限度，引起振动。

2. 由于转子质量不平衡而引起振动

（1）运行中叶片折断、脱落或不均匀磨损、结垢，使转子发生质量不平衡。

（2）转子找平衡时，平衡质量选择不当或旋转位置不对，转子上某些零件松动，发电机转子线圈松动或不平衡，均会使转子发生质量不平衡。

由于上述原因转子出现质量不平衡时，则转子每转一圈，就要受到一次不平衡质量所产生的离心力的冲击，这种离心力周期作用的结果就产生振动。

3. 由于转子发生弹性弯曲而引起振动

转子发生弯曲，即使不引起汽轮机动静部分的摩擦，也会引起振动。其振动特性和由于转子质量不平衡引起的振动情况相似，不同之处是这种振动较显著地表现为轴向振动，尤其是当通过临界转速时，其轴向振幅增大更为显著。

4. 由于轴承油膜不稳定或受到破坏而引起振动

油膜不稳定或破坏，将会使轴瓦钨金很快烧毁，进而将因受热而使轴颈弯曲，以致造成剧烈振动。

5. 由于汽轮机内部发生摩擦而引起振动

工作叶片和导向叶片相摩擦，以及通汽部分幅向间隙不够或安装不当，隔板弯曲，叶片变形，推力轴承工作不正常，轴颈与轴承乌金侧间隙太小等，均会引起摩擦，进而造成振动。

6. 由于水冲击而引起振动

当蒸汽中带水进入汽轮机发生水冲击，将造成转子轴向推力增大和产生很大的不平衡扭力，进而使转子产生剧烈的振动，甚至烧坏推力瓦。

7. 由于发电机内部故障而引起振动

如发电机转子与定子之间的空气间隙不均匀、发电机转子线圈短路等，均会引起机组振动。

8. 由于汽轮机机械部件松动而引起振动

汽轮机外部零件如地脚螺丝、基础等松动，也会引起振动。

可见，汽轮机运行中发生振动，不仅会影响机组的经济性，而且直接威胁到机组的安全。因此在汽轮机启动和运行中，对轴承和大轴的振动必须严格进行监视。如振动超过允许值，应及时采取措施，以免事故发生。为此汽轮机装有振动监测装置，当振动超过一定程度时发出声光报警；当振动超过机组允许的极限时，驱动 ETS 保护装置，紧急停机，以保护机组安全。

（二）振动的危害

汽轮机运行的可靠性在很大的程度上是由机组的振动状态决定的，过分强烈的振动，意味着机组存在严重缺陷。在振动作用下，机组内各部件间的连接会松动，这就削弱汽缸、轴承座、基础台板和基础间的刚性连接，反过来加剧了机组的振动，甚至使动、静摩擦加剧，导致机组发生严重损坏而被迫停机。

振动可能造成的危害和引起的后果如下：

（1）端部轴封磨损。低压端部轴封摩擦损伤，密封作用破坏，空气漏入低压缸中，从而破坏真空。高压端部轴封磨损，自高压缸向外漏汽增大，使转子轴颈局部受热而弯曲。蒸汽进入轴承中使润滑油内混入水分，破坏了油膜并引起轴瓦乌金熔化。漏汽损失增大，影响机组的经济性。

（2）隔板汽封磨损。隔板汽封磨损严重时，将使级间漏汽增大，除影响经济性外，还会增大转子上的轴向推力，以至引起推力瓦块乌金熔化。

（3）滑销磨损。滑销严重磨损时，影响机组正常的热膨胀，从而进一步引起更严重的事故。

（4）轴瓦乌金破裂，紧固螺钉松动、断裂。

（5）转动部件的强度降低，将引起叶片轮盘等损坏。

（6）调速系统不稳定，将引起调速系统故障。

（7）发电机、励磁机部件松动损坏。

（三）振动测量方法

一台 600MW 机组，往往有 9 道轴承处需要监视，一般装有轴振（主轴振动）测量装置、瓦振（轴承座振动）测量装置，有些机组还装有复合振动测量装置。因此，一台 600MW 机组需要监视的振动测点多达 27 个。

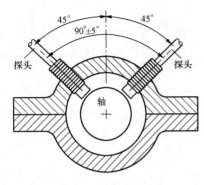

图 3-24　测量径向振动

1. 轴振动测量方法

测量轴的径向振动如图 3-24 所示。在测轴振时，常常把探头装在轴承壳上，探头与轴承变成一体，因而所测结果是轴相对于轴承壳的振动。由于轴在垂直方向与在水平方向的振动并没有必然的内在联系，亦即在垂直方向的振动已经很大，而在水平方向的振动却可能是正常的，因此往往在垂直与水平方向各装一个探头以分别测量垂直和水平方向的振动。为了安装方便，实际上两个探头不一定非装在垂直和水平方向不可，很多以右左两个 45°斜插方式安装。按惯例，垂线右面探头认为是水平探头，左面为垂直探头，上述测振方式，用得十分普遍。

2. 轴承振动测量方法

汽轮机组的振动一般是由轴的振动产生的，诸如不平衡、不对中或摩擦等原因都可使轴产生振动。在一般情况下，其轴的振动可以大部分传到轴承上，在这种情况下，用装在轴承座上的速度传感器测量得到的轴承座绝对振动，对评价机组振动提供了有意义的信息。

目前，大型火电机组中，测量轴承座振动的传感器常用的有磁电式速度传感器和压电式加速度传感器。加速度传感器虽有频带宽，本身质量小，动态范围大等优点，但是它属于高内阻抗传感器，极易受电磁场等干扰，因此在测量时，特别是在现场测量，必须特别注意屏蔽、布线和接地等环节。

3. 复合式振动测量

目前，汽轮发电机组的振动监视已从监视轴承振动发展到直接监视主轴相对于自由空间的振动（即轴的绝对振动），这是因为转子是引起振动的主要原因。当振动出现异常时，反应在主轴上的振动要比轴承座的振动敏感得多，因此监视主轴的绝对振动更为重要。接触式传感器的顶杆直接接触主轴，虽然也能直接测量轴的绝对振动，但存在触点磨损问题，触点润滑情况与轴的表面粗糙度也会影响测量值，速度响应也会受到限制，所以近年来出现一种复合式传感器。它由一个电涡流式传感器和速度式传感器组合在一个壳体内，并可安装在汽轮机组的同一侧，如图 3-25 所示。

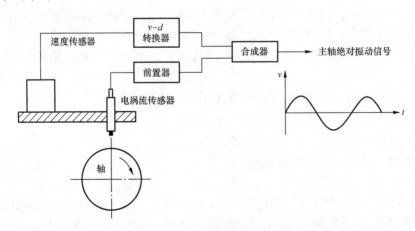

图 3-25　复合式振动传感器示意图

这里，电涡流式传感器用于测量主轴—轴承座的振动，即主轴的相对振动，而速度传感器则用于测量轴承座的绝对振动。速度传感器输出的速度信号经 $\nu—d$ 转换，变为绝对振动的位移信号，与电涡流式传感器输出的相对振动位移信号一起输入合成器，在合成器内完成矢量相加，最后输出主轴的绝对振动信号。

主轴的绝对振动测量是根据相对运动原理实现的。

设 $\dot{V}_{s-b}$ 表示主轴相对于轴承座的振动矢量；$\dot{V}_{b-g}$ 表示轴承座相对于自由空间的振动矢量。根据相对运动原理，可得主轴相对于自由空间的振动矢量 $\dot{V}_{s-g}$ 为

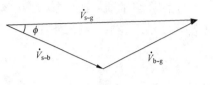

图 3 - 26　振动矢量图

$$\dot{V}_{s-g} = \dot{V}_{s-b} + \dot{V}_{b-g}$$

其振动矢量如图 3 - 26 所示。图中 $\dot{V}_{s-b}$ 与 $\dot{V}_{s-g}$ 之间存在相位差 ϕ，这是由油膜及轴承结构等因素决定的。

如能测得 $\dot{V}_{s-b}$ 和 $\dot{V}_{b-g}$，即可得出 $\dot{V}_{s-g}$，实现主轴相对于自由空间的振动测量。

复合式传感器除能测量主轴的绝对振动（两个传感器所测量的振动信号的矢量和），还能测量主轴相对于轴承座的振动（电涡流式传感器测得）、轴承座的绝对振动（磁电式速度传感器测得）和主轴在轴承间隙内的径向位移（电涡流式传感器测得）。将磁电式速度传感器和电涡流式传感器组合成一体，然后将两个振动信号（矢量）相加，可获得转轴的绝对振动。

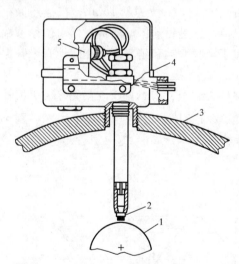

图 3 - 27　复合式振动传感器结构示意图
1—转轴；2—电涡流式传感器；3—轴承盖；
4—外壳；5—速度传感器

图 3 - 27 所示是复合式振动传感器结构示意图。速度传感器 5 直接固定在外壳 4 内，电涡流式传感器对准转轴，外壳 4 固定在轴承盖 3 上，由此可以测量轴承绝对振动和转轴相对振动，两个信号相加后，在仪表上直接显示转轴的绝对振动。除此以外，这种装置还可以提供转轴相对振动、轴承振动、轴颈在轴瓦内位置和转子晃摆值。

在复合式振动传感器中，这两种信号在合成线路中按时域相加（或相减，视信号的极性而定），其输出的信号即为轴的绝对振动信号。在合成线路中将不同传感器的信号按时域进行相加之前，首先要处理传感器的相移问题，否则这种合成是毫无意义的。一般说来，电涡流式传感器输出的信号与实际振动是没有相移或相移甚小。但速度传感器加积分线路在低频段有较大的相移。解决这一相移差别的一种方法是在合成线路中的电涡流式传感器系统的输入端设置一个高通线路。高通线路的参数应当这样选择，使其在有关的低频段的相移与速度传感器的相移尽可能一致，而在幅值上基本不衰减。这样，人为地使两路传感器系统具有相同相移，然后，再在合成线路中进行时域相加，最后得到轴的绝对振动信号。但是必须注意，输出的轴的绝对振动信号具有与速度传感器系统相同的相移，在处理时再根据速度传感器系统的相位曲线进行修正。

这种复合式传感器据目前现场使用情况来看，对其测量结果的正确性有人提出了质疑，特别是对于支承动刚度显著偏低的轴承，例如大机组排汽缸上的轴承，复合式传感器测量出的转轴绝对振动往往低于轴承振动。产生这种现象的原因，一方面是轴承盖外壳刚度不足，而且与轴承不接触；另一方面是轴承座自振频率低于转子工作频率。

上面介绍了轴、轴承振动测量和复合振动测量，如果用简谐振动的位移、速度和加速度三种运动量来表示，则位移为

$$x = A\sin(\omega t + \phi)$$

速度为

$$u = \frac{\mathrm{d}x}{\mathrm{d}t} = A\omega\cos(\omega t + \phi) = V_{\max}\cos(\omega t + \phi) \tag{3-20}$$

$$V_{\max} = A\omega$$

加速度为

$$a = \frac{\mathrm{d}u}{\mathrm{d}t} = -A\omega^2\sin(\omega t + \phi) = -a_{\max}\sin(\omega t + \phi) \tag{3-21}$$

$$a_{\max} = A\omega^2$$

上两式中：$V_{\max}$为速度最大值；$a_{\max}$为加速度最大值。

简谐振动位移的大小用振幅 A_p 表示（见图 3-28），即最大位移到平衡位置之间的距离，也称作单峰值；振动的波峰与波谷之间的垂直距离称作峰峰值，表示为 A_{p-p}，单位均为 μm 或 mm，习惯用"丝"或"道"表示，1mm 是 100 丝，1 丝等于 $10\mu m$。在描述振幅的大小时，如果不做特别的注明，所指振幅都是峰峰值，这是目前振动测量仪器对位移振幅习惯的输出值。对应于工频振动的是工频振幅，对应于半频振动和倍频振动相应地有半频振幅和倍频振幅。

同样，速度和加速度的振幅也可以用峰值或峰峰值来表示。但对于速度振幅，因为振动能量与速度的平方成正比，所以更多地使用均方根值或有效值。按照 ISO 标准定义，频率在 $10\sim1000\mathrm{Hz}$ 范围内振动速度的均方根值又称作振动烈度。

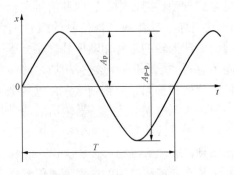

图 3-28　简谐振动的振幅

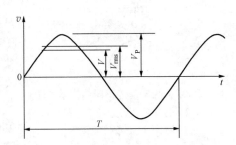

图 3-29　速度的振幅、均方根和平均值

根据测量得到的振动速度—时间曲线（见图 3-29），速度均方根值 V_{rms} 的计算式为

$$V_{\mathrm{rms}} = \sqrt{\frac{1}{T}\int_0^T u^2(t)\,\mathrm{d}t} \tag{3-22}$$

对于简谐振动，当 $u(t) = V_p\sin\omega t$ 时，利用速度均方根的定义式（3-22），可以得到：

$$V_{rms} = \sqrt{\frac{1}{2\pi/\omega} \int_0^T V_p^2 \sin^2 \omega t \, dt} = \sqrt{\frac{1}{2\pi/\omega} V_p^2 \frac{\pi}{\omega}}$$

即
$$V_{rms} = \frac{V_P}{\sqrt{2}} \qquad\qquad (3-23)$$

式（3-23）是简谐振动速度振幅单峰值与均方根值换算公式。

对于复合振动，如果分解后的一系列频率 f_i（Hz）对应的速度均方根值为 $u_{rms,i}$（mm/s），位移峰峰值为 $A_{P-P,i}$（μm），加速度均方根为 $a_{rms,i}$（m/s^2）（$i=1, 2, 3, \cdots, n$），这时速度均方根的计算式为

$$V_{rms} = \sqrt{V_{rms,1}^2 + V_{rms,2}^2 + \cdots + V_{rms,n}^2} \qquad\qquad (3-24)$$

利用关系式（3-23）和 $u = A_p \omega \cos \omega t = V_p \cos \omega t$，以及 $f = \frac{\omega}{2\pi}$ 得 $\qquad (3-25)$

$$V_{rms} = \pi \times 10^{-3} \sqrt{\frac{1}{2}(A_{P-P,1}^2 f_1^2 + A_{P-p,2}^2 f_2^2 + \cdots + A_{P-p,n}^2 f_n^2)} \qquad (3-26)$$

对于简谐振动，可以从式（3-26）得到速度均方根和振幅峰峰值之间的转换式：

$$V_{rms} = \pi \times 10^{-3} \frac{A_{P-p} f}{\sqrt{2}} \qquad\qquad (3-27)$$

式中：A_{P-P} 为振幅峰峰值，μm；f 为频率，Hz。

当转轴转速为 3000r/min 时，$f=50$Hz，由式（3-27）得到

$$V_{rms} \approx \frac{A_{p-p}}{9} \qquad\qquad (3-28)$$

式（3-28）是 3000r/min 机组工作转速下简谐振动的速度均方根值和位移峰峰值的换算公式。

4. 振动相位测量

前面叙述了振动幅值测量的基本方法，相位是振动测量的另一重要内容，下面将重点介绍相位测量方法。

在旋转机械振动测量领域内，相位被定义为振动信号上某一点，例如高点或正向（反向）零点，与基准脉冲信号之间的关系。振动测量时可以得到与 1X、2X、3X、…等频率成分相对应的相位，但在工程中最有用的是基频振动相位。因此下面主要讨论基频振动相位测量方法。

（1）基本概念。在汽轮发电机组等旋转机械中的振动频率，一般用机械转速的倍数来表示，因为机械振动频率多以机械转速的整数倍和分数倍形式出现。这是表示振动频率的一种简单的方法，通常把振动频率表示为转速的 1 倍、2 倍或 1/2 倍等。在振动测量中，振幅和频率都是可供测量和分析的主要参数，所以频率分析在测量振动中是很重要的。而且某些故障现象确实与一定的频率有关。频率的常用表示方法有如下几种：① 1 倍转速频率：振动频率与机组转速相同；② 2 倍转速频率：振动频率 2 倍于机组转速；③1/2 倍转速频率：振动频率为机组转速的一半；④0.43 倍转速频率：振动频率为机组转速的 43%。

振动通常分为同步振动和非同步振动。同步振动的频率是机组转速的整数倍或整分数倍，如 1 倍频转速、2 倍频转速、1/2 分频转速等。同步振动的振动频率与机组转速是"锁定"关系，非同步振动则发生在非"锁定"频率。

（2）相位角。相位角是描述转子在某一瞬间所在位置的一种方法。测振仪显示的相位是自振动传感器逆转向到高点的角度，也就是高点顺转向到振动传感器的角度，或波形图上键相标记到高点的角度。高点可以看作是在转轴上径向位置固定的一个具体的物理点，也可以把它表示成一个矢量，转动过程在 Y 轴上的投影就是转子在垂直方向上的振动位移。这样，相位也是自振动传感器逆转向到振动矢量的角度。

由于整个机组上的各传感器所对应的转子的相位角测量，为机组运行状态及时地提供了重要信息；另外相位角测量对于确定转子固有的平衡响应，即临界转速也是很有用的。测量转子相位角的准确和可靠的方法是键相位法。以电涡流式传感器受固定在轴上的一个标志（如槽或键），并提供每转一次的脉冲，作为相位角测量的参考基准。如果能测得转子的振动曲线，便能根据这个基准点确定"高点"位置。对于典型转子来说，在第一临界转速以下时，由键相位确定的相位角（高点相对基准点角度）便为转子的"重点"位置。当转子在第一临界转速以上时，由键相位所确定的相位角是"轻点"位置，即需要加重的位置，其与"重点"的相位角差为 $180°$。在整个共振区出现的相位滞后可提供"高点"与"重点"之间相差的角度。为了能精确地读出相位角值，需要把传感器输出的振动信号经滤波后变成与转速成 1 倍频关系的信号，然后仪器才能准确地测量和显示相位角值。

图 3-30 进一步描述了关于相位的问题。在图中所示的位置，键相器探头正好对准被测轴上的凹槽（或凸台），这时键相器输出有一个脉冲，即如图 3-30 中左下方 t_0 所示。轴的质量一般是不均匀的，轴上标有黑点处，叫做高点。所谓高点，是指轴在旋转一周之中，由于不平衡质量离心力的作用，使轴距离测振探头最近时轴上的一点，从振动信号上看，即相当于正峰值，如图 3-30 左图中的 A 点。由于质量分布不均，在轴上某一点，具有不平衡质量（如把这一点上的不平衡质量拿掉，轴即平衡），这一点称谓重点。

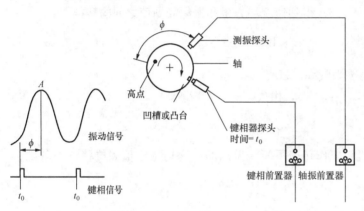

图 3-30　相位测量示意图

本特利·内华达公司定义 ϕ 为相位角（相角），即从键相器信号的上升沿到第一个正峰值（A 点）之间的夹角，ϕ 角加上测振探头与键相探头之间的夹角，即为重点与轴上键槽之间的夹角，由此可以找到轴上不平衡质量的位置，这对于轴的平衡是必不可少的。相角、幅度与转速的关系曲线如图 3-31 所示。

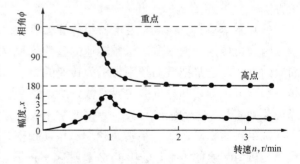

图 3-31　相角、幅度与转速的关系曲线

在振动监测中，键相信号一般只作为确定转子某瞬间所处位置的一种辅助信号，但是随

着检测技术的发展，在最新的 TSI 版本中有的系统已将键相信号作为参予跳闸保护的一个重要参量。例如，Epro 公司的 MMS6000 系统在速度控制方式下，键相信号直接参予振动输出值的运算，如果键相测量回路失去一个脉冲，就会导致特征值产生 25％的额外误差，如果失去一系列脉冲，则计算误差将会变得更严重。

五、偏心测量

（一）主轴弯曲的原因

偏心度是指轴表面外径与轴真实几何中心线之间的变化，以弯曲的形式体现。它可以是永久性的机械变形，也可以是由于热力或重力原因造成的暂时变形，或由于多种原因共同作用的结果。在机组启、停和运行过程中，主轴常弯曲，其原因可概括为下述几个：

（1）主轴与静止部件间的摩擦产生高热而膨胀，相应产生反向压缩应力，促使轴弯曲。当反向压缩应力小于主轴材料的弹性极限时，冷却后的轴仍然恢复原状——伸直，以后的正常运行中不会出现弯曲，这种类型的弯曲叫弹性弯曲。反之，若反向压缩应力大于材料弹性极限，冷却后不能再伸直恢复原状，这种弯曲变形称为永久性弯曲，此时应停机直轴。

（2）制造或安装不良引起的弯曲。制造中因热处理不当或加工不良，使材料内部存在着残余应力，当主轴装入汽缸运行后，会使主轴弯曲。叶轮安装不当、叶轮变形、膨胀不均等都会使主轴弯曲。

（3）检修后的调整不当引起轴弯曲。检修时，如果通汽间隙调整不合适，使隔板与叶轮或其他部分在运行中发生单向摩擦，轴产生局部过热而造成轴弯曲；如果是更换轴封隔板、汽封或油封时，间隙不均匀或过小，启动后与轴摩擦造成轴弯曲；如果转子对中不准、转子质量不平衡等原因，在启动中产生较大的振动，致使主轴与静止部件发生摩擦而弯曲；如果是汽封或调速汽门检修质量不良有漏汽，启停中漏汽将使轴局部受热而弯曲。

（4）运行中操作不当引起轴弯曲。机组停转后，由于汽缸和转子冷却速度不同，以及上下缸冷却速度不一致，形成了一定的上下缸温差，因而转子上部较下部热，转子下部收缩得快，致使轴向上弯曲。这种弹性弯曲在上下缸温度一致时消失。如停机后，弹性弯曲还未消失时再次启动，其间若暖机时间不足，轴仍将处于弹性弯曲状态，此时机组将发生振动，严重时主轴和轴封片发生摩擦，使轴局部受热产生不均匀热膨胀，引起永久弯曲变形。

机组运行中，若发生水冲击，转子推力增大，产生不平衡扭力，使转子剧烈振动，并使隔板与叶轮、动叶与静叶之间发生摩擦，进而引起轴弯曲。

（二）汽轮机主轴弯曲的危害性

汽轮机在启动、运行和停机过程中，主轴发生弯曲的原因是多种多样的，当主轴发生弯曲时，其重心偏离机组运转的中心，于是在转子运转时就会产生离心力而振动。当轴弯曲严重时，汽封径向间隙将消失，会引起动、静部分相碰，造成损坏机组事故。若因弯曲过大而形成永久弯曲，就需要进行直轴。因此，汽轮机在启动、运行和停机过程中，必须严格监视主轴的弯曲情况。

（三）偏心的测量

偏心实际上就是轴的弯曲，偏心的测量对于评价旋转机械全面的机械状态是非常重要的。特别是在启动或停机过程中，偏心已成为不可少的测量项目。它能显示由于受热或重力所引起的轴弯曲的幅度。

　　探测偏心探头的安装位置最好是装于沿轴方向，在两轴承跨度中间，即远离轴承，这样监视仪上的读数大。但在实际中，装在两个轴承之间往往是不可能的，因此要求把电涡流式传感器装在轴承的外侧。测量偏心的另一个探头是键相器探头，该探头为测键相所使用。因为我们要求知道偏心度的峰峰值，需要用到键相器。

　　偏心度峰峰值是指转子旋转一周高峰和低峰径向跳动的总和。瞬时（或直接）偏心是直接测量探头与被测转动表面之间的间隙值。

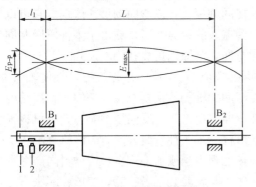

图 3-32　偏心测量示意图

B1、B2—轴承座；1—偏心探头；2—键相探头

　　图 3-32 所示为偏心测量示意图。它采用两套电涡流式传感器：一套为偏心探头 1，它与前置器一起将探头和转轴的偏心转换成偏心信号。另一套为键相探头 2，它与前置器一起产生转子每转一圈发出一个键相信号；它与探头 1 一起探测偏心峰峰值。

　　如图 3-32 所示，B1、B2 为轴承座，汽轮机转子弯曲测点一般安装在转子的外伸端，假定转子主跨度内转子最大弯曲 E_{max} 发生在主跨长度 L 的 1/2 处，则最大偏心 E_{max} 由下式求得，即

$$E_{max} = E_{p-p}\frac{L}{2l_1}$$

式中：L 为两轴承座之间的长度，mm；l_1 为偏心探头与轴承座 B1 之间的距离，mm；$\frac{L}{2l_1}$ 为比例常数。

　　$\frac{L}{2l_1}$ 比值愈大，仪表指示对转子弯曲反映愈不灵敏。为了正确可靠地测量转子的弯曲，转子弯曲测点应远离轴承。如图 3-33 所示为偏心测量示意图和波形图。

　　偏心峰峰值 E_{p-p} 为

$$E_{p-p} = E_{max}\frac{2l_1}{L}$$

用电涡流式传感器测量时，为了使振动仪获得较稳定的指示，测量时转速不能低于

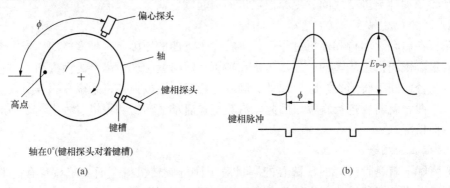

(a)　　　　　　　　　　　　　(b)

图 3-33　偏心测量示意图和波形图

（a）示意图；（b）波形图

$300r/min$，但不能高于$500r/min$。这里要指出，使用千分表式弯曲指示器和偏心仪测量同一点弯曲值（偏心值）时，数值往往不同。前者测量的只是机械晃摆值，后者除包含机械晃摆值外，还包含该点转轴表面电磁场和材质组织不均等。偏心仪指示的弯曲值是否正确应采用百分表来校验。

当转子转速升高后，在激振力作用下，转子将产生挠曲和位移，所以转子高速下测量获得的弯曲值实际上包含了转子弯曲测点处转轴振动位移、转子动挠曲值、原始晃摆值、固定测轴弯曲支架的振动等，由于实际转轴运动往往不是简单的平移，转子弯曲测点和轴颈处振动位移幅值和相位都不相等，而且转子存在弯曲，它们之间的关系不是以相似三角形所能求得的。所以目前还不能测量高速下转子弯曲值。偏心监控系统不输出信号去跳机，只用于机组在盘车阶段对汽轮发电机组转子的弯曲度进行监视。当偏心报警时，禁止机组脱离盘车；报警消失方可升速，切除盘车。

六、转速测量及超速保护

（一）汽轮机超速的原因

汽轮机运行中的转速是由调速器自动控制并保持恒定的，当负荷变动时，汽轮机转速将发生变化，这时调速器便动作，调速汽门随着负荷变化开大或关小，从而改变进汽量，使转速维持在额定的转速。汽轮机发生超速的原因，主要是调速系统工作不正常，不能起到控制转速的作用。

在下列情况下，汽轮机的转速上升很快，这时若调速系统工作不正常，失去控制转速的作用，就会发生超速。

（1）发电机运行中，由于电力系统线路故障，使发电机油断路器跳闸。

（2）汽轮机负荷突然甩到零，或单元机组带负荷运行中负荷突然降低。

（3）正常停机过程中，解列时或解列后空负荷运行。

（4）汽轮机启动过程中，闯过临界转速后定速或定速后空负荷运行。

（5）危急保安器作超速试验。

（6）运行操作不当，阀位限制设置不当，开启主汽门太快，或停机过程中带负荷解列等。

（7）调速系统工作不正常造成超速的原因较多，主要有：①下限设置太高，当汽轮机甩负荷时，使调速汽门不能关小；②速度变化率过大，当负荷由满负荷突降至零时，转速上升过快以致超速；③调速系统迟缓率过大，在甩负荷时，调速汽门不能迅速关闭，造成超速；④由于机械或油质不好引起调速汽门卡涩或卡死，失去控制转速能力。

因此，为了保证机组的安全，必须严格监视汽轮机的转速并设置超速保护装置，对大容量机组，一般都装设多套超速保护装置，如机械超速保护装置和电超速保护装置等。

（二）汽轮机超速的危害

因为汽轮机是高速旋转机械，转动时各转动件都会产生很大的离心力。这个离心力直接和材料承受的应力有关，而离心力与转速的平方成正比，转速增高将使转动部件的离心力急剧增加。当转速增加10%时，应力将增加21%；转速增加20%时，应力将增加44%。在设计时，转动件的强度裕量是有限的，一般叶轮等旋转部件，通常是按额定转速的20%考虑的。制造厂规定汽轮机的转速不允许超过额定转速的$110\%\sim112\%$，最大不允许超过额定转速的115%。随着机组参数的提高和单机容量的增大，机组转子飞升时间常数越来越小，甩负荷时飞升加速度更大。因此，运行中若转速超过这个极限，就会发生严重损坏设备事故，甚至会造成飞车事故。为了保证机组安全运行，必须严格监视汽轮机的转速，并设置超速保护装置。

（三）转速测量方法

转速测量的方法很多，目前常用的有磁阻测速、磁敏测速和电涡流测速。

1. 磁阻测速

图 3 - 34 所示为磁阻测速传感器示意图。在被测轴上放置一导磁材料制成的齿数为 60的齿轮（正、斜齿轮或带槽的圆盘都可以），对着齿轮方向或齿侧安装磁阻测速传感器。该传感器由永久磁铁和感应线圈组成。

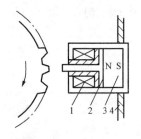

图 3 - 34 磁阻测速
传感器示意图

1—感应线圈；2—软铁磁轭；

3—永久磁铁；4—支架

当汽轮机主轴带动齿轮旋转至测速传感器的软铁磁轭处时，使测速传感器的磁阻发生变化。当齿轮的齿顶和磁轭相对时，气隙最小，磁阻最小，线圈产生的感应电动势最大；当齿根和磁轭相对时气隙最大，线圈产生的感应电动势最小。齿轮每转过一个齿，传感器磁路的磁阻变化一次，因而磁通也就变化一次，线圈中产生的感应电动势为

$$E = W \frac{\mathrm{d}\Phi}{\mathrm{d}t} \times 10^{-8} \quad (\mathrm{V})$$

式中：W 为线圈匝数；Φ 为穿过线圈的磁通量。

感应电动势的变化频率等于齿轮的齿数和转速的乘积：

$$f = \frac{nz}{60} \quad (\mathrm{Hz})$$

式中：n 为旋转轴的转速，r/min；z 为测速齿轮的齿数。

当 $z = 60$ 时，$f = n$，即传感器感应的交变电动势的频率数等于轴的转速数值。

2. 磁敏测速

采用磁敏差分原理进行转速测量的传感器内装有一个小永久磁铁，在磁铁上装有两个相互串联的磁敏电阻。当软铁和钢等材料制成的标准齿轮接近传感器旋转时，传感器内部的磁场受到干扰，磁力线发生偏移，磁敏电阻的阻值发生变化。两个磁敏电组 R_1、R_2 串联接在差动电路中，和传感器电路中的两个定值电阻 R_3、R_4 组成一个惠斯顿电桥。见图 3 - 35。

转速传感器的探头对着装在旋转轴上的测速齿轮的齿面，它们之间的间隙 $\leqslant 1.5\mathrm{mm}$。在旋转轴未转动时，传感器中的电桥处于平衡状态，无输出。当轴转动并且测速齿轮的前沿

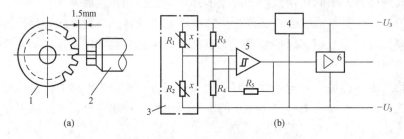

(a)   (b)

图 3 - 35 磁敏式转速测量装置示意图

(a) 传感器安装示意图；(b) 磁敏式转速测量电路图

1—标准齿轮；2—转速传感器；3—磁敏电阻；4—稳压器；5—触发电路；6—放大电路

与传感器的探头端面成直角时，探头内部磁场受到干扰，致使电桥平衡被破坏，输出电压发生变化。当测速齿轮的后边沿经过探头端面时，使电桥反向不平衡输出，因而传感器探头端面每通过一个测速齿轮的齿，便输出一个边沿很陡的脉冲，经触发电路后送入推挽直流放大电路进行放大，最后放大器输出转速的脉冲信号，再通过数字转速表进行转速显示，也可通过频率—电压转换电路，输出 0～10V 或 0/4～20mA 直流信号，进行转速显示和记录，还可以通过转速继电器进行必要的监控。这种磁敏式测速装置的测量范围（0～20kHz），分辨能力高。输出的转速信号可接入转速监测模块或数字转速表。

3. 电涡流测速

采用电涡流式传感器测速时，在旋转轴上开一条或数条槽，或在轴上安装一块有齿的圆盘或圆板，在有槽的轴或有齿的圆板附近装一只电涡流式传感器。当轴旋转时，由于槽或齿的存在，电涡流式传感器将周期性地改变输出电压。此电压经放大、整形变成脉冲信号，然后输入频率计显示出脉冲数，或者输入专门的脉冲计数电路显示频率值。此脉冲数（或频率值）与转速相对应，如轴上有一条槽或一个齿，频率计显示 1Hz 相当于转速为 1r/s；如有 60 个槽或齿，则频率计指示 3000，而转速指示为 50r/s 或 3000r/min，这时每分钟的转数就可直接读出。如轴上无法安装有齿的圆板或不能开槽，那么可利用轴上的凹凸部分来产生脉冲信号，例如轴上的键槽等。

（四）超速保护系统

1. 超速保护系统的作用

汽轮机是在高速旋转状态下工作的，必须严格监视汽轮机的转速，为此装设了各种转速监视装置。它能连续测量汽轮机等旋转机械的转速，当转速达到或超过某一设定值时发出报警信号并采取相应的保护措施，以保证汽轮机设备的安全。

超速保护是汽轮机的一项非常重要的保护，为了保证机组当发生超速时能可靠地实现紧急停机，汽轮机一般都装有几套转速监测仪和超速保护装置，有的机组还装设汽轮机危急遮断器电指示装置，用以指示危急遮断器是否确实动作。

当汽轮机转速超过允许极限值，超速保护装置动作，立即关闭主汽门、调速汽门和抽汽逆止门，实行紧急停机，同时还应发出声光报警。这时仍要注意汽轮机转速指示，如果转速指示值超过允许极限值，说明主汽门或调速汽门等关闭不严，应尽快采取措施，确实切断进汽，保护机组安全。

汽轮机遮断后，零转速监视器应能连续监视汽轮机在停机过程中的零转速状态，以确保盘车装置及时投用。零转速是一个预设的轴旋转速度，代表机组允许的最小旋转速度。预设零转速主要是为了防止机组在停机期间转子发生重力弯曲。零转速监测模块有继电器输出，当机组转速小于 x 转每分钟时，继电器动作，输出零转速信号，自动投入汽轮机组的盘车装置。

目前，国内大型汽轮发电机组都装有进口的超速保护系统，其功能大同小异，下面以德国艾普公司 MMS6000 系统的 DOPS 超速保护系统为例进行说明。

2. DOPS "三取二" 数字超速保护系统

DOPS（Digital Overspeed Protection System）数字超速保护系统是德国 epro 公司生产的新一代数字式 "三取二" 转速测量系统，由三块 MMS6350 模块和背面的 MMS6351 主板构成。每个 MMS6350 模块分别采集一个脉冲传感器的信号，系统通过微处理器对所有通道的脉冲输入及输出信号进行比较后，采用"三取二"逻辑报警输出，最大限度地提高了机组运行的安全性。它适用于所有旋转机械的超速保护。

图 3-36 所示为 DOPS 数字超速保护系统示意图。它把三套电涡流式传感器及前置器、三块 MMS6350 速度监测模块、一块 MMS6351 主板，组装在一个 19in 框架内，构成一套完整的数字超速保护系统。

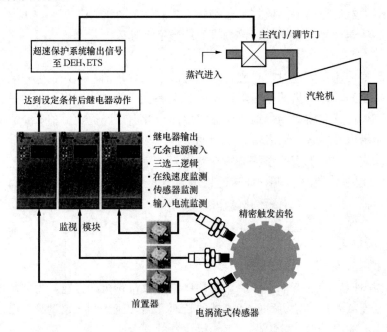

图 3-36　DOPS 数字超速保护系统示意图

（1）DOPS 数字超速保护系统有以下特点：

1）"三取二"方式进行转速监测，最大限度地提高动作可靠性；

2）每块模块最多有 6 路功能输出，即速度限制（增速、减速、闭锁、不闭锁）、转动方向的监测和停机监测；

3）每块模块有两个脉冲输出，两路电流输出（互相独立）；

4）RS232/RS485 端口用于现场组态及通信；

5）传感器及模块通道正常自检功能；

6）在数显屏上显示错误信息。

（2）测量模式。该模块测量由齿盘触发的脉冲信号，并根据两个信号相互间隔的时间来计算转速，有两种测量方式。

1）每转 n 次测量。在此种测量方式下，模块在 5～10ms 的时间窗口内采集由测量齿盘处得到的脉冲输入数量，并且由此计算出转速。在这种测量方式下对测量齿盘的精度要求比较高。

2）每转 1 次测量。在此种测量方式下，测量出每转所需要的时间，并由此计算出转速。转速为 3000r/min 时每转对应的时间为 20ms，转速越高，测量得到的时间就越短。这种测量方式可以很精确地测量转速，因为在轴旋转一周后，测量齿盘可能引起的误差被中和了。

（3）限值检测。每个 MMS6350 模块提供 6 个功能输出。这些输出可以被用作报警输出或指示测量状态。而且第 6 个输出可以提供一个数字信号给外接速度数显表或作为脉冲输出。

输出 1～5 可以被设置为以下功能：

1）＞Limit 升速时超限保护；

2）＜Limit 降速时超限保护；

3）＞Limit＋Latch 升速时超限保护＋报警保持；

4）＜Limit＋Latch 降速时超限保护＋报警保持；

5）Standstill 盘车状态；

6）Direction of rotation 判别旋转方向；

7）Pulse comparison 脉冲比较。

此外，还可完成外接显示和脉冲输出的功能。

（4）通道监测及显示。每个通道不仅持续测量与其相连接的传感器信号，而且将本通道的信号及电流输出和其他两个通道的信号和电流相互比较。为确保系统的安全性，前面板上的两个绿色发光二极管被用来作为通道故障状态的指示。通过光耦输出显示通道的正常状态。

图 3-37 所示为测量通道之间的相互监督作用示意图。它具有以下特点：

1）持续比较所有通道的转速脉冲，并在监测出误差时给出出错信息；

2）持续比较所有通道的电流输出，并在监测出误差时给出出错信息；

3）监视传感器和输入电流，给出出错信息；

4）监测电源和输出，给出出错信息。

（5）DOPS 的软件设置特点如下：

1）使用 Windows 菜单和可视化用户界面，安装和设置非常简便；

2）通过 RS232 和 RS485 线进行通信（也可用 MMS6831 通信卡进行通信）；

3）不同权限的用户可做不同程度的设置；

4）通过软件可设置所有的参数；

5）通过鼠标单击可附加重要信息；

6）参数的设置可作为文档被保存并打印下来。

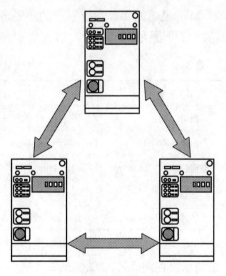

图 3-37　测量通道之间的相互监督作用示意图

（6）技术参数。

1）信号输入：具有开路和短路保护。

电压输入范围 0～27.3V（最大 DC0～30V）。

输入阻抗＞100kΩ。

频率范围 0～16kHz（－3dB）±20％。

允许负载＞1MΩ。

内阻 10kΩ。

2）传感器供电：与系统电压和供电电压之间采用电隔离，并有开路和短路保护。

供电电压：DC26.75V。

供电电流：35mA。

3）测量范围：输入信号频率 0～20 kHz。最大转速：65535r/min。

4）控制输入：二进制输入，用于报警禁止、报警保持的复位。

5）信号输出：每个 MMS6350 模块有两路 0/4～20mA 电流输出，与转速成正比。

精度：0.1%。一路 TTL 输出，具有开路和短路保护。

传感器信号缓冲输出：前面板 SMB 接口输出，开路和短路保护。

6）二进制输出：共有 6 个输出，每个可单独设置。其功能、参数及开关特性的设置在组态中完成。输出状态由一个黄色发光二极管显示。

一旦发现汽轮机组转速达到极限值时，DOPS 数字超速保护系统就会发出预遮断报警信号，如超过极限值，系统就会发出汽轮机遮断触发信号，这些信号通过汽轮机遮断系统使电液执行机构的遮断电磁阀动作，关闭汽轮机的全部进汽阀门，紧急停机。

以上叙述了旋转机械状态参数监测的目的和测量方法，以 600MW 汽轮机组为例监测的参数包括轴位移、差胀、缸胀、振动、偏心、零转速等各状态参数，测点多达 38 个。当然，1000MW 机组的状态参数监控的还要多。下面将某 600MW 机组状态参数的量程、上下限报警值、上下限危险（遮断）值等列于表 3-3 中。

表 3-3　　　　　　　　某 600MW 汽轮机组状态参数值表

名　称	量　程	上遮断	上报警	零位	下报警	下遮断	安装电压
振动（VB）	0～500μm	254μm	125μm	0	/	/	−11V
偏心（RX）	0～500μm	/	76μm	0	/	/	−11V
轴向位移（RP）	−1.2～+1.2mm	1.0mm	0.9mm	0	−0.9mm	−1.0mm	−10V
零转速（ZS）	0～5000r/min	3300r/min	1r/min	0	/	/	/
转速（SD）	0～5000r/min	/	600r/min	0	200r/min	/	/
高压缸差胀 DE（H）	−10～10mm	6.5mm	5.7mm	0	−3.7mm	−4.5mm	−10V、−10V
低压缸差胀 DE（L）	−10～40mm	23mm	22.2mm	0	−3.7mm	−4.5mm	−5V、−8V
缸胀（CE）	0～100mm						

第三节　汽轮机监测保护仪表（TSI）

汽轮机监测保护仪表（Turbine Supervisory Instrument，TSI），是一种可连续监测汽轮机转子和汽缸机械工作状况的多路监控仪表。它能连续地监视机组在启停和运行过程中的各种机械参数值，为 DAS、DCS、ETS 等监控系统提供信号，当被测参数超过整定限值时发出报警信号，必要时提供自动停机的保护信号。此外它还能提供故障诊断的各种测量数据。目前国内大型机组用得较多的 TSI 有三种，它们是美国本特利内华达公司的 3500 系统，德国艾普公司的 MMS6000 系统和瑞士韦伯公司的 VM600 系统。此外，还有德国的申克、日本的新川公司的产品也有应用。它们为主机和辅机提供了轴承振动、偏心度、键相、轴向位移、缸胀、差胀、转速、零转速等监测项目，在汽轮机的安全运行中起到十分重要的作用。

下面对国内广泛使用的三个国际著名品牌的 TSI 分别叙述。

一、美国本特利内华达公司的 3500 系统

1954 年，唐·本特利先生成功地开发研制出第一支非接触式电涡流式传感器。其后，唐·本特利先生于 1955 年在美国加州伯克利市创建了本特利科技公司，1961 年公司迁至内华达州明顿市，更名为本特利内华达公司至今。

3500 系统由美国本特利内华达公司于 1995 年正式推出。该系统采用数字电路技术，是计算机化的智能监测保护系统，也是目前国际上较先进的系统。它是在本特利公司 1988 年成功地推出 3300 监测保护系统基础上开发研制的，具有操作简单、使用灵活、维护方便、系统易于集成、与 DCS 系统采用网络或串行数字通信，提供操作人员更多的机械保护信息、历史数据储存、报警事件追忆、计算机编程组态，一种模块可组态成多种功能等特点，满足了汽轮机组机械保护的需求。

（一）3500 系统的主要特点

1. 兼容性强和成本降低

（1）3500 系统与本特利内华达公司的原有传感器完全兼容，当监测系统由 3300 系统升级为 3500 系统时传感器不需更换，节省了成本。

（2）3500 系统在同样大小的框架空间中能容纳的通道数量是以前监测系统的 2 倍，节省了框架空间，从而降低了安装成本；同时使共用组件，如显示装置、通信网关和电源等应用于更多通道，降低了每个通道的成本。

（3）以前的监测系统一直将现场连线放在框架的后面。3500 系统的内部端子选项可以实现这种传统连接方式。但是，现在提供新的外部端子选项，允许现场连线直接连接到外部端子块，而外部端子块可以安装在操作更方便的位置，如机柜壁，同时改善了连接到每个监测器模块背面的拥挤现象。外部端子块通过单根预工程化的电缆连接到监测器的 I/O 模块，使连线更整齐，更容易安装。

（4）在许多情况下，3500 系统可以安装在机器滑动底板上或其附近，或安装在本地控制面板上，使 3500 系统与机组之间的电缆更短，连线费用更低。有线、无线通信和显示选项可以实现 3500 系统框架和控制室之间，以太网连接可将信息传送到过程控制系统或工程师的台式计算机中，从而使 3500 系统比那些必须安装在控制室中的系统安装成本更低。当需要在现场安装 3500 系统时，可以使用可选的 NEMA 4 和 NEMA 4X 防护箱。

2. 可靠性高和容错能力强

（1）3500 系统是本特利内华达公司提供的第一套能够被组态为多种冗余级别的系统，从单一模块到双重电源，再到完全的 TMR（三重模块冗余）组态。TMR 组态有三个相同的监测器通道（或可选的传感器），采用三选二规则和专用继电器实现相互表决，使 3500 系统在任何情况下都不允许因电子故障或人为错误引起的电源、监测器通道或传感器发生误动作或拒动作，大大提高系统的可靠性。

（2）即使以非冗余方式工作，3500 系统也能保证稳定可靠，它包含多种目标功能，能够识别监测器模块以及相连的传感器的故障，通过相应的代码发布和确认故障，并且当故障危及系统的正常运行时自动禁止通道运行。

（3）组态存储在每个模块非易失性内存的两个独立区域。这种冗余方式允许模块对组态信息进行一致性比较并标记任何异常，确保不发生内存中断。冗余非易失性内存的使用还可以允许模块对备件预先编程，保证在未使用冗余电源情况下电源发生故障时，监测器组态不会丢失，并且在框架电源恢复后立即恢复监测功能。

（4）所有的模块和电源（当使用冗余电源时）可以在带电情况下在框架中插拔，使维护和系统扩展更方便，不需要中断机械保护功能或系统运行。

3. 组态方便和显示灵活

（1）实际上，3500系统的每一种运行方式都可以通过软件组态实现，组态非常灵活，备件管理也很方便，一种模块类型通过组态可以完成多种功能，而不是像以前的系统，一种模块只能完成一种功能。表3-4列出了3500系统多种组态选项的一部分。

表3-4　　　　　　　　　　　部分组态选项表

传感器类型及灵敏度	标准位移方向靠近或远离探头
报警延迟	报警倍增因子
传感器OK限制	滤波角
满量程值	积分（速度到位移，加速度到速度）
工程单位	记录仪输出钳位值
报警设置点	延时Ok/通道失败，使用/禁用
闭锁/非闭锁报警	记录仪输出
正常带电或不带电继电器	继电器表决逻辑

（2）显示装置从直接安装在本地框架的前面板上，到采用无线通信的远程安装，再到没有显示装置、只是在需要进行组态和查看信息时连接一个人机接口（HMI）的监测系统，多个显示装置可以同时连接，而不会影响系统性能或中断基本的机械保护功能。

3500系统提供的显示选项在本特利内华达公司所提供的系统中是最灵活的，表3-5列出了3500系统显示选项表，多种显示方式可以互相组合，满足框架状态、测量和报警的本地和远程指示的特殊需要。

表3-5　　　　　　　　　　3500系统显示选项表

显示类型	安装选项	功　能	符合API 670标准
3500/93 LCD 显示装置	正面安装：显示装置通过特殊的铰链支持直接安装于任何3500系统框架的前面板上。这种安装方式使访问框架缓冲输出接口或用户接口时，不需要断开或禁用显示装置	将3500系统框架中所有被监测参数的状态和指示通过专用LED和1/2VGA（640×200）单色显示装置显示出来。根据组态方式，可提供棒状图、文本以及其他显示形式　在Ⅰ类2区危险地区使用时具有CSA许可	当正确组态时，能符合API670标准
	19in EIA框架安装：显示装置安装在19in EIA导轨上，距离3500系统最远为100英尺		
	面板安装：显示装置安装在与3500系统同一机柜或距离3500系统最远100英尺的面板开槽中		
	独立安装：显示装置安装在直接背对墙壁或面板的NEMA 4X外壳中，与3500系统最远为100英尺		

显示类型	安装选项	功　能	符合 API 670 标准
3500/94 VGA 显示装置	面板安装：显示装置安装在与 3500 系统同一机柜或距离 3500 系统最远 25 英尺的面板开槽中	VGA 模块占据一个框架插槽，可以驱动任何兼容的触摸屏 VGA（640×480）彩色显示装置，而不需要特殊的组态（使用 3500 系统框架内的组态自动创建预格式化的显示屏幕），可提供棒状图、文本以及其他显示形式	是

(3) 3500 系统的组态修改具有两级密码和钥匙锁保护，除授权人员外，其他人员无法调整、修改或组态系统，从而可以更容易地记录和控制修改管理，对 3500 系统所进行的组态修改还将保留在系统事件列表中。

(4) 3500 系统比以前的系统功能更强，通过"先出"功能简单识别框架中发生的第一个报警。强大的报警和事件列表包含最近的 1000 个报警和 400 个系统事件（组态修改、错误等）。列表保存在系统的 RIM 中，提供报警或事件描述以及相应的日期/时间标记，这些列表可以通过 3500 系统显示装置和 3500 系统操作者显示软件查看，或通过通信网关模块输出到过程控制、历史数据或其他工厂系统中。

(5) 系统的实时时钟可以通过通信网关或所连接的本特利内华达公司软件与外部时钟同步。3500 系统的报警和事件列表提供的时间/日期标记，能够与其他过程和自动化设备中的报警和事件同步，从而减少或消除了复杂的硬连线"事件顺序"记录仪的需要。

(6) 即使未安装状态监测软件，3500 系统也能够为每个传感器通道提供更多的测量值。例如，对于径向位移传感器通道，除了通频（未滤波）振动幅值以外，3500 系统监测器能监测间隙电压、1X 幅值和相位、2X 幅值和相位、非 1X 振幅以及 S_{max} 振幅（当有 XY 传感器时）。因此，一个径向振动通道实际上能监测 8 个处理后参数，一个 4 通道监测器模块共提供 32 个参数。这一功能对于机械保护要求进行报警监测时尤为重要。激活或使用这些比例值不会增加框架密度，也不会影响监测器的附加通道。

4. 数字通信和远方访问

(1) 通过在框架中安装适当的通信网关模块，选定的状态和电流值数据能以数字化方式传输到过程控制系统、历史数据系统、工厂计算机以及其他相关系统中。通信网关模块支持多种工业标准协议，当在同一系统中要求冗余通信或同时与多个系统采用不同协议进行通信时，可在框架中安装多个通信网关模块。该模块不干预 3500 系统的正常运行或机械保护功能，确保监测系统即使在不太可能发生的通信网关模块失效时也能保持完整性。

通信网关支持以太网和串行通信方式，允许多种有线和无线拓扑结构。通信是双向的，允许选定的数据传输到 3500 系统或从 3500 系统中提取。此外，当通信网关模块与过程控制或其他系统通过以太网连接时，运行 3500 系统组态软件和/或 3500 系统操作者显示软件的多个计算机可以连接在同一个网络中，不再需要这一软件与 RIM 之间的独立连接。

（2）在下列连接中可提供单独或协同的数字通信功能：

1）过程控制和其他工厂自动化系统，通过 3500 系统通信网关模块，采用工业标准协议。

2）本特利内华达公司状态监测系统，通过与适当的外部通信处理器，如 TDXnet、TDIX 或 DDIX 等相连的预工程化的数据管理者（Data Manager）端口进行状态监测。

3）3500 系统组态和显示软件。

此外，当连接到不支持数字接口的老式工厂控制系统时，可以提供模拟量 4～20mA 和继电器输出。继电器虽然不是 3500 系统要求的组件，但它是 3500 系统在自动停机应用时较合适的连接方式。模拟（如 4～20mA）和数字（如 Modbus）连接只用于为运行人员发出通知和进行趋势分析，不能为高可靠性机械的停机提供必要的容错功能或完整性分析。

（3）通过调制解调器、WAN 或 LAN 连接，3500 系统可以被远程组态，当仪表出现故障时甚至可以远程访问 3500 系统，简单地改变（如报警设置点或滤波角的调整），可以不必到现场完成，对于远程或无人值班的应用非常理想。如海上平台、压缩机或泵站、应急发电机以及其他不方便或无法到达的现场，这一功能无疑是非常重要的。

（二）3500 系统基本配置

3500 系统是一套汽轮发电机组在线监测系统，由系统框架、测量模块、数据通信网关、数据采集/动态数据交互计算机、主计算机等组成。它可连续测量和监测多种参数，实时显示运行结果，并存储数据和管理数据；当监测参数超限时，实现报警。3500 系统可对旋转机械的运行状态提供所需要的信息，同时对测量参数进行时域和频域分析，对诸如不平衡、不对中、轴裂纹和轴承故障等机械问题的早期判断提供有用的信息。

3500 系统继承了 3300 系统设备可靠性高的优点，最大的优点在于日常维护全部通过主计算机组态完成，包括框架接口模块选项设置、键相位选项设置、监测器选项和通道选项设置、通信模块选项设置、报警设置点选项设置等，维护量减少，可靠性大大提高。

由于 3500 系统可以连续监测范围内的多个参数，因此可以为机组提供全面的保护和管理。该系统除了进行实时工况监测、故障诊断以及为预测性维修提供重要的数据信息外，同时还具备网络互连能力，可以弥补生产管理层（Management Information System，MIS）对现场设备工况运行的动态信息的缺乏，为实现生产的动态管理提供条件。

1. 3500 系统基本配置

3500 系统由安装在 19in 框架内的基本模块组成，如图 3-38 所示。

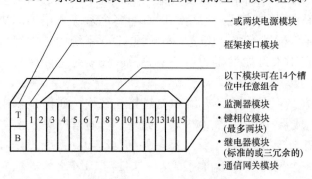

图 3-38　3500 系统基本配置

3500 系统采用 19in 框架导轨安装、面板安装或壁板安装形式。框架最左端是专为两个电源模块和一个框架接口模块预留的位置，框架中的其余 14 个插槽可以被监测器、显示模块、继电器模块、键相器模块和通信网关模块的任意组合所占用。所有模块插入框架的底板中，由前面板部分和框架后部相应的 I/O 模块组成。在

3500 系统框架中，可以安装下列模块。

（1）电源模块。电源模块是个半高的模块，既有交流型（AC）也有直流型（DC）。可以在框架中安装一个或两个电源模块。每个模块均可独立对整个框架供电。

（2）框架接口模块。框架接口模块是一个全高型模块，它的主要功能是与主计算机、本特利内华达公司的通信处理器以及框架中其他模块通信；还可以管理系统事件列表和报警事件列表。这个模块可以用菊花链的形式与其他框架中的框架接口模块相连接，也可以与数据采集系统/DDE 服务器软件系统相连接。

（3）通信网关模块。Modbus 协议是世界上自动化协议中使用最为普遍的一个协议。Modbus 协议支持传统的 RS232/422/485 设备和最新发展出来的以太网。许多工业设备，如 PLC、DCS、HNI、仪器仪表都使用 Modbus 协议作为它们之间的通信标准。但是，Modbus协议在串口和以太网之间运行是非常困难的，这就需要一个通信的网关作为两者的桥梁来帮助整合它们。

通信网关模块是一个全高型模块，允许外部设备（如一个 DCS 系统或一个 PLC 系统）从框架中取得信息并可对部分框架进行组态和设置，可以有几个这样的模块安装在同一个框架中，以支持备用的通信线路。通信网关模块可以用菊花链的方式同其他的通信网关模块相连接，然后再与 DCS 或 PLC 系统连接。

3500/92 通信网关具有广泛的通信能力，可通过以太网 TCP/IP 和串行（RS232/422/485）通信协议将所有框架的监测数据和状态参数与过程控制和其他自动化系统集成。它也支持与 3500 系统框架组态软件和数据采集软件的以太网通信。支持的协议包括：

①Modicon Modbus（通过串行通信）；

②Modbus/TCP（用于 TCP/IP 以太网通信的串行 Modbus 的另一种形式）；

③专有的本特利内华达协议（与 3500 系统框架组态和数据采集软件包进行通信）；

3500/92 通过 RJ45 与 10BASE-T 星形拓扑以太网络连接。

3500/92 具有与 3500/90 相同的通信接口、通信协议以及其他特点，不同的是，3500/92 具有可组态的 Modbus 寄存器功能，能提供与初始值寄存器一样的功能。

（4）监测器模块。监测器模块是全高型的模块，可以接收多种振动和位移传感器信号。3500 系统框架可安装任意组合的监测器模块。

监测器模块的主要型号及其功能如下：

①3500/40——用于振动、轴向位移、偏心度、差胀监测。

②3500/42——用于轴向位移、偏心度、差胀、速度和加速度监测。

③3500/45——用于轴向位移、差胀（主要用于补偿式，单、双斜面式等特殊检测方式的差胀监测）。

④3500/50——用于转速监测。

⑤3500/53——用于超速保护。

⑥3500/60，3500/61——用于温度监测。

（5）4 通道继电器模块。4 通道继电器模块是一个全高型模块，可以在一个标准的（或无冗余的）监测系统中运行。它的功能是提供 4 个继电器输出。

（6）三重冗余（TMR）继电器模块。三重冗余继电器模块是一个半高型模块，运行在一个三重冗余（TMR）的模块系统中。两个半高三重冗余继电器模块必须在同一个槽位中运行。如果这两个模块中有一个被拆下或处于非 OK 状态，则另一个继电器模块将控制继电器 I/O 模块（只有一套实际运行的继电器）。

（7）键相位模块。这是一个半高型模块，向键相位传感器提供电源，调节键相位信号，并将此信号传送到框架中的其他模块。该模块可以计算并送往计算机和外部设备（DCS 或 PLC）的转速值，还提供缓冲键相位信号输出。每个键相位信号模块支持两个键相位信号通道，同时可在一个 3500 系统框架中安装两个这种模块（最多 4 个通道）。如果使用两个这种模块，应将它们安装在框架中的同一个槽位中。

（8）框架继电器选项。在 4 通道继电器模块上的每一个继电器，均具有"报警驱动逻辑"功能。该功能可用"与"（AND）"或"（OR）逻辑对其编程，并可以利用来自框架中任何一个监测器通道的任意组合的报警输入（警告或危险）来参与编程。通过使用框架组态软件对"报警驱动逻辑"进行编程以满足实际应用的需要。

（9）三重模块冗余（TMR）系统。人们对安全的要求日益增强，对高可靠性系统的需求变得更加迫切。必须仔细评价系统的所有组成部分，从基本元件（传感器、热电偶、压力传感器等）以及监测和控制系统一直到最后的元件（控制阀、停机阀、燃料系统等）的性能，以保证其可靠性水平能够满足实际应用的需要。

2．三重模块冗余（TMR）

当 PHA（过程危险分析）指出必须保证可用率时，3500 系统即可被组态成一个三重冗余系统。3500 系统具有若干组态，可提供不同水平的可用率。然而，以下两种组态的应用是最常见的。

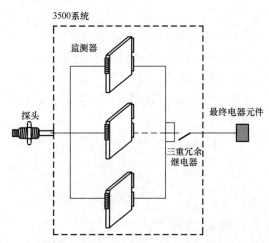

图 3 - 39　具有三重监测器功能的系统

（1）单独传感器系统配合三重监测器和三重冗余继电器，如图 3 - 39 所示。当不可能在机组上的每个测点都安装三个传感器时，3500 系统将提供一个单独的输入（Bussed I/O），一旦该信号进入这个系统中后，将自动地被送到三个不同的信号通道，这些信号再被送到三个监测器中，在这里单独地处理这一信号。这将保证系统中一个监测器发生故障时，不会导致该监测点失效。来自每个监测器的报警信号将被送到具有三选二逻辑表决功能的三重冗余继电器中。

（2）具有三重冗余继电器输出的三重传感器和监测器系统。这个组态包括在机组上的三个传感器、三条信号通道通过监测系统驱动一个三重冗余继电器。在这个例子中，每个传感器信号通过三个独立的通道进入系统。一旦信号进入系统，它将被送到三个监测器，在这里这些信号将被独立地进行处理。这就保证了在一个监测器上发生了故障，将不会影响这个信号点的正常工作。来自于每个监测器的报警信号将被送到具有三选二逻辑表决功能的三重冗余继电器中。

3．3500 系统软件

在 3500 系统中共有如下三个软件包。

（1）框架组态软件，用于组态所有的 3500 系统模块。

（2）数据采集/动态数据交换（DDE）服务器软件，用于采集和保存来自 3500 系统的静态数据。DDE 服务器具有数据输出能力，用于与第三方软件集成，如工厂历史数据、过程控制系统及人机接口等。

（3）操作员显示软件，用于显示 3500 系统数据采集软件采集的信息。所有的 3500 系统软件都是基于 Microsoft Windows 系统的，都是通过 Windows for Workgroups 或 Windows 95 在网上运行。如果 3500 系统框架组态软件或操作员显示软件是在 UNIX 系统上运行，也具有 X-Windows 接口。注意：3500 系统数据采集软件和操作显示软件主要用于仿真的软件包，通常用以显示机械保护系统前面板上所显示的数据；同时，还具有基本的趋势图及事件列表功能。但它不具有机械故障诊断和本特利决策支持系统（如机械状态管理系统 MCM2000）所需的动态数据采集和图形功能。

DM2000 软件是本特利内华达公司的第三代瞬态/动态数据管理系统。它可以通过 BNC 现有的各种通信处理箱（例如 TDIX）从二次监测仪表（例如 3500 系统监测系统）上采集数据，并通过不同的通信接口将 DM2000 的图形、画面文件通过网络连接或远程通信（通过 MODEM）传送到系统内、外的其他计算机和 DCS 系统中去。它可以收集开/停机数据，并给出机械故障信息。在停机时，无论主动或者被动停机，其停机前后的数据都会被保留，并对停机的过程进行分析。另一重要功能，即它可以给出各种被测参数的发展趋势数据和曲线，这对于制订预测性维修计划是不可缺少的。由于该软件具有远程通信及联网功能，技术专家在异地也可调用数据并处理现场的问题，而不要求必须亲临现场。充分体现"数据移动人不动"的企业管理思想。

MCM2000 为机械状态管理系统。该系统在 DM2000 软件环境下运行，利用 DM2000 所采集到的数据，可以对机械进行故障诊断。对查找故障原因，消除设备隐患有很大的帮助。

二、德国艾普（epro）公司 MMS6000 系统

德国 epro 工业电子公司（epro GmbH）1970 年成立于德国的 Gronau，其前身是荷兰信号设备有限公司，当时属于欧洲飞利浦公司下的一个工厂，1992 年公司独立。1994 年在飞利浦公司机构重组中，epro 公司兼并了飞利浦汽轮机监测保护事业部。它继承了飞利浦公司在旋转机械保护领域的丰富制造经验，在此基础上开发了智能型二次仪表——MMS6000 系统以及经济型仪表 MMS3000 系统。

自 20 世纪 80 年代中期飞利浦汽轮机监测保护系统 RMS700 系统进入我国以后，在我国电力系统中获得了广泛应用，200 多套 RMS700 系统在我国不同火电机组上运行。20 世纪末推出的 MMS6000 系统，短短十多年，我国已有数百套在 300、600MW 机组上运行着，很多 1000MW 超超临界汽轮机组也广泛采用 MMS6000 系统作为汽轮发电机组的保护监测仪表。

（一）MMS6000 系统和 MMS3000 系统的主要特点

1. MMS6000 系统的主要特点

（1）接受各种传感器信号输入，电涡流式传感器的线性和温度特性好，速度式振动传感器的线性和频响特性好，磁敏式转速传感器的输出信号电压高，抗干扰能力强，可以测量低转速。传感器性能好，稳定可靠，是赢得市场青睐的重要因素。

（2）各通道有模拟量输出，包括电流输出、电压输出或脉冲信号输出，有利于信号传输的不同需求。

（3）位移监测模块具有线性修正功能，如果在使用中因电涡流式传感器安装条件受到限制（如检测面材质变化、面积变化，与周围导体间的距离变化等），使传感器的输出特性（线性度、灵敏度）发生变化时，只需将每个位移量所对应的电压值一一填入特定的程序表格中，即经过线性化处理后，仍能准确地进行轴位移、差胀等参数测量。

（4）强大的参数设置、检测和诊断功能，通过 RS232 与计算机接口，随时更改参数设置。

（5）传感器和回路有连续自检功能，内置滤波器，回路间电气隔离，抗干扰能力强。

（6）记录和存储最近一次启/停机的测量数据。它所采集的启/停机数据直接保存在相应的监测模块的存储器中，这样不仅速度快，还能有效地防止信息丢失，并可随时查阅；克服了由于外部计算机采集周期的限制、记录瞬态过程困难的问题，而且也不会因计算机系统故障丧失采集机会或丢失采集的数据。

（7）每块测量模块带有标准的 RS485 与 RS232 接口，具备两种通信方式，与上位机和系统通信更方便。

（8）MMS6000 系统测量模块具有数字信号处理功能，模块本身内含振动分析功能，并可外接其他产品的振动分析系统。在 MMS6000 系统模块提供的频谱分析图上，既可观察到从输入信号下限截止频率到上限截止频率范围内的时域信号波形（相当于示波器观察到的波形），又可以观察到把这个波形进行 FFT（快速傅里叶变换）转换后的所有频域信号的图形和数据。利用这些信息，可以分析和判断轴系相关的振动故障。MMS6000 系统测量模块可以给出数倍频的频谱和相位图（取决于模块内输入信号的上限截止频率设置）。排除信号测量回路本身可能存在的干扰、误差等因素后，把这些频谱图与机组相应运行工况下的历史图形进行比较，可以了解到此时机组轴系发生的某些变化。但一种异常的频谱图像往往可能会伴随有多种振动故障，也就是说振动频谱与振动故障之间不大可能会建立起完全一一对应的关系。因此在利用 FFT 评判机组振动状况的同时，还必须综合考虑其他可能的因素，比如机组检修时是否更换过轴瓦或轴封等，与轴承振动相关的辅助设备，振动异常时对相邻轴承振动的影响，以及振动随机组转速或功率变化而发生变化等因素。

2. MMS3000 系统的主要特点

随着 DCS 分散控制系统的普及，独立完整的监测保护系统，即由传统的传感器→二次仪表→显示记录，已渐渐在某些应用场合不再成为必备配置。DCS 系统自身很容易取代二次仪表，所需要的只是从传感器来的标准信号。MMS3000 系统的变送器正是为了满足这种需求而研制生产的。它把传感器的信号经过处理变为标准的 0/4～20mA 信号送入控制系统。MMS3000 系统变送器自身具有限值监测功能，也可独立完成监测任务。MMS3000 系统的主要特点如下：

（1）双通道监测模块，每个通道可单独使用，也可联合使用。

（2）使用电涡流式传感器时，无需再用前置器（已内置）。

（3）内置微处理器，用软件组态，参数设置更方便。

（4）冗余电源，提高可靠性。

（5）具有极高的性能/价格比。

因此 MMS3000 系统的变送器特别适合用于现场设备，尤其是使用现场总线系统的大企业。目前 MMS3000 系统可选变送器如表 3 - 6 所示。

表 3 - 6　　　　　　　　　　　　**MMS3000 系 统 可 选 变 送 器**

型　　号	名　　称	型　　号	名　　称
MMS3110	轴振动测量变送器	MMS3311	反转监测变送器
MMS3120	轴承振动测量变送器	MMS3410	缸胀测量变送器
MMS3210	轴位移测量变送器	MMS3520	应力式测量变送器
MMS3310	转速测量变送器	MMS3910	调试设定软件

主要技术参数：

信号输出：两路 0/4～20mA 电流输出；两路缓冲电压输出：2～10V；一个"OK"状态输出和两个极限输出；供电电压：DC24V；外形尺寸：宽 × 高 × 厚 = 127.5mm × 125.5mm × 80mm；外壳：抗腐蚀，铝质。

（二）MMS6000 系统基本配置

MMS6000 系统采用符合 DIN41494 欧洲标准的模块及框架设计，测量模块安装在 19in 标准框架内，几个框架组装在一个大机柜内，抗干扰能力强，也便于集中和管理，接线也方便。也可以将 19in 框架安装在屏蔽的小机箱内，灵活地安装于立盘或现场墙挂。大机柜一般安放在电子设备间，一个标准大机柜的尺寸宽 × 高 × 深 = 600mm × 2100mm × 600mm。

MMS6000 系统的测量模块如表 3 - 7 所示。

表 3 - 7　　　　　　　　　　　　**MMS6000 系 统 的 测 量 模 块**

型　　号	名　　称	型　　号	名　　称
MMS6110	轴振动测量模块	MMS6510	应力式探头测量模块
MMS6120	轴承振动测量模块	MMS6130	压电式探头轴承振动测量模块
MMS6210	轴位移测量模块	MMS6140	轴绝对振动测量模块
MMS6312	转速测量模块	MMS6220	偏心测量模块
MMS6410	电感式探头测量模块	MMS6822	网络接口模块
MMS6418	绝对/相对差胀测量模块	MMS6823	数据采集模块

模块的外形尺寸除 MMS6418、MMS6823 型外，其他模块具有相同尺寸长 × 宽 × 高 = 160mm × 30mm × 128.4mm。一个标准的 19in 框架可装 14 个模块；标准机柜可以容纳 5 个 19in 框架。图 3 - 40 所示为 MMS6000 系统外形图。

下面以 MMS6823 型数据采集模块为例作一简述。

MMS6823 型数据采集模块是德国

图 3 - 40　MMS6000 系统外形图

epro 公司生产的 MMS6000 系统的配套产品。该系统具有实时数据采集、处理、传输等功能。

1. MMS6823 型数据采集模块功能

该模块具有数据采集和数据传输功能，与 MMS6000 系列模块进行 RS485 数据通信，实现数据采集和相关的设定；基于 TCP/IP 的数据传输可以实现远程控制、远程监视、远程配置、远程调试功能。模块系统软件采用美国微软公司的 Windows CE. net 4.1 操作系统。

（1）数据采集：MMS6823 通过 RS485 总线不断地访问连接在总线上的 MMS6000 系统模块来实现数据实时采集功能，同时将接收到特征值数据和报警及模块状态数据转换成标准 Modbus 协议和 TCP/IP 协议输出。数据采集、通信服务程序采用多线程技术，各 MMS6000 系统模块通道的数据读写操作全部并行化，每一个串口都由一个单独的线程来完成读写工作，保证通道之间的数据是同步的。

第二至第九号串口被用来连接 MMS6000 系列模块，其中每一串口将挂接最多 12 个 MMS6000 系统模块，每一个模块有两个通道，这样最多可以连接 $8 \times 12 \times 2 = 192$ 个数据通道。

（2）数据传输：数据输出分为 Modbus 和 TCP/IP。

Modbus 协议：第一串口 RS232 为 Modbus 通信端口，Modbus 输出可以选择 Modbus RTU 或 Modbus ASCII 协议方式，由 XML 配置文件的 Modbus 字段来设定协议方式。从 MMS6000 接收到特征值数据和报警及模块状态数据，可以被与 MMS6823 相连的 DCS、DEH 等系统访问。

（3）TCP/IP 协议：MMS6823 将接收到的特征值数据、波形数据和报警及模块状态数据转换成标准 TCP/IP 协议，可通过以太网 TCP/IP 接口输出。这些数据可以被与之相连的振动分析系统访问并调用显示。TCP/IP 网络接口为标准 RJ45 接口，使用标准网络连接电缆。MMS6823 能自动检测 TCP 连接状态，由于软件和硬件的原因导致连接断开，TCP 监听线程能立刻检测到，并做出相应的指示。TCP 端口允许一个客户端连接监听，完成系统的配置、调试和数据通信。MMS6823 的 IP 地址可以根据需要灵活设置。

2. MMS6823 特点

（1）8 路 RS485 输入。

（2）数据输出方式：Modbus RTU/ASCII、以太网 TCP/IP。

（3）两种总线输出方式并行，相互间不影响。

（4）MODBUS 总线的输出方式 RTU/ASCII 可任选。

（5）可传输特征值、模块实时波形数据，以及模块状态和报警状态等物理量。

（6）可通过 TCP/IP 接口对各 MMS6000 系统模块进行组态。

（7）键相信号调整功能。

（8）冗余电源输入。

（9）采用标准的 19in 框架结构。

3. MMS6823 硬件

MMS6823 的硬件参数如下。

（1）中央处理器：Geode300MHz。

（2）内存：128MB。

（3）CF 卡：128MB。

（4）1 个 RS232 串口（COM1）。

（5）8 个 RS485 串口（COM2～COM9），共享串口中断，带有读写指示灯。

（6）10MB/100MB 工业以太网。

（7）内部 PC104 总线接口。

（8）冗余 24V 标准电源接口。

（9）支持键盘、鼠标，VGA 显卡。

三、瑞士韦伯（Vibro-Meter）公司 VM600 系统

瑞士韦伯公司位于瑞士的弗里堡，创建于 1952 年。该公司正在工业测量和其他领域内逐步地扩展着自己的活动范围。在我国新建的 900、100MW 火电机组的汽轮机组和新建的燃气机组上都有该公司的产品。正像韦伯公司这个名字所提示的那样，公司最关心的问题是传感器、振动测量电子仪器及其他通用动态和静态机械参数测量设备的设计和制造，涉及的业务范围包括航空、工业测量、能源、核反应堆等。

（一）VM600 系统的主要特点

瑞士韦伯公司于 1999 年成功地开发出全新的数字信号处理（DSP）技术的全数字化 TSI 系统——VM600 系统。其最大特点是：只有一种 4＋2 通道的模块 MPC4 即可实现 TSI 系统中的各种参数的监测和保护，各通道完全由软件进行组态和设定。每块 MPC4 模块上有 4 个通道，可以设定为绝对振动、相对振动、复合振动、位移、差胀、偏心、缸胀、动态压力和其他模拟量。另有两个通道为转速或相位通道。图 3-41 所示为 VM600 系统前面板布置图。

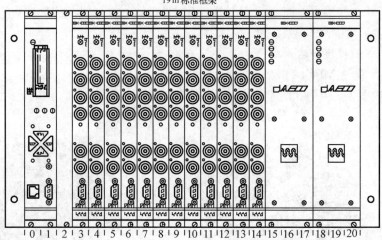

19in 标准框架

图 3-41　VM600 系统前面板布置图

MPC4 模块经过组态可以测量以下物理量：

（1）绝对振动（加速度传感器，速度传感器）。

（2）相对轴振动（径向测量）。

（3）绝对轴振动（加速度传感器或速度传感器与电涡流式传感器复合成）。

（4）轴位移（轴向或径向位移）。

（5）轴振动最大值 S_{max}。

（6）轴偏心。

（7）动态压力。

（8）绝对膨胀。

（9）差胀。

（10）缸体膨胀。

（11）位移（阀位）。

（12）空气间隙。

VM600 系统的主要特点有：

（1）各种测量只用一种模块 MPC4，减少了备件及维护量。

（2）仪表上带数字就地显示，便于系统安装调试。

（3）轴位移和差胀可以反向处理和显示。

（4）电源可以冗余，直流电源可以双电源供电。

（5）所有模块均为热插拔。

（6）机组保护模块 MPC4 在没有 CPU 或 CPU 出现故障时能正常工作。

（7）更换 MPC4 卡时不需重新组态，数据自动从 CPU 模块下载。

（8）继电器模块从 VM600 系统框架后面安装，不占 VM600 系统插槽，有逻辑组态功能。

（9）系统自检功能和传感器故障自动识别。

（10）冗余以太网通信和 RS485/RS422/RS232 通信方式。

（11）支持 MODBUS RTU、MODBUS TCP 以及 TCP/IP 等多种通信协议。

（12）进行状态监测也在同一个系统中，不需外部接线，通过总线采集数据。

图 3-42 所示为 VM600 系统仪表示意图。

（二）机组保护模块和输入输出卡

1. 机组保护模块 MPC4

MPC4 外貌图如图 3-43 所示。

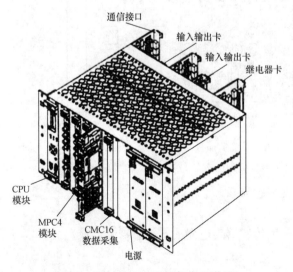

图 3-42　VM600 系统仪表示意图　　　　　图 3-43　MPC4 外貌图

（1）特性。

1）连续在线的机组保护。

2）采用最新的 DSP 技术实时测量和监测。

3）完全 VME 兼容的从属接口。

4）通过 RS232 或以太网完成软件组态。

5）4 个可编程输入（如振动，位移等）和两个可编程的转速/相位输入。

6）可编程的宽带和跟踪滤波器。

7）在阶频跟踪模式下同时实现振幅和相位监测。

8）可编程设定报警、停机和 OK 值。

9）自适应设定报警和停机值。

10）前面板 BNC 接口方便原始信号分析。

11）为加速度、速度、电涡流式传感器提供工作电源。

12）可热插拔。

（2）技术说明。MPC4 机组保护模块是韦伯公司 VM600 系统的中心元件。这种非常灵活的模块能够同时测量和监测 4 个动态信号输入和两个转速/相位信号输入。可以连接各种转速传感器（如涡流，磁阻，TTL 等）。

动态信号输入完全可编程，能接受加速度、速度和位移信号或其他信号。模块的多通道处理技术可以实现各种物理量测量，如相对轴振动、绝对轴振动、S_{max}、偏心、轴位移、绝对和相对膨胀、动态压力等。

数字处理包括数字滤波，数字积分或微分，数字校正（均方根，平均值，峰值，峰峰值等），振幅、相位和传感器间隙测量。

标定可以用公制或英制。报警和停机值设定完全可编程，以及报警时间延时，滞后和锁定。报警和停机等级可以设定为转速的函数或其他任何外部信息的函数。每一个报警值都具有数字输出（在 IOC4T 模块上）。这些报警信号可以在框架内组态去驱动 RLC16 继电器上的继电器。

在框架的后面有动态信号和转速信号的模拟量输出信号，0～10V 或 4～20mA 可选。MPC4 模块具有自检功能，模块内置了 OK 系统连续监测传感器输入的信号等级，判断并指出传感器或前置器故障或电缆故障等。在 MPC4 前面板上的 LED 指示灯指示运行模式，以及 OK 系统探测到的某通道故障和报警状态。

（3）技术参数。

输入信号：每块模块 4 个。

DC 范围：0～+20V 或−20V。

AC 范围：最大±10V。

共模电压范围：−50～+50V。

输入阻抗：200Ω。

（4）电流输入范围。

DC 信号：0～25mA。

AC 信号：最大±8mA。

模拟 AC 频带：0.1Hz～10kHz。

缓冲输出频带：DC 至 60kHz（－3dB）。

（5）转速/相位输入。

输入数量：每块 MPC4 模块 2 个。

转速范围：0.3Hz～50kHz。

速度分辨率：0.01Hz。

（6）转速/相位输出。

BNC 输出：TTL 兼容。

输出到 IOC 4T 模块和转速总线：TTL 兼容。

（7）报警编程。所有通道的报警值设定均可编程。

2. 输入输出模块 IOC 4T。

（1）特性。

1）MPC4 的 6 通道信号接口卡。

2）附带端子排（48 个端子）。

3）保证所有输入和输出具有电磁干扰保护。

4）附带 4 个继电器通过组态进行报警信号设定。

5）32 个完全可编程触点输出到 RLC16 继电器模块。

6）提供缓冲输出、电压输出和电流输出。

7）可热插拔。

（2）技术说明。IOC4T 输入输出模块作为 VM600 系列 MPC4 模块的信号接口，安装在 ABE04X 框架的后部，通过 2 个接头直接连接到框架的背板上。每个 IOC4T 直接安装在 MPC4 模块的后面。IOC4T 以从属方式工作，从 MPC4 上读取数据和时钟信号。IOC4T 的端子排连接传感器/前置器的传送电缆，同时用于信号的输入和输出。该模块保护所有输入输出免受电磁干扰，并且满足电磁兼容（EMC）标准。DAC 转换器提供标定的 0～10V 的输出。电压—电流转换器将信号转换成 4～20mA。IOC4T 附带 4 个本地继电器通过软件进行组态。可以用于监测 MPC4 的故障或其他公共报警（如传感器 OK，报警和危险）。

另外，32 个数字信号可以用于触发安装在框架后部的继电器模块 RLC。

（3）技术参数。

输出数量：每块 IOC4T 模块 4 个输出。

信号范围：0～10V 或 4～20mA。

精度：≤±0.5%。

线性误差：≤±0.5%。

输出允许负载：>100kΩ（电压输出），<325Ω（电流输出）。

（4）继电器输出。

继电器名称：RL1，RL2，RL3，RL4。

触点安排：1×NO 或 1×NC 触点。

线圈电压：DC5V。

额定电流：DC0.35A/AC5A。

额定电压：DC300V/AC250V。

机械寿命：30×10^6 次操作。

电气寿命：10^5 次操作。

（5）物理参数：高×宽×深＝262mm×20mm×187mm。

（三）WM600 系统中的通信方式及其主要特点

由于韦伯公司的 TSI 系统是基于全数字化技术的先进系统，其通信方面具有强大的功能，目前广泛应用于工业上的通信方式，VM600 系统基本上都能支持，如串口通信，RS232、RS422、RS485 等，以太网通信，并且支持多种通信协议，如 MODBUS RTU，MODBUS TCP，TCP/IP 等。VM600 系统具有冗余的以太网通信功能。图 3 - 44 所示为 VM600 系统通信连接示意图。

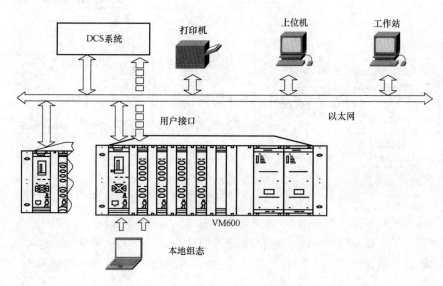

图 3 - 44 VM600 系统通信连接示意图

四、某电厂 1000MW 超超临界汽轮发电机组监测保护系统

目前，浙江玉环电厂、山东邹县电厂、上海外高桥电厂的 1000MW 机组都投入了商业运行，江苏泰州电厂、浙江舟山六横电厂、广东台山电厂、天津国投津能电厂、华能海门电厂、广东平海电厂等 1000MW 机组正在筹建或即将投入运行。下面就某电厂 1000MW 超超临界汽轮发电机组为例简要介绍该机组的汽轮机监测保护系统 。

（一）汽轮机概况

某电厂 1000MW 汽轮机是由上海汽轮机有限公司引进德国西门子公司技术，采用联合制造形式，该机组为超超临界、一次中间再热、凝汽式、单轴、四缸四排汽、双背压、八级回热抽汽汽轮机，采用积木块模式，由一个单流圆筒形 H30 高压缸、一个双流 M30 中压缸和两个 N30 双流低压缸组成。高压通流部分 14 级，中压通流部分 2×13 级，低压通流部分 4×6 级，共 64 级。"HMN"积木块组合的功率范围可达到 300～1100MW，为西门子公司 20 世纪 90 年代末期产品，技术先进、成熟、安全可靠，使得该机型的总体性能达到了世界一流水平。汽轮机大修周期为 12 年，是一般电厂的 3 倍，在降低电厂维护费用的同时，使机组等效可用系数得到很大提高。汽轮机纵剖面如图 3 - 45 所示。

超超临界压力机组是针对火力发电厂采用的主蒸汽参数而言的，水的临界状态点对应的参数为：压力 22.129MPa，温度 374℃，在临界点时饱和水和饱和蒸汽之间不再有汽、水共存的二相区存在，两者的参数不再有区别。当过热蒸汽的工作压力大于临界压力时，我们称之为超临界机组，而当过热蒸汽达到 24.1MPa、566℃以上时，则称超超临界压力机组。某电厂的汽轮机主要技术规范为：主蒸汽压力 26.25MPa、主蒸汽/再热蒸汽温度 600℃/600℃，额定设计背压 5.39/4.4kPa，夏季设计背压 9.61/7.61kPa，额定功率 1000MW，阀门全开（包括补汽调节阀）功率 1049.85MW，保证热耗 7316kJ/(kW·h)。这是我国第一台超超临界机组，同时也是我国目前效率最高的汽轮机。

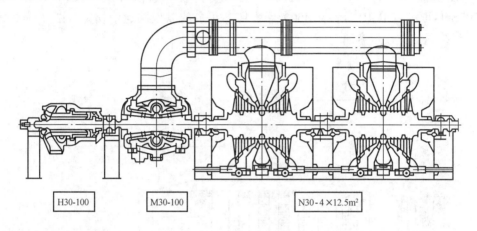

H30-100　　M30-100　　N30-4×12.5m²

图 3-45　某电厂 1000MW 超超临界汽轮机纵剖面图

　　汽轮机共有 4 根转子，分别由 5 只径向轴承来支承，除高压转子由 2 只径向轴承支承外，其余 3 根转子，即中压转子和 2 根低压转子均只有 1 只径向轴承支承。这种支承方式的特点是结构紧凑，汽轮机轴向长度大大缩短，轴向总长只有 29m，轴系特性简单，提高了运行的可靠性。

　　2 号轴承座在高、中压缸之间，是整台机组滑销系统的死点，在 2 号轴承座内装有径向推力联合轴承，整个轴系以此为死点向前后膨胀。高、中压缸猫爪在 2 号轴承座处也是固定的，高压缸受热后以 2 号轴承座为死点向机头方向膨胀，中压缸以 2 号轴承座为死点向发电机方向膨胀，中压外缸与低压内缸之间采用推拉杆来传递推力，因而低压内缸也向发电机方向膨胀。这样的滑销系统在运行中通流部分动静之间的差胀较小，有利于快速启动。

　　整个高压缸和中压缸静子件由它们的猫爪支承在汽缸前后的两个轴承座上。低压外缸的质量由与它焊在一起的凝汽器颈部承担，其他低压部件的质量通过低压内缸的猫爪由其前后的轴承座来支承。所有轴承座与汽缸猫爪之间的滑动支承面均采用低摩擦合金，优点是具有良好的摩擦性能，不需要润滑，有利于机组膨胀。

　　盘车装置采用液压马达，安装在高压转子调阀端的顶端，位于 1 号轴承座内，由顶轴油驱动。盘车转速为 48～54r/min，可通过调整顶轴油供盘车液压马达油路上的调整门来调节盘车转速。盘车装置能够自动进行啮合，配有超速离合器，能做到在汽轮机冲转达到一定转速后自动退出，并能在停机时自动投入。由于有时需要在现场加装动平衡块，液压马达无法达到所需的角度，在♯3 轴承座的轴承盖上安装有手动盘车装置。

　　（二）汽轮机监测保护系统简介

　　1. 汽轮机监测保护系统

　　汽轮机监测保护系统采用瑞士韦伯公司的 VM600 系统，图 3-46 所示为某电厂

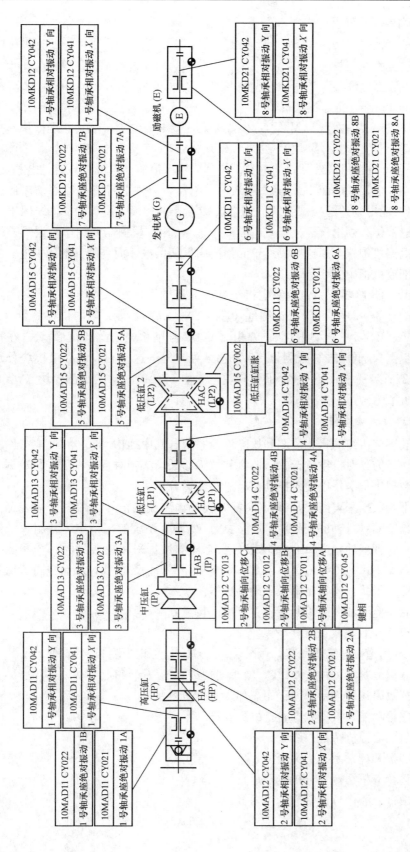

图 3 - 46　某电厂 1000MW 超超临界压力汽轮发电机组 TSI 测点布置

1000MW 超超临界汽轮发电机组 TSI 测点布置图。

该 1000MW 汽轮发电机组 TSI 的基本配置情况如下：它采用两个 19in 标准框架，其中一个用于汽轮机监测保护系统，另一个用于状态监测和故障诊断系统。该框架用于安装韦伯公司的 VM600 系列的机器保护和状态监测模块，有两种型号：ABE040 和 ABE042，高度均为 6U，即 265.9mm。每个框架提供 15 个安装 VM600 系列模块的槽位，有单个宽度的和多个宽度的模块。框架中内置了 VME 背板，保证框架中的电源、信号处理模块、数据采集模块、CPU 模块、输入输出模块和继电器模块的电气连接。框架可以由一个电源模块 RPS6U 供电，也可以选择另外品牌的电源模块作为冗余电源。电源有直流供电和交流供电，有多种电压范围。框架的后面安装 IOC 输入输出卡件，卡件上带有接线端子以便连接传感器/前置器，以及输出到外部控制系统的信号连接端子。背板采用 VME 总线用于卡件之间的通信。不用的槽位必须用盲板挡上。电隔离单元（CSI）根据需要用于防爆环境下的加速度传感器和电涡流式传感器。这些隔离单元不能由框架供电，而需外部电源供电。它们要安装在框架的外部或机柜中。

该 1000MW 超超临界压力汽轮发电机组共有 8 道轴承，在每道轴承座上装有绝对振动测量（1A～8A、1B～8B）、相对振动测量（1X～8X、1Y～8Y）、轴向位移测量（2 号轴承处的测量盘有 A、B、C 三个测量点）、键相测量（2 号轴承处）、轴偏心测量（在每道轴承处装有偏心测量点）、低压缸缸胀测量（5 号轴承处）等。这些测点的测量模块分别安装在框架 1 的插槽 3～14，1 为 CPU 显示通信模块，插槽 15、16、17 为电源模块（冗余），插槽 18、19、20 为电源模块，见表 3‑8。

2. 状态监测和故障诊断系统

框架 2 安装了该机组的状态监测和故障诊断系统，其中插槽♯3、♯5、♯7 均安装了状态监测采集模块。为了对机组进行状态监测和故障诊断，必须对各种参数进行数据采集和分析，这就需要数据采集卡，以便对振动信号进行频谱分析。

通常情况下，数据采集需要从 TSI 仪表的缓冲输出端接信号到数据采集装置。而韦伯公司的数据采集卡 CMC16 可以插到 TSI 仪表的 VM600 系统的框架中，共用一个框架和电源以及通信接口，创新地将 TSI 保护仪表与状态监测数据采集集成到同一个系统中。数据通过框架中的 RAWBUS 总线传送到数据采集卡中，不需外部接线，从而提高了信号的真实性，有效地避免了干扰，同时也降低了硬件成本。

该机组的状态监测和故障诊断系统具有以下特点：

（1）与 TSI 系统仪表集成在一个系统中。

（2）并行 16 通道高速数据采集，硬件完成 FFT 变换和频谱特征值提取。

（3）最高频谱分辨率可达 3200 线，便于捕捉细小的故障特征。

（4）开放式故障诊断平台，便于用户加入其分析经验。

（5）频率报警功能，报警状态直指故障类型。

（6）自动生成启停机特性曲线。

（7）自动捕捉和记录系统的突变。

（8）增加运行分析系统，分析机组运行情况。

（9）轴心轨迹、频谱分析等为基本内容。

表 3 - 8　　　　　　　　　　　　　　　框 架 1 插 槽 分 配 表

插槽1		CPU 显示通信模块		TACHO1	
插槽2			插槽 10	通道1	8号轴承相对振动 X 向
插槽3	TACHO1			通道2	8号轴承相对振动 Y 向
	通道1	1号轴承相对振动 X 向		通道3	5号轴承座绝对振动 5A
	通道2	1号轴承相对振动 Y 向		通道4	2号轴承轴向位移 3
	通道3	6号轴承座绝对振动 6A	插槽 11	TACHO1	
	通道4	5号轴承座绝对振动 5B		通道1	5号轴承缸胀
插槽4	TACHO1	键相		通道2	
	通道1	2号轴承相对振动 X 向		通道3	6号轴承座绝对振动 6B
	通道2	2号轴承相对振动 Y 向		通道4	7号轴承座绝对振动 7B
	通道3	2号轴承座绝对振动 2A	插槽 12	TACHO1	
	通道4	4号轴承座绝对振动 4B		通道1	8号轴承座绝对振动 8B
插槽5	TACHO1			通道2	
	通道1	3号轴承相对振动 X 向		通道3	
	通道2	3号轴承相对振动 Y 向		通道4	
	通道3	8号轴承座绝对振动 8A	插槽 13	TACHO1	
	通道4	1号轴承座绝对振动 1B		通道1	1号轴承偏心
插槽6	TACHO1			通道2	2号轴承偏心
	通道1	4号轴承相对振动 X 向		通道3	3号轴承偏心
	通道2	4号轴承相对振动 Y 向		通道4	4号轴承偏心
	通道3	1号轴承座绝对振动 1A	插槽 14	TACHO1	
	通道4	2号轴承座绝对振动 2B		通道1	5号轴承偏心
插槽7	TACHO1			通道2	6号轴承偏心
	通道1	5号轴承相对振动 X 向		通道3	7号轴承偏心
	通道2	5号轴承相对振动 Y 向		通道4	8号轴承偏心
	通道3	7号轴承座绝对振动 7A	插槽 15 16 17	TACHO1	电源模块（冗余）
	通道4	3号轴承座绝对振动 3B		通道1	
插槽8	TACHO1			通道2	
	通道1	6号轴承相对振动 X 向		通道3	
	通道2	6号轴承相对振动 Y 向		通道4	
	通道3	3号轴承座绝对振动 3A	插槽 18 19 20	TACHO1	电源模块
	通道4	2号轴承轴向位移 1		通道1	
插槽9	TACHO1			通道2	
	通道1	7号轴承相对振动 X 向		通道3	
	通道2	7号轴承相对振动 Y 向		通道4	
	通道3	4号轴承座绝对振动 4A			
	通道4	2号轴承轴向位移 2			

第四节　汽轮机瞬态数据管理系统（TDM）

汽轮机瞬态数据管理系统 TDM（Twinkling Data Management System）用于将来自传感器的振动信号进行分析，给出各种各样的图表、图形、各参数的发展趋势以及其他有关信息，以此判断机组工作是否正常。汽轮机组的某些状态参数，例如转速、轴位移、差胀等，只要用传感器、监测器进行测量，如果超过极限，令其自动停机。但振动参数的监测涉及机械工作状态、运行工况变化、操作方法是否得当等很多因素，所以对机组的振动数据必须作进一步分析，才能得出正确的结论。

汽轮发电机组绝大多数时间在额定转速（3000r/min）下运行，虽然流量、压力、温度、功率在变化，但转速是不变的。此时机组振动测量得到的数据称为稳态数据。

机组处在启动升速或停机降速时，变转速下的振动测量也很重要，状态参数不能超过机组的极限值，否则危及机组的安全。这一类测得的振动数据称为瞬态数据。

由于稳态数据和瞬态数据分别把时间和转速作为自变量，因而各自都有一些图形形象地显示振动量是如何随它们的自变量变化的。除了少数的特征量可以直接从传感器输出的电信号获得外，如电涡流式传感器的间隙电压，绝大多数还是先要对采集到的波形信号进行电路处理或数字分析，转化为更为直观的特征，供运行监控或进行状态、故障分析用。

TDM 是在 TSI 基础上扩展的致力于大型旋转机械在线状态检测和故障诊断的一套系统。该系统用于汽轮发电机组在升、降速（启停状态）和正常运转情况下振动数据的采集，振动情况的在线监测，提供机组状态的自动识别，振动越限和危急报警功能，丰富的在线振动分析及故障诊断功能，在机组不同运行状态下，提供多种历史数据存储、报表打印和故障档案建立，以便事故分析处理和趋势判断。系统大多还同时提供远程用于事后分析的数据库管理系统，具有灵活的数据库浏览功能、振动历史数据和报警档案分析功能。

目前，在国内电厂应用的汽轮机瞬态数据采集管理系统，习惯称为汽轮发电机组振动监测与故障诊断系统。

一、汽轮发电机组的故障诊断方法和步骤

通过振动监测得到的信号，虽然经过加工处理，如得到频谱、相位、振动随转速、时间、负荷、温度、励磁电流等的变化趋势，但它们仍然只是信号，本身对生产不能直接提供指导性的意见，重要的是必须经过识别和判断的过程，才能揭示出机器设备的内部状态。

对分析得到的振动信号进行识别和判断，主要是根据振动机理的研究结果和长期的现场实践经验，提出并建立振动故障特征的识别技术。设备状态监测和诊断技术是一种通过各种方法正确定量地观测设备运行状态而预测未来的技术。设备诊断的含义是：对设备状态参数定量地检测和诊断，预测设备的性能及可靠性，如果异常，则对其原因、危险程度等进行识别和评价，并决定处理的方法。

（一）振动故障诊断方法

振动故障诊断的过程实质上是提取识别振动故障的征兆，并建立振动故障与识别故障征兆的关系。识别振动故障最主要的物理量是振动，频谱分析技术的应用把时域的振动信号变成频域的振动信号，每个振动频谱分量及其变化都预示着故障的萌芽，振动频谱为振动故障

的识别提供了丰富的振动故障征兆信息。但是，一种振动频谱往往对应多种振动故障，即不可能建立振动故障与振动频谱之间一对一的关系。因此，还必须引进振动故障识别的相关因素，如转速、时间、负荷、励磁电流、轴承位置、振动变化趋势、振动频谱等分析，轴与轴承座振动频谱成分的差别，轴振动与轴承座振动之比值等。故障特征是指前人或个人在以往工作中经归纳总结得到的具体、明确的故障所呈现的振动现象和特点。振动特征是指针对要诊断机组，经调查、测试、分析后归纳得出的振动现象和征兆。

振动故障诊断技术是采用演绎推理的方法，以故障特征为基础，与振动特征进行比较、分析，或采用逐个排除的方法，对振动性质、故障原因和具体部位进行判断。这种故障诊断方法彻底摆脱了振动故障需要眼见为实的局限性和直观查找的盲目性。

演绎推理有反向推理和正向推理两种形式。反向推理也称目标直接推理，依据振动特征反推出振动故障原因，因此称为反向推理。在推理过程中只与单一的目标有关，当振动特征与故障特征符合时，即可作出诊断。正向推理是指在振动故障范围明确的前提下，在能够引起机组振动故障的全部原因（称故障总目录）中与实际机组存在的振动特征、故障历史，进行搜索、比较、分析，采用逐个排除的方法，剩下不能排除的故障即为诊断结果。

演绎推理诊断方法首先在离线诊断中采用。离线诊断是为了消除已有振动故障而进行的诊断。这种诊断在时间上要求不那么紧迫，可将振动信号、数据拿出现场，进行仔细分析、讨论或模拟试验，在故障深入程度上比较具体，相对难度较大。

计算机技术的快速发展使机组的振动在线诊断成为现实。在线诊断是对运行状态下的机组振动故障原因进行粗线条的诊断，便于运行人员作出纠正性操作，防止事故扩大，因此时间上要求很紧迫。目前均采用计算机实现数据处理、逻辑判断、推理与诊断，即自诊断系统。自诊断系统的核心是专家系统，将专家经验系统化和条理化，变成计算机语言。

（二）振动故障诊断步骤

为了提高振动故障诊断的准确性，还须建立各种数据库，主要的数据有：①轴承各阶临界转速；②机组启动刚达3000r/min时的振动；③新机组或大小修后振动已正常后空负荷和满负荷时的振动，即机组振动的基准振动频谱，当然并不是基准频谱的全部，只是其中的一部分。实际上基准频谱的含义即非振动参数变化前的振动频谱，它既提供了振动故障类型的判断依据，也提供了引起此振动故障振源的分析依据。

目前国内外采用故障诊断的理论有好几种，包括模式识别法、概率统计法、模糊数学法、灰色系统理论法和人工智能法。下面介绍模式识别法进行振动故障诊断。它根据各个振动故障征兆建立识别振动故障的模块，其故障诊断的流程示意图如图3-47所示。

故障诊断步骤分4个阶段进行。

第一阶段：振动是否异常判别。

若振动异常，输入轴系临界转速（机组投运前已存储在计算机里），并建立轴系振动基准谱，基准谱有部分是系统监测程序运行时由程序建立，另一部分是先存储的，它们是振动异常后分析振动频谱变化的基准。

第二阶段：振动异常频谱特征分析。

振动异常时的振动频谱特征分析是把振动频谱中振动分量最大值所对应的频谱分量称为基频分量，把振动按频率特点分为低频振动、同步振动、倍频振动和高次（大于2倍频）谐

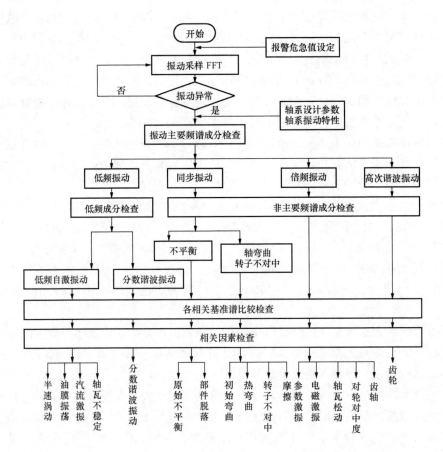

图 3-47　振动故障诊断流程示意图

波振动。

基频为低频振动的振动故障，包括油膜涡动、油膜振荡、汽流激振和分数谐波振动。

基频为同步振动的振动故障，包括残余不平衡、叶片脱落、转子初始和热弯曲、轴线不同心、摩擦、对轮对中度不良、电磁力（它直接影响的）。

基频为倍频的振动故障包括参数激振、轴瓦松动共振、电磁激振（励磁电流引起的热影响）；基频为高次谐波的振动故障，如齿轮摩擦等。

对低频振动（凡低于 1X 的振动频谱）再区分为临界频率或 1/2X、1/3X 等分数频率，基频为轴系临界频率的振动故障包括有油膜振荡和汽流激振，基频为 1/2X 的为分频振动、油膜涡动和汽流激振。

基频的 1X，非基频分量为 2X 的振动故障有转子弯曲、轴线不同心、对中度不良、摩擦等。

对基频为 2 倍频，非基频分量仅有微量 1X 的振动故障为轴瓦松动共振、参数激振，否则为电磁激振。

第三阶段：振动频谱变化分析。

由于大型汽轮发电机组的结构复杂，涉及的面非常广，因此引起机组振动的因素往往不是单一的，有时几种故障同时存在，这也使振动故障的分析更复杂和困难。因此，对振动频谱的变化进行分析，并建立它们与引起此振动变化的相关因素的关系，就可以很快地识别振动的故障类型和原因。

振动信号中某个振动频谱成分的变化是故障发生的重要征兆，预示着振动故障的萌芽，是准确区分振动故障类型极其重要的依据。振动频谱变化分析是寻找振动变化的频谱分量及其变化规律，为相关因素分析作准备。

振动频谱变化分析主要是把振动异常时的振动频谱与各自的基准作比较（对 1X 分量求取向量变化，对其他频谱分量求取振幅变化值），并分析其变化规律，即分析振动变化是突变、快变、慢变或阶跃式变化。

如振动异常是发生在定转速（3000r/min）空负荷阶段，则把振动异常时的振动频谱与刚到达 3000r/min 时的振动频谱作比较分析。如振动异常是发生在带负荷或正常定负荷阶段，则把此振动频谱与刚到 3000r/min 时，和带此负荷时的正常振动频谱作比较分析。

第四阶段：相关因素分析。

振动故障诊断主要的相关因素是时间、转速、负荷、励磁电流、发生振动异常所对应的轴承座位置（即是高压、中压、低压或发电机等转子）、同一轴承上轴振与轴承座振动基频分量的差别、同一轴承上轴振和轴承座振动之比值。另外，若能有油温、汽缸内和外壁温度、冷凝器真空、温度则更加理想。

相关因素分析即是寻找振动变化与上述哪些相关因素的关系，从而进一步区分振动的类型和原因。例如当发现高压转子轴承座振动包含有高压转子一阶临界转速频谱分量，若它是发生在空负荷阶段，则其振动故障为油膜振荡。所以当振动发生异常时，除了应分析振动的变化外，还应立即检查上述哪些相关的非振动参数发生了变化。

根据上述 4 个阶段的分析过程建立各振动故障的识别模块，从而寻找振动故障的原因。

二、振动的特征图形

不同的振动状态表示方式具有不同的特点。有些故障在某些图形上反映不明显，但在另外一些图形上却表现得比较突出。因此，工程上进行振动分析时经常同时用到大量振动图形，这些振动图形对振动分析很有帮助。工程技术人员需要对这些图形的概念和功能有一个比较明确的认识。常用的特征图形有波形图、频谱图、波特图、内奎斯图、轴心轨迹图、级联图、瀑布图、趋势图等。下面对这些图形分别加以叙述。

1. 波形图

波形图是表示振动信号的瞬时振幅与时间的函数关系的图形，如图 3-48 所示。这是振动原始信号时域的表示方法。振动波形可以从示波器上看到，现在都由计算机通过 A/D 转换再进行离散化，进而在屏幕上显示其振动波形。振动波形是振动的原始信号，它的特性变化预示着振动故障的特性及其萌芽，是振动故障诊断中极重要和最基本的信号。

振动波形图中振幅的表示方法有多种，如双振幅、单振幅、有效值和平均值。这 4 种振幅表示方法有各自的含义。如果振幅与时间的

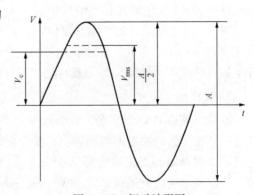

图 3-48　振动波形图

A—双振幅；$\dfrac{A}{2}$—单振幅；V_{rms}—有效值；V_c—平均值

关系是单一的正弦函数，则它们的关系为：单振幅等于 $\frac{1}{2}$ 双振幅，有效值 V_{rms}（也称均方根值）等于 0.707 单振幅，平均值 V_c 等于 0.637 单振幅，所以双振幅 A 近似等于 3 倍的有效值或平均值。

如果振动信号中含有明显的两种以上频率振动分量，上述换算会产生较大的误差，这时振幅的单峰值、双峰值、有效值、平均值应采用具有相应功能的振动仪表实测取得。

实际的振动测量中，振幅往往是由几种不同频率的周期振动或随机振动叠加而成，所以振动波形往往带有毛刺、削波、波动、不稳定等现象。例如：转子出现摩擦故障时，振动信号会出现很多毛刺或削顶等现象；不平衡故障时振动波形为正弦波等。这就为我们提供了很多有用的诊断信息。

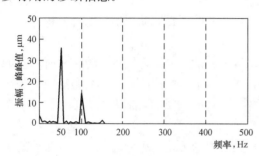

图 3 - 49　振动频谱图

2. 频谱图

频谱图即把振动信号的幅值作为频率函数的表示法。通过快速傅里叶变换，把时域振动信号变成频域信号，可以得到各振动频率下的振动幅值。频谱图是一种在直角坐标系中表示振动幅值随振动频率变化的关系曲线，如图 3 - 49 所示。其中 X 轴代表振动频率，Y 轴代表振动幅值。

通常情况下振动信号中包含了很多简谐振动成分，当频率成分较多时，从振动波形中很难直接看出波形中包含哪些频率成分。这时可以对上述振动信号作傅里叶变换。傅里叶变换可以求出振动信号中包含的所有频率成分。频谱图就是将这些频率成分和大小表示出来。

由振动故障机理可知，不同振动故障所包含的振动频率成分并不相同。例如：不平衡故障主要为与转速同频的工频成分；油膜振荡故障为与转子系统固有频率相对应的低频成分等。频谱图将振动信号中包含的频率成分非常直接地表示出来，对于故障诊断非常重要。频谱分析是技术人员用得最为广泛的分析手段。

所有故障诊断几乎都是从频谱分析开始。旋转机械故障诊断中常将与转速相等的频率成分定义为基频或工频。为了直观起见，人们也常以 1X，2X，…，X/2 等表示与 1 倍转速、2 倍转速、…、1/2 倍转速相等的频率成分。

图 3 - 49 上横坐标为频率分度值，具体数字由振动信号中基频信号的频率来确定的，例如在 3000r/min 下测量的是轴承或转轴振动，在振动信号中肯定含有 50Hz 的信号，由此可确定该点分度值，然后按等分或对数进行分格，确定其他点坐标分格值。

3. 波特图

波特由英语 Bode（人名）读音而得，波特曲线表示转速与振幅和振动相角的关系曲线。波特图是在直角内绘制的振动幅值、相角随转速的变化曲线。图 3 - 50 所示为手工绘制的发电机轴瓦波特图。图中横坐标 X 代表轴的旋转转速，Y_1 轴表示 1X 的振幅，Y_2 轴表示相角。类似地也可绘制通频 2X、3X、…、nX 等振动随轴旋转转速变化的关系曲线，反映在启、停机过程中各测点的振动响应。

升速或降速过程中，每 50～100r/min 读取一次振幅和相位，注意在临界或共振转速附

近的振幅相位和对应的转速突变。如果振
幅曲线出现波峰，同时相位发生急剧增
加，增加幅度大于70°，此时所对应的转
速有可能是该测点所处的转子或相邻转子
的临界转速。

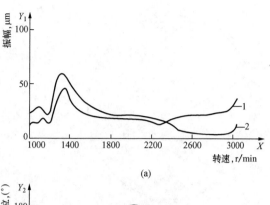

　　振动波特图可以帮助我们分析升降
速过程振动变化情况。波特图的最大功
能有两个：①判定系统临界转速。由振
动理论可知，过临界时振幅最大，相位
变化最明显，这是我们判定系统临界转
速的两点依据。当然，相位变化幅度受
到了系统阻尼等因素的影响，不同机组
过临界时相位变化幅度不同。②分析多
次启停过程中振动变化有没有异常。正
常情况下，升降速过程振动应该是吻合
的，如果两者有比较大的差别，就表明
机组可能存在故障，就要对导致振动差
异的故障原因作深入分析。例如动静摩

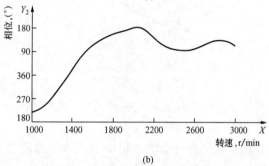

图3-50　手工绘制的发电机轴波特图

擦故障发生后，转子上产生不对称温差，转子发生热变形。此种情况下快速停机过临
界时的振动比开机时要大。

　　4. 内奎斯图

　　内奎斯图是用极坐标形式表示振动矢量与转子转速的关系，也称极坐标图或振形图。其
主要功能与波特曲线基本相同，不同的是它可以进一步分离外来振型并精确地测量转子临界
转速值。

　　内奎斯图测量和绘图方法与波特图基本相同，可采用手工和自动绘制，不同的是波特图
是直角坐标，内奎斯图是极坐标。它将平面坐标的4个象限分成360°，距中心原点的距离表
示振动幅值，振动相位由象限分度表示。图3-51所示是由手工绘制的内奎斯图。图中的转
速值由手工标出，如果是自动绘制，不论是函数记录仪绘制，还是由计算机控制打印输出，
曲线上转速绝大部分也是人工标出。

　　曲线上转速间隔大小，是由要求的测量精确度决定的。如果为了准确地测量转子临界转
速值，则在临界转速附近分格应细一点，每10r/min读一个振幅和相位值，由此临界转速值
测量精度可准确到个位数。图3-51为手工绘制的国产300MW（改进型）机组发电机转子
前瓦的内奎斯图。发电机转子一阶临界转速精的数值为909r/min。

　　图中D的位置是在相同转速间隔下，曲线弧长最长的两段（三点之间）的中点，该点
被称为共振点，图中的圆称为振型圆，该圆是在与共振点D附近曲线重合情况下人为绘出
的。由图3-55可见，在临界转速下测得的振动矢量为$\overrightarrow{OD}$，但实际共振振幅矢量为$\overrightarrow{DA}$，通
过振型圆可以进一步分离出外来振动矢量$\overrightarrow{OA}$，这些振动矢量关系为

$$\overrightarrow{OD} = \overrightarrow{AD} + \overrightarrow{OA}$$

显然计算平衡质量应以$\overrightarrow{AD}$为准。振型圆进一步分离外来振型的原理，可以查阅振动

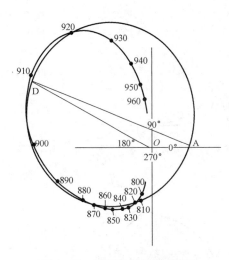

图 3 - 51　手工绘制的内奎斯图

专著。

当汽轮发电机在升降速过程中，不同转速下振动矢量绘制在极坐标平面内，相应转速也标在曲线上，在极坐标表示振动矢量时，所绘径向线长度与幅值（1X）成正比，径向线的角度即为振动相位角，不同转速下极坐标图上振动矢量端点连成的曲线即为极坐标图。

极坐标图可用于确定轴系临界转速及其过临界转速时的振幅与相位，帮助现场判断不平衡转子的轴线位置及其不平衡的形式，即是一阶不平衡或二阶不平衡，是单侧加重或双侧加重，确定不平衡在加重平面的位置。例如，当转子过临界转速时，不平衡激振力与振动位移相差 $90°$，从极坐标图上可以找到转子过临界转速时的振动矢量，即为振动高点，高点前 $90°$ 即是不平衡质量位置。

5. 轴心轨迹图

轴心轨迹是表示轴心相对于轴承座的运动轨迹，在与轴线垂直的平面内。轴心轨迹图由同一轴承座上两个互成 $90°$ 径向安装的轴振动传感器测量所得交流动态振动原始信号（波形）合成得到的。实质上是互相垂直的两个振动（波形）的合成。因此，若在一个轴承座上仅安装一个轴振动传感器是得不到轴心轨迹图的，只有在同一轴承座上安装两个互成 $90°$ 径向轴振动传感器时才能得到轴心轨迹图。图 3 - 52 所示为互相垂直的两个振动传感器合成的轴心轨迹图。图 3 - 52 中各物理量的意义如下：

x、y 为参考轴线；O 为轨迹时间积分

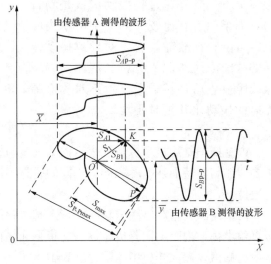

图 3 - 52　轴心轨迹图

平均位置；$\bar{x}$、$\bar{y}$ 为轴位移时间积分平均值；K 为两个测点上转轴位移 $S_{A1}(t)$、$s_{B1}(t)$ 随时间变化构成的轴心轨迹；P 为离时间积分平均位置位移最大的轴的位置；S_1 为轴位移瞬时值；$S_{\max}$ 为测量平面内轴位移的最大值；S_{A1}、S_{B1} 为在 A 和 B 测量方向上轴位移的瞬时值；$S_{\text{p-pmax}}$ 为测量平面内最大振动位移的峰峰值；S_{Ap-p}、S_{Bp-p} 为在 A 和 B 测量方向轴位移的峰峰值。

位移峰峰值已经成为最常用的监测旋转机械振动的测量参数，通常用以下三种近似方法得到最大位移峰峰值。

方法 1：取两个正交方向上所测量的位移峰峰值的合成值。

$$S_{\text{p-pmax}} = \sqrt{(s_{Ap-p})^2 + (s_{Bp-p})^2} \tag{3 - 29}$$

式（3 - 29）作为近似值使用，当同频振动占优势时，一般将过高估计 $S_{\text{p-pmax}}$，最大误差约为 40%。对于圆形轨迹误差最大，轨迹由圆形变为扁平时误差逐渐减小，当轨迹是直

线时误差为零。

方法 2：取在两个正交方向上所测量的位移峰峰值的较大值，即

$$S_{p-pmax} = S_{Ap-p} \text{ 或者 } S_{Bp-p}（两值中较大值） \tag{3-30}$$

式（3-30）作为近似值使用，当同频振动占优势时，一般将低估 S_{p-pmax}，最大误差约为 30%。对于扁平轨迹误差最大，轨迹向圆形变化时误差逐渐减小，当轨迹是圆形时误差为零。

方法 3：S_{max} 的测量

在轨迹上有如图 3-52 所确定的点 p，该点离开轴平均位置的位移为最大。对应于这个位置的 S_1 值表示成 S_{max}，定义为位移的最大值。

$$S_{max} = [S_1(t)]_{max} = \left\{ \sqrt{[S_A(t)]^2 + [S_B(t)]^2} \right\}_{max} ❶ \tag{3-31}$$

当系统在 X、Y 方向刚度是对称时，则轴心轨迹为圆。安装在不同方向的轴振动传感器所测得的轴振动的振幅均相同，但在汽轮发电机组上，轴（如发电机）和支承刚度在 X、Y 方向是不对称的，所得轴心轨迹为椭圆，所以在机组上从 X 方向和 Y 方向轴振动传感器所得的振幅值有较大的差别，有时多达 7～8 倍。在启、停机过程中，在不同转速下，轴心轨迹也不同。不同的振动故障，也可得到不同的轴心轨迹。根据轴心轨迹图，可以得到以下结论。

（1）轴颈在轴承中的位置。根据轴心位置的高低，结合瓦温等参数可以判定轴承承载等情况。

（2）根据轴心轨迹形状可以帮助判定不对中、摩擦、油膜涡动、油膜振荡等异常故障。这些故障的轴心轨迹具有不同的特征。

6. 级联图

级联图是转速连续变化时，不同转速下得到的频谱图依次组成的三维谱图。它的 Y_2 轴是转速，工频和各个倍频及分频的轴线在图中应该是倾斜的直线。

在分析振幅与转速有关的故障时用级联图是很直观的。这类最典型的故障是油膜涡动和油膜振荡，图 3-53 所示是发生这种故障时的级联图。

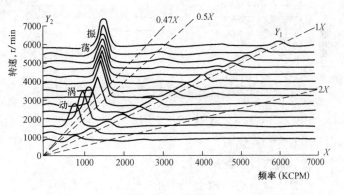

图 3-53 级联图

级联图实际上是将不同转速下频谱图叠加在一起，以转速作为坐标的三维图形。图中 X、Y_1、Y_2 三个坐标，X 轴代表振动频率（图中 KC 表示千周波；PM 表示每分钟，KCPM 即表示每分钟转子转动的频率）、Y_1 轴代表振幅、Y_2 轴代表转速。根据级联图，可以获得变速过程中的频谱，对分析升降速过程中频谱变化情况非常有用。

7. 瀑布图

瀑布图表示一系列频谱曲线随时间变化的函数关系。它与级联图很相似，X、Y_1、Y_2

---

❶ 参阅（GB 11348.1—1989）旋转机械转轴径向振动的测量和标定。

三个坐标中，X 轴仍代表振动频率、Y_1 轴仍代表振动幅值，Y_2 轴则代表时间，每一根横线表示某一时刻的频谱，如图 3-54 所示。

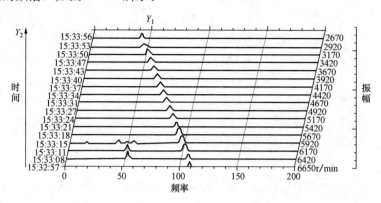

图 3-54　瀑布图

通过它评价定转速下，振动频率特性随时间的变化趋势，可以帮助准确地判断振动故障及其发生的时刻。

8. 趋势图

趋势图一般表示振动随时间变化的函数关系。有时振动随有功、无功或励磁电流而变化，所以有时也扩展表示振动随有功、无功或励磁电流等相关参数变化的函数关系。

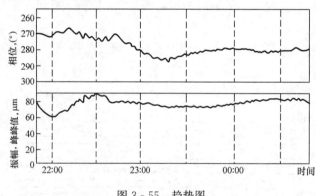

图 3-55　趋势图

机组稳定运行时，可以利用趋势图显示、记录振动或其他过程参数是如何随时间变化的。这种图形以时间为横坐标，以振幅、相位或其他参数为纵坐标。图 3-55 给出的是某测点工频振幅和相位在约 3h 内的变化曲线。在分析机组振动随时间、负荷的变化时，这种图给出的曲线十分直观，对运行人员监视机组状况很有用。

三、国内目前常用的几种 TDM 系统

由于 TSI 没有事故追忆功能，仅能监测振动的幅值，不能提供分析振动故障所必需的频谱、相位等重要信息，给振动问题的进一步分析带来不便。为此迫切需要对旋转机械振动状态的瞬态数据进行监测和管理，便于对机组的振动状态进行分析和故障诊断，即所谓振动瞬态数据管理（TDM）系统。

TDM 系统最初是国外为降低运行成本，利用较为成熟的振动数据采集和分析技术，结合不断完善的轴系振动故障诊断技术以及快速发展的计算机和通信网络技术，开发的集振动监测与频谱分析、振动数据通信与管理、振动故障分析与诊断于一身的综合性系统。

最初进入我国电力行业的 TDM 系统是美国 Bently Nevada 公司的 DM2000 系统，美国恩泰克公司和 CSI 公司的产品也在石化等行业有所应用。后来，美国 Bently Nevada 公司的 System 1 系统和德国 epro 公司的 MMS6851 系统相继进入中国市场，而国内研发生产的北京英华达公司的 EN8000 系统、华科同安公司的 TN8000 系统、创为实公司的 S8000 系统及

西安热工研究院的 VDMS-2 系统，在国内电力行业用得也很普遍。下面简单介绍美国 Betly Nevada 公司的 System 1 系统、德国 epro 公司的 MMS6851 系统和北京英华达公司的 EN8000 系统，其他 TDM 系统的结构和功能与上述三种系统大同小异，不再赘述。

（一）美国 Bently Nevada 公司的 System 1 系统

Bently Nevada 公司的 TDM 系统采用 3500/22M 瞬态数据采集接口模块（TDI）替换原来 3500/20 系统接口模块，就能高速实时地获取所监测机组的振动信息，还可获取包括偏心、键相、差胀、缸胀、轴位移、转速等非振动信息。再配以 Bently Nevada 公司的 System 1 资产管理平台，就能完成汽轮机组瞬态监测、优化和故障诊断功能。图 3-56 所示为某 2×600MW 汽轮机组的 Bently Nevada 公司 3500 系统配以 System 1 系统对汽轮机组进行状态监测、振动故障诊断和管理的结构图。它对两台 600MW 汽轮机组及其所配汽动给泵小机进行状态监测和故障诊断。

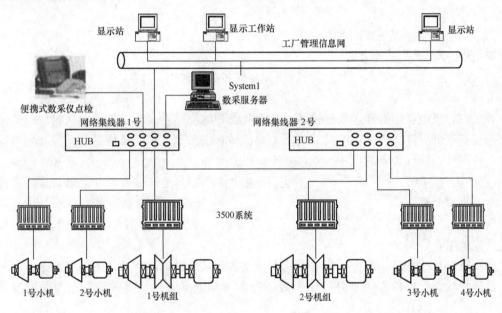

图 3-56　美国 Bently Nevada 公司的 3500 系统配以 System 1 系统的结构图

1. 数据采集方式

通过 3500/22M 瞬态数据采集接口模块（TDI）高速实时地获取所监测机组的振动和非振动信息。对其他过程量参数，通过网络数据交换 OPC 等协议从 DCS 或厂网获取负荷、主汽温、主汽压、润滑油压、发电机有功功率、发电机无功功率、轴瓦温度等参数。

2. 3500/22M 瞬态数据接口模块（TDI）

Bently Nevada 公司 3500 系统内置的接口模块 3500/22M 是 3500 系统和 System 1 机械管理软件之间的接口。TDI 运行在 3500 系统框架的 RIM 插槽中，与 M 系列监测器（3500/40M、3500/42M 等）配合使用，连续采集稳态波形数据，并通过以太网将数据传送到上位主计算机。TDI 具有标准的静态数据采集功能，即所有非振动量信息也可实时高速上传。

（1）瞬态数据采集：

1）从转速和时间间隔采集数据；

2）加速和减速阶段转速间隔独立编程；

3）在两个可编程窗口中的一个窗口检测机组转速，激活瞬态数据采集；

4）瞬态数据的采集数量只受模块中可用内存的限制。

（2）报警数据采集：

1）报警前和报警后数据；

2）事件前 10min 和事件后 1min 的 1s 静态值采集；

3）事件前 20s 和事件后 10s 的 100ms 静态值采集；

4）报警前 2.5min 和报警后 1min 的波形数据采集，间隔均为 10s。

（3）静态值数据：

1）TDI 将采集静态值，包括监测器的测量值；

2）TDI 为每一点提供 4 个 nX 静态值，每一个值均返回幅值和相位值；

（4）波形采样：

1）采集 48 个通道的波形数据；

2）直流耦合波形数据；

3）在所有运行方式下，同时进行同步和非同步数据采样。

3. System 1 资产管理系统

对于汽轮发电机组这样重要的设备，从设备管理的完整性来看，如果单从机械保护来考虑问题是不够的，需在保护系统的基础上实现机械状态监测，以延长设备的运行时间，提高设备的可用性，降低设备的维护、维修费用，提升企业资产（PAM）能力。PAM 的概念在 1999 年起源于美国 ABC 咨询公司，它的三个主要核心部分是：①资产状态管理；②维修管理；③可靠性管理。

PAM 是完成上述任务的关键——生产运行系统、保护系统、控制系统和工厂管理信息系统的完美结合。

（1）资产状态管理系统包括从工厂的生产设备上采集实际的和原始的测量数据；为机械资产的运行状态提供诊断工具并确认失效情况，为其他系统提供有效信息以便采取有效的措施。

（2）可靠性管理系统用统计学的方法分析资产的可靠性。

（3）维修管理系统包括维修管理过程自动化，维修历史记录，维修计划分级，维修资源管理；采用计算机化的维修管理系统（CMMS）。

（4）企业资产管理系统（EAM）。

4. 资产状态管理软件平台——System 1

System 1 是本特利内华达公司在原有的软件基础上开发的用于机械资产管理的软件平台，承担着资产状态管理模块的任务，随着功能不断的增强，从而达到最佳化管理资产的目的。它集成了本特利内华达公司的便携式数据采集仪及数据管理系统 DM2000、机械状态决策系统 MCM2000、机械热力学性能分析系统 PM2000。随着软件的不断的开发，润滑油分析系统、3500 监测保护系统、TM-2000 用于一般设备的在线趋势分析系统、转子对中、平衡等软件都将集成到 Systen 1 管理平台下。

Systen 1 软件平台做成一个模块化的机械管理平台，基于其自身的可扩展性，集成了先前 Bently Nevada 公司的应用软件，借助于标准的通信协议，实现采集来自第三方的过程变量,通过自身的决策支持及用户建立的规则,进行机械信息与过程变量的关联分析,评估机组运行状态,以此为依据,去指导在最低风险下运行设备,并把相关决策信息通过企业管理网或无线通信等多种方式按照预先的优先等级发送到企业不同的管理人员,实现最佳化管理资产。

5. 管理系统与保护系统的区别

管理系统与保护系统相比,会提供更丰富的机械信息及决策支持、评估诊断报告。它是主动管理机组的运行方式,而保护系统是被动管理机组的方式。

对于单一的保护系统,测量值超过报警值时,机组运行的最终结果是报警直至停机。而管理系统始终跟踪机组的运行变化状态,会自动锁存机械保护报警的相关机械信息,甚至在低于机械保护设定值,而达到管理系统软件报警值时,管理系统就能提供引起机械机理变化的大量信息,预先按照故障等级给出机组不同状态的评估、诊断结果及给运行人员提出建议性措施。它采取的是完全主动地管理设备的方式,是最低风险下运行的设备的最佳手段。

6. System 1 系统配置

表 3-9 所示为某电厂 2×600MW 机组 System 1 实现机械资产管理系统的配置表。

表 3-9   System 1 实现机械资产管理系统的配置表

System 1 软件部分	System 1 资产管理平台软件包: (1) 核心软件包,包括 SQL 数据库,数采功能软件模块; (2) 显示、组态、智能报警、网页式显示、组态教学模板、决策支持、指定等级用户通知等客户站的软件包; (3) 一年的软件技术支持协议
计算机和网络部分	(1) 8 口网络集线器; (2) System 1 计算机服务器; (3) 系统连接电缆; (4) A4 彩色激光打印机; (5) 显示器

7. System 1 系统主要特点

Bently Nevada 公司的 System 1 由"在线"或"离线"单一平台软件包组成,集成了各种状态监测技术模块,用于旋转机械和固定资产的状态管理,用作稳态和瞬态在线旋转机械故障诊断。系统可以被组态成集中或分散的数据库网络安装,能满足实时数据传送要求。通过服务器,System 1 通过网络将信息集成起来,输入和输出实现机械和性能管理所必需的数据。服务器采用的操作系统是 Windows 2000。

(1) 系统软件 System Software。System 1 包含一个 SQL "开放式数据库",是外部基于 Windows 的程序,基本的软件包括数据采集、SQL 开放数据库、组态和显示等。

数据采集工作站和显示客户端具有以下功能。

图形化的工厂布局图、机组或固定资产结构图/几何图、机器外壳或固定资产部件结构图/几何图均采用内置的和用户自定义的图形或图片。机组或固定资产每一测点的当前值,对于振动测量,包括通频值、探头间隙(对于电涡流探头测点)、$1X$ 和 $2X$ 幅值和相位、报警状态,还包括监测器软件设置点、传感器状态、轴转速以及过程变量测点。棒状图显示,包括监测器设置点、快速趋势和长期历史趋势数据显示。在瞬态时，系统能以最小 0.1s 的速率和 0.1r/min 的转速变化采集静态值数据，提供静态和动态频带趋势分析。趋势数据的采集不受时基限制，也不需压缩。趋势组态程序为运行人员提供可选的"趋势变化过滤"，以减少冗余（未发生变化）数据值的存储，这由运行人员决定。当判断是否将新的采样点存储到历史数据库时，程序既能够指定必须发生的变化量（以百分比计算），也能够指定变化必须发生的时间间隔。

多变量趋势图用于数据相关分析，包括同一显示界面中的过程变量。时基（波形）图，时基代表时域波形，类似于示波器上的时间相关（扫描）显示，显示包括叠加于波形之上的键相位标记。基本数据可以叠加于图形上，以查看转子对已知状态的响应。

轴心轨迹图展示了轴的中心线的运动途径。用两个互相垂直的电涡流式传感器（XY 组态）观察转子的振动。轴心轨迹图是功能最强大的机械管理图形，因为它将振动幅值、相位和频率集成到单一的图形中，更易于理解。

复合轴心轨迹和时基图用于轴上正交（XY）安装的电涡流式振动传感器。时基图中的 X 和 Y 传感器信号表明了单个传感器所测量的振动。

时基图分别展示了 XY 传感器的信号波形。这两个时基信号结合在一起就组成了轴心轨迹图。此外，还有极坐标图、频谱图、瀑布图、波特图、级联图等振动特征图形。

（2）数据采集（Data Acquisition）。来自于传感器和探测器的测量信号，能够以 4 种方式引入到 System 1 中。

1）硬连线——实时静态或动态信号通过硬件连线进入监测系统或数据采集硬件中。除了广泛的振动、位移、压力、转速和温度输入以外，这些监测系统和硬件还与任何输出电压或电流的传感器兼容。System 1 与数据采集硬件连接进行高速通信。

2）手动键盘输入——数据可以通过键盘手动输入到 System 1 的数据库中。

3）数据记录器下载——数据能用便携式数据采集仪 Snapshot for Windows CE 或所选的个人数字助手（PDA）采集，然后下载到 System 1 的数据库中。

4）从其他系统输入——过程控制系统、过程历史记录系统或其他控制和自动化系统的数据能够通过 OPC 和 NetDDE 协议与 System 1 共享，从而消除了系统之间的硬连线，允许各个系统之间根据需要共享数据。System 1 也允许用户从 Data Manager 2000、Trendmaster 2000 等已有的 Bently Nevada 公司软件导入/集成数据。这些方式相互结合，使 System 1 能够获得状态监测所要求的任何测量值，并显示了它可以用于任何资产管理的灵活性（不只限于旋转或往复机器）。

（3）数据处理（Data Manipulation）。基本的测量数据进入到 System 1 数据库后，能以几种不同的方式进行处理。①将数据从 System 1 数据库中导出到 Microsoft Excel 中进行数学、统计、逻辑处理，以及对 Excel 的功能库加以利用。②可以创建虚拟的测量，得到推导或计算值，这些结果又能自动返回到 System 1 中进行趋势分析、报警值比较、按照 Bently Nevada 公司的知识库或用户自定义的规则进行运算。

数据处理不限于单个值，整个数据阵列也可以输入到电子制表软件中进行曲线拟合、统计分析以及其他分析，对"报警时间"、"剩余可用寿命"、"每分钟燃料消耗"、"腐蚀率与气体成分的函数关系"以及其他任何能够通过数学推导得出的数据进行计算。System 1 的灵活性意味着能够对直接测量值和计算或推导测量值进行同样的处理显示、趋势分析、报警、比较等。System 1 数据处理的另外一个功能是既能以实时模式、又能以离线模式处理数据。在实时模式下，可以将 System 1 得到的测量值输出，在 Excel 中创建计算或推导值，然后将这些值重新返回到 System 1 数据库中；用户也可以"离线"处理数据，采用工业标准 SQL（结构化查询语言）查询从 System 1 数据库中提取数据，粘贴到 Excel 或其他应用程序中，根据分析需要处理数据，甚至可以手动输入的方式将数据再次输入到 System 1 数据库中。

（4）趋势分析（Trending）。System 1 提供的趋势数据分辨率比 1s 采样频率还要高。这包括来自于兼容的硬件或通过数字接口从过程控制和其他系统导入到 System 1 中的所有测量值。System 1 以时域和频域的形式不仅对静态数据，还对同步和非同步采样的动态波形数据进行趋势分析和存储，允许"回放"报警、开机或特殊日期/时间等事件的动态和静态数据。它被认为是工作中的飞行记录仪。

（5）没有存储限制（No Storage Limitations）。在 System 1 中，保存历史数据库的存储容量由用户定义。用户可以利用所有的存储空间，这意味着用户可以采集、存储和查看高分辨率的静态和动态数据，不会因为需要压缩而丢失数据，也不受固定趋势间隔的限制。

（6）显示功能（Display Features）。System 1 中包含了大量的显示功能，加速了数据和信息的访问速度，避免同一时间显示太多信息而造成的图形混乱。以下是 System 1 在图形显示方面带来的重要改进功能：

图形页眉可以被移走，使图形显示区域最大化。当在多变量趋势图中选定一条趋势线时，该点的工程单位将在右手坐标中显示。基于时间和事件的趋势显示方式允许用户从全局角度定义需要显示的数据。例如，用户不仅可以定义确切的开始/终止日期，还可以定义实时数据，前××天，某一次开机/停机或报警事件。所有满足这一条件的数据将被显示出来。

报警、日志文件输入等事件能在趋势图中显示出来，每一种事件类型分别以不同的图标显示。当鼠标停留在任何一个图标上时，事件详细信息能够被立即显示出来。

增加了幅值比例范围和间隔的图形缩放（橡皮筋缩放）功能，显著地减少了用户在寻找特定间隔及适当的幅值范围上所花费的时间。当已有的数据未被显示出来时，只需滚动屏幕即可查看该数据。

（7）报警（Alarming）。System 1 的另一功能是对任何系统中的测量数据与软件报警设置点进行比较。是对连接到 System 1 的硬件生成的报警的补充。按级别划分的软件报警，无论是高于还是低于某一级别，都与某一测量相关，还可以建立频带内和频带外的报警。除任何硬件报警外，System 1 还可以对应于一个测量最多有 4 个软件报警（除任何硬件报警外），除了报警类型以外，用户还可以建立严重级别。例如，低级别报警的严重级别可以定义为 1，高级别则可以定义为 2。任何报警类型有 4 种严重级别。

Bently Nevada 公司 System 1 平台是面向全厂范围内的资产管理开发的，用于旋转机械和固定资产的状态管理，具有较强的灵活的数据通信能力。它在一个系统内模块化地集成了许多状态监测技术模块，以一致的显示环境和共同的数据结构表述全厂范围内的资产状态，同时能与 DCS 等系统进行数据交换和外部集成。在 System 1 平台上，不同应用的数据管理系统及第三方系统的数据采集模块（DCM）进入 System 1，从而完成 System 1 的数据采集。系统可以被组态为集中或分散的数据库网络安装，能满足实时数据传送要求。通过服务器，System 1 将可联网的网络信息系统集成起来，输入和输出实现机械和性能管理所必需的数据。

8. 系统集成

System 1 采集信号来自于 3500/22 瞬态数据接口模块的标准以太网口，3500 系统和 System 1 服务器之间没有任何附加的数据采集设备，系统连接非常简单可靠。System 1 本身的模块化设计特点，可以非常方便地扩展其监测范围。

它在一个系统内模块化地集成了许多状态监测数据模块，以一致的显示环境和共同的数据结构表述全厂范围内的资产状态，同时能与 DCS 等系统进行数据交换和外部集成。在 System 1 平台上，不同应用的数据管理系统及第三方系统的数据采集模块（DCM）进入 System 1，从而完成 System 1 的数据采集。系统可以被组态为集中或分散的数据库网络安装，能满足实时数据传送要求。通过服务器，System 1 将可联网的网络信息系统集成起来，输入和输出实现机械和性能管理所必需的数据。

（二）德国 epro 公司的 MMS6851 系统

MMS6851 系统是德国 epro 公司生产的 MMS6000 汽轮机组监测保护系统的配套产品，具有实时数据采集、分析、存储和显示、历史资料查询和分析、振动特征分析、动平衡和故障诊断等多种功能，可及时捕获振动故障信息，早期预告振动故障的存在和发展，大大节省查找和处理振动故障的时间并为此减少机组的启/停机次数，避免机组灾难性事故的发生，有明显的经济效益和社会效益。

系统采用 Windows 2000/NT 作为操作平台，数据管理采用 ODBC 开放式网络数据库结构，确保数据的快速存储和多用户的同时访问。

系统具备网络扩展功能，可上电厂的 MIS 和 SIS 网，还可以远程通信。

1. MMS6851 系统的结构

MMS6823 进行数据采集和通信，通过 RS 485 通信口与 MMS6000 系统的 RS485 总线连接，获取 MMS6000 系统各测量模块的实时数据，通过局域网与 MMS6851 系统服务器通信和/或通过 RS232 按 Modbus 协议与第三方系统，如 DEH，DCS 通信。图 3 - 57 所示为 MMS6851 系统的结构图。

MMS6851 系统服务器通过与 MMS6823 进行网络通信而获得实时数据，并在数据库中存储。

MMS6851 系统服务器可以与一个或多个 MMS6823 进行网络通信实现多台设备的信息共享与存储。MMS6851 系统用户端通过网络从 MMS6851 系统服务器获得实时数据进行实时监测显示并与服务器上的数据库连接，获得历史数据并进行数据分析、故障诊断和数据库报表生成。通过 CRT 和打印机实现图形、报表和故障诊断结果的显示和打印输出。MMS6851 系统用户端可以与一个或多个 MMS6851 系统服务器连接以实现多台设备的监测和分析。

一般情况下 MMS6823 放置在 MMS6000 系统的机柜里，MMS6851 系统服务器可根据用户现场实际情况选择放置在 MMS6000 系统的机柜内或独立放置在电子间内，MMS6851 系统用户端可放置在工程师站内。

2. 系统各部分功能

（1）MMS6823 的功能。

1）数据采集功能。MMS6823 通过 RS485 通信口与 MMS6000 系统的 RS485 总线连接，

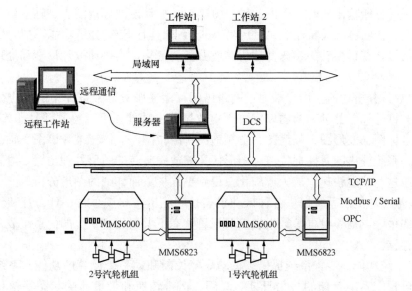

图 3 - 57　德国 epro 公司 MMS6851 系统结构图

获取 MMS6000 系统各测量模块的实时数据。由于数据直接取自测量模块，无需中间处理，因而具有其他采样方式无可比拟的精度。系统采用同步整周期方式采集数据，采样点数可选，最大采样点数为 1024，可采集启/停机（瞬态）和稳态的振动数据及相关过程参数。系统从瓦振和轴振得到动态信号，从轴位移、偏心和差胀测量模块等得到静态信号，从转速模块获得设备的转速和键相信号。

2）数据传输功能。通过局域网按照 TCP/IP 通信协议将实时数据送到 MMS6851 系统服务器，同时将接收到的实时数据转换成标准 Modbus 协议（RTU 或 ASCII）以供 DCS 或 DEH 等系统的通信使用。

（2）MMS6851 系统服务器功能。

1）网络通信功能。通过局域网从 MMS6823 获得实时数据。同时任何一台连接在服务器局域网上的 MMS6851 系统用户端都可以通过网络获得实时与历史信息。

2）数据库存储功能。采用 ODBC 开放式网络数据库结构存储，确保数据的快速存储和多用户的同时访问。系统自动识别机组运行状态，如升降速，空负荷、带负荷或满负荷状态，并针对不同状态采用不同的数据采集、分析和存储格式，形成不同数据库。系统生成各种数据库，包括升降速、定转速、报警、危险等各状态的数据，其类型包括通频、谐波分量和波形数据。

系统具有报警和危险两级报警识别，会自动转入报警和危险采集、存储，可存储最新 10 次报警事件前后的数据。它存储的是机组报警发生的日期、时间、运行转速、带负荷的状态及相关振动波形信号等信息，供历史数据分析和数据备份使用。升降速存储功能可存储最新 30 次启/停机数据，定转速下建立小时、日、周、月和年的历史数据。

（3）MMS6851 系统用户端的功能。

1）在线监测显示功能。它通过网络建立与 MMS6851 系统服务器的通信，以每秒一次的速率从服务器上读取实时采集数据，经计算和处理，在界面上显示，以实现在线监测显示功能。

可以绘制并打印输出实时波形图、轴心轨迹图、振动谐波分量图表、轴心位置图、数据列表、趋势图、棒状图、波特图和 A/D 参数图。系统具有 FFT 分析功能，把时域的信号转换成频域的信号，获得振动的频谱并分析谐波分量的变化，为振动故障诊断和处理提供大量的信息。

2）历史数据分析功能。用户端通过网络访问存储在服务器数据库中的历史数据获取历史信息，经数据计算、处理和绘图以完成历史数据分析功能。可以绘制并打印输出趋势图、波特图、极坐标图、波形图、频谱图、全频谱图、瀑布图、立体三维频谱图、轴心轨迹图和轴心位置图。系统提供随意捕捉幅值，图形任意缩放和旋转的图形处理功能，对感兴趣的重要数据可使用这些功能快速地放大或细化，得到更加形象而详细的图形分析。

3）报表输出功能。系统提供各种振动报表打印输出，如按小时、日、月和年任何选定时间间隔里的报表，信号设置参数报表以及报警状态下机组运行情况的信息报表。生成的报表可打印或存储。

4）专家系统功能。专家系统提供了振动故障诊断和动平衡计算的功能。系统进行振动故障诊断时可根据系统存储的报警日期、时间、运行转速和带负荷的状态等信息诊断不平衡、径向摩擦、对中度不好、热弯曲、初始弯曲、轴瓦松动、共振或高次谐波共振、轴瓦不稳定、油膜涡动、油膜振荡、汽流激振、电磁激振等故障信息。

该系统是以国内外理论研究获得的故障分析判据及大量现场实际机组试验研究成果作为基础的振动故障诊断专家系统，实现全自动诊断，可给出明确的振动故障类型。专家系统进行动平衡计算时，可进行转子振动的同相和反相分量分析，或进行以下三种的振动平衡重量计算：①已知原始振动、各平衡面试加重和试加重后振动，求影响系数、应加重和残余振动；②已知原始振动和各平衡面影响系数，求各平衡面应加重和残余振动；③已知原始振动、各平衡面影响系数和计划加重，求残余振动。

5）网络通信功能。除了通过网络从 MMS6851 系统服务器获得实时数据和建立与数据库的连接，还可通过网络通信与全厂 MIS 或 SIS 系统相连，实现实时数据的监测。

（三）北京英华达公司的 EN8000 系统

北京英华达公司的 EN8000 汽轮机在线状态监测和故障诊断系统（简称 EN8000 系统）的构成如图 3-58 所示。系统由硬件和软件组成。硬件主要由下位机高速智能数据采集箱和上位机工程师站及附件构成，二者通过网络集成。EN8000 系统软件由三大部分构成：数据采集软件、数据库软件和分析诊断软件。

数据采集软件负责数据采集，能自动识别机组的运行状态，如开停机、升降速及正常或异常状态，并根据机组的状态进行数据采集。在稳定运行状态下，数据采集箱以定时方式进行采集，而在升降速状态下则根据转速的变化进行采集。数据库软件负责数据的存储，由升降速数据库、盘车数据库、变负荷数据库、历史数据库及事件数据库等组成，根据机组的不同状态把有关数据存到不同的数据库中，以便于后续分析。分析诊断软件主要用于对各种数据进行在线或离线分析，以判断机组的运行状态并能自动给出机组故障原因和处理意见。EN8000 系统具有较强的振动分析与故障诊断功能。

每两个数据采集箱安装在一个标准工业机柜内，配置一个 15inLCD 显示器以及相应的接线端子。两台机组共用一套 EN8000 系统上位机工程师站。显示器可显示每台机组的主监视图及各种分析数据图表。每台机组的下位机数据采集系统通过以太网与上位机工程师站相

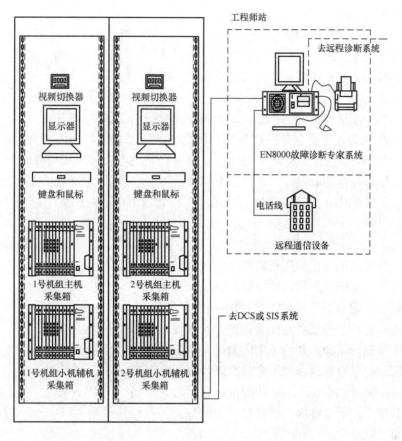

图 3-58 EN8000 系统的构成

连，通过 Modem 远程登录将数据上传至英华达公司的远程诊断中心并与电厂或省公司网域相连。

1. 数据采集存储和管理

EN8000 系统下位机数据采集箱负责采集振动信号、键相信号及缓变量信号，进行实时监测、分析、处理及存储。数据采集箱由系统框架和多种信号采集板组成，系统框架提供各种工作电源，振动采集板负责采集轴振和瓦振信号，键相板负责采集转速信号，而模拟量板负责采集多种缓变量信号（轴位移、偏心、差胀、功率等）。每套 EN8000 系统各数据采集板所需的数量可根据各种信号的测点数进行灵活配置。

数据采集箱硬件采用模块化结构，安装、维护、更换方便，可靠性高。每块键相板采集 1 路键相信号，振动量板为 8 路/块，缓变量板为 32 路，可任意组合配置，模板之间采用现场总线结构。系统中各模板均可独立工作，其中某一通道或某一模板故障不会影响其他通道或其他模板正常工作。

对于安装有转速/键相的汽轮发电机组，EN8000 系统的数据采集为同起点整周期采样方式，而对于没有提供键相信号的设备例如风机、泵等，EN8000 系统提供手动键相功能，可以按照机组稳定运行时的转速控制振动采集板进行数据采集，同样可以保证在任意转速下系统的采样频率均为转频的 64 倍频，保证了采样的整周期性，满足采样定理。每组数据包括连续的 16 个波形，即 1024 点，可以分析到 1/16～32 倍频，各个频率成分真实准确，满足了对频谱分析的要求。

EN8000 系统启动后将不停地采集数据，可自动识别机组的不同运行状态。EN8000 系统具有多种数据存储方式：等时间间隔采样存储、等转速间隔采样存储、等负荷间隔采样存储、报警存储和人工方式存储。等时间间隔采样指机组在稳态运行时（转速在设定的转速上限和转速下限之间），每经过一段时间，在历史数据库中存储一组数据；等转速间隔采样指机组在瞬态开停机运行时（转速在设定的转速上限之上或转速下限之下），转速每变化 $\triangle$RPM，在开停机数据库中存储一组数据；等负荷间隔采样指机组在变负荷时，负荷每变化 $\triangle$MW，在变负荷数据库中存储一组数据。报警存储是当设备出现报警时自动存储数据；人工存储是根据需要存储数据，可以将机组第一次启动数据作为原始比较数据进行存储。时间、转速和负荷的变化量以及报警值、转速上限、转速下限、$\triangle$RPM、$\triangle$MW 均可由用户在系统中进行设置。

EN8000 系统针对机组不同的运行状态，自动存储有关数据，形成各种数据库。数据库的数据容量及数据间隔可根据用户需要而定。以下是默认情况下的数据：

实时数据库：记录当前实时的数据，1s 刷新 1 次。

小时数据库：记录当前最新约 2h 数据，容量为 3600 个，间隔为 2s。

天数据库：记录当前最新约 1 天数据，容量为 3600 个，间隔为 30s。

周数据库：记录当前最新约 1 个周数据，容量为 3600 个，间隔 420s。

月数据库：记录当前最新约 1 个月数据，容量为 3600 个，间隔 15min。

年数据库：记录当前最新约 3 年数据，容量为 3600 个，间隔为 6h。

开停机数据库：记录各次开停机过程中的数据，可存储最新 15 次开停机数据，转速间隔可任意调整，默认为 20r/min。

变负荷数据库：记录各次加负荷和减负荷过程中数据，负荷间隔可任意调整。

盘车数据库：详细记录机组盘车时的数据，单独保存，可以随时调出查看。

黑匣子数据库：当发生报警事件时，系统进入黑匣子状态，以最快速度记录事件后的数据，事件后的数据采集完毕后，系统自动将存储在缓冲区中事件前的数据送到黑匣子数据库。因此，黑匣子数据库中存储了事件前后的详细数据。

事件数据库：当发生报警事件时，系统将记录发生事件的性质和时间，一次事件记录一个数据。

特征数据库：根据需要，用户可以存放经过处理的特征数据，如波形的幅值和振动频谱值等，以减少重复计算和便于查询。

备份数据库：根据需要，用户可以将上述各种数据存放到新建立的目录中，以便于日后参考。

EN8000 系统的数据存储采用本地存储的方式，数据管理采用先进先出（FIFO）方式，某数据库存满后，最旧的数据将被当前最新的数据取代；根据需要，可以通过自动或人工方式对存储的数据进行压缩、删除和备份操作。EN8000 系统的每个数据库容量在系统硬盘容量足够大的情况下最大可设置为 180000 个。

2. 状态监测

EN8000 系统能够实时、准确地监测各种参数，以机械结构动态运行仿真图（汽轮发电机组主监视图）、棒图、数据和事件表格等形式实时显示测点的状态，出现异常时自动进行报警，报警值可设置为正常、一级报警和二级报警。表格可以直接转化成常用的 Word 和 Excel 格式，以便形成各种报表。在机组正常运行的情况下该运行仿真图以动态旋转的方式显示，若机组因故障而停机，则运行仿真图中的旋转轴系将停止旋转。

在监视图中，在测点所在位置附近动态显示最新的实测数据，数据的颜色反映设备运行状态：绿色代表正常，黄色代表异常，红色代表危险。

除了监测振动的通频幅值外，监测其变化率和故障特征频率区间的振幅对于保证设备的正常运行也有着重要意义。根据国内外有关标准和统计经验，EN8000 系统对振动的通频振幅及其变化率，常见故障的特征频率以及其绝对大小设置了报警值，用户也可以根据实际情况进行修改。这样，当通频幅值没有超限而幅值变化率和频率区间的幅值出现异常时也能及时发现和报警。

3. 振动特性分析

EN8000 系统具有多种信号分析功能，主要有以下内容。

时域分析：波形、轴心轨迹、轴心位置、轴系运动仿真图。

频域分析：频谱、相位、瀑布图。

变速分析：波特图、极坐标图、级联图。

趋势分析：可分析任一个或多个参变量相对某个参变量的变化趋势，其中横轴和纵轴可任意选定，时间段可任意设定。

4. 组态功能

工控软件具有组态功能，这已经成为公认的标准。EN8000 系统具有功能很强和操作方便的监测画面组态模块，可在任意时候根据现场设计要求和用户使用习惯构建监测画面，这也是目前国内较先进的具有组态功能的 TDM 系统。

在工业现场实际的应用中，用户的需求常常会发生改变，比如增删被监测的设备或者增删某一个设备的测点数，如果软件不具备组态功能，则必须修改源程序，这样不但在以后的系统运行中容易出问题，而且设计周期长，效率低。如果 TDM 系统的软件具有组态功能，则可以很容易解决此类问题。

5. 故障诊断专家系统

故障诊断的本质是要判断故障和征兆之间的因果关系，研究故障和征兆之间的因果关系可以从故障机理和故障诊断两个方向进行。故障机理研究是从故障原因出发，去分析故障的特征，它是从因到果的正问题求解过程。而故障诊断是从征兆出发，去分析故障发生的原因，是从果到因的反问题求解过程，两者有着本质的区别。EN8000 系统的故障诊断专家系统（也称为工程师辅助系统，简称 EA 系统）是从故障诊断的本质出发，根据故障诊断反问题的研究成果、故障诊断问题的特点和要求，在 Windows 操作系统中利用 Delphi 7.0 编程环境实现的，保证了系统的先进性。同时，面向对象的程序设计提高了系统的可扩充性。EN8000 故障诊断专家系统建立了适用于汽轮发电机组的故障诊断知识库，诊断知识丰富，并具有完善的知识处理模式，特别是其强大的数据处理和征兆自动获取能力，提高了故障诊断的实时性和诊断结果的可靠性；能够对汽轮发电机组常见的不平衡、不对中、大轴弯曲、叶片脱落、轴瓦松动、油膜振荡、汽流激振、动静摩擦、共振等故障进行诊断，并给出诊断结果的可信度。为了满足不同用户的要求，系统提供两种诊断方式：自动诊断和对话诊断。该系统的总体结构如图 3-59 所示。

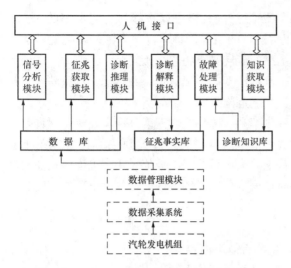

图 3 - 59　EN8000 系统总体结构框图

（1）自动诊断。EN8000 故障诊断专家系统能够自动对实时数据和历史数据进行分析，自动提取故障的征兆及其可信度，并自动完成诊断推理过程，给出诊断结果的可信度、诊断结果成立的依据和故障的处理意见等。实现故障诊断的智能化和自动化，降低了对系统使用人员的要求，使得缺少经验的人员也能取得较高水平的诊断结果。

（2）对话诊断。对于比较复杂的机组振动故障和征兆，该系统采用自动诊断和人机对话咨询诊断相结合的方式进行分析处理。采用对话诊断方式，根据实际情况既可以给定需要对话获取的征兆的可信度，也可以对自动获取的征兆可信度进行修改，以便使富有经验的专业人员得到更准确的诊断结果。利用这种方式，可以用已知的故障案例考核知识库和诊断推理过程的正确性，可以对缺乏诊断经验的现场人员进行故障诊断模拟培训等。

（3）开放的诊断知识库。EN8000 故障诊断专家系统具有开放的诊断知识库。根据故障存在的必要条件与充分条件，通过故障机理研究、专家咨询和大量现场故障案例的分析，EN8000 故障诊断专家系统建立了适用于汽轮发电机组、给水泵和风机等设备的故障诊断知识库，包括故障库、征兆库和诊断规则库等，可以诊断汽轮发电机组和主要辅机的质量不平衡、初始弯曲、热弯曲、叶片脱落、对中度不好、轴瓦不稳定、油膜涡动、油膜振荡、汽流激振、电磁激振、摩擦、轴瓦松动、共振和高次谐振共振等故障。在系统的应用过程中，根据诊断对象的特点和经验积累，通过知识库管理系统可以很方便地对知识库进行插入、删除、修改等操作，以排除知识获取过程中产生的各种错误，保证知识库的正确性和完整性。

（4）完善的帮助系统。EN8000 故障诊断专家系统主要使用菜单和工具条，利用鼠标进行操作，简便易行；同时界面信息全部汉化，用户界面友好。系统提供帮助功能，在系统操作过程中，用户可以随时得到相关帮助，并向用户提供典型故障的特征和波形—频谱图、国内外汽轮发电机组典型故障案例、常见故障处理方法和振动标准等极有参考价值的信息。通过对内容丰富的帮助文档的学习，可以加深用户对故障机理、故障特征和故障诊断技术的了解，适应知识不断更新的需要。

6. 动平衡计算软件

EN8000 故障诊断系统提供最小二乘法影响系数计算、最小二乘法影响系数动平衡、谐分量法影响系数计算、谐分量法影响系数动平衡、矢量加减运算和估算剩余振动等多种功能，可以对多转速、多平衡面、多测点进行平衡。

（1）最小二乘法影响系数动平衡。该影响系数一般是由技术人员根据经验得到或通过多次试重得到的，EN8000 系统提供同类机组的影响系数和现场动平衡数据供参考。最小二乘法影响系数计算模块通过试重可以自动计算出机组的最小二乘法影响系数。最小二乘法影响系数动平衡模块一次可同时对多达 8 个加重面进行平衡计算。

（2）谐分量法影响系数动平衡。谐分量法也称作振型平衡法。如将相邻两轴承上测得的振动矢量分解为对称和反对称两部分，认为对称部分是第一振型分量，反对称部分是第二振型分量，分别在轴系较低的几个临界转速附近对各个振型进行平衡。它通过分析转子振型与平衡效应，分析不平衡量的大小、不平衡的部位和不平衡的性质，确定合理的加重平面和加重，特别是加重的角度。EN8000 系统动平衡计算软件综合考虑了测量的相位角、传感器的安装位置和仪器滞后角特性等，能够比较准确地确定加重的角度，可以迅速方便地找出最佳的合理配重，减少平衡开机次数。

（3）估算剩余振动。在已知影响系数、机组原始振动，并初步确定配重方案后，通过本算法可以估算配重后的剩余振动，修改配重方案，帮助找出最佳配重。

7. 网络通信和远程诊断中心

（1）EN8000 系统各子系统之间的通信。EN8000 系统具有较强的网络通信功能，EN8000 系统下位机数据采集箱和上位机工程师站及电厂 SIS 系统采用以太网。EN8000 系统的数据传输方式采用的是先进、可靠的网络套接字 Socket 编程，内部封装多种通信协议，可以方便地与多种形式的网络通信连接（Windows/Unix/Linux/Novell 平台）。

（2）EN8000 系统与电厂其他系统之间的通信。EN8000 系统采用 RS485 通信、文件共享和数据库编程技术，可以从电厂计算机系统（DCS、MIS、SIS）中获取数据，同时又可将本系统的数据发送给电厂计算机系统，实现数据共享和数据交换。EN8000 系统已经预留有与其他系统的连接接口，便于与其他系统的通信。可以根据 SIS 系统的网络供货商指定的协议，例如 Modbus 通信协议或者其他协议，按照指定的数据格式实现与 SIS 系统通信。

（3）EN8000 系统数据的 Web 发布和远程诊断中心。可以在 EN8000 系统的上位机建立网页服务器，利用无处不在的 Internet 网络，允许有关人员通过 WEB 方式用浏览器访问机组的实时数据和历史数据，随时随地了解机组的状态。为了解决现场专家不足的问题，早期发现机组潜在的故障，减少判断故障的时间，英华达公司在贵州省、浙江省、福建省和华北局建有机组振动分析故障诊断远程中心，通过电话线与各个电厂的 EN8000 系统联网。

第五节 紧急跳闸系统 (ETS)

紧急跳闸系统（Emergency Trip System，ETS）用于汽轮发电机组危急情况下的保护，它与 DEH、TSI 一起构成汽轮发电机组的监控保护系统。ETS 的任务是保证汽轮机安全运行，避免发生重大毁机事故。汽机运行时，监视一些重要项目的参数，当这些参数数值超过极限时，系统发出自动停机命令，紧急关闭汽机的全部进汽阀，强迫汽机停机，保证汽轮发电机组安全。

紧急跳闸项目：汽轮机超速、冷凝器（凝汽器）真空过低、润滑油压力过低、轴承振动大、轴向位移大、发电机冷却系统故障、手动停机、汽轮机数字电液控制系统失电、汽轮机和发电机等制造厂提供的其他保护项目。

　　ETS 是与机组安全密切相关的，以前主要采用电磁继电器硬接线逻辑实现；如今已大量采用计算机软逻辑实现，可供选择的设备有冗余的 PLC、安全型 PLC、专用保护模件、也可用与 DCS、DEH 相同的硬件。

　　图 3‐60 为某 600MW 机组汽轮机紧急跳闸系统图。它采用冗余的 PLC 构成紧急跳闸系统。该 ETS 装置有一个控制柜和一块运行人员试验面板。控制柜中有两排可编程序控制器（PLC）组件，一个超速控制箱，其中有三个带处理和显示功能的转速继电器，一个交流电源箱，一个直流电源箱以及位于控制柜背面的二排输入输出端子排。

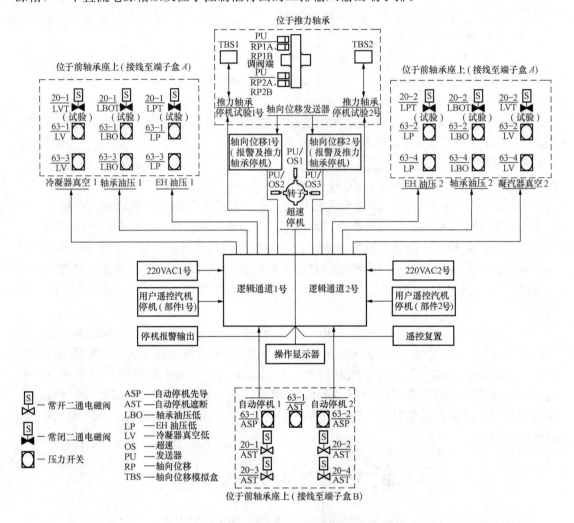

图 3‐60　某 600MW 机组汽轮机紧急跳闸系统

　　PLC 组件是由两组独立的 PLC 组成：主 PLC（MPLC）和辅助 PLC（BPLC）。这些 PLC 组件采用智能遮断逻辑，必要时进行准确的汽轮机遮断动作，每一组 PLC 均包括中央处理器卡（CPU）和 I/O 接口卡。CPU 含有遮断逻辑，I/O 接口组件提供接口功能。下面一排处理器构成 MPLC，提供全部遮断、报警和试验功能。上面一排处理器构成 BPLC，这是含有遮断功能的冗余的 PLC 单元，如果 MPLC 故障，它将允许机组继续运行并仍具有遮断功能。而在 MPLC 正常运行时，ETS 具有全部遮断、报警和试验功能。

一、ETS 保护动作条件

1. 轴承油压过低遮断

汽轮发电机正常运行时，控制轴承油压过低的两组压力开关 63-1/LBO、63-3/LBO 和 63-2/LBO、63-4/LBO 的触点是闭合的，该通道正常工作。假如任一组中有一只压力开关打开，表明该组轴承油压过低，那么该通道就动作。如两通道都动作则引起自动停机遮断通道泄压，使汽轮机遮断。

2. EH 油压过低遮断

汽轮发电机正常运行时，控制 EH 油压过低的两组压力开关 63-1/LP、63-3/LP 和 63-2/LP、63-4/LP 的触点是闭合的，该通道正常工作。假如任一组中有一只压力开关打开，表明 EH 油压过低，那么该通道就动作。如两通道都动作则引起自动停机遮断通道泄压，使汽轮机自动停机。

3. 凝汽器真空过低遮断

汽轮发电机正常运行时，控制凝汽器真空过低的两组压力开关 63-1/LV、63-3/LV 和 63-2/LV、63-4/LV 的触点是闭合的，该通道正常工作。假如任一组中有一只压力开关打开，表明真空过低，那么该通道就动作。如两通道都动作则引起自动停机遮断通道泄压，使汽轮机自动停机。

4. 推力轴承位移过大遮断

如果任何一个轴向位移传感器测得位移值超过报警位移值，即可通过灯光和报警继电器触点发出报警。然而，要发出遮断报警并通过 ETS 遮断汽轮机，就必须有一对中的两只传感器所测得的轴向位移都超过遮断值。另外，推力轴承遮断装置具有试验功能。推力轴承遮断的功能可以由一试验设备作试验，传感器就安装在这个试验设备上，它可进行遥控试验，主控盘上装有通道选择器开关。遮断动作是通过移动传感器向转子测量盘接近或离开而模拟实现的。当推力轴承遮断装置的一个通道正在试验时，汽轮机仍然可以用另一通道的保护功能来遮断。各选择器开关也装有连锁触点，以防止两个通道同时进行试验。轴向位移传感器是汽轮机监测仪表装置的一部分，该测量盘的位移过大表示推力轴承磨损。

5. 电气超速遮断

电气超速通道由 3 个安装在盘车设备处的转速传感器，3 个安装在遮断系统电气柜中的数字式转速传感器以及通过三选二逻辑驱动的超速遮断控制继电器组成。超速遮断整定点为 3300r/min。只要轴的转速低于该项遮断设定值，转速监测器输出状态不变。假如转速超过遮断整定值，则这个数字式转速监测器有报警信号输出。3 个数字式转速监测器输出信号经三选二逻辑，使超速遮断控制继电器动作，其输出触点导致自动停机。

6. 机械超速遮断

ETS 系统还有一套机械超速遮断装置，机械式和电气式超速遮断值设定在相同的遮断转速。机械式超速装置由位于转子外伸轴上一个横穿孔中的受弹簧载荷的遮断重锤组成。在正常运行条件下该遮断重锤由于弹簧的压力而处于内端。当汽轮机转速达到

表 3 - 10　　　某 600MW 机组 ETS 跳闸条件

序号	一、ETS 内部跳闸条件	跳闸定值
1	电超速	3300r/min
2	轴承油压低	0.076MPa
3	EH 油压低 1	9.5MPa
4	真空低	−79.7kPa
5	轴向位移大	+1.0/−1.0mm
	二、ETS 遥控跳闸条件	
1	MFT（主燃料跳闸）	
2	DEH 失电	
3	轴振动大	254μm
4	高压缸差胀大	+6.5/−4.5mm
	低压缸差胀大	+23/−4.5mm
5	高压缸排汽压力高	
6	发电机内部故障	
	三、手动跳闸	

遮断设定值时，所增加的离心力克服了弹簧压力，就将遮断重锤出击并打在一个拉钩上。当拉钩移动，它就使蝶阀离座而将机械超速和手动遮断总管中的油压泄掉。由于该总管中油压骤跌，作为接口的隔膜阀就关闭，因此遮断了停机危急遮断总管，使汽轮机自动停机。该机械超速和手动遮断也可以通过一个位于前轴承座上的遮断手柄进行手动遮断。

7. ETS 外部遮断

ETS 系统提供了一个可接所有外部遮断信号的遥控遮断接口。表3 - 10 为某 600MW 机组 ETS 跳闸条件。

另外，ETS 还提供第一跳闸的原因记录，以帮助事故分析。

二、紧急跳闸保护系统的逻辑构成

图 3 - 61 所示为 ETS 逻辑关系图。

当任何一种跳闸信号出现时，汽轮机紧急跳闸系统都将动作，自动停止汽轮机运转。这

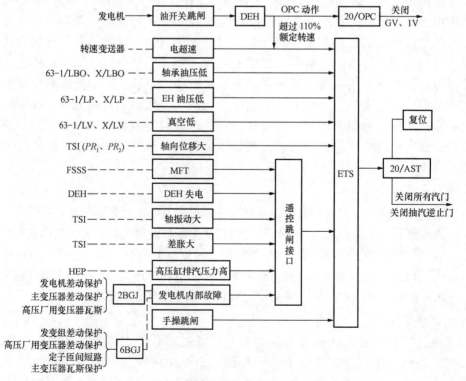

图 3 - 61　ETS 逻辑关系图

些信号包括：电超速；润滑油压低；EH（电调控制）油压低；真空低保护；轴向位移大。

以上信号出现时，经 ETS 逻辑电路处理后去控制电磁阀（20/AST）动作，关闭所有进汽门及所有抽汽逆止门，停止汽轮机运转。

此外，还有遥控跳闸接口，供用户远方控制汽轮机跳闸，这些信号包括：FSSS 来的 MFT 主燃料跳闸信号；DEH 汽轮机电液控制系统来的 DEH 失电信号；TSI 汽轮机监测保护系统来的轴振动大及差胀大信号；汽轮机高压缸排汽压力高 HEP 信号；发电机内部故障（包括发电机差动保护、主变压器差动保护、高压厂变瓦斯保护）信号。还有手动跳闸信号。

各传感器的开关信号或电触点信号送到 ETS 跳闸控制柜，经逻辑处理后决定是否将油路总管的油阀关闭，实现自动停机。20/AST 是两状态电磁阀，电调压力油通过作用于导向活塞来关闭主阀。每个通道的控制油压由 63/ASP 压力开关监控（见图 3-60），该压力开关判定相应通道的跳闸和挂闸状态，并在一个通道试验时闭锁另一通道，以防误动作发生。

图 3-62 为紧急跳闸系统触点电路图。

在机组正常运行而没有跳闸条件存在时，所有的控制继电器或开关触点（LP、LBO、LV、OS、TB、RM）都处于闭合状态，跳闸继电器 1A、1B、2A、2B 都带电被激励，因此 4 个电磁阀 20-1/AST、20-2/AST、20-3/AST 和 20-4/AST 都处于带电状态而关闭，堵住危急跳闸系统油母管的回油保持母管中油压的建立。由于 4 只 AST 电磁阀采用相互串联和并联，形成双通道，因此必须在每一个通道中至少有一个电磁阀失电动作，汽轮机才会被跳闸停机，保证了保护动作的可靠性。当有任一跳闸条件存在时，控制继电器或压力开关相应触点断开，使跳闸继电器失电，进而使电磁阀断电并使油阀打开，放掉跳闸母管回油，当跳闸母管压力下跌后关闭所有蒸汽阀门，实现汽轮机紧急停机。

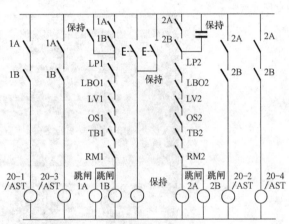

图 3-62　紧急跳闸系统触点电路图

AST—自动跳闸电磁阀；LP—EH 油压低；LBO—轴承润滑油压低；LV—真空低；OS—超速；TB—轴向位移大；RM—遥控跳闸

为了保证系统的动作可靠，防止系统产生误动作或拒动作，跳闸系统采用了双通道（即 A、B 两个通道）。对于超速、轴承油压低、EH 油压低和真空低等保护功能都可以进行在线试验。设置两个通道为了系统的在线试验，试验可通过跳闸按钮的操作，一次一个通道地进行。在试验时系统仍具有连续保护功能。

三、ETS 试验

为保证 ETS 系统保护动作可靠，设计了 ETS 在线信号通道试验功能，在操作员站上有专门的试验盘，进行各种通道试验，包括凝汽器真空、润滑油油压、EH 油压、电超速、轴向位移和遥控操作等试验。图 3-63 为紧急跳闸（ETS）试验盘。

1. 操作员试验盘说明

操作员试验盘的上部是两排用于指示故障情况的 8 个指示灯。下面对每一个指示灯进行说明（见图 3-63（a））。

（1）CH.1 TRIP——该指示灯在自动停机预遮断母管（ASP）压力升高而引起压力开关 63-1/ASP 的触点动作时指示汽轮机遮断通道 1。

（2）CH.2 TRIP——该指示灯在自动停机预遮断母管（ASP）压力降低而引起压力开关 63-2/ASP 的触点动作时指示汽轮机遮断通道 2。

（3）24V DC1 故障——该指示灯表示 24V 直流电源♯1（去 MPLC）发生故障。

（4）24V DC2 故障——该指示灯表示 24V 直流电源♯2（去 BPLC）发生故障。

（5）110V AC1 故障——该指示灯表示 110V 交流电源♯1（去电磁阀 20-1/AST，20-3/AST）发生故障。

（6）110V AC2 故障——该指示灯表示 110V 交流电源♯2（去电磁阀 20-2/AST，20-4/AST）发生故障。

（7）220V AC1 故障——该指示灯表示 220V 输入交流电源♯1 发生故障。

（8）220V AC2 故障——该指示灯表示 220V 输入交流电源♯2 发生故障。

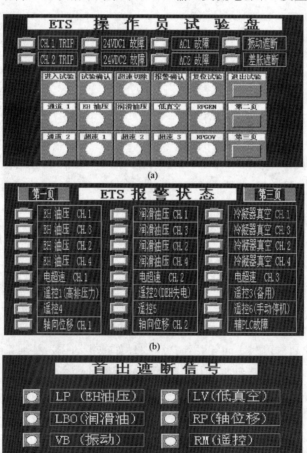

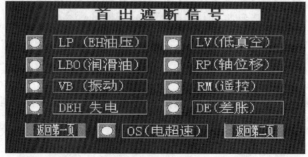

图 3-63　紧急跳闸系统（ETS）试验盘

(a) ETS 操作盘；(b) ETS 报警状态；(c) 首出遮断信号

2. 键功能说明

操作员试验盘的下部是一个功能键盘，用来试验和系统诊断。下面对每一键的功能作简单说明。

（1）进入试验：按下相关按键后指示灯亮表示系统处于试验方式（通道 1 按下后指示灯亮表示选择通道 1 试验；通道 2 按下后指示灯亮表示选择通道 2 试验）。

超速 1、超速 2、超速 3 按键：在按下"进入试验"键后选择超速试验通道，再按"试验确认"键，即可进行该超速通道的试验。

（2）试验确认：选定的试验功能，只有按"试验确认"键后，才能进行试验。

（3）超速切除：当按下此键时，抬高超速设定点（通常 114％）起作用，这个功能键上的指示灯就亮了，以便进行机械超速试验。当该指示灯亮时再按一下该功能键，抬高超速设定点方式就失效。

（4）报警确认：当存在报警时，此灯会亮，并有报警触点输出，按下此键后确认报警，灯熄灭，报警触点复位，这样当新的报警情况产生时系统可以察觉。

（5）复位试验：复置试验遮断，使电磁阀 20-1/AST，20-3/AST，20-2/AST 或 20-4/AST 励磁，复置相应的试验通道。

（6）退出试验：释放试验功能或其他监测功能，它也能复置遮断，使 20-1/AST，3/AST 或 20-2/AST，4/AST 励磁，指示出汽轮机被复置。

（7）第二页：按此键后，可切换到报警通道显示状态画面，通过该画面观察报警通道的详细信息。

（8）第三页：按此键后，可切换到首出遮断显示状态画面，通过该画面显示首出遮断原因的详细信息。

四、ETS 实现方式

国内汽轮机紧急跳闸系统过去普遍采用继电器逻辑控制，后来大多改造成用 PLC 控制。现在全部采用 PLC 或 DCS 控制。至于究竟采用 PLC 还是 DCS 控制目前国内一直颇有争论。在如今计算机和网络技术高速发展的今天，用 PLC 系统与用 DCS 系统直接实现 ETS 系统，已没有什么本质的区别，两者的响应速度都很快，可靠性都很高，对现场的抗干扰性都很好，易于编程，便于维护，所以用 PLC 或 DCS 实现 ETS 系统都可以。但两者仍存在一些差别，表现在六个方面。

1. 安全性

从目前控制技术发展的状态来看，DCS 系统运行的稳定性和冗余 CPU 切换的无扰性已很成熟，控制器完全能保证整个系统的安全运行和正确动作；同时操作员站的配置是多套且功能相同，当一二台操作员站出问题时，不会影响其他操作员站的使用，这对整个机组的运行控制没有大的影响。而 PLC 的可靠性也可从其广泛的运用中得到证实，但 PLC 系统如果要实现双 CPU 的冗余切换功能，只有两种选择：一是购买价格相对较高的双 CPU-PLC 系统；二是配置 2 套完全相同的 PLC 系统，包括 CPU、1/O 模件等。这样冗余配置，价格较高。

2. 价格

如果仅仅单独改造 ETS 系统，使用 PLC 系统会大大低于 DCS 系统的价格，而如果机组本身就要进行全面的 DCS 改造，则使用 DCS 系统实现 ETS 系统的功能，比单独使用双

PLC 要经济一些。因为对于 DCS 系统而言，电源部分和通信部分是公用的，操作员站及工程师站、也是公用的，在其基础上仅增加 1 套 ETS 系统，增加了 1 个机柜和 1 对 DPU 及一些相应的 I/O 模块而已，成本并不高。使用 PLC 系统来完成 ETS 系统功能，要实现 CPU 冗余功能，一是采用本身带切换的双 CPU 的 PLC 系统（其价格与 DCS 系统的 1 对 DPU 相比并不便宜）；二是采用双 CPU、双电源、双 I/O 模件的（相当于 2 套独立的 PLC 系统）系统来实现；但还必须配置一些相应的附属设备，如电源模块、通信模块、上位机、手操器等，其成本反而比 DCS 系统高出不少。

3. 与 DCS 系统的通信

为使机组运行人员能方便监视 ETS 的状态，将数据通过通信方式传送到 DCS 系统的操作员站，以供显示。如果在 DCS 系统中纳入了 ETS 系统，其通信将是最直接的，不需要另外增加设备；而如果用 PLC 系统，就必须使用专用接口与 DCS 系统进行通信交换数据。如果机组无 DCS 系统，则可将 PLC 系统的上位机放置于主控室中，以便于监视。由于现在的工业设备的通信接口倾向于标准化、规范化，所以新型的 PLC 系统与 DCS 系统的通信接口很容易匹配，但需要双方厂家对通信协议及数据格式进行协商。

4. 机框的配置

在 DCS 系统中的 ETS 系统，从可靠性来说，一般应单独使用 1 个机柜（用 PLC 系统也是单独的机柜），但体积、样式会与 DCS 系统的不一致。如果机组进行 DCS 系统改造，而控制室面积又较小时，对如何布置 DCS 系统的 ETS 系统控制柜问题需多加考虑。

5. ETS 系统的维护

由于 ETS 系统采用了与 DCS 系统相同型号的分散控制系统，对热工专业人员来说，能对 DCS 系统进行维护就能对 ETS 系统进行维护；而采用 PLC 系统的 ETS 系统则不一样，热工专业人员还必须学习与 PLC 系统相关的知识，并进行专门的系统培训。从逻辑设计到实现控制，DCS 系统与 PLC 系统是有差别的，PLC 系统一般都是用梯形图来完成程序设计，而 DCS 系统则可用相对更直观、更容易理解的功能块来实现。对于复杂的逻辑，用功能块肯定比用梯形图更简单，在调试中也会更方便，工作量也会更小些。

6. 备品、备件

作为 DCS 系统的一部分，ETS 系统的备品、备件与其他系统完全通用；而 PLC 系统的 ETS 系统的备品备件则是单独的一套，不仅增加了设备管理上的负担，而且也不经济。

综上所述，提供如下建议：

(1) 在现有老机组的改造工程中，如果机组本身要进行 DCS 系统改造，采用的又是先进的 DCS 系统，建议将 ETS 系统功能纳入 DCS 系统中直接实现控制。

(2) 如果只进行单独的 ETS 系统功能改造，机组本身又没有采用 DCS 系统，则还是采用 PLC 系统为好，但在改造过程中必须注意电源和 CPU 的冗余设计，建议最好使用双 CPU 系统。

(3) 上位机的选择必不可少，一些 PLC 系统配备有手操器，可方便用于现场修改逻辑，但由于其显示画面极小，使用它在编制逻辑时很容易造成误修改或遗漏，所以建议还是使用上位机来修改程序，作到安全可靠万无一失。

燃气—蒸汽联合循环电厂简称联合循环电厂（Combined Cycle Power Plant，CCPP）。联合循环电厂的主要设备是联合循环机组—燃气轮机、汽轮机、余热锅炉（HRSG）及一些辅助生产系统。燃气轮机—汽轮机的控制要求与大型燃煤电厂的汽轮机控制系统（DEH）和汽轮机紧急跳闸系统（ETS）基本相同，保护功能包括超速，凝汽器真空低，振动大，推力轴承磨损大，润滑油压低等。

第六节　数字电液控制系统（DEH)

数字电液控制系统 DEH（Digital Electro-Hydraulic Control System）用于汽轮机的自动控制，包括自动调节、保护和安全监控等。从汽轮机诞生起就有机械液压式控制系统控制其转速，并通过人工改变控制系统的给定值，以达到控制机组功率的目的。

汽轮发电机组的调节系统经历了从机械式调速器、全液压调速器、模拟电液调节系统（AEH）、小型计算机为基础的数字式电液控制系统、微处理计算机为基础的控制系统这样一个发展过程。为了更好地控制汽轮机组的启停和运行，控制系统配置了 DEH 系统、ETS 系统、TSI 系统和若干控制子回路，并有机地构成一个完整的控制体系。

DEH 系统具有数字系统的灵活性、模拟系统的快速性和液压系统的可靠性，功能较原有的汽轮机控制系统大大地扩展了，集自动控制、过程监控和保护于一体，不仅具有机组正常运行时的控制功能，还实现了机组的自动启动。DEH 系统通过 I/O 通道或数据通信能方便地与外部系统相连接，成为电厂分散控制系统中的一个过程站和就地监控站。

在我国的大型汽轮发电机组中较早采用美国西屋公司的 DEH 系统。该系统采用的计算机从最初的 W2500 小型机，后改为 W2500 微机，到目前配置分散控制系统的电液控制系统。其硬件系统的变化比较大，但软件功能基本相同。随着国内对电液控制系统的深入理解和研究，许多单位也自行开发了电液控制系统。如新华电站控制工程有限公司等基于不同的 DCS 系统自行研制了不同类型的数字电液控制系统。

目前数字式电液控制系统分为专用和通用两种 DEH 系统类型。

专用的数字式电液控制系统有 4 个品种：①美国西屋公司的 DEH-Ⅱ系统，用于石横电厂的 300MW 汽轮机和平圩电厂的 600MW 汽轮机；②法国阿尔斯通公司生产的 MICRO-REC 系统，用于江油、珞璜电厂的 330、360MW 汽轮机，北仑电厂 600MW 汽轮机和沙角C厂 660MW 汽轮机；③英国 GEC 公司的 MICROGOVONER 系统，用于岳阳电厂的 360MW 汽轮机；④新华电站控制工程有限公司的 DEH-Ⅲ系统，用于汉川、珠江、阳逻、铁岭、嘉兴、双辽、西柏坡电厂等的引进型 300MW 汽轮机。专用数字式电调专用化程度高，电厂运行人员和维修人员对系统了解较差，电调的功能大多未能发挥出来，但经认真调试后，应当能发挥出全部功能。

目前采用分散控制系统构成的通用型电调系统有 6 个品种：①日本三菱公司用 MIDAS-8000 组成的系统，用于大连、福州电厂的 350MW 机组；②瑞士 ABB 公司用 Pro-control-P 组成的系统，用于上海石洞口二厂的 600MW 超临界压力汽轮机；③日本东芝公司的 TOSMAP 组成的系统，用于浙江北仑电厂的 600MW 汽轮机和沙角 B 厂的 350MW 汽轮机；④美国西屋公司用 WDPF 组成的系统（即 DEH-Ⅲ），用于吴泾、沙角 A、外高桥、彭城、秦皇岛电厂的国产引进型 300MW 汽轮机；⑤美国 ETSI 公司用 INFI-90 组成的系统，用于妈湾电厂的引进型 300MW 汽轮机；⑥日本日立公司用 HIACS-3000 组成的系统，用于首阳山电厂 300MW 汽轮机。

1000MW 超（超）临界压力汽轮机组容量大、参数高，被控参数耦合特性复杂，相互间关联性强，而且变化又快。所以我国较早投入商业运行的玉环电厂、邹县电厂等均由汽轮机厂配套供货的 DEH 系统。由于 DEH 设计比较切合汽轮机特性，因而汽轮机自启动控制（ATC）功能在汽轮机启动中都使用较好。在冷态时，ATC 可以在 1min 内升到 860r/min 暖机，暖机 15min 升到 3000r/min。在热态时，可以在 2min 内直接升到 3000r/min。调速系统升速准确平稳，实际转速和设计升速曲线几乎完全重合。

一、DEH 系统的基本功能

DEH 系统应具有汽轮机转速和负荷的全面控制功能，能实现机组的启动冲转、升速、暖机、并网、负荷控制、停机等各种情况下的有关控制，并能根据操作人员的要求和机组应力条件控制其升速率和负荷变化率；能适应机组在不同初始温度条件下的启动（即冷态、温态、热态、极热态启动），能适应定压和滑压下的运行方式；系统具有阀门管理功能，可实现单阀控制和顺序阀控制方式，并能做到这两种阀门控制方式之间的相互无扰切换；具有阀位限制和阀门试验功能，以适应机组在不同运行条件下对安全经济的要求；系统能与 CCS 系统结合实现机炉协调控制；系统应具有汽轮机全自动控制、操作员自动、远方控制和手动控制等多种控制方式。

（1）汽轮机转速控制。根据汽轮机的热力状态、进汽条件和允许的寿命消耗选择最佳升速率，自动实现将汽轮机从盘车转速逐步提升到额定转速的控制。

（2）在汽轮发电机并入电网后实现汽轮发电机从带初始负荷直到带额定负荷的控制，并可参与一次调频。当运行工况或蒸汽参数出现异常时，可对机组的功能或所带负荷进行限制，如主汽压力限制、变负荷率限制。

（3）汽轮机有全周进汽方式—节流调节和部分进汽—喷嘴调节两种进汽方式；可根据运行方式和负荷变化要求，选择或改变进汽方式，实现喷嘴调节与节流调节自动转换，防止转换过程产生过大扰动。

（4）与其他控制系统的接口，包括与协调控制子系统、汽轮机旁路控制系统的接口，使汽轮机适应机炉协调控制子系统各种运行方式。

（5）显示包括画面显示、报警、制表记录、操作指导。

（6）热应力计算和自启动功能。利用汽轮机及其转子的物理和数学模型，计算出转子的实时热应力；根据热应力计算或其他设定参数，自动地变更转速、改变升速率、产生转速保持、改变负荷变化率、产生负荷保持，将汽轮机从盘车转速升到同步转速，并网带到初始负荷，直至带满负荷运行。

（7）超速控制和超速保护（OPC），包括 103% 超速控制、全甩负荷保护、部分甩负荷保护及超速试验功能。

（8）阀门试验，对高中压主汽门、高中压调节门逐个进行在线试验。

二、DEH 系统的基本原理

DEH 系统就功能来说，是多参数、多回路的反馈控制系统。图 3-64 所示为 DEH 系统原理框图。其功能环节主要有给定部分、反馈部分、调节器、执行机构、机组对象等。

1. 给定部分

给定方式：OP 操作员给定、ATC 给定、逻辑给定（CCS、ASS、RUNBACK）。

给定内容：转速、功率或主汽压的目标值和速率。

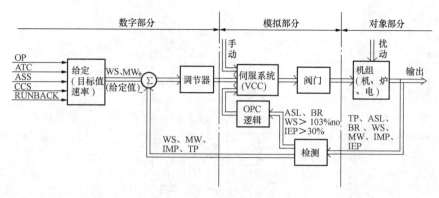

图 3-64　DEH 系统原理框图

2. 测量及 A/D 转换

测量参数：转速（WS）、功率（MW）、调节级压力（IMP）、主汽压（TP）、中压排汽压力（IEP）、再热器冷端压力（RCP）、再热压力（RHP）以及开关量信号，挂闸（ASL）、断路器（BR）。测量环节如图 3-65 所示。

为了提高可靠性，功率、调节级压力、主汽压都是双变送器，高选后送到 3 块 MCP 板中进行 A/D 转换；3 路转换信号在计算机内三选二后送入控制回路；转速信号是用 3 个变送器分别送入三块 MCP 板中，转换后在计算机内进行三选二后送入控制回路中。所有模拟输入都有隔离放大器。

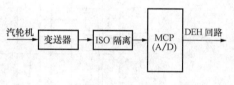

图 3-65　测量环节

3. 伺服控制回路

每一个阀门有一个伺服回路控制卡（VCC），DEH 输出的信号送到 VCC 卡中，首先经函数变换（凸轮特性）转换为阀位指令，经功放输出后去控制伺服阀油动机。

4. 调节器

调节器形式为 PI，构成多回路串级系统。PI 调节器共有 5 个：TV 调节器（主汽门控制回路调节器）、IV 调节器（中压调节汽门控制回路调节器）、CV 调节器（高压调节汽门控制回路调节器）、MW 调节器（功率回路调节器）、IMP 调节器（调节级压力回路调节器）。

三、DEH 系统的基本结构

DEH 系统由电子控制装置和液压系统两部分构成。电子控制装置包括 DEH 控制柜、操作员站、工程师站、调试终端等。DEH 系统电子控制装置可以是机组 DCS 的一个控制子系统（与 DCS 一体化）；也可以采用基于微处理器的独立控制装置，但应与机组 DCS 之间有数据通信接口。液压部分包括供电系统、执行机构、危急遮断系统等。

图 3-66 所示为 DEH 系统基本结构图。图的上部即是被控对象—汽轮发电机组。它由锅炉机组产生的主蒸汽通过高压主汽门（TV）和高压调节门（GV）进入汽轮机的高压缸。在高压缸内做功后排出的蒸汽又送回到锅炉的再热器，经再热后通过中压主汽门（SV）和中压调节阀门（IV）先后进入中压缸和低压缸再做功，然后排入凝汽器。由汽轮机带动的发电机产生电能通过电气主断路器送至电网。改变高压调节阀门、中压调节阀门的开度可调整送入汽轮机的蒸汽量，从而改变发电机的发电量。

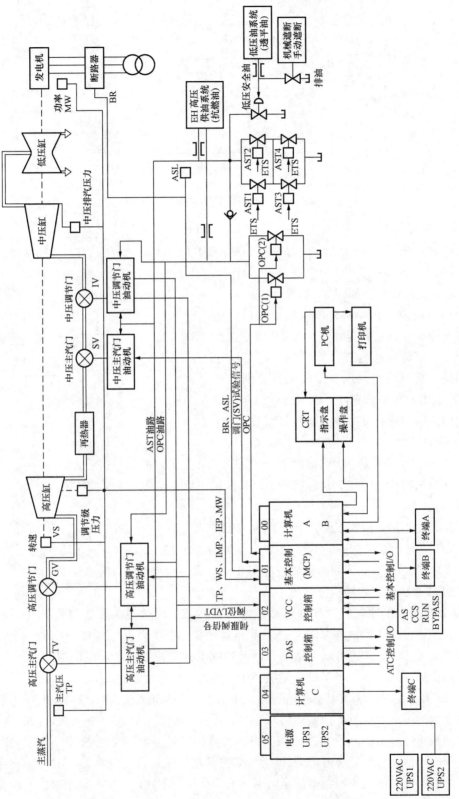

图 3 - 66 DEH 系统基本结构图

图 3-66 所示的左下方是 DEH 系统控制器。它通过 I/O 通道接收被控对象的运行状态信息，包括主汽压力 TP、汽轮机转速 WS、汽轮机调节级汽室压力 IMP、中压缸进口的再热蒸汽压力 IEP、发电机输出电功率 MW，另外还有电气主断路器的状态信号 BR、挂闸 ASL 信号等。DEH 系统控制器还通过 I/O 通道对汽轮机的高压主汽门、高压调节门、中压主汽门（截止阀）和中压调节门输出阀位控制信号，这些控制信号通过电液转换器去控制各个阀门的油动机使之开启或关闭。DEH 系统控制器还可通过 I/O 通道与远方控制系统相连接。这些远方控制系统包括自动调度系统（ADS）、锅炉控制系统、自动同步器（AUTO SYNC）和电厂计算机系统等。它也可接受外部要求机组减负荷的 RB 信号。与 DEH 控制器相配的还有操作员站、工程师站和手操盘等。

图 3-66 所示的右下方是为阀门油动机提供高压驱动油的供油系统和危急遮断系统。高压供油系统出来的高压油经电液转换器后进入阀门油动机以驱动阀门，一路经节流后与危急遮断系统的自动脱扣母管相连接，该脱扣母管与阀门油动机的泄油阀相通。

图 3-66 所示的 DEH 系统主要由五大部分组成。

（1）电子控制器，主要包括数字计算机、混合数模插件、接口和电源设备等，均集中布置在 6 个控制柜内。主要用于给定、接受反馈信号、逻辑运算和发出指令进行控制等。

（2）操作系统，主要设置有操作盘、图像站的显示器和打印机等，为运行人员提供运行信息、监督、人机对话和操作等服务。

（3）油系统。该系统的高压控制油与润滑油分开，高压油（EH 系统）采用三芳基磷酸酯抗燃油，为调节系统提供控制与动力用油。系统设有油泵两台，（一台工作，一台备用），供油油压为 12.42~14.47MPa，接受调节器或操作盘来的指令进行控制。润滑油泵由主机拖动，为润滑系统提供 1.44~1.69MPa 的透平油。

（4）执行机构，主要由伺服放大器、电液转换器和具有快关、隔离和逆止装置的单侧油动机组成，负责带动高压主汽阀、高压调节汽阀和中压主汽阀、中压调节汽阀。

（5）保护系统，设有 6 个电磁阀，其中两个用于超速时关闭高、中压调节汽阀，其余用于严重超速（$110\%n_0$）、轴承油压低、EH 油压低、推力轴承磨损过大、凝汽器真空过低等情况时危急遮断和手动停机之用。

此外，为控制和监督用的测量元件是必不可少的，例如机组转速、调节级汽室压力、发电机功率、主汽压力传感器以及汽轮机自动程序控制（ATC）所需要的测量值等。

（一）液压伺服系统

DEH 系统的液压伺服系统包括供油系统、执行机构和危急遮断系统。供油系统的功能是提供高压抗燃油，并由它来驱动伺服执行机构；执行机构响应从电液转换器来的电指令信号，以调节汽轮机各蒸汽阀开度；危急遮断系统是由汽轮机的遮断参数所控制，当这些参数超过其运行限值时，该系统就关闭全部的汽轮机进汽阀门，或只关闭调节汽门。

1. 供油系统

供油系统提供控制部分所需要的油及压力，同时保持油的完好无损。它由油箱、油泵、控制块、滤油器、磁性过滤器、液压卸荷阀、溢流阀、蓄能器、冷油器、端子箱和一些对油压、油温、油位报警、指示和控制的标准设备组成。

（1）抗燃油再生装置。随着汽轮机容量的不断增大，蒸汽参数的不断提高，控制系统为了提高动态响应采用高压控制油，同时电厂为了防止火灾而不采用传统的透平油作为控制系统的介质。所以现在的 DEH 系统中的控制系统介质大多采用高压抗燃油。

抗燃油再生装置是一种用来储存吸附剂和使抗燃油得到再生的装置，用来使抗燃油保持中性、去除水分等。该装置主要由硅藻土过滤器和精密过滤器（波纹纤维过滤器）等组成。

（2）高压蓄能器和低压蓄能器。高压蓄能器和低压蓄能器是油系统中的重要部件，高压蓄能器的功能是防止卸荷阀或溢流阀的反复动作。低压蓄能器装在压力油回油管道上，用缓冲器在负荷快速卸去时，吸收回油。

2. 执行机构

电液伺服执行机构是 DEH 系统的重要组成部分之一。600MW 汽轮机 DEH 系统有 12 只执行机构，分别控制 2 个高压主汽门、4 个高压调节汽门、2 个再热主汽门和 4 个再热调节汽门。由于控制对象不同、形式不同，所以 12 只执行机构可分为三种类型。

执行机构的油缸，属单侧进油的油缸，其开启由抗燃油压力驱动，而关闭是靠弹簧弹力。液压油缸与一个控制块连接，在这个控制块上装有隔离阀、快速卸荷阀和逆止阀，加上不同的附加组件，可组成两种基本型式（开关型和控制型）的执行机构。

（1）高压主汽门和高压调节阀门的执行机构。高压主汽门和高压调节阀门的执行机构同属于控制型，其工作原理和组成部件型式完全相同。该执行机构可以将汽阀控制在任意中间位置上，成比例地调节进汽量以适应需要。其工作原理为：经电子控制部分计算机处理后的开大或关小调节阀的电气信号，经过伺服放大器放大后，在电液转换器—伺服阀中将电气信号转换成液压信号，使伺服阀主阀移动，并将液压信号放大后控制高压油的通道，使高压油进入油动机活塞下腔，使油动机活塞向上移动，经杠杆带动调节阀使之开启或者使压力油自活塞下腔泄出，借弹簧力使活塞下移关闭调节阀。当油动机活塞移动时同时带动线性位移传感器，将油动机活塞的机械位移转换成电气信号，作为负反馈信号。只有当输入信号与反馈信号相减，使输入伺服放大器的信号为零后，伺服阀的主阀才能回到中间位置，不再有高压油通向油动机下腔或使压力油动机下腔泄出，此时调节阀便停止移动，停留在一个新的工作位置。

（2）再热主汽门的执行机构。再热主汽门的执行机构属开关型执行机构，阀门在全开或全关位置上工作。该执行机构的活塞杆与再热主汽阀活塞杆直接相连，活塞向上运动开启阀门，向下运动关闭阀门。油动机是单侧作用的，提供的压力油用来开启汽门，关闭汽门靠弹簧力。

（3）再热调节阀的执行机构。再热调节阀的执行机构属控制型，可以将汽阀控制在任意的中间位置上，成比例地调节进汽量以适应转速需要。其工作原理与上述高压主汽门和高压调节汽门的执行机构相同，区别在于再热调节阀的油缸为拉力油缸，而其他阀门的油缸均为推力油缸。

3. 危急遮断系统

为了防止汽轮机在运行中因部分设备工作失常可能导致的重大伤害事故，在机组上装有危急遮断系统。在异常工况下，使汽轮机危急停机，以保护汽轮机的安全。危急遮断系统监视汽轮机的某些重要参数，当这些参数超过其运行限值时，该系统就关闭全部汽轮机进汽阀门。危急遮断系统主要由汽轮机超速保护系统（OPC）和参数越限自动停机遮断系统两个保护系统组成。

（1）汽轮机超速保护系统（OPC）。主要部件是受 DEH 系统控制器 OPC 部分所控制的超速保护控制电磁阀。两个电磁阀布置成并联，正常运行时，这两个电磁阀是关闭（断电）的，封闭了 OPC 总管油压的泄放通道，使主蒸汽调节阀和再热调节阀的执行机构活塞下建立起油压，受控开大或关小。当 OPC 动作，如转速达 103％ 额定转速时，这两个电磁阀就被励磁（通电）使 OPC 母管油压泄放，相应执行机构上的快速卸荷阀就开启，使主调节汽阀和再热调节汽阀立即关闭。

（2）自动停机遮断系统。自动停机遮断系统主要部件是 4 只自动停机遮断电磁阀（AST）。在正常运行时，它们是关闭的，从而封闭了自动停机危急遮断母管上的抗燃油泄油通道，使所有蒸汽阀执行机构活塞下的油压建立起来。当危急遮断系统所监视的汽轮机某些重要参数，如推力轴承磨损、轴承油压过低、凝汽器真空低、抗燃油压过低等危急遮断信号产生（另外系统还提供了一个可接所有外部遮断信号的遥控遮断接口）时，则电磁阀打开，总管泄油，使所有蒸汽阀门关闭，导致汽轮机停机。4 只 AST 电磁阀成串并联布置（见图 3-66），这样既可防止拒动又可防止误动。

（3）单向阀安装在自动停机危急遮断油路（AST）和超速保护控制油路（OPC）之间。当 OPC 电磁阀动作时，关主调节阀和再热调节阀，单向阀维持 AST 的油压，使主汽门和再热主汽门保持全开；当转速降到额定转速时，OPC 电磁阀关闭，主调节阀和再热调节阀重新打开，从而由调节汽阀来控制转速，使机组维持在额定转速。当 AST 电磁阀动作时，AST 油压下跌，OPC 油路通过单向阀使油压下跌，将关闭所有的进汽阀和抽汽阀而停机。

模拟部分则是将现场来的模拟量测量信号预处理后送给数字系统，并将数字系统输出的阀位需求信号转换成相应的模拟信号送到阀门驱动回路，同时手动操作和超速保护等也通过模拟部分完成 A/D、D/A 转换。

（二）汽轮机组的自启动（ATC）控制

汽轮机组的自启动（ATC）功能是很复杂的测定、计算和控制功能，一般都由计算机完成。大型机组都有自启动功能，该功能是由汽轮机的 DEH 系统来实现的，有些大型火电机组的自启动功能扩大到整个单元机组的自启动，即从锅炉点火前的机炉辅机的启动，锅炉点火，升温升压，制粉系统投运等，直至带满负荷，均由机组自动管理系统（UAM），即机组自动启动系统发出指令，在操作人员少量干预下自动完成。

下面简单介绍某 600MW 汽轮机组由 DEH 系统完成汽轮机自启动的控制。

1. 汽轮机自启动（ATC）控制

汽轮机自启动（ATC）可使汽轮机的零部件不致因内部温度变化而产生疲劳损伤，避免或减少事故发生，从而提高汽轮机寿命。

在汽轮机自启动方式下，机组从盘车到同步转速再到满负荷，可以通过数字电液控制系统进行控制。该系统能连续监视汽轮机的各项参数，并相应地控制汽轮机以达到最佳启动；监视机组的温度测点，计算高压和中压转子实际的应力，将它与许可应力进行比较。

汽轮机自启动时，通过 ATC 监视比较，并计算其差值，再用它控制转速或负荷的目标指令变化率，通过 DEH 系统控制机组升速和改变负荷，使转子应力控制在允许的范围内；此外，还对盘车、差胀、振动、阀门切换、并网等有完善的逻辑控制和闭锁回路，监视汽轮机偏心、差胀、振动、轴承金属温度、轴向位移、发电机冷却系统等各参数。

2. ATC 控制流程

新华电站控制工程有限公司 DEH-Ⅲ 系统的 ATC 控制流程由一个调度程序和 7 个子程序组成：

S01　高压应力与寿命计算；

S02　中压应力与寿命计算；

S03　机组热状态计算与保护，包括汽温过热度检查、汽缸进水检查、低压叶片保护、暖机结束判断等；

S04　电机保护；

S05　汽轮机本体保护；

S06　目标值与速率选择；

S07　顺控逻辑。

上述 7 个子程序是由一个周期性控制程序 P07 进行调度运行的，相互之间进行信息交换。有些子程序是以别的子程序运行结果得到的数值或逻辑状态作为运行的初始条件；反之，它的运算结果也为别的子程序作为启动条件。

3. 应力控制与寿命管理

汽轮机自启动（ATC）是由汽轮机转子中出现的热应力值来决定的。汽轮机所受的热应力，最关键的部件是汽轮机转子。通流部分中的蒸汽温度发生变化就会在转子中产生应力，转子表面与内部存在温度差，就会存在应力。对转子表面加热一次，接着又是一次等量的冷却，构成了一次热循环，一次热循环使转子受到一次交变的应力循环。汽轮机转子材料有一个承受应力循环的极限能力，在若干次应力循环之后就会出现裂纹，交变应力与循环次数之间关系与材料有关。ATC 程序预报转子低频疲劳应力和损伤情况。

温度快速变化时，会出现很大的应力，若通过一段时间来完成这个温度变化就能大大地降低应力，因而增加了汽轮机的寿命。汽轮机启停及变负荷过程中，通流部分的蒸汽温度发生变化，就会发生应力循环。ATC 程序选择一个合适的时间长度，即选择多种变化的升速速率或变负荷速率来适应汽轮机的各种运行工况，把应力限制在所选材料的疲劳容限之内。

循环次数可以确定疲劳累积数。汽轮机的应力控制原理框图如图 3 - 67 所示。

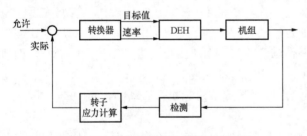

图 3 - 67　汽轮机的应力控制原理框图

4. ATC 启动

（1）ATC 启动条件：

1）ATC 所有测点正确（包括模拟量输入点，开关量输入点，开关量输出点等）；

2）盘车投入；

3）ATC 计算机运行 24h 以上；

4）无重要传感器故障。

（2）ATC 启动：

1）操作员自动方式投入，汽轮机挂闸后，设置阀位限值 100%，中压调节门全开。

2）按"主汽门控制"，再按 ATC 控制按钮，ATC 控制灯亮，表明 DEH 系统处于 ATC 启动方式。

3）当高压调节门 GV 开足，满足冲转条件后，ATC 自动置目标值到 600r/min，指示灯亮并自动冲转升速。升速率由应力条件自动控制。

4）升速到 570r/min 以上时，进行过热检查，条件满足后，则自动置目标值 2040r/min。

5）到 2040r/min 时，暖机，检查暖机条件满足后（暖机结束），自动升速到 2900r/min。

6）到 2900r/min 后，检查第一级内壁温大于主蒸汽饱和温度且无振动报警，则自动进行阀门切换。

7）阀切换结束，自动置目标值为 3000r/min。

8）转速到 3000r/min，ATC 请求同步；当同期装置"自动同步允许"闭合时，进入同步操作。

9）并网，带初负荷，当输入负荷目标值后，ATC 按计算出的变负荷率控制负荷给定值趋近目标。

如果报警画面上有报警，ATC 程序可能发生保持，不能继续进行。此时，运行人员应检查此条件是否超越，如果"是"，则可按"ATC 超越"键，使 ATC 程序继续进行。如果是较重要的信号产生报警，不能超越，应检查是否由传感器不准等原因引起，或是参数确已超限，此时应排除故障后才能使 ATC 继续进行。

四、DEH 系统运行的操作方式

（一）操作方式

DEH 系统运行的操作方式分为三种，即操作员自动、汽轮机自启动和手动控制。

（1）操作员自动。这是主机制造厂推荐的运行方式，在机组第一次启动时，这是被指定使用的运行方式。运行人员根据 CRT 给出的运行指导，在控制台上先由人工设定升速率、目标转速，使机组升速，如 2040r/min 为暖机转速，2900r/min 为阀门切换转速，2950r/min 开始进入同步转速，3000r/min 为并网带初负荷转速。然后，人工输入相应升负荷率和目标负荷，使汽轮发电机组带负荷。在每个阶段控制台上均有人工确认断点按钮，必要时由人工确认上一阶段的进程结束后，才能进入下一流程。

（2）汽轮机自启动（ATC）。运行人员可投 ATC 监视，也可以投 ATC 运行。当投 ATC 监视时，汽轮发电机组处于操作员自动方式运行，但是 ATC 程序在运转，对超限信号将在 CRT 上显示，并在打印机上打印出来。当投入 ATC 运行时，汽轮发电机组处于全自动运行，此时控制系统根据高、中压转子应力计算的结果自动地给出升速率或升负荷率，而各阶段的目标值也是按顺序自动给出。对于机组的冷、热态启动，是根据中压转子（第一级处）金属温度是否大于 121℃ 来自动确定。对各轴承振动、油温、真空……也是自动地予以处理，使其不越限值。在 ATC 运行时，对必要的信息，可以定时显示和打印。

（3）手动。在计算机发生故障或运行人员需要时，控制系统可以自动或人工转为手动。手动运行时，万一发生汽轮机超速或油断路器跳闸，超速保护（OPC）功能块输出快关阀门信号，直接送到阀门驱动卡上，将阀门快速关闭。当自动系统恢复后，其输出会自动跟踪手动输出，可以人工在控制台上按下相应按钮，使系统重新投入自动。

（二）启动方式

启动方式有两种，即冷态启动或热态启动。

（1）冷态启动即用 Bypass off 的方式启动。以亚临界 300MW 机组为例，当高压主汽门前的蒸汽压力到达 4.2MPa、汽温达 350℃ 时，汽轮机挂闸。2 只 SV（中压主汽门）开启，当 DEH 处于操作员自动方式，运行人员把阀位升到 120% 时，6 只 GV（高压调门）和 2 只 IV（中压调门）均开足。然后给出升速率和目标转速——2040r/min，进行暖机升速，升速至 2900r/min，进行阀门自动切换。当转速升至 2950r/min，投入自动同期，由同期装置发出升、降转速脉冲，改变 DEH 系统的转速给定。当汽轮机升速至 3000r/min 时，机组并网并带上初负荷。然后由运行人员再给出相应的升负荷率和目标负荷，使机组把负荷带上去。当负荷带到 40% 以上额定负荷时，运行人员可投入旁路系统，以作热备用。

（2）热态启动即用 Bypass On 的方式启动。当再热器汽压达到 0.6～0.8MPa，再热汽温比中压转子第一级金属温度高 50℃ 以上时，即可用中压调节门冲转。此时，高压缸通过高压缸排汽逆止门前通风阀直通冷凝器（或疏水膨胀箱），被抽真空。当转速到达 2650r/min 时，暖机 7min，然后中压调节门 IV 保持开度，高压主汽门 TV 开启，令机组升速到 2900r/min，阀切换后高压主汽门 TV 开足，由高压调节门 GV、中压调节门 IV 控制汽轮机升速同步并网。一旦并网，中压调节门 IV 迅速开至一定开度，使汽轮机带上 5% 额定负荷的初负荷，此后由高压调节门 GV、中压调节门 IV 共同开启，将负荷带上去。

（三）运行方式

DEH 系统可以参与单元机组协调控制。当与 CCS 系统连接后，DEH 系统只投转速反馈的比例回路。此时，DEH 系统的负荷指令由 CCS 调度，DEH 系统可以接受 CCS 来的脉冲信号，也可以接受 CCS 来的模拟信号。

当单元机组控制采用以汽轮机为主，汽轮机参加一次调频时，可以投入 TPC（主汽压控制）功能，即当主汽压力降到设定值时，汽轮机自动降负荷，直到 20% 额定负荷，以维持锅炉出口汽压。

机跟炉方式，汽轮机不参加一次调频，用汽门开关来维持锅炉出口汽压稳定。只有与 CCS 连接后，由 CCS 来实现调压运行，此时汽轮机的 DEH 系统视为一个执行机构。

该类机组可以定压运行，也可以在 18%～81% 额定负荷之间 4 只高压调节门 GV 全开下进行滑压运行。这种运行方式可以提高锅炉寿命及提高整个机组的热循环效率。

与 DEH 配套的汽轮机监测仪表 TSI 主要监测轴承振动、轴振动、键相、轴位移、差胀、缸胀、转速、零转速、大轴偏心等。这些信号均送至 DEH 系统与 DAS，有些信号还被送至相应控制子回路，作为控制之用。例如：零转速信号，当汽轮机停下来时，只有转速小于 1/3r/min 时自动盘车才可以合闸投运，否则盘车齿轮就会合上时撞击。另外，DEH 投 ATC 要大轴挠度小于 0.076mm，这一信号也是由 TSI 送入；ATC 自启动程序中用到的轴承振动、差胀、轴位移等很多信号，均是由 TSI 装置送到 DEH 系统的。

五、给水泵汽轮机电液控制系统（MEH）

锅炉给水泵汽轮机电液控制系统简称 MEH（Micro Electro-Hydraulic Control System）系统。汽动给水泵的启动和运行与电动给水泵相比要复杂得多，为了提高机组的安全可靠性，减少误操作，进一步提高自动化水平，原来的汽轮机液压机械式调节系统已不能适应锅炉给水流量自动控制的要求。随着计算机技术的发展和普及，锅炉给水泵汽轮机也采用和主汽轮机一样的数字式电液控制系统，所不同的是锅炉给水泵汽轮机数字式电液控制系统的控制功能只有转速控制。

（一）MEH系统的特点

MEH系统与液压控制系统相比，除功能相同外，还具有下列液压控制系统所没有的功能：

（1）大范围转速闭环控制。

（2）能接受锅炉给水控制系统来的给水流量要求指令，对汽轮机转速进行控制。

（3）可编程的软件和模块化硬件使系统具有高度灵活性。

锅炉给水泵汽轮机用于驱动锅炉给水泵，以满足锅炉给水的要求。驱动汽轮机的蒸汽通常有两路，一路来自锅炉的主蒸汽（高压汽源），另一路是主汽轮机的抽汽，即低压汽源。在每路汽源管道上设有主汽阀和调节汽阀。当主汽轮机在低负荷工况时，如在 $25\%\sim30\%$ 额定负荷以下时，由于抽汽压力太低，故全部用高压汽源，由高压调节门 HPGV 来控制进入汽轮机的蒸汽流量，从而改变汽轮机的转速，以控制给水泵出水流量，满足锅炉给水量的需求。主汽轮机负荷升高到一定范围时，如为 $25\%\sim30\%$ 额定负荷一直到 40% 额定负荷时，由高压汽源和抽汽同时供汽，主要由高压调节阀控制，低压调节阀 LPGV 基本上全开。在主汽轮机负荷高于一定数值后，如 40% 额定负荷以上时，全部用抽汽，由低压调节阀控制汽轮机的转速。

（二）MEH系统的基本组成

MEH系统的基本组成和DEH系统的基本组成大致相同，由电子控制系统（包括数字部分、模拟部分）、液压伺服回路以及接口部件组成。数字部分主要包括中央处理单元和过程I/O系统，是MEH系统的核心。数字部分连续地采集、监视（给水泵）汽轮机——给水泵当前的运行参数，并通过逻辑和运算对（给水泵）汽轮机的转速进行控制；模拟部分是将现场来的模拟量信号进行预处理后送给数字部分，并将数字部分输出的阀位需求转换为相应的模拟量信号（如 $4\sim20mA$ 信号）送到阀门驱动回路。液压伺服回路则包括电液伺服系统和油系统（供油系统、蓄能器组件和油管路系统）。MEH系统的电子控制系统可以是独立的系统，也可以是与主汽轮机的DEH系统采用同类型控制系统（如都由同一种的DCS所组成）。若采用DCS，则MEH系统成为DCS（DEH）的一个"站"，这样可以达到资源共享的目的，MEH系统的监视操作、系统组态可以共用DEH系统的操作员和工程师站。MEH系统的供油系统可以是独立的供油系统，也可以来自主汽轮机的DEH系统供油系统，这时MEH系统也采用高压抗燃油系统。

（三）给水泵汽轮机的控制方式

给水泵汽轮机的控制任务是通过转速调节来改变给水泵的转速，达到调节给水流量（负荷）的目的。给水泵汽轮机转速指令可由操作员给定，也可置远方方式由CCS的给水自动控制系统给定。在转速调节的同时，控制系统监视给水泵汽轮机的本身和系统的状况，当发生异常情况，并达到安全设置的极限定值时使给水泵汽轮机跳闸，以保护给水泵和汽轮机；在正常运行中还提供截止阀的在线试验和超速试验功能。

给水泵汽轮机的控制方式分为锅炉自动、转速自动、手动控制方式和三种控制方式之间的切换。

（1）锅炉自动。根据锅炉模拟量控制系统 MCS 来的给水量调节信号（4～20mA），按照线性关系，4mA 对应 3000r/min，20mA 对应 6000r/min，转换成转速定值信号，通过转速控制回路控制给水泵汽轮机的转速，转速控制范围是 3000～6000r/min，转速变化率限制在 1000r/min^2。

（2）转速自动。运行人员给定目标转速，由转速闭环回路控制汽轮机的转速。稳定状态下，给水泵汽轮机转速与转速给定相等。转速控制范围是 600r/min 以上，至超速保护动作最大转速值 6600r/min，当按下转速增加或减少按钮时，转速定值的变化率为 200r/min^2，连续 10s 后，转速定值增加或减少的变化率为 2000r/min^2。

（3）手动。电调系统以手动控制作为备用。当发生异常情况时，手动按操作盘上的阀位增加或阀位减少带灯按钮，直接控制高压调节阀和低压调节阀开度来保持或改变汽轮机的转速，其转速控制范围 600r/min 以下。但需要时，（0～110%）n_0 范围都可用。

（4）三种控制方式之间的切换。汽轮机刚启动或脱扣后再复位及控制机柜电源刚合上时，控制器总处于手动方式。用操作盘上的阀位增加带灯按钮，使调节阀开启，汽轮机升速。汽轮机转速由 4 位数字转速显示器指示。当转速大于 600r/min 时，按转速自动带灯按钮，便自动地从手动切换到转速自动。用操作盘上的转速增加按钮，使汽轮机继续升速。从手动切换到转速自动时，由于主处理机通过软件保持阀门开度同步，从而保证了无扰动切换。

（四）给水泵汽轮机的操作要求

（1）按设定的升速率自动地将汽轮机转速自最低转速一直提升到目标转速。

（2）接受来自 DCS 的给水流量需求信号，实现给水泵汽轮机转速的自动控制。

（3）随着主汽轮机负荷的升高和降低，自动地实现给水泵汽轮机汽源的切换：从主汽切换至抽汽，或从抽汽切换至主汽。

（4）具有油压低连锁、给水泵汽轮机的超速保护等功能。

（5）可对高、低压进汽门进行逐个在线试验。

（6）可进行电超速跳闸试验和机械超速跳闸试验。

（五）给水泵汽轮机紧急跳闸系统（METS）

（1）每台给水泵汽轮机在下列情况下应紧急跳闸，项目有：

1）排汽压力过高（即真空过低）；

2）润滑油压力过低；

3）轴承振动过大；

4）轴向位移过大；

5）MEH 系统停机；

6）手动停机；

7）给水泵本体保护动作等。

（2）给水泵汽轮机紧急跳闸系统（METS）是与机组安全密切相关的，以前主要采用电磁继电器硬接线逻辑实现；如今已大量采用计算机软逻辑实现，可供选择的设备有冗余的 PLC、安全型 PLC、专用保护模块以及与 DCS 相同的硬件。

第七节　汽轮机组的其他热工保护

一、凝汽器真空低保护

（一）凝汽器真空低危害

汽轮机凝汽器必须使汽轮机在排汽口处建立并维持要求的真空度，蒸汽在汽轮机内膨胀到一定的压力，使热焓转变为机械功，同时将汽轮机的排汽凝结为水，重新作为锅炉的给水。

凝汽器真空下降，会使蒸汽在汽轮机内的焓降减少，从而使汽轮机出力下降和热经济性降低。一般真空下降1％，汽耗约增大1％～2％。真空低使轴向推力增加，推力轴承承受的负荷加大，严重时甚至使推力轴承瓦块钨金熔化。凝汽器真空下降，使排汽温度升高，造成低压缸热膨胀变形和低压缸后面的轴承上抬，破坏机组轴系的中心，从而引起振动；也会使凝汽器铜管的内应力增大，破坏凝汽器的严密性；还会使低压段端部轴封的径向间隙发生变化，造成摩擦损坏。因此，汽轮机运行时发生凝汽器真空下降，对机组的经济性和安全性将造成严重的危害。

在汽轮机运行时，影响凝汽器真空的因素很多。凝汽器中的压力，在理想情况下应为蒸汽的饱和压力，是由排汽温度来决定的。排汽温度为

$$t_s = t_1 + \Delta t + \delta t$$

式中：t_s 为排汽温度，℃；t_1 为冷却水入口温度，℃；Δt 为冷却水在凝汽器中的温升，℃；δt 为排汽温度与冷却水出口温度差，称为端差，℃。

由上式可见，造成凝汽器真空下降的原因主要是冷却水温度、冷却水流量、凝汽器表面清洁状况及真空系统的严密性等。

（二）真空的监视保护

真空的测量采用压力开关，利用金属弹性元件在真空作用下的变形带动开关触点发出报警信号。另外，一般还装有指示式、数字式和记录式真空表，以便对凝汽器真空实行监视和保护。

由于低真空运行对机组的安全运行影响极大，所以必须进行低真空保护。例如某1000MW机组启动冲转前凝汽器真空应小于20kPa，正常运行时为5kPa。真空下降应启动射水抽汽器或辅助空气抽汽器。随着真空降低，负荷相应地减少。同时应防止排汽室温度超限，防止低压缸大气安全门动作。当真空下降到30kPa时，汽轮机紧急跳闸系统动作，自动停止汽轮机运行。

当低压缸排汽温度达到90℃时发出报警信号（正常运行值为32.5℃），当低压缸排汽温度达到110℃时，ETS动作，汽轮机跳闸。避免发生凝汽器因排汽温度和压力过高而设备严重损坏的事故。

如果真空降到最低极限值而低真空保护不动作，排汽压力大于2～4kpa表压力时，凝汽器上的薄膜式安全门被冲开，汽轮机向大气排汽，可避免发生凝汽器设备因排汽缸压力和温度高而遭到严重事故。当机组的低压缸排汽温度大于80℃时，投自动喷水阀。

二、润滑油压低保护

（一）润滑油压过低的危害

汽轮机在运行时，为了减小转子轴颈与轴瓦及推力盘与推力轴承的摩擦，必须向这些轴

承连续不断地供给压力、温度符合要求的润滑油，使轴颈与轴瓦间及推力盘与推力瓦之间形成油膜，以避免金属间的直接摩擦，防止轴瓦损坏。同时，这些润滑油还冷却了轴承，避免轴承温度过高而发生烧毁轴瓦的事故。

润滑油压过低，使油流量减少，轴承内油温上升，油的黏度下降，油膜承受的载荷能力随之降低，引起油膜不稳定或破坏。油膜的破坏，除引起轴承烧瓦事故外，还会产生如下的严重后果。

（1）轴瓦钨金烧熔时，转子轴颈部分受热而发生弯曲，引起轴承的剧烈振动和响声。

（2）推力瓦块钨金烧熔时，转子向后窜动，引起动静摩擦，汽轮机将受到严重损坏。

因此，机组必须装有润滑油压低保护装置。

造成润滑油油压过低的原因有：

（1）主油泵外壳与齿轮互相摩擦而造成磨损，使油泵轴向和径向间隙增大，因而油泵输出油量减小。

（2）带动主轴承的传动部件磨损，使主油泵转速下降。

（3）油泵进油滤网堵塞或阻力太大，从而降低了出油压力。

（4）油系统逆止门不严密，部分润滑油从辅助油泵倒流入油箱。

（5）各轴承的压力进油管及连接法兰漏油等。

（二）润滑油压低保护

润滑油压低保护在检测到润滑油压力低时应动作，自动启动交流辅助油泵，以恢复润滑油压。另外机组还配有一台直流事故油泵，若交流辅助油泵启动后仍不能维持油压，则启动直流油泵。直流油泵在交流厂用电失去时仍能维持供油。如油压继续下降时，保护动作，迫使汽轮机主汽门关闭并切断盘车装置电路，以保护汽轮发电机组的安全。

润滑油压低测量一般采用压力开关。如某机组在润滑油压低于 0.05MPa 时启动交流油泵；低于 0.04MPa 时启动直流油泵；低于 0.03MPa 时关闭主汽门，实行紧急停机。

三、轴承温度高保护

为了使轴承正常工作，必须监视轴承的温度和润滑油的温度。润滑油的温度过高，会使油的黏度下降，引起轴承油膜不稳定或破坏；油温过低，建立不起正常的油膜。这两种情况均会引起机组的振动，甚至发生轴瓦毁坏。

润滑油温的测量，主要测冷油器的出口油温和轴承的回油温度。一般轴承进口润滑油温度为 35～45℃，出口润滑油温度不高于 65℃。

例如某 1000MW 机组当汽轮机径向轴承温度或推力轴承温度分别达到 90℃时发出报警信号，当达到 130℃时，ETS 动作，汽轮机跳闸。发电机及励磁机径向轴承温度达到 100℃时发出报警信号，当达到 130℃时，汽轮机跳闸。

四、汽轮机防进水保护

随着机组容量的增大，机组的热力系统和本体结构也越加复杂，发生汽轮机进水、进冷汽事故的可能性也增大。据国外资料介绍，美国通用电气公司在某一时期生产的大型汽轮机重大事故中，70％以上是由于汽轮机进水、进冷汽造成的。国产机组也多次发生过汽轮机进水、进冷汽而造成大轴弯曲的严重事故。为此，美国机械工程师协会标准 TDP—1—1985《火电用汽轮机防止进水损伤的规定》成为我国设计大型火电机组的重要依据。

汽轮机进水、进冷汽的原因是多方面的，有设备本身的缺陷，也有系统设计上的考虑不周，施工安装不当，以及运行操作失误等。

（一）汽轮机进水的系统和设备

任何和汽轮机连接的接口都有可能造成汽轮机进水，这些水可能从外部设备和系统而来，或者是蒸汽凝结聚积的水。防止汽轮机进水的主要任务是找出进水或冷蒸汽的来源，从而采取针对性的措施，防止汽轮机进水事故的发生。

进入汽轮机的水或冷蒸汽，主要来自六大系统及设备。

1. 锅炉

当锅炉发生汽水共腾、满水时，有可能使水或冷蒸汽从锅炉经主蒸汽管道进入汽轮机。在锅炉末级过热器的进口处喷水是一种控制过热器出口蒸汽温度的方法。但在汽轮机空转或低负荷时，这种方法不能有效地调节过热器出口蒸汽温度；在低负荷时，过热器的屏还可能因蒸汽凝结或过量喷水而积水，在喷水联箱压力等于给水泵出口压力下长期运行的机组，可能会发生喷水阀泄漏。这种泄漏会使过热器屏中产生积水，甚至会进入主蒸汽系统，当蒸汽流量增加时，这部分积水可能会被带入汽轮机。

2. 主蒸汽系统

汽轮机启动时暖管不充分，疏水不能畅通排出，蒸汽管中凝结的水就会进入汽轮机，造成水冲击。在滑参数停机时，如果温降速度太快而汽压又没有相应降低，使蒸汽的过热度很低，就可能在饱和温度状态下，在管道中产生凝结水，到一定程度积水可能突然进入汽轮机。

3. 再热蒸汽系统

汽轮机进水大部分是因冷段再热管积水所致。在再热蒸汽冷段，常常设置减温水装置，以调节再热蒸汽温度，但当机组在低负荷下运行或汽轮机空转过程中，采用这些喷水来降低最终再热蒸汽温度就不是有效或必要的。大多数由于减温器喷水过量所造成的汽轮机进水事故就发生在这段时间里。在大多数情况下因为蒸汽流速低及管道布置的关系，因喷水过量而形成的水会积聚起来，并反流至汽轮机。另外一种可能是在低负荷下运行时，再热器屏中的凝结水积聚，如果流量增加很快，这部分水有可能被带入汽轮机。

4. 抽汽系统

水从抽汽系统、给水加热器及连带的疏水系统进入汽轮机是汽轮机损坏的一个重要原因。水或冷蒸汽由抽汽管进入汽轮机，多半是加热器管子漏泄或加热器疏水系统故障引起。

5. 轴封系统

汽轮机启动时，轴封系统的管道未能充分暖管和疏水，停机过程中切换备用轴封汽源时操作不当，都将引起轴封进水。一旦有聚集的水进入汽封内，不对称地冷却转子，就可能导致大轴热弯曲，汽封片也会变形，造成机组严重损害。

6. 凝汽器

如某汽轮机组在一次主蒸汽超温紧急停机过程中，凝汽器水位过高，使疏水扩容器满水，水倒流入汽缸中，造成严重后果。

汽轮机进水系统和设备涉及的范围应包括：①主蒸汽系统、管道及疏水装置；②再热蒸汽系统、管道及疏水装置；③再热减温系统；④汽轮机抽汽系统、管道及疏水装置；⑤给水加热器、管道及疏水装置；⑥汽轮机的疏水系统；⑦汽轮机蒸汽密封系统、管道及疏水装置；⑧主蒸汽减温喷水装置；⑨启动系统；⑩凝汽器等设备和系统。

（二）防止进水的控制和设计要求

1. 控制要求

汽轮机防进水保护应在汽轮机从盘车到带满负荷的整个运行时间都起作用。在运行期间，防进水保护系统能实现自动控制，而在汽轮机启动和停机过程中，则由运行人员进行手动操作，也可实现自动控制。当保护系统动作时，控制盘上发出报警信号。计算机对某些温度进行监视，以确定蒸汽管路中或汽轮机中是否有积水。

2. 设计要求

汽轮机的进水来自汽轮机的任何一个接口管道，因此在设计管道（如主蒸汽管道和再热蒸汽管道）系统时，要确保疏水管路的坡度，并要求每一个低位点的疏水必须畅通。

在水平管道的低位点上，应装设疏水罐。例如在靠近汽轮机接口处的冷再热汽管道水平段装设疏水罐。当疏水罐水位过高时就自动打开疏水阀，并发出报警信号。

在疏水罐附近的再热汽管道、抽汽口附近的管道、汽轮机主蒸汽入口管道及汽缸等部件的上、下部均应装设热电偶测点，以便监视管道或汽缸的上、下部温度差。当温差大于某一数值时，汽轮机可能进水，应采取紧急措施，防止事故扩大。

疏水阀都采用电磁控制的气动阀，气动阀的型式为"失气开"，即设计成在仪表空气失气时疏水阀打开，疏水阀前的隔绝门在机组启停和正常运行时应打开。

（三）防止汽轮机进水实例

大型火电机组一般都由 DCS 系统进行机组自动控制，考虑到分散控制系统故障的情况下对机组的保护，而此时的保护是至关重要的。因而将一部分重要的保护逻辑从分散控制系统中划出来，成为一个独立的保护系统，利用 CMOS 固态电路实现逻辑控制功能，称为电厂保护系统（PPS），汽轮机防进水保护就是其中的一个保护项目。这是美国 CE 公司为我国某电厂 600MW 机组设计的保护控制系统。下面仅以 1 号高压加热器抽汽逆止门控制为例进行说明。图 3 - 68 所示为某 600MW 汽轮机组的 1 号高压加热器抽汽阀及疏水阀系统图。

汽轮机高压缸的一级抽汽经电动隔绝阀、抽汽止回阀 FC 后进入 1 号加热器，抽汽阀

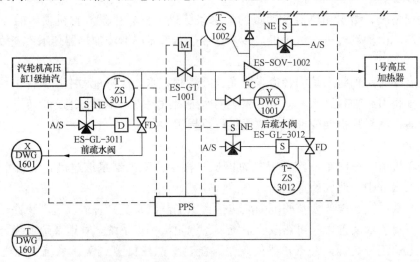

图 3 - 68　某 600MW 汽轮机组的 1 号高压加热器抽汽阀及疏水阀系统图

前、后均装有疏水阀，分别由 T-ZS/3011 和 T-ZS/3012 控制。下面对抽汽阀的控制逻辑进行说明。

1. 1 号抽汽隔绝阀控制

图 3-69 所示为 1 号高压加热器抽汽隔绝阀控制逻辑简图。

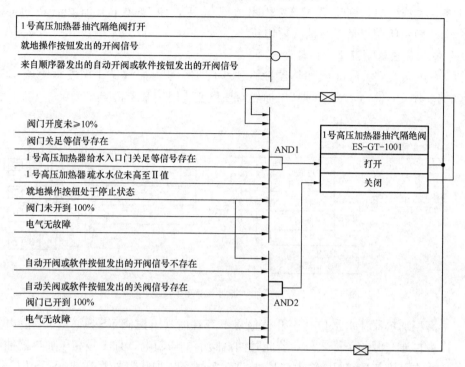

图 3-69 1 号高压加热器抽汽隔绝阀控制逻辑简图

（1）1 号高压加热器抽汽隔绝阀（ES-GT-1001）的开阀条件：

1）就地操作按钮发出的开阀信号，或来自顺序器发出的自动开阀信号，或通过软件操作按钮发出开阀信号；

2）阀门开度未≥10%；

3）阀门关足信号存在，或开向转矩信号存在；

4）发电机负荷未≤10%，或 1 号高压加热器给水隔绝阀未关足信号存在，或 1 号高压加热器给水出口阀未关足信号存在，或软件发出的关阀信号不存在等；

5）1 号高压加热器疏水水位未高至Ⅱ值；

6）就地操作按钮处于停止状态，或 1 号高压加热器疏水水位未高至Ⅱ值；

7）阀门未开到 100%；

8）电气无故障。

以上条件均成立，则与门 AND1 输出"1"电平，使 1 号高压加热器抽汽隔绝阀（ES-GT-1001）电动机的打开启动器动作，电动门打开，于是汽轮机高压缸的 1 级抽汽流向 1 号高压加热器，对给水进行加热。

（2）1 号高压加热器抽汽隔绝阀（ES-GT-1001）的关阀条件：

1）就地操作按钮发出的关阀信号，或 1 号高压加热器疏水水位高至Ⅱ值，为了防止疏水流向汽轮机造成水冲击，必须将隔绝阀关闭；

2）来自顺序器发出的自动开阀信号，或软件发出的开阀信号均不存在；

3）就地操作按钮发出的关阀信号，或发电机负荷≤10％，或1号高压加热器给水隔绝阀关足，或1号高压加热器给水出口阀关足，或软件发出的关阀信号等存在。

以上条件均成立时，则与门 AND2 输出"1"电平，使 ES-GT-1001 电动机的关闭启动器动作，电动门关闭，于是1级抽汽被切断。

2. 1号高压加热器抽汽逆止门控制

由图 3 - 68 可见，1号高压加热器抽汽逆止门 FC 是由抽汽逆止门的电磁阀 ES-SOV-1002 控制的。图 3 - 70 所示为1号高压加热器抽汽逆止门控制逻辑图。

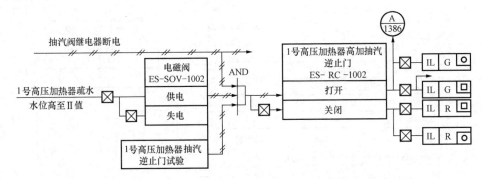

图 3 - 70　1号高压加热器抽汽逆止门控制逻辑图

当1号高压加热器疏水水位高至Ⅱ值信号不存在时，电磁阀 ES-SOV-1002 供电，电磁阀动作，作为接通气源的条件之一，若此时抽汽阀继电器断电，且1号高压加热器抽汽逆止门试验条件成立，则与门 AND 输出"1"电平，1号高压加热器抽汽逆止门 ES-RC-1002 打开，A/1386 输出信号，作为1号高压加热器顺序器启动的条件之一。同时，控制盘上的硬件指示红色灯和软件指示红色灯亮，以示抽汽逆止门打开。

反之，当与门 AND 的三个输入条件不成立，如1号高压加热器水位高至Ⅱ值，则电磁阀 ES-SOV-1002 失电，与门 AND 输出"0"电平，抽汽逆止门 ES-RC-1002 关闭，控制盘上的硬件和软件绿色指示灯亮，以示逆止门关闭。

图 3 - 68 中的前疏水阀 ES-GL-3011 控制逻辑、后疏水阀 ES-GL-3012 控制逻辑及其他的汽轮机防进水逻辑控制。由于篇幅所限，在此不能一一详述，读者掌握一定的分析方法，就可举一反三地看懂其他图纸。

（四）利用 DCS 系统实现汽轮机防进水保护

有些电厂的汽轮机组利用 DCS 分散控制系统直接进行防进水控制取得较好效果。例如：某厂一台 600MW 机组的防进水保护系统，利用 DCS 控制系统构成一个防进水控制管理模块。其控制策略按机组启动加负荷过程、机组降负荷停机过程和异常工况三种情况，实现汽轮机防进水保护的各类疏水阀门的输出控制进行分解，将高压管系、低压管系、汽轮机本体和其他管系分解为 8 个输出控制类别，进行手动或自动成组开、关各类疏水阀门。主要的控制分类有以下几种。

（1）当负荷小于10％额定负荷时，自动打开高、低压组全部疏水阀门（电平信号优先开）。

（2）当负荷大于 10％额定负荷而小于 20％额定负荷时，自动关闭高压本体和高压管系全部疏水门，也可手动成组开或成组关高压疏水门。

（3）当负荷大于 20％额定负荷时，自动关闭低压本体和低压管系全部疏水门，也可与高低压组选择键、本体组选择键、管系选择键相配合，实现手动成组开或成组关高压组本体。高压组管系、低压组本体或低压组管系的疏水门。

（4）当汽轮机或发电机跳闸时，自动开高压组和低压组全部疏水门。

（5）当 EH 油压低时，自动开汽轮机本体疏水门。

（6）当 EH 油压正常时，以脉冲信号一次性自动关闭汽轮机本体疏水门。

在汽轮发电机组中还有一些辅助设备和系统需要监视和保护，如除氧器压力和水位，凝汽器真空和水位，闭式循环冷却系统，发电机氢冷、水冷系统等，限于篇幅，不再赘述。

第四章　旁　路　控　制　系　统

大型火电机组通常按一机一炉的方式构成单元配置，且都采用中间再热式热力系统以进一步提高机组的循环热效率。由于汽轮机和锅炉的特性不同，在实际运行中会出现机、炉出力不匹配的问题。例如，汽轮机空负荷运行时蒸汽流量仅为额定流量的 5%～8%，而锅炉最低稳定负荷为额定负荷的 25%～50%，一般在 30%左右，负荷再低锅炉就不能长时间稳定运行；另外，启动工况要回收锅炉多余蒸汽，避免对空排汽造成工质损失；有的再热器布置在锅炉较高温度的烟温区，要求有一定流量的蒸汽冷却管道，最小冷却流量为额定量的 14%左右，所以在机组启动时和机组空载时，必须考虑对再热器的保护。若中间再热机组设置了旁路系统，则可以解决上述问题。除了回收汽水和保护再热器外，旁路系统还可适应机组的各种启动方式（冷态、热态、定压、滑压）、带厂用电、低负荷运行以及甩负荷等工况的要求，有些旁路系统还兼具锅炉和汽轮机的保护功能。

第一节　概　　　述

本文所述的旁路系统又称为汽轮机旁路系统，是指与汽轮机并联的蒸汽减温、减压系统。由管道、阀门和控制机构组成，主要作用是在汽轮机无法接受所有蒸汽的运行情况下，把过热蒸汽引到再热器进口及把再热蒸汽引入冷凝器中。这种功能在锅炉启动、停炉以及汽轮发电机系统运行故障（如汽轮机跳闸）时，尤为重要。

一、旁路系统的型式

大型机组的旁路系统一般分为高压旁路、低压旁路及大旁路等形式。

（1）高压旁路（Ⅰ级旁路）。高压旁路的作用是使主蒸汽绕过汽轮机的高压缸，蒸汽的压力和温度经Ⅰ级旁路降至再热器入口处的蒸汽参数后直接进入再热器。

（2）低压旁路（Ⅱ级旁路）。低压旁路的作用是使再热器出来的蒸汽绕过汽轮机中、低压缸，通过减压降温装置将再热器出口蒸汽参数降至凝汽器入口处的相应参数后直接引入凝汽器。

（3）大旁路。大旁路即整机旁路，它是将过热器出来的蒸汽绕过整个汽轮机经减压减温后直接引入凝汽器。

旁路型式的选取主要取决于锅炉的结构布置、再热器的材料及机组的运行方式。若再热器布置在烟气高温区，在锅炉点火及甩负荷情况下必须通汽冷却时，宜用Ⅰ、Ⅱ级旁路串联的双级旁路系统或者用Ⅰ级旁路与大旁路并联的双级旁路系统。若再热器所用的材料较好或再热器布置在烟气低温区，允许短时干烧，则可采用大旁路的单级旁路系统。对于要求有较大灵活性的机组，如调峰运行机组、两班制运行机组，为了热态启动时迅速提高再热汽温，低负荷时也能保持较高的再热汽温，且再热器布置在烟气高温区，此时必须选用Ⅰ、Ⅱ级旁路串联的双级旁路系统。

二、旁路系统的主要功能

（1）协调机组启动，回收工质和热量，降低噪声。机组启动时，在汽轮机冲转升速或开始带负荷阶段，锅炉产生的蒸汽量要比汽轮机需要的蒸汽量大，尤其对于直流锅炉，如将这些多余蒸汽直接排入大气，不仅造成大量工质和热量的损失，而且产生严重的排汽噪声，污染环境，所以设置旁路系统可回收这部分工质和热量、减少噪声、改善锅炉的运行条件。

（2）适用滑参数启动方式，加快启动速度。大型单元机组采用滑参数启动时，首先以低参数蒸汽冲转汽轮机，然后在启动过程中随着汽轮机的暖机和带负荷的需要不断地调整锅炉的汽压、汽温和蒸汽流量，使锅炉产生的蒸汽参数与汽轮机的金属温度状况相适应，从而使汽轮机得到均匀的加热。此时只靠调整锅炉的燃烧方式或蒸汽压力是难以实现的，尤其是在热态启动时就更困难，采用旁路系统既可满足上述要求，又可加快启动速度。

（3）甩负荷运行阶段，由于旁路系统的作用，允许锅炉维持在热备用状态。在大型机组的设计中，当汽轮发电机系统故障引起机组甩负荷后，通常希望机组能在空负荷或带厂用电的低负荷状态下保持稳定运行，或希望停机不停炉，让运行人员有时间去判断甩负荷的原因，并决定锅炉负荷是应进一步下降还是继续保持下去，以便在故障排除后使汽轮发电机组尽快重新并入电网及带负荷，恢复正常运行。若此时让机、炉同时停止运行，则当故障排除后必须重新启动锅炉，这将使机组恢复正常的时间增加，而且会要因启动机组从电网中耗去厂用电，对电网的稳定性也带来一定的影响。另外，在要求快速甩负荷时，必须立刻关小汽轮机的调节汽门，但锅炉仅能缓慢地调整负荷，由此产生的蒸汽产量与需求量之间的不平衡，将引起主蒸汽系统和再热器系统内压力的升高。对旁路装置容量不足的设备，将导致安全阀动作。旁路系统的作用可使锅炉与汽轮机脱开运行，直至过渡到新的机组负荷工况，而不会出现较大的汽水损失。

（4）保护再热器。一般来说，高参数大容量的汽轮发电机组、锅炉机组均采用一次中间再热，以提高电厂的循环效率。在正常工况时，汽轮机高压缸的排汽通过再热器将蒸汽再热至额定温度，并使再热器得到冷却保护。而在锅炉点火、汽轮机尚未冲转前或甩负荷等工况时，不能用汽轮机高压缸排汽来冷却再热器，而采用了旁路系统就可对蒸汽进行减压降温处理，维持连续的蒸汽流动，使再热器能得到足够的冷却，从而保护再热器。

（5）正常工况下，若负荷变化太大，旁路系统将辅助机组协调控制系统调节锅炉主蒸汽压力，减少其波动。

三、旁路系统的安全保护作用

（1）当运行机组发生下列情况之一时，快速打开高压旁路阀和高压喷水阀，同时快速联动打开低压旁路阀和低压旁路喷水阀：①发电机瞬间甩负荷；②汽轮机跳闸，自动关闭主汽门；③主汽压力超过设定值。

这时旁路装置起泄压、分流、平衡机炉之间蒸汽负荷、维持锅炉最低稳定负荷运行和冷却再热器的作用。

（2）当运行机组发生下列情况之一时，快速关闭低压旁路阀，同时以比常规调节更快的速度关闭低压旁路喷水阀：①凝汽器真空下降到允许设定限值以下；②低压旁路阀出口汽温超过允许设定限值；③供低压旁路减温的凝结水压力低于允许设定限值。

（3）当再热汽压力与压力设定值（汽轮机速度级压力）之偏差（正偏差）超过允许设定限值时，快速打开低压旁路阀和低压旁路喷水阀。

（4）当低压旁路阀全开，而其入口再热蒸汽压力超过额定压力时，相应关小低压旁路阀，以减少蒸汽流量，防止凝汽器过负荷。

四、典型旁路系统

近年来，我国投产的大型火电机组较多采用了进口的旁路装置，如德国西门子旁路装置、瑞士苏尔寿（现已被美国 CCI 公司并购）旁路装置等。这些旁路装置的阀门无漏流、动作可靠，具有快速开闭功能，且其控制系统设计较为合理、功能齐全、工作可靠。下面以苏尔寿旁路系统为例作一介绍。

图 4 - 1 所示为苏尔寿旁路系统示意图。

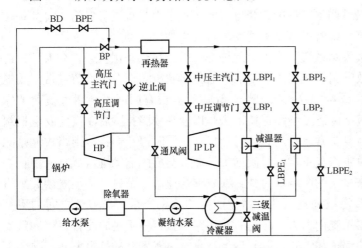

图 4 - 1 苏尔寿旁路系统示意图

HP—汽轮机高压缸；IP、LP—汽轮机中、低压缸；BD—高压旁路
喷水减压隔离阀；BP—高压旁路调节阀；BPE—高压旁路温度调节阀；
$LBPI_1$、$LBPI_2$—低压旁路隔离阀；LBP_1、LBP_2—低压
旁路调节阀；$LBPE_1$、$LBPE_2$—低压旁路温度调节阀

高压旁路系统包括一只高压旁路（压力）调节阀（BP）、一只高压旁路温度调节阀（BPE）和一只高压旁路喷水隔离阀（BD）。来自给水泵出口的减温水经减温水隔绝阀 BD 和减温水调节阀 BPE 直接喷入高压旁路调节阀 BP 的下部。高旁压力调节阀兼具减压减温和安全两个作用。高压旁路减温水隔离阀除了起到隔绝作用外，通过节流作用还能降低给水压力，保证减温水调节阀在理想的工作压差下进行工作。

低压旁路系统包括两只低压旁路隔离阀（LBPI）、两只低压旁路压力调节阀（LBP）和两只低压旁路温度调节阀（LBPE）以及紧凑式减温器。由再热器出来的再热蒸汽经低压旁路阀减压后再进入紧凑式减温器进行减压减温，最后进入凝汽器。

汽轮机蒸汽旁路控制系统包括高压旁路控制系统和低压旁路控制系统。高压旁路控制系统由主蒸汽压力、主蒸汽温度、高压旁路隔离阀三个子控制系统组成。低压旁路控制系统包括再热蒸汽压力、喷水减温、低压旁路隔离阀三个子控制系统。每个子控制系统均由阀门、液压执行机构、控制回路和共用的供油装置等部件组成。若液压执行机构所采用的工作压力油为抗燃油，还需有一套抗燃油再生装置。

（1）阀门。当旁路系统处于运行状态时，BP 阀和 LBP 阀分别用于控制和监视主蒸汽压力和再热蒸汽压力；BPE 阀和 LBPE 阀分别用于高、低压旁路的温度调节，即控制喷水量，以使 BP 阀和 LBP 阀出口的温度不超过规定值；BD 阀在 BP 阀关闭时也关闭，对高压旁路喷水起隔离阀作用；LBPI 用于保证凝汽器的安全运行。

（2）执行机构。它用于打开或关闭阀门。因旁路阀门的打开和关闭所需的提升力很大，而且要求快速动作，全行程的控制时间短，因而一般采用液压执行机构。正常工作时，调节

阀接受来自控制系统的信号,并通过电液伺服阀转换成工作油压信号,使阀门开大或关小。开关式阀门接受逻辑控制信号使阀门打开或关闭。事故情况下,利用安装在执行机构上的快行程装置,使阀门快速打开或快速关闭。

(3)供油装置。它提供液压执行机构所用的压力油,该装置由供油监控器进行控制和监视。

(4)抗燃油再生装置。它用于处理工作油,保持抗燃油的物理、化学性能,延长油的使用寿命,防止伺服阀的黏结和腐蚀。

第二节 高压旁路控制系统

一、高压旁路控制系统的运行方式

大型火电机组在启动阶段多采用滑参数启动。高、低负荷时为定压运行,中间负荷为滑压方式运行,为此,高压旁路控制系统设计有阀门位置(简称阀位)、定压和滑压三种运行方式,其关系如图4-2所示。与这三种运行方式相对应的启动曲线如图4-3所示。

1. 阀位运行方式

将锅炉点火至汽轮机冲转前的阶段设计为阀门位置运行阶段,用以加速锅炉的启动。在这期间,又把高压旁路控制划分成三个子阶段。

锅炉点火最初阶段,阀门控制在最小的开度。因为刚一点火时锅炉的压力很低,旁路阀门不能自动打开,可通过最小开度定值 Y_{min},

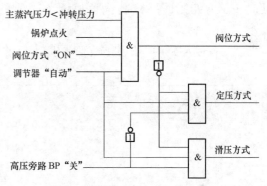

图4-2 三种运行方式关系图

使旁路阀门保持在最小开度,蒸汽通过高压旁路加热整个系统,防止阀门的冲蚀。

主蒸汽压力升高到最小定值 p_{min} 时,为定压控制方式。用开大高压旁路阀门来保持主蒸汽压力为最小定值 p_{min}。

高压旁路阀门开度增大到所设定的最大开度 Y_{max} 后,压力设定值将按一定的梯度增加,以快速提高主蒸汽压力(旁路阀门保持在最大开度)。此时需限制压力整定值增加的速率,以控制蒸汽压力上升的速度,因而实现了在此阶段锅炉的滑压启动。

2. 定压运行方式

主蒸汽压力升高到冲转汽轮机压力时,自动转为汽轮机定压运行方式,压力整定值保持不变,以保证汽轮机启动时主

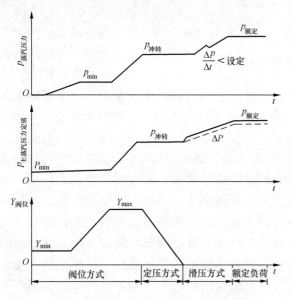

图4-3 高压旁路三种运行方式启动曲线

蒸汽压力不变，实现汽轮机定压启动。在汽轮机尚未冲转时，用旁路阀调节保持主蒸汽压力为定值，此时根据运行要求，可以改变汽轮机冲转压力的大小，使高压旁路系统能适应汽轮机中压缸冲转或高压缸冲转的要求。在汽轮机冲转、并网、带负荷后，耗汽量增加，通过关小高压旁路阀门可保持汽轮机前主蒸汽压力为给定值。

3. 滑压运行方式

当旁路阀门全关时，转入滑压运行阶段。滑压运行时，控制系统自动跟踪实际压力值。主蒸汽压力变化率可预先设定，此时监视主蒸汽压力，要求主蒸汽压力的增加速度低于所设定的值，使压力定值总是稍高于实际压力值，以保持旁路阀门关闭。

二、高压旁路控制系统

高压旁路控制系统有压力控制和温度控制两个控制回路。

在机组正常运行时，压力控制回路的主要作用是保证主蒸汽压力的稳定。若锅炉主蒸汽压力超过整定值，高压旁路阀门自动开启；压力恢复正常时，阀门自动关闭。机组启动时，压力控制回路控制汽轮机调节阀前的主蒸汽压力和流量，以满足滑参数启动的要求。

温度控制回路的作用是调节减压阀出口的蒸汽温度，使之与锅炉再热器入口温度一致。

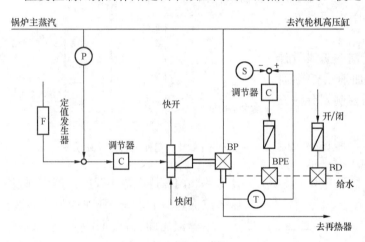

图 4-4　高压旁路控制系统原理框图

如图 4-4 所示为高压旁路控制系统原理框图。

1. 高压旁路压力控制回路

当锅炉开始点火时，锅炉负荷为零，出口汽压 p 为零，定值发生器设有最小压力定值，故定值发生器的输出不是零，而是 p_{min}，此时锅炉出口压力比定值压力低，调节器的输出信号为负偏差，将使高压旁路压力调节阀 BP 处于关闭状态。为了保证在启动时有一定的蒸汽量通过再热器，设定了阀门的最小开度值，所以实际上此时的 BP 阀是处于最小开度的阀位上。随着锅炉产生蒸汽，其出口汽压将逐渐上升。当蒸汽压力达到预置的最小压力定值（p_{min} 值）时，根据启动曲线将实现定压运行，而此时随着燃烧率的增加，锅炉负荷也增加。为了使实际锅炉出口压力维持在 p_{min} 值，旁路阀门将随着燃烧率的增加而开启。当旁路阀门开启到设定的最大阀门开度时，控制系统将实现随锅炉的滑压运行，即蒸汽压力和蒸汽流量将根据燃烧率的增加而上升。当压力达到汽轮机冲转压力时，根据启动曲线要实现一段定压运行，旁路阀门将随着汽轮机冲转、升速、带负荷后进汽量的增加，引起主蒸汽管道中汽压下降，调节系统将逐渐关闭旁路阀以维持汽压 p 的恒定。旁路阀门全关闭时将实现随汽轮机的滑压运行，此时主蒸汽压力调节将由锅炉控制系统实现，高压旁路压力调节系统仅在负荷大幅度变化时帮助锅炉控制系统调节主蒸汽压力。

2. 高压旁路温度控制回路

温度控制的任务是维持高压旁路阀后汽温（即再热器冷端管路中的温度）为某一定值温度。控制满足下列要求：喷水量必须精确地与蒸汽量相一致，为了控制温度必须保证稳定的喷水性能，采用前馈控制克服瞬间的过量喷水现象，保证喷水量与瞬间的运行状态相匹配。

第三节　低压旁路控制系统

低压旁路控制系统包括压力控制回路和温度控制回路。压力控制回路的作用是控制锅炉出口的再热蒸汽压力为给定值。温度控制回路的作用是控制排入凝汽器的蒸汽温度为规定值。图 4-5 所示为低压旁路控制系统原理框图。

机组启动期间，低压旁路压力调节系统维持再热器出口压力为最小定值，此定值可在控制台上进行设定，并由相应的指示仪表指示其数值。汽轮机加负荷时，实现跟踪运行。给定值由汽轮机监视段压力经过定值发生器后产生，此值比再热器热端管道中的压力高，因而在调节器的输入端所产生的控制偏差信号保证了旁路阀门在正常运行过程中保持关闭。若再热器管道内的压力太高，则定值发生器将发信号给调节器，使调节器产生一个相应的信号开启低压旁路阀门。

汽轮机跳闸时，低压旁路阀门将蒸汽通过减温器旁路到凝汽器中去。为了不超过凝汽器

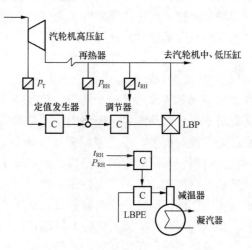

图 4-5　低压旁路控制系统原理框图

所能接受的最大蒸汽量，在低压旁路阀出口处装有测点，测量低压旁路的出口压力。此压力与蒸汽流量成正比，如果此压力信号大于 p_{max}，将在调节器的输入端产生一信号，使阀门相应地关小。

由于低压旁路出口的温度测点不易安装，而且饱和温度的测量很难准确，所以低压旁路温度控制可设计成开环回路。根据低压旁路阀门的开度、再热器出口压力及再热器出口温度计算所需的喷水量，然后再根据阀门特性曲线将喷水量转换成相应的喷水阀门开度。

低压旁路和高压旁路间设置了多项连锁保护控制。

（1）高压旁路压力调节阀开度大于 2% 时，使低压旁路压力控制回路投"自动"，同时使高压旁路温度控制回路投"自动"，喷水压力调节阀打开。

（2）高压旁路压力调节阀打开 10s 后，若低压旁路压力调节阀仍处于关闭状态，则发出报警信号。

（3）接到"汽轮机跳闸信号"后，高压旁路压力调节回路闭锁 3s，低压旁路压力调节回路闭锁 1s。

（4）接到"主燃料跳闸信号"后，高压旁路压力调节阀自动关闭，关闭时间为 10～15s。

（5）高压旁路压力调节阀后蒸汽温度超过设定值时，闭锁高压旁路快开信号，同时发出报警信号。

（6）在发生下列情况时，低压旁路隔离阀快速关闭，以保护凝汽器：①凝汽器压力高；②凝汽器温度高；③喷水压力低；④主燃料跳闸。

第四节　旁路容量的选择和工程实例

一、旁路容量的选择

旁路系统容量的合理选择不仅取决于对旁路功能的要求，还与机组在系统中承担的负荷性质、锅炉和汽轮机的结构、特性、运行方式、冷热态启动参数及自动控制水平有关。容量选择的原则是：高压旁路的容量能保证锅炉压力无明显变化情况下机组各启动工况的新蒸汽可以顺利通过；低压旁路的容量能保证冷凝器系统不受明显扰动情况下机组各启动工况再热蒸汽部分或全部通过。

通常，旁路可以按容量分为 10%～30% 容量、30%～50% 容量、30%～70% 容量、70% 容量、100% 容量等几类。旁路容量的选择可分两种情况考虑：一是用于改善机组启动性能的旁路系统；二是配合机组启动之外，还可实现机组快速甩负荷（FCB）功能的旁路系统。对于机组启动来说，旁路容量不需要很大，有 20% 即可，因为旁路容量越大造价就越高。对于调峰机组，因启停频繁，要求热态启动快，旁路容量应选得大一些。设计有 FCB 功能的机组，旁路容量的选择应从锅炉安全的角度考虑，在机组甩负荷时要保证再热器中有足够的蒸汽流动。另一方面，由于机组甩负荷时，锅炉投油助燃需要一段时间，而投油运行也是不经济的。因此，旁路容量选在锅炉不投油最低稳定燃烧负荷加上一定余量是比较合适的。如国产 600MW 机组锅炉不投油最低稳定燃烧负荷为 35%，旁路容量可选为 50%。对于甩负荷后可带厂用电运行的机组，低压旁路容量还应考虑到机组甩负荷时，能使再热蒸汽压力下降到汽轮机可以接受的程度。而采用 50%～100%BMCR 高压旁路容量和 40%～70% BMCR 低压旁路容量配置的旁路系统，可以在机组启停、运行和异常工况下，起到控制、监视蒸汽压力和锅炉超压保护等多重功能。这种类型的旁路在我国新近投建的 600、1000MW 超临界和超超临界参数机组中得到了较多的应用，它提升了旁路系统在机组控制和保护中的作用和地位，且能实现停机不停炉功能。

二、工程实例

下面以某 1000MW 机组的旁路控制系统为例，介绍其系统的组成和相关的控制功能。

该机组采用了 100%BMCR 高压旁路容量和 50%(2×25%)BMCR 低压旁路容量加再热器安全门的配置形式。旁路系统由高/低压旁路控制装置、高/低压控制阀门、液压执行机构及高、低旁路供油装置（分别设置）等组成，通过主机 DCS 来实现控制。

（一）机组旁路系统型式和特点

机组由高压旁路和低压旁路组成二级串联旁路系统。主蒸汽管与汽轮机高压缸排汽逆止阀后的冷段再热蒸汽管之间连接高压旁路，使蒸汽直接进入再热器；再热器出口管路上连接低压旁路管道使蒸汽直接进入凝汽器。

采用 100%BMCR 容量的高压旁路后，锅炉过热器出口不再设置安全阀，而由 4 只各 25%BMCR 容量的高压旁路阀替代安全阀的作用。再热器出口管道设有 4×25% 容量的安全阀与 50％容量的低压旁路阀相配置，以保证事故状况下锅炉多余蒸汽的排放。

机组旁路系统的主要功能是改善启动性能，解决锅炉多余蒸汽的回收问题，保护再热器，防止锅炉超压，起到降压、回收工质、降低噪声等功能。

在机组运行过程中分别通过高、低压旁路的压力调节、温度调节、快开、快关功能来完成机组启停过程及正常运行过程中的安全保护功能，为机组的安全、经济运行提供了可靠有效的保证。

（二）旁路系统设计参数

该机组高、低压旁路的设计参数分别如表 4 - 1、表 4 - 2 所示。

表 4 - 1　　高压旁路设计参数表

项　　目		单位	数值
每只高压旁路阀的设计蒸汽质量流量		t/h	697
设计压力		bar	278
高压旁路阀进口蒸汽温度		℃	542
高压旁路阀出口蒸汽温度		℃	约 364
每只高压旁路的减温水流量		t/h	约 74
高压旁路阀的开启时间	正常	s	10～30
	快速	s	2～3

表 4 - 2　　低压旁路设计参数表

项　　目	单位	数值
每只低压旁路阀的设计蒸汽质量流量	t/h	697
在设计质量流量时的最低压力	bar	39.3
低压旁路阀进口蒸汽温度	℃	568
低压旁路阀出口蒸汽压力	bar	2.5
低压旁路阀出口蒸汽温度	℃	127
每只低压旁路的减温水流量	t/h	约 286

（三）高、低压旁路控制过程

机组运行时，高、低压旁路通过在不同的控制方式之间进行切换来适应不同的工况要求，实现事先预设的控制和保护功能。

1. 高压旁路的控制方式

高压旁路共设有五种控制方式，分别为启动方式、溢流方式、主汽压调节方式、短期待机方式和检修待机方式。高压旁路的启、停曲线如图 4 - 6、图 4 - 7 所示。

（1）启动方式。该方式分为 A1、A2、A3 三个阶段。当锅炉启动后，任一层的燃油枪投用数大于等于 3 根时，旁路收到"fire on"信号，高压旁路即进入 A1 方式，此时，高压旁路阀处于关闭状态。当锅炉点火 12min，或主蒸汽压力大于 118bar，或达到蓄热设定点时，即转入 A2 方式，将高压旁路阀的开度控制到 5％，

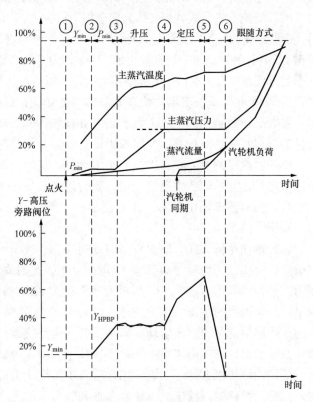

图 4 - 6　高压旁路启动曲线

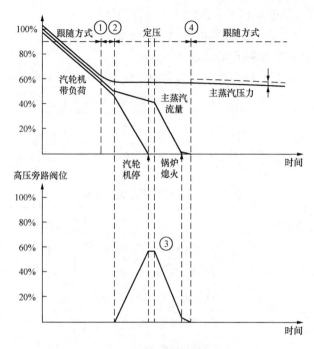

图 4 - 7　高压旁路停运曲线

大于 2min 后开启至 17%，最高不超过 50%。A2 方式开始延时 1~10min（由点火时主蒸汽压力决定延滞时间），或主蒸汽压力大于 120bar 时转入 A3 方式，此时高压旁路阀位低限设置为 8%，高限由主蒸汽压力确定限值（50%~100%）。将进入 A3 方式的瞬间主蒸汽压力与汽轮机的冲转压力相比较，取大值作为启动方式下的主蒸汽压力的最终设定点，之后高压旁路压力设定值跟着主蒸汽压力以一定的升压率变化，直至达到汽轮机冲转压力。

随着汽轮机冲转、并网带负荷，高压旁路阀逐渐关闭，最后全关，锅炉产生的蒸汽全部进入汽轮机。此时由 DEH 决定是否从 A3 方式转入汽轮机运行的溢流方式或主汽压调节方式。当汽轮机并网或 A3 方式结束时，高压旁路阀的最小阀位取消。

（2）溢流方式。该方式又称为安全阀运行方式，当汽轮机冲转、并网、投入"初始压力"后，旁路即转入溢流方式运行。此时，由协调控制根据 ULD 指令（当 BM 为手动时，根据 BM 输出 BID）计算出的压力设定值再加 14bar 作为高压旁路阀的压力设定点，使高压旁路阀始终处于关闭状态。当主蒸汽压力大于压力设定点时，高压旁路溢流开启；当主蒸汽压力大于压力设定点 10bar 时，高压旁路阀快开至 75%（此功能在负荷低于 50% 时不起作用）。当汽轮机跳闸、发生了 FCB 或主蒸汽压力大于 279bar 使压力开关动作时，高压旁路阀快开至 75%；也可通过 DCS 的手操方式使高压旁路阀快开至 75%，同时使高压旁路处于自动方式。

（3）主汽压调节方式。当机组正常运行，汽轮机转为"压力限制"时，旁路即转入主汽压调节运行，开始调节主蒸汽压力。此时压力设定值为协调系统根据 ULD 指令（当 BM 为手动时，根据 BM 输出 BID）计算出的压力设定值。当主蒸汽压力大于压力设定点 14bar 时，高压旁路快开。

（4）短期待机方式。锅炉重新启动时主蒸汽的最大允许压力大约为 120bar。一般锅炉熄火后，主蒸汽压力会立刻降至 120bar 以下，此时高压旁路将保持关闭。高压旁路的动作压力调整为实际压力加 5bar，但最大不超过 110bar，所以在 110bar 下高压旁路将维持关闭。如果锅炉熄火后的主蒸汽压力大于 110bar，高压旁路将根据一定的降压速率来调节主蒸汽压力，使锅炉能尽快重新启动。但是当低压旁路或凝汽器不能接受蒸汽时，或者由于高压旁路失去减温水，高压旁路则不能自动调节主蒸汽压力。

（5）检修待机方式。在锅炉熄火后，主蒸汽压力的最终值由运行人员通过手动设定来确定，此后，旁路根据给定的降压速率来调节主蒸汽压力。如果由于低压旁路或凝汽器不能接受蒸汽，或者由于高压旁路失去减温水，高压旁路不能自动调节主蒸汽压力时，运行人员可以手动进行干预，手动开启高压旁路，利用再热器安全门来降低主蒸汽压力。

　　短期待机方式或检修待机方式均是当锅炉熄火后高压旁路阀所处的控制状态。此时的压力设定值将根据情况选择不同的定值。如果凝汽器保护动作或当主蒸汽温度大于425℃并且所有给泵跳闸，高压旁路阀的设定值为271bar，当主蒸汽压力大于271bar时，高压旁路阀逐渐开启，直至主蒸汽压力大于279bar时，高压旁路阀快开至75%，否则高压旁路阀的压力设定值为110～105bar。

　　当汽轮机冲转、旁路全关且汽轮机切换至初始压力控制方式后，旁路将一直置于溢流方式，而不切至主压力调节方式。只有当发生以下四种情况之一时，旁路才切换到主汽压调节方式：①汽轮机跳闸；②发电机解列；③汽轮机进行正常滑停；④汽轮机切至转速控制方式。

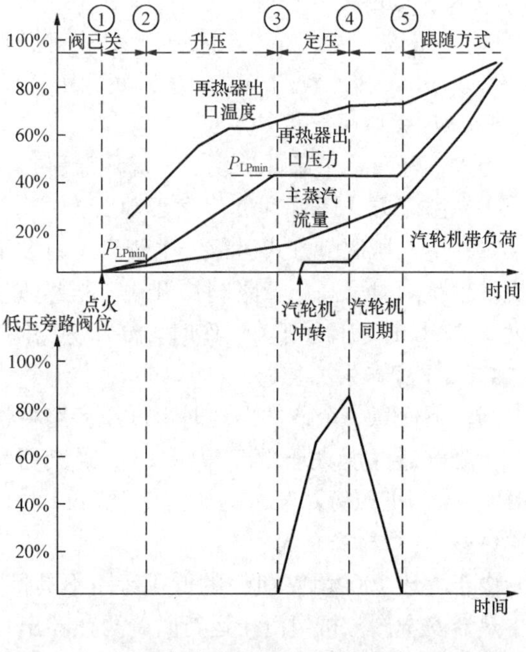

　　2. 低压旁路的控制方式

　　低压旁路控制系统有两种运行方式，分别为"点火"运行方式和"熄火"运行方式，其控制曲线分别如图4-8、图4-9所示。

图4-8　低压旁路启动曲线（"点火"运行方式）

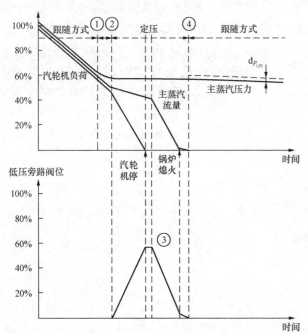

图4-9　低压旁路启动曲线（"熄火"运行方式）

　　（1）"点火"运行方式。锅炉点火后开始低压旁路阀的启动过程。开始时低压旁路阀为关闭状态，当高压旁路阀开启并大于3%阀位时，低压旁路转入压力控制。压力设定点为切换时的再热蒸汽压力值。最小设定值为2bar。当低压旁路阀开启后，设置最小阀位10%，最大阀位70%。当低压旁路阀位达到70%的5min后，再热汽压力仍未达到冲转压力时，低压旁路阀设定值转到实际的再热汽压力，并以一定的速率往上升，直至冲转压力达到20bar时，低压旁路的启动过程结束。在汽轮机冲转并网后，低压旁路阀的最小阀位10%取消。进入溢流方式运行后，低压旁路阀的压力设定值取决于锅炉燃烧率与汽轮机第一级反动级后压力这两者所确定的机组负荷取大值，然后再根据所选择出的负荷值确定低压旁路阀的压力设定值。

（2）"熄火"运行方式。锅炉熄火后，低压旁路阀的压力设定值取高压旁路实际压力的0.5倍与60bar相比较的小值，从而使低压旁路阀关闭，维持再热器压力。

3. 高压旁路快开控制

当以下任意一个条件出现时，高压旁路将快速打开：

①在溢流方式运行且负荷大于50％，主蒸汽压力大于设定值10bar时，高压旁路阀快开；②在主汽压调节方式运行，主蒸汽压力大于设定值14bar时，高压旁路阀快开；③当汽轮机发生跳闸时，高压旁路阀快开；④机组发生FCB时，高压旁路阀快开；⑤当主蒸汽压力大于279bar使压力开关动作时，高压旁路阀快开；⑥DCS手操使高压旁路阀快开。

4. 低压旁路快关控制

当以下任意一个条件出现时，低压旁路将快速打开：

①凝汽器温度大于等于90℃；②凝汽器水位大于等于1400mm；③凝汽器真空大于60kPa；④当低压旁路喷水的压力低至3bar时。

（四）再热器安全阀

由于上述1000MW机组的低压旁路不具备安全阀功能，因而在再热器的热端另外设有4只再热器安全阀。机组滑压运行时，再热器出口安全阀的动作压力随负荷而改变。再热器安全阀的设计参数如表4-3所示。

再热器安全阀有两种工作方式，分别为安全方式和调压方式。当再热器安全阀工作在安全方式时，如热再热汽压力大于69bar，安全阀开启；热再热汽压力小于65bar时，安全阀回座。当再热器安全阀工作在调压方式时，如负荷小于50％BMCR，则只有其中两只安全阀动作；如负荷大于50％BMCR，则另两只安全阀同时动作。

表4-3　　　再热器安全阀设计参数表

项　目	单　位	数　值
起座压力	bar	69
回座压力	bar	62.1
阀杆最大行程	mm	79.5
起座时阀杆行程	mm	79.5
安全阀设计蒸汽排放质量流量	t/h	785.5
安全阀进口蒸汽温度	℃	573

第五章 火电机组的顺序控制

第一节 概 述

顺序控制系统（Sequential Control System，SCS、SEQ 或顺控系统）是现代化大型火电机组自动控制系统中的重要组成部分之一。随着锅炉和汽轮发电机组容量的不断增大，参数的不断提高，机组的结构和系统越来越复杂。运行中，特别是在机组启停及事故处理过程中，需要根据诸多参数及运行条件进行综合判断，完成大量的、复杂的操作。不同容量的机组需要监视的参数和操作的项目数大致如表 5-1 所示。

表 5-1 不同容量机组需要监视的参数和操作的项目数

机组容量（MW）	50	200	300	500	大于 600
监视项目数	125	560	1000	1225	大于 2000
操作把手数	73	280	430	445	大于 800

对于大容量机组，如此繁多的辅机、阀门和挡板，若都由运行人员进行手操，工作的难度是不言而喻的。首先，这样做的结果是仪表和操作开关（包括按钮）数量大大增加，造成控制盘尺寸庞大，使得操作和监视面很宽，运行人员难以监视和操作。其次，由于操作复杂、劳动强度大，很容易造成误操作，从而威胁机组的安全运行。尤其在机组启停或发生事故的情况下，更容易造成运行人员手忙脚乱，甚至导致事故进一步扩大。

采用顺序控制后，运行人员只需通过有限的操作按钮，用尽量少的步骤去完成某一个辅机系统或辅机设备、甚至整个机组的启停任务。例如某 600MW 机组原有 800 多个操作项目，用顺序控制后可减少到 40 几个，只需很少人即可完成整套机组的操作。

由此可见，采用顺序控制后，不仅可减少运行人员的操作次数，减轻运行人员的劳动强度，同时可以减少控制盘（台）的尺寸，缩小监视面。更重要的是可以防止因对象多而复杂及运行方式多变引起的误操作事故，有利于机组的安全运行。

一、顺序控制系统的层次结构

大型火电机组的自动控制系统越来越复杂，整个机组的控制逐步形成分级控制。顺序控制系统大致可分成三级：分别是机组级控制、功能组级控制和设备级控制。图 5-1 所示为顺序控制系统控制级的结构示意图。

1. 机组级控制

机组级控制为最高一级的控制。它在最少人工干预下完成整套机组的启动和停止。当顺控系统接到启动指令后，将机组从起始状态逐步启动到某一负荷。它只需设置少量断点，由运行人员确认并按下按钮后，程序就继续进

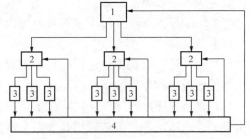

图 5-1 顺序控制系统控制级的结构示意图
1—机组级；2—功能组级；3—设备级；4—生产过程

行。当功能执行完毕后，发出"完成"信号反馈给主控系统，表示这一控制功能已结束。

机组级控制并不等于机组启停全部自动控制，它可以设置必要的人工干预。机组级控制也称为功能组自动方式控制，而功能组手动方式控制也称为功能组级控制。带断点功能的机组自启停系统（APS）就属于顺序控制中的机组级控制。

2. 功能组级控制

功能组级控制是根据工艺流程的要求，将局部工艺流程中关联密切的一些设备相对集中地进行启动或停止的顺序控制，通常是以某一台重要辅机为核心进行的设备组合。比如（回转式三分仓）空气预热器功能组，其被控对象包括了主驱动马达、辅助驱动马达、导向轴承油泵、支持轴承油泵、烟气进口挡板、二次风出口挡板等设备。在功能组中这些设备按预先设计好的先后次序，自动地实现设备的启停控制。

一个完整的功能组可包含三种操作：第一种操作是功能组的启停和自动/手动切换。在采用功能组级控制时，应将选择开关先切换到"功能组手动"位置，然后再进行启停操作。第二种操作是"中止"（Halt）和"开放"（Release）操作。当将控制顺序置于"开放"状态时，可对功能组随意进行启、停操作。当功能组在执行启、停指令时，若将控制方式置于"中止"状态时，则控制程序停止执行。第三种操作是有两台以上的冗余设备时，选择某一台设备作为启动操作的"首台设备"，并设有自动/手动切换开关。一般说来，当选择好"首台设备"之后，应将开关切换到"自动"位置。这样，当第一台设备启动完成之后，便会自动选择第二台设备，并为备用设备的启动作好准备。

对600MW及以上的大型火力发电机组，按照工艺流程的特点和机组辅机的构成，其功能组（或者功能子组）通常在40～50个左右。

3. 设备级控制

设备级控制是顺控系统的基础级。它是对同属一个功能组级或子组级的若干设备（如阀门、挡板、电动机等执行机构）分别进行的启停操作。设备级控制的通常是在操作员站的LCD和键盘上进行的。设有就地控制柜的设备，也可以进行就地控制。

在火电厂顺序控制系统的设计中，还有另一种定义形式，即将顺序控制功能分成组级控制（GC）、子组级控制（SGC）和子回路控制（SLC）。组级被定义为热力过程的某个分系统或一个局部流程，如疏水系统、烟气系统等；子组级被定义为电厂的某个设备组，如一台送风机及其相关的设备（包括风机、润滑油泵、挡板等）组合，多个子组项经程序连接后即可构成一个组项；而子回路控制实现的是具体的执行机构（如阀门、挡板、电动机等）的控制。因此，功能组的实现方式根据各个电厂设计思路的不同而有所不同。

二、操作手段设置原则

当采用顺序控制操作时，被控对象操作手段的设置原则有以下几个。

1. 辅助电动机

（1）启、停可以在就地进行，且被控设备发生故障，但并不影响主、辅机安全运行的，则可在就地设置操作手段。

（2）设有顺序控制操作手段，仅随主机启、停，而在故障时不需紧急操作的重要辅机，如引风机、送风机等，可在厂用开关柜上设置操作手段，供机组调试及做顺序控制装置故障时的备用。

（3）在机组正常运行过程中，经常进行倒泵操作的重要辅机，如电动给水泵、凝结水泵等，应考虑再设置单操手段，以便顺序控制系统失灵时进行单独操作。

（4）在机组事故情况下，需紧急操作的重要辅机，如汽轮机直流润滑油泵，应设置直接操作手段，以便在紧急情况下供运行人员直接操作。

2. 电动阀门

（1）仅在检修或机组启动前进行操作的电动阀门，可在热控配电箱上设置操作手段。

（2）在机组启停过程中需操作的电动阀门可在操作盘上设置操作手段（参与顺序控制操作的除外）。

（3）在事故情况下需要紧急操作的，如汽包事故放水电动阀门，可考虑在控制台设置单操手段。

3. 电动风门和电动挡板

在控制盘设置成组操作或选线操作手段。但对钢球磨煤机的倒风用挡板，必须保证其中之一挡板有单独操作手段，以便做到同时操作两个挡板，向互为相反方向进行倒风。

上述设备不论是顺序控制或是单操，均应能在 DCS 的操作员站上进行监控。

三、顺序控制系统控制范围

顺序控制涉及全厂的各个范围，总体上可分成锅炉侧顺序控制、汽轮发电机侧顺序控制、机组自启停顺序控制和辅助系统顺序控制四大部分。

1. 锅炉侧顺序控制

锅炉侧顺序控制主要包括燃烧系统顺序控制、炉侧辅机顺序控制和炉侧辅助系统顺序控制等。

燃烧系统的顺序控制指油层和煤层的启停控制、燃烧器自动切换等顺序控制，许多电厂也把它归属到 FSSS 或 BMS 的范畴。

炉侧辅机顺序控制是指送风机、引风机、一次风机、回转式空气预热器、扫描风机等的控制。这些辅机及其附属设备本身应作为一个整体进行控制。如送风机 A 系统包括了送风机 A 及其出口挡板、风机动叶、油泵、油加热设备等。这些设备在接到了功能组的启、停指令以后，根据事先编好的程序，按顺序实现自启停操作。

炉侧辅助系统包括吹灰系统、锅炉排污系统、脱硫系统、脱硝系统等。这些系统既可以用 PLC 来控制，形成相对独立的控制系统，也可以通过主机的 DCS 来实现。目前，已有越来越多的机组开始将这些辅助系统纳入主机 DCS 的控制范畴，使 DCS 的应用范围进一步扩大。

2. 汽轮发电机侧顺序控制

汽轮发电机侧的顺序控制内容较多，主要包括：汽轮机油系统、凝结水系统、凝汽器系统、凝汽器真空系统、汽轮机轴封系统、低压加热器系统、高压加热器系统、汽轮机蒸汽管道疏水阀系统、辅助蒸汽系统、循环水泵系统、开式循环冷却水系统、闭式循环冷却水系统、雨水泵系统、发电机氢系统、发电机油系统、发电机水系统等的顺序控制。

目前，许多电厂已将 ECS 纳入到 DCS 的控制范畴，故此时汽轮发电机侧的顺序控制还应包括发电机系统（发电机同步并列和发电机程序停机）、高压厂用电源系统、启动/备用变压器电源系统、低压厂用电源系统等控制内容。

3. 机组自启停顺序控制

机组自启停顺序控制即锅炉、汽轮发电机组的全面自动启停控制，它将整台机组的重要操作全部纳入自动顺序控制范畴。由冷态、温态、热态启动和自动停止程序组成。启动控制是从机组启动准备到机组带 100％额定负荷的控制过程。停机控制是从机组接到停机指令时的负荷开始到机组停机为止的控制过程。

APS 在机组的控制系统中处于上层位置，通常采用断点控制方式。机组在 APS 控制方式时，APS 接受从其他控制系统和运行人员发出的信号，根据 APS 内部顺序和逻辑判断或计算，向各控制系统发出相应命令，实现整个机组的启停控制。在运行过程中若有异常情况出现时，APS 将以操作指导的形式发出报警，提示运行人员来处理。

APS 作为分散控制系统机组级控制内容之一，使整个机组的自动化程度达到一个全新的高度。

4. 辅助系统顺序控制

辅助系统是指与主机系统相对独立的一系列辅助生产过程，如输煤系统、化学水处理系统、除灰渣系统、脱硫系统、脱硝系统（在部分电厂中，后两个系统归在主机 DCS 内实现）等，它们是整个火力发电中不可或缺的重要组成部分。由于这些系统的工艺流程相对独立，系统牵涉的设备非常多，设备所占场地较大，因而形成了相对独立的控制单元。目前，对这些系统的控制均采用了顺序控制技术。既可以采用可编程序控制器（PLC）作为主要的控制装置组成控制系统，通过联网控制技术构成辅助控制网络；也可以直接采用辅助集散控制系统（DCS）实现对这些辅助系统的统一监控和管理。采用辅助系统集控运行后，可大大提高外围辅助系统的自动控制水平，达到降低发电成本、提高劳动生产率、增强出厂电价竞争能力的多重目的。

（1）输煤系统顺序控制。火电厂输煤系统主要完成卸煤、储存、分配、筛选、破碎、输送等工作，同时进行燃料计量、去除杂物等。该系统包括斗轮机/堆取料机、皮带机、碎煤机、除铁器、犁煤器、滚轴筛、皮带秤等设备。输煤系统控制设备多、工艺流程复杂、现场环境恶劣（粉尘、潮湿、振动、噪声、电磁干扰严重）、系统设备分散、分布面宽、距离远，因此需要采用顺序控制。输煤系统顺序控制包括卸煤、储煤、上煤和配煤四个流程的控制。

（2）化学水处理系统顺序控制。化学水处理系统包括锅炉补给水除盐、凝结水除盐和废水处理三个系统。通常采用阳离子交换器（阳床）、阴离子交换器（阴床）和混合离子交换器（混床）一起共同完成除盐任务。化学除盐系统是火电厂中最早采用顺序控制技术的系统之一，因而控制工艺较成熟。

（3）除灰渣系统顺序控制。除灰除渣系统的主要任务是将省煤器、电除尘器及灰斗所收集到的飞灰经电动锁气器排入灰槽，用水把排灰冲入灰前池，经灰浆泵把灰浆送入灰处理系统。除灰渣系统是火力发电机组重要的辅助系统之一，它与电厂的安全、经济运行有密切关系。应根据灰渣量、灰渣的化学物理特性、排渣装置形式、除尘器形式、水质、水量、电厂与储灰渣厂的距离和标高差、地质、地形、气象以及灰渣综合利用、环保要求等条件，来选择控制设备，实现控制要求。

（4）脱硫系统顺序控制。在采用煤为主要燃料的火力发电中，锅炉的排放物会对大气造成一定的污染，其中，对环境造成较大影响的硫化物有二氧化硫和三氧化硫等。脱硫系统的主要任务是对去除烟气中的硫化物，使烟气排放物达到环保要求。烟气脱硫的方法较多，而石灰石—石膏湿法脱硫是目前应用最广泛的脱硫工艺。脱硫系统的顺序控制用于完成对脱硫过程中相关设备的启停操作和连锁控制，使脱硫过程能安全、高效地运行。

（5）脱硝系统顺序控制。与脱硫控制类似，脱硝控制的主要任务是对烟气中的氮氧化物（NO_x）进行处理，以降低烟气排放物中 NO_x 对大气环境的污染。脱硝的方法较多，常用的有非选择性催化还原法、选择性催化还原法等。脱硝系统的顺序控制可实现脱硝过程中相关设备的启停操作和连锁控制，使脱硝过程能自动完成。

第二节 辅机顺序控制

大型火电机组中辅机的数目非常大，这些设备能否正常运行，直接关系到机组的安全，因此辅机顺控系统已成为整个 DCS 控制系统中必不可少的组成部分，它可以实现机、炉、电的主、辅机的自动启/停控制和连锁保护，使机组的自动化程度得到进一步提高。

一、辅机顺序控制的内容

辅机顺序控制的内容与机组的容量、机组的类型、辅机的配置数量和构成方式密切相关。通常将辅机的顺序控制按炉侧和机侧来考虑，并以功能组或功能子组作为单元来分析和设计。

某 600MW 超临界压力机组共设有 48 个功能子组，其组成如表 5 - 2 所示。

表 5 - 2　　　　　　　　　　　顺 控 项 目 表

功能子组	功 能 子 组 内 设 备
烟风通道开启	烟风通道中的所有挡板
空气预热器 A	空气预热器 A、空气预热器 A 轴承润滑油泵、烟气侧及空气侧的进出口挡板等
空气预热器 B	同空气预热器 A
送风机 A	送风机 A、送风机 A 润滑油泵（马达润滑油泵）、进出口风门挡板、风机动叶等
送风机 B	同送风机 A
引风机 A	引风机 A、油冷却风机、进出口风门挡板、除尘器挡板、风机动叶等
引风机 B	同引风机 A
一次风机 A	一次风机 A、一次风机 A 润滑油泵、出口风门挡板等
一次风机 B	同一次风机 A
锅炉启动系统	分离器疏水至大气扩容器、凝汽器的隔离阀和控制阀等
磨煤机润滑油泵	
磨煤机	磨煤机、进出口挡板、密封风挡板等
给煤机	给煤机、煤闸门挡板
锅炉排污、疏水、放气	
锅炉吹灰控制系统	
燃料油系统	燃料油泵和有关阀门等
电动给水泵	电动给水泵、电动给水泵润滑油泵、出口阀门、前置泵进口阀等
汽动给水泵 A	汽动给水泵盘车装置、进水阀门、出水隔离阀、前置泵、再循环阀等
汽动给水泵 B	同汽动给水泵 A
汽轮机油系统	汽轮机盘车、（EH）油系统、润滑油系统、顶轴油系统、排烟风机和有关阀门等
凝结水	凝结水泵、凝结水输送泵、凝结水管路阀门等
凝汽器	凝汽器循环水进、出口阀门及反冲洗阀门等
凝汽器真空系统	凝汽器真空泵、管路有关阀门等

功能子组	功能子组内设备
汽轮机轴封系统	轴封供汽阀门、汽轮机本体疏水阀门等
低压加热器	低压加热器进、出水阀、旁路阀、低加疏水阀门、抽汽管道疏水阀门等
高压加热器	高压加热器进、出水阀、旁路阀、抽汽隔离阀、抽汽逆止阀、高加疏水阀门、抽汽管道疏水阀门等
蒸汽管道疏水阀	主蒸汽管道、再热汽管道、排汽管道疏水阀门等
辅助蒸汽系统	辅助蒸汽系统的有关管路阀门等
循环水泵	循环水泵和出口液动阀及冷却润滑水系统等
开式循环冷却水系统	开式循环冷却水泵、电动滤水器和有关阀门等
闭式循环冷却水	闭式循环冷却水泵和有关阀门等
雨水泵	
发电机氢冷	发电机氢系统的相关管路阀门等
发电机密封油系统	发电机密封油泵、油管路的相关阀门等
发电机定子冷却水系统	发电机定子冷却水泵和有关阀门等
发电机同步并列	包括汽轮机 DEH、发电机励磁系统及 AVR、发电机励磁系统磁场开关、发电机同期装置 ASS、发变组断路器 QF 及隔离开关等
发电机程序停机	汽轮机 DEH、发电机励磁系统 AVR、发电机励磁系统磁场开关、发变组保护装置及发变组断路器 QF 等
高压厂用电源 A 段	高压厂用变压器、高压厂用变压器低压侧 A 分支断路器、A 段备用进线断路器、A 段厂用电源自动切换装置 ATS 等
高压厂用电源 B 段	高压厂用变压器、高压厂用变压器低压侧 B 分支断路器、B 段备用进线断路器、B 段厂用电源自动切换装置 ATS 等
高压厂用电源 C 段	高压厂用变压器低压侧 C 分支断路器、C 段备用进线断路器、C 段厂用电源自动切换装置 ATS 等
启动/备用变压器电源	高压启动/备用变压器、高压启动/备用变压器 500kV 侧断路器、高压启动/备用变压器侧隔离开关、接地刀控制、启动/备用变压器有载调压、启动/备用变压器保护等
低压工作变压器 A1	A1 低压厂用变压器 6kV 侧断路器、低压 A1 PC/MCC 进线断路器、低压 A1 PC/MCC 母线断路器等
低压工作变压器 A2	A2 低压厂用变压器 6kV 侧断路器、低压 A2 PC/MCC 进线断路器、低压 A2 PC/MCC 母线断路器等
低压工作变压器 B1	B1 低压厂用变压器 6kV 侧断路器、低压 B1 PC/MCC 进线断路器、低压 B1 PC/MCC 母线断路器等
低压工作变压器 B2	B2 低压厂用变压器 6kV 侧断路器、低压 B2 PC/MCC 进线断路器、低压 B2 PC/MCC 母线断路器等
低压公用变压器 A	A 低压公用变压器 6kV 侧断路器、低压 A PC/MCC 进线断路器、低压 A PC/MCC 母线断路器等
低压公用变压器 B	B 低压公用变压器 6kV 侧断路器、低压 A PC/MCC 进线断路器、低压 B PC/MCC 母线断路器等
辅助车间低压变压器	照明变压器、检修变压器、化水变压器、继电器楼变压器、除灰渣变压器、除尘变压器等 6kV 侧断路器、低压进线断路器、低压母线断路器等

二、顺序控制系统的控制层次

顺序控制的功能组是将某局部工艺流程的有关设备按控制逻辑集合在一起,形成一个独立的整体。例如风烟系统功能组内有风烟挡板、送风机、引风机、空气预热器、一次风机等功能子组。在功能组内,设备与设备之间存在一定的连锁关系。下面用控制框图说明锅炉辅机与汽轮机辅机的控制层次结构。

1. 锅炉辅机 SEQ 控制框图

锅炉辅机 SEQ 控制框图如图5‑2～图5‑4所示。

2. 汽轮机辅机 SEQ 控制框图

汽轮机辅机 SEQ 的控制框图如图5‑5、图5‑6所示。

三、控制原理框图举例

功能子组接到功能组级启动 SEQ 指令后,进行功能子组的顺序控制。下面举两个例子说明 SEQ 的控制原理。

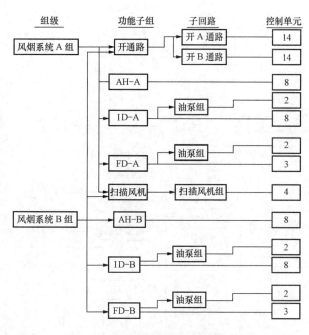

图 5‑2 锅炉风烟系统 SEQ 控制框图

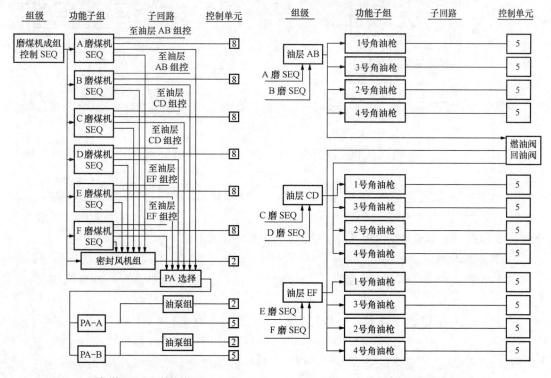

图 5‑3 磨煤机 SEQ 控制框图   图 5‑4 油层 SEQ 控制框图

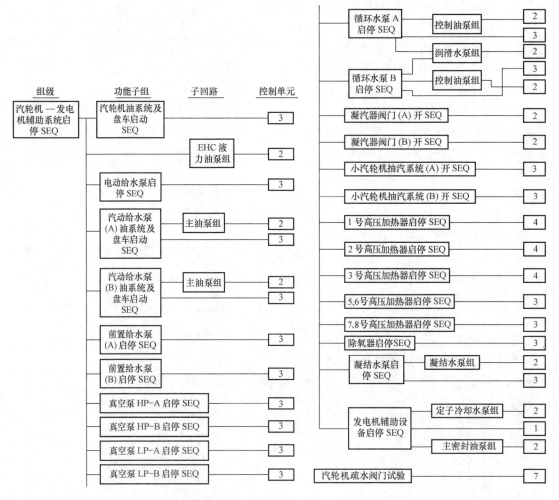

图 5-5 汽轮机辅机 SEQ 控制框图之一　　　图 5-6 汽轮机辅机 SEQ 控制框图之二

1. FD-A 功能子组启动 SEQ

FD-A 是锅炉风烟系统送风机 A 组的一个功能子组，其启动 SEQ 的顺序控制框图如图 5-7 所示。

FD-A 功能子组共有 5 个程序步，除要求 CCS 投自动无反馈信号外，其余都必须在收到程序步完成信号以后才能进入下一程序步。SEQ 可以单独启动，也可以接受风烟系统来的 SEQ 指令和送、引风机的启动指令，但启动许可条件有所不同。

2. CWP-A 功能子组启动顺序

CWP-A 是汽轮机循环水泵 A 组的一个功能子组，其启动 SEQ 的顺序控制框图如图 5-8 所示。

CWP-A 第一次启动（长期停运以后）有 7 步和一个断点；CWP-A 正常启动有 4 步。功能子组可以单独启动，也可以接受上级 SEQ 来的启动指令。每一步完成以后才能进入下一步程序。当 CWP-A 启动以后，若出口阀开启失败或润滑油泵启动失败，SEQ 将退出。由于 SEQ 与连锁逻辑的共同作用，系统将回到初始状态。

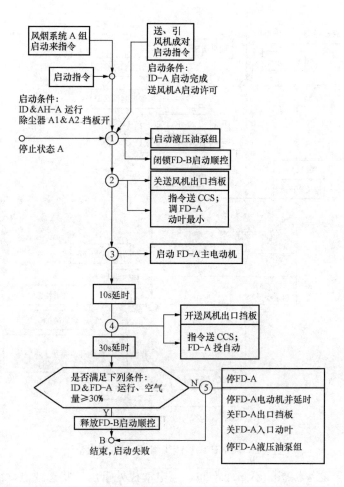

图 5 - 7　锅炉风烟系统送风机 A 功能子组顺序控制框图

四、控制方式

顺序控制系统的两种操作控制方式，即顺序控制方式和单控方式。

1. 顺序控制方式

当某个功能组级的顺序控制系统置于"自动"位置时，该系统即按设计好的顺序自动地控制各项设备的运行。在运行过程中各步序的回报信号和各步序的运行时间信号都能在 LCD 画面上受到监视，当收到正确的回报信号以后，程序就进入下一步，如果在预定的时间内没有收到正确的回报信号，则认为该步有故障，并发出报警信号，要求操作员进行干预，直到故障排除以后程序仍按原步序进行。

操作员通过键盘和鼠标在 LCD 上进行顺序控制系统的自动、手动切换和顺序控制系统启、停的操作，并通过 LCD 画面上提供的状态信息了解执行情况。

2. 单控方式

单控方式时，操作员在 LCD 画面的操作指导下进行操作，完成每一个驱动级设备的单独操作。这些画面包括子功能组的流程图画面、文字形式的画面等。流程图画面表示了工艺流程、工艺参数和被控设备的符号、编号，操作员可以通过 LCD 画面的操作功能块激活需要操作的被控对象，然后通过点击控制按钮对该设备进行启、停或开、关的操作。画面中各

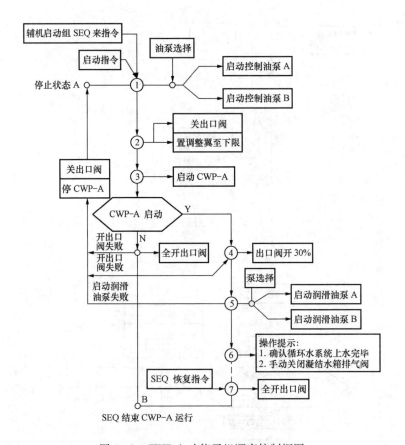

图 5-8　CWP-A 功能子组顺序控制框图

设备符号的颜色随着设备状态的不同而不同，当电动机处于启动状态或电动门、电磁阀处于打开状态时，设备符号呈红色；当电动机处于停止状态或电动门、电磁阀处于关闭状态时，设备符号呈绿色；当电动机、电动门、电磁阀在动作过程中故障（例如超时）时，设备符号呈橘色并闪光。

第三节　输煤系统顺序控制

一、概述

火力发电厂的输煤系统是火力发电的一个重要部分。输煤系统承担从煤码头或卸煤沟至储煤场或主厂房原煤仓的运煤任务。输煤系统的安全、可靠运行是保证全厂安全、高效运行的不可缺少的环节。

1. 输煤系统的运行特点

（1）运行环境差和劳动强度大。由于各种因素造成输煤系统的运行环境恶劣、脏污，需要占用大量的辅助劳动力，劳动强度很大。

（2）一次启动设备多且安全连锁要求高。同时启动的设备高达 20～30 台以上，在启动或停机过程中有严格的连锁要求。

（3）设备必须保持完好状态。一台 600MW 机组每小时耗煤量约 200t，输煤系统的日累计运行时间达 8～10h 以上。为了保证锅炉用煤，必须保持输煤设备的完好状态。

2. 输煤系统的控制

输煤系统的设备多，分布面广。为了保证输煤系统的安全可靠运行，必须完成以下几个系统的控制。

（1）卸煤控制。电厂用煤通常由煤轮或火车将煤运到火电厂煤场。如果是煤轮运煤，则用抓斗机或用挖斗机卸煤；如果是火车运煤，则用翻斗车或底开车卸煤。卸煤控制系统可分为底开车、翻斗车或卸船机控制，其中也包括叶轮给煤机或皮带给煤机的控制。

（2）运煤控制。运煤控制包括运煤皮带机的启、停控制及连锁保护、煤量指示和紧急跳闸保护等。

（3）储煤控制。一般火电厂都有不同型式和规模的储煤场，如堆/取料机煤场、圆筒仓和缓冲煤场等。储煤场的控制属于整个输煤控制的一部分，需要连锁运行。其主要设备是斗轮堆/取料机，既能堆料，又能取料。

（4）上煤控制。煤从卸煤场通过皮带机输送到转运站，通过分煤门把煤送到取样器、储备煤场和碎煤机室，最终送到火电厂锅炉原煤仓，这个过程叫上煤。上煤控制主要是通过选择运行方式，在相应的连锁条件下，实现皮带输送机的自动启、停和保护、分煤门的自动定向以及有关设备（如磁铁分离器、除尘器、电子皮带秤等）的连锁控制，并对这些设备的运行工况进行监视，发出报警或连锁信号。

（5）转运站控制。转运站控制主要控制分流设备，如挡板、分煤门、闸板门等，也包括辅助设备，如磁铁分离器、金属探测器、木块分离器和给煤机等控制。转运站控制的主要任务是解决运行方式及路径的切换。

（6）碎煤机控制。碎煤机控制主要包括碎煤机启、停控制及过负荷保护、振动、超温保护连锁等。

（7）配料控制。对于不同容量的机组，锅炉容量不同，所配置的锅炉煤仓数也不同。如 200MW 机组一般为 4 个仓，300MW 机组为 5 个仓，600MW 及以上机组为 6 个仓，且仓的容量也不相同。如果一个发电厂有多台机组，则原煤仓的数量要成倍增加。这些煤仓是否需要加煤，正常情况下是由煤仓料位决定的。当某一仓出现低煤位时，则要及时上煤；当该仓出现高煤位时，就换到下一个仓上煤。如果某一仓出现紧急低煤位，还必须优先上煤。这种对煤仓上煤的优先顺序叫做配煤程序。通常采用出煤量传感器、超声波料位计或其他物位探测装置来测定主厂房原煤仓的煤位，从而决定各煤仓的煤量分配。

（8）计量设备。计量设备主要指带有瞬时值和累计值指示、打印和记录的电子皮带秤，可显示并记录进煤量、耗煤量等。

（9）辅助系统控制。该系统是对取样装置、除尘和集尘装置、暖风空调、冲洗排污、消防火警等装置的控制。

（10）信号报警系统。当发生设备异常，比如煤仓间煤位高、低、超高、超低，动力电源故障，输煤设备及辅助装置的火警，除尘、集尘、取样、暖通系统等故障时，通过信息报警系统提醒运行人员注意。

二、输煤系统顺序控制

（一）输煤系统

图 5-9 所示为某火电厂的输煤系统示意图。煤轮将煤运到电厂原煤码头，通过卸船机

将煤从煤轮卸入 11、12、13 号皮带机，并经 2、3 号转运站分别进入 A、B、C、D 煤场。从煤轮上卸下的煤也可以同时上煤场和通过皮带机向主厂房上煤。储煤场的煤通过两台斗轮堆/取料机取煤，经 17、18 号皮带机，2 号或 3 号转运站，13、14、15 号皮带机向主厂房上煤。下面以该输煤系统为例，介绍控制设备及控制要求。

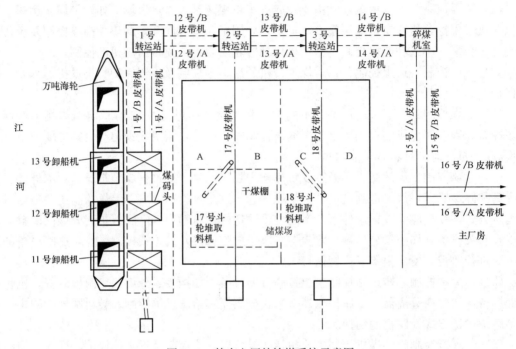

图 5-9　某火电厂的输煤系统示意图

（二）输煤系统顺序控制

输煤系统的控制，除了 3 台卸船机，2 台斗轮堆/取料机分别设有手动操作系统和 M84PLC 半自动控制系统外，输煤系统采用集中顺序控制。集中控制是一对一远方操作，顺序控制采用 2 台可编程序控制器控制，采用双机热后备组态。整个输煤系统的控制由控制台、模拟屏、CRT 屏幕显示及打印记录等组成，并设有摄像监视系统和通信系统。

（三）输煤系统的控制要求

1. 控制方式

（1）输煤系统设有自动、手动和就地三种控制方式，其中自动方式即顺序控制方式，为正常的运行方式；手动方式即集控方式。以上两种方式通过 PLC 实现设备的连锁和保护。就地方式仅仅在就地操作箱操作，为检修设备复役和设备的试运行之用。

（2）在就地设备旁设有启、停按钮及远程/就地切换开关，只有当就地切换开关在"集控"位置时，集控室才能控制该设备。就地切换开关在"就地"位置时，可在就地进行启、停设备。

2. 控制要求

（1）所有设备按所选择的顺序，逆煤流方向启动；顺序停机时，每台设备之间按预定的延时时间顺煤流方向逐台停止运行（延时时间以皮带上余煤流完为准）。

（2）在运行设备中，当任一设备发生事故跳闸时，立即联跳逆煤流方向的设备，但碎煤机不跳闸。当全线紧急停机时，碎煤机也不停。

（3）落煤管发出堵煤信号时，立即启动振打器振打数秒（时间在现场调试时确定），并延时1～2s后，停止逆煤流方向设备，但碎煤机不停。若1～2s内堵煤信号消失，则不停逆煤流方向设备，继续正常运行。

（4）皮带发生严重跑偏和严重打滑时，延时2s停运本皮带机，并联跳逆煤流方向设备，而碎煤机不停。

（5）电动挡板和犁煤器的控制信号为定时长信号，定时时间稍大于机械动作时间，当达到定时时间而机械没有到位时，就会发出卡死报警信号。

（6）皮带机启动后10s内打滑信号不消失，则皮带机跳闸。

（7）磁铁分离器和金属探测器故障只发预告信号，不停其他设备。

（8）非磁性金属探测器探测到金属后，停止本皮带机，并联跳逆煤流方向设备，但碎煤机不停。同时发出警告信号，提示巡回人员去捡出非磁性金属块。

（9）皮带机、碎煤机、皮带给煤机、磁铁分离器等设备的控制信号采用外脉冲信号，振打器用定时脉冲信号控制。

（10）自动运行方式时，煤仓间配煤具有自动配煤功能，这种功能体现在以下几个方面：①首先满足低煤位优先配煤，即先按顺序给每个出现低煤位的煤仓配一定数量的煤。②当低煤位信号全部消失后，再进行顺序配煤，即按煤仓顺序依次把每个煤仓配至高煤位。③在顺序配煤过程中，若某个煤仓又出现低煤位信号时，程序会自动停止原配煤仓配煤，并自动转到低煤位仓配煤，待配至一定数量煤后，再返回到原来的煤仓继续进行顺序配煤。④当全部煤仓出现一次高煤位信号后，自动顺序停机，并把皮带上余煤均匀地配给每个煤仓。⑤在配煤过程中，如遇到检修仓或磨煤机停役的仓位及高煤位仓时，程序将自动跳过。⑥自动配煤包括单侧配煤和双侧配煤两种方式，即只有A路或B路和A、B两路都配。双侧配煤时，先配A侧，在A侧配完后，停煤源1min，在延时将皮带上余煤配完后再倒落煤管插板（保证空载倒插板）。然后，再给B侧配煤。

（11）在下列情况下，碎煤机跳闸：①碎煤机的过载保护作用；②就地和远方手动跳闸（集控室跳闸）；③碎煤机入口门未关上；④碎煤机超振保护动作。

（12）除尘设备中，除煤仓层除尘设备为连续运行外，其余的除尘设备和皮带机连锁启、停。

（13）故障停机后待故障消除，可以重新恢复程序运行，也可以全线停机。

（14）在程序选择失误时能发出程选错误的信号。此时，运行人员在解除错误程序后进行重新选择程序。当程序选择正确后，按下"确认"按钮，所选皮带沿线警铃发出一定时间的音响信号，在铃响30s后控制台上显示出"允许程序启动"的信号，此时运行人员可操作合闸开关启动输煤设备，当皮带启动后，铃响停止。

（四）显示和报警

显示和报警功能是通过输煤顺控系统操作员站的LCD来实现的。LCD可显示输煤系统的工艺流程、设备状态、参数信息和报警信号等内容。

1. 画面显示

LCD画面可显示输煤系统的运行情况，并向操作人员提供设备或系统启动及停机时的操作指导。LCD可显示的过程画面有：①输煤系统的运行方式；②加仓及料位显示；③斗轮机堆料及取料显示；④对各运行设备的工况显示；⑤电子皮带秤的煤量显示和原煤仓的煤量显示。

每个煤仓有 5 个煤位信号：①高高煤位，由料位计发出信号，进行事故报警并停机；②高煤位，发出报警并停止加仓；③中煤位，发出报警并停止加仓；④低煤位，启动程序加仓；⑤低低煤位，发出报警并立即启动加仓。

2. 报警处理

报警处理分两种方式，一种是事故报警，另一种是预告报警。前者包括非操作引起的断路器跳闸和保护装置动作信号，后者包括一般设备状态异常、模拟量越限、计算机监控系统的软、硬件的异常等。

事故状态方式时，监控系统立即发出音响报警（报警音量可调），操作员站的 LCD 画面上用颜色改变并闪烁表示设备故障，同时显示红色报警条文，报警条文可以选择随机打印或后续打印。

事故报警需通过手动或自动方式确认，确认时间可调。报警一旦确认，声音、闪光即停止，报警条文由红色变为黄色。报警条件消失后，报警条文颜色消失，声音、闪光停止，报警信息保存。

预告报警发生时，处理方式与上述事故报警处理相同，只是音响和提示信息颜色与事故报警有区别。部分预告信号具有延时触发功能，延时时间可调。

（五）工业电视系统

在煤码头及煤场、煤仓间共设置 8 台变焦摄像头，用来监视三处的设备运行状况。

在控制室内设置两台监视器和两套控制器，正常情况下两台监视器应能接收全部摄像头的信号。所有的摄像头均加防光罩，安装在露天的摄像头加全天候罩。

（六）计算机管理及打印系统

输煤系统具有计算机管理功能，可随时采集工况及计量数据，并打印以下各种表格，还可以在计算机屏幕上显示所需调用的数据。

（1）储煤量和耗煤量报表：①卸煤量（按班、日、月、季、年报表）；②煤仓加煤量（按班、日、月、季、年报表）；③煤场存煤量（按煤堆及煤种报表）；④每一煤仓存煤量（24h 计一次）；⑤耗煤量（按日、月、季、年报表）。

（2）煤量及煤质报表（检验报表）：①运输计划表（按月、季、年报表）；②到煤量（按月、季、年报表）；③运煤耗损量（包括各种运输设备的损耗）；④煤种取样和检验（按班、日、月、季、年报表）；⑤耗煤量（按班、日、月、季、年报表）。

（3）煤种质量价格和成本：①标准煤单位价格；②不同煤种的成本价格；③煤质/价格比（根据灰分、水分和含煤量）；④到煤价格。

（4）设备管理报表：①输煤设备运行时间；②每台设备累计运行时间、停运时间和维护时间；③每台卸船机每小时卸煤量；④每台卸船机的耗电量。

三、输煤控制系统的组态

由于电厂规模、机组容量、输煤系统不一样，输煤控制系统的组态也不同。这里以某600MW 机组的输煤控制系统为例加以说明。

1. 输煤控制系统的组态

该输煤控制系统的组态图如图 5 - 10 所示，系统采用 MODICON 584L PLC 作为主机，采用双机双工冗余热后备组态，由 J211 冗余监控器对 2 台 584L 进行监控和诊断，由于 2

台 584L 同步执行完全相同的控制程序，处理相同的 I/O 数据，因而处理和执行结果应是完全相同的。当 J211 诊断出其中一台 584L 故障时，将该台 584L 自动退出系统，而将另一台 584L 自动投入系统运行。机型的切换是由 J211 发给 J212 切换命令执行的。

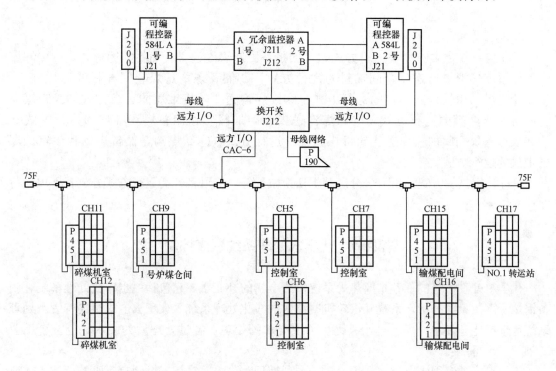

图 5 - 10　输煤控制系统组态图

图 5 - 10 中 584L 是美国 MODICON 公司的一种大型可编程序控制器。该控制器具有一般的继电器功能、数据逻辑运算矩阵功能、ASCⅡ码编程、数据传送、PID 调节和跳步等功能。还具有远程驱动能力，最大距离为 4.5km，并且还可与上位机（MODVUE 工业图像处理机、微型机）进行通信，实现集中、分散控制。J200 为远程 I/O 驱动器，J211 为冗余监视器，J212 为自动切换开关，P190 为多功能编程器，CAC-6 为连接电缆，75F 为终端负载（TR-75F），P451、P421 为附加电源。

该输煤控制系统由 9 个远程 I/O 通道构成，其中通道 CH5、CH6 和 CH7 安装在输煤集控室内，CH9 安装在 NO.1 锅炉煤仓间，CH11 和 CH12 安装在碎煤机室，CH15 和 CH16 安装在输煤配电间，CH17 安装在 NO.1 转运站。各通道之间用 CATV 同轴电缆连接，分别与工作 584L 和备用 584L 通信。

2. 控制方式

该输煤控制系统有三种控制方式：一是自动顺序控制，它是输煤系统的主要控制方式；二是集控室手动控制（亦称集控），它只能在个别设备故障不能参与自动控制时使用；三是就地操作，它在调试、试车和维修时使用。

当选择"自动顺序控制"方式时，可通过控制盘上的"自动选择"开关选好运行路径。当选择的路径和出力都正确时，各设备的"准备好"光示牌和系统"准备好"灯亮。此时，可按下"自动启动"按钮，使系统投入自动顺序控制方式运行。

当选择"集控"方式时，可在全模拟控制盘上用各个输煤设备的启、停按钮按照连锁方向分别依次启动或停止设备运行。当选择"集控"操作的路径错误时，条件连锁逻辑均自动封锁系统启动，并报警显示。条件连锁逻辑的原则是：启动时采用逆煤流方向，停止时采用顺煤流方向。

3. 运行方式

该输煤系统主要有 9 类运行方式，它们是：①卸煤沟送煤仓加料的运行方式；②卸煤沟和储备煤场混煤后送煤仓间加料的运行方式；③储备煤场送煤仓间加料的运行方式；④斗轮机煤场送煤仓间加料的运行方式；⑤卸煤沟送斗轮机堆煤的运行方式；⑥卸煤沟送储备煤场堆煤的运行方式；⑦卸煤沟送煤仓间加料和送储备煤场堆煤的运行方式；⑧卸煤沟送煤仓间加料和送斗轮机煤场堆料运行方式；⑨卸煤沟送储备煤场和斗轮机煤场堆煤的运行方式。

另外，根据各方式的出力、分煤挡板切换位置等，又可将各类运行方式分成若干项运行路径。

第四节　化学水处理系统顺序控制

化学水处理系统的任务是向热力系统供给合格的补充水。它包括原水净化处理系统、制备锅炉所需质量的补给水系统和汽轮机凝结水的净化处理系统。大型火电机组还有废水处理系统，包括化学废水、煤场排水、锅炉清洗废水的处理，经过处理后的废水，应符合工业"三废"排放标准。

天然水中含有很多杂质，必须经过一系列处理，除去对锅炉安全运行有害的杂质，才能作为锅炉补给水。当原水经澄清、过滤、除去机械杂质后，还要进行软化和除盐，去除溶解在水中的钙、镁、钠等盐类。水处理的主要方法是离子交换法。

一、化学除盐的基本原理

水的化学除盐采用的是离子交换原理，水首先经 H 型阳离子交换器（阳床），水中各种阳离子被置换成 H^+ 离子，再经除碳器除去二氧化碳，由 OH 型阴离子交换器（阴床），将水中各种阴离子置换成 OH^- 离子，并立即与 H^+ 离子生成电离度很小的水，其含盐量很低，纯度较高，从而达到化学除盐的目的。

1. 锅炉补给水除盐系统

目前在我国应用比较广泛的除盐系统为阳床—除碳器—阴床或再加上混合离子交换器（混床），称为一级除盐或一级除盐加混床系统。锅炉补给水除盐系统如图 5 - 11 所示。

水的处理流程为：水通过阳床除去阳离子后，进入除碳器除去二氧化碳，再用泵打入阴床除去阴离子，完成除盐。经过一级除盐的出水，SiO_3^{2-} 的含量可降至 0.1mg/L 以下，电导率在 $10\mu\Omega/cm$ 以下。

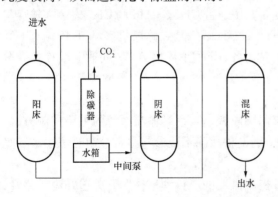

图 5 - 11　锅炉补给水除盐系统

混床装在一级除盐系统的后面，它可除去阳、阴床出水中残留的阳、阴离子，从而得到更纯的水。混床是在一个交换器内同时装有强碱性阴树脂和强酸性阳树脂，并充分混合均匀，形成许多阳、阴床共存的状态。这样，在一个交换器内可同时完成阳、阴离子交换，置换出的 H^+ 与 OH^- 立即生成水，此时出水的质量比较高，可满足更高压力锅炉或直流炉对水质的要求。

2. 除盐系统的运行要求

为了保证锅炉补给水品质，对除盐系统应做好运行监测。

（1）阳床。对于高压和超高压锅炉（特别是直流炉），给水中 Na^+ 离子的含量有一定的要求。当阳床出水 Na^+ 离子含量达到规定数值时，阳床就应停止运行，进行再生。一般用 PNa 表示连续测定的水中 Na^+ 离子的含量，也可用阳床出水酸度测定。当阳床出水酸度比正常运行情况下出水酸度低到一定数值（一般为 0.1mmol/L）时，阳床停止运行，进行再生。

（2）阴床。如用强碱性 OH 型交换剂时，运行中应监测出水含硅量。当出水含硅量大于一定数值时，交换器就应停止运行，进行再生。此外，在运行中还要测定阳床出水的电导率和小碱度，并控制它们在一定数值内，如超过此数值必须对阴床进行冲洗，直至达到规定数值为止。

阳、阴床配套运行时（阴床运行周期约比阳床长 15%），为了保证出水质量，需要监督系统出水的电导率。当电导率大于 $10\mu\Omega/cm$ 时，设备就应停止运行，进行再生。

（3）混床。因进入该设备的水中离子较少，设备运行的时间较长，但是当交换剂被压实，失效后再生会给反洗分层工作带来不利，并易使树脂破碎，所以混床都采用定期再生。运行中主要监测出水的电导率、小碱度和硅酸根。

3. 除盐系统的再生技术

电厂中常用的水处理设备有固定床、移动床和浮动床。固定床离子交换器的再生方式分为顺流和逆流两种。顺流再生是指再生液流动方向与运行时水流方向一致；逆流再生是指再生液的流动方向与运行时水流方向相反。

（1）反洗。反洗即用水自下而上对交换剂进行短时间的强烈冲洗。反洗的目的主要是松动树脂和清除第一级交换剂上部的悬浮物。因为在运行中交换剂被压紧，为了使再生液在交换剂层中得到均匀的分布和得到充分再生，在再生前应进行反洗。同时，反洗还可排掉交换剂层中的气泡及碎树脂。

（2）再生。再生的目的是为了恢复交换剂的交换能力。方法是将一定浓度的酸或碱溶液连续送入交换器内。对于强酸性阳离子交换剂再生剂用量为理论量的 1.5 倍左右，对于弱酸性阳离子交换剂再生剂用量为理论量的 1.1～1.2 倍，也可用强酸性阳离子交换剂再生后的废液来再生。

H 型交换剂可用 HCl 和 H_2SO_4 再生。用硫酸作再生剂时，为防止产生硫酸钙（$CaSO_4$）沉淀，可采用分步再生法，即先用低浓度、高流速碳酸进行再生，然后逐步增大酸的浓度，降低流速。

对于强碱性交换剂，再生剂用 NaOH，再生剂量为理论量的 2～3 倍，浓度为 2%～5%。

（3）正洗。为了清除交换剂中过剩的再生剂和再生产物，应用清水按再生液流动的方向通过交换剂层进行清洗。先用 3～5m³/h 的小流量清洗 15～20min，然后增大流速，直至排水合乎标准为止，设备即可投入运行或备用。

（4）交换。清洗合格的交换器即可投入运行，流速一般控制在 $15\sim20m/h$，此流速的大小与进水水质、交换剂性质有关，如进水含盐量较大，则流速应控制得小些。

4. 操作阀门

水处理设备运行和树脂再生是周期性轮流进行的。树脂再生操作比较频繁，需要控制的阀门很多。图 5-12 所示为某阳床、阴床控制阀门示意图。

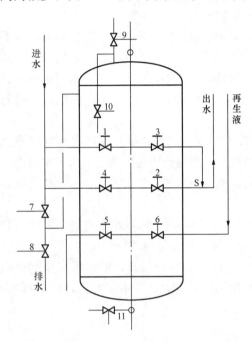

根据运行和再生工艺系统的要求，一般应控制以下阀门：阳、阴床的进水阀 1、出水阀 2、反洗排水阀 3、大反洗进水阀 4、正洗排水阀 5、进再生液阀 6、小反洗进水阀 7、中间排水阀 8、顶压进气阀 9、排气阀 10 和取样阀 11。另外，还需控制酸碱喷射器进水阀、补酸碱阀、喷射器进酸碱阀等。

运行顺序控制步骤是：第一步排气（1 号进水阀和 10 号排气阀打开）；第二步投运正洗（1 号进水阀、5 号正洗排水阀及 11 号取样阀打开）；第三步运行（1 号进水阀、2 号出水阀及 11 号取样阀打开）；第四步失效停运，接着可以转入再生步骤。

图 5-12　阳床、阴床控制阀门示意图
1—进水阀；2—出水阀；3—反洗排水阀；4—大反洗进水阀；5—正洗排水阀；6—进再生液阀；7—小反洗进水阀；8—中间排水阀；9—顶压进气阀；10—排气；11—取样阀

二、化学水处理顺序控制系统

由于化学水处理除盐系统的运行和再生比较频繁，再生过程中的阀门、水泵和风机的操作量很大，因而一般都采用顺序控制。

化学水处理顺序控制系统范围很广，下面仅以再生过程中大反洗阶段的控制为例，说明由 PLC 构成水处理顺序控制系统的工作过程。

大反洗阶段的功能表图和大反洗程序梯形图分别如图 5-13、图 5-14 所示。

功能表图中的双线框"步1"表示程序的初始状态，启动命令表示再生开始进入大反洗阶段，需要完成步 2、步 3、步 4 所要求的功能，L 表示二进制信号的持续时间，S 表示二进制信号具有的存储功能（信号的存储功能可简单地理解为：打开某一阀门并保持开状态，直到出现一个相反的命令为止），各阀门和水泵的编号为 PLC 输出线圈的编号，并与输出卡件相对应。

在梯形图中，1001 为程序启动按钮，1002 为程序停止按钮，均由输入卡件接入。根据输出卡件的功能可知，输出卡件可以直接带动线圈、指示灯等。

控制系统采用双线圈电磁阀，这样可以提高系统的可靠性，即使在故障停电的情况下，也不至于造成阀门失控。但由于开阀和关阀需要两个信号控制，因而增加了输出点数，多占用了 PLC 的通道。此外，PLC 输出的都是长信号，为了不使电磁阀长期带电，通过控制逻辑使电磁阀的两个线圈在吸合 5s 后自动释放。

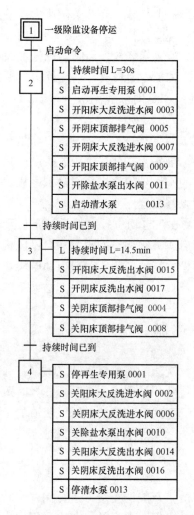

图 5-13　大反洗阶段的功能表图

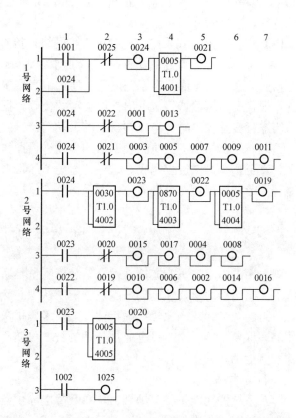

图 5-14　大反洗程序梯形图

由图 5-14 可见，每个电磁阀都由两个输出通道进行控制。一个通道控制电磁阀的置位线圈，另一个通道控制电磁阀的复位线圈。当 1001 触点闭合、0024 线圈吸合后，其常开触点闭合并自保持，同时使相关的线圈通电，输出控制命令，执行以下操作：0001 启动再生专用泵、0003 开阳床大反洗进水阀、0005 开阴床顶部排气阀、0007 开阴床大反洗进水阀、0009 开阳床顶部排气阀、0011 开除盐水泵出水阀、0013 启动清水泵。在 0024 线圈吸合的同时，定时器 4001 开始计时。当计时到达 5s，0021 内部线圈吸合，其常闭触点断开，0003、0005、0007、0009、0011 线圈释放，但阀门仍处于开阀状态。0024 的触点还使定时器 4002 开始计时。当计时到达 30s 时，程序将由第二步转换到第三步，这时 0023 线圈吸合，其常开触点闭合，使 0015 开阳床大反洗出水阀，0017 开阴床反洗出水阀，0004 关阳床顶部排气阀，0008 关阳床顶部排气阀。0023 的另一常开触点闭合，定时器 4005 开始计时。当计时到达 5s，0020 内部线圈吸合，其常闭触点断开，0015、0017、0004、0008 线圈释放，但阀门仍保持在线圈释放前的状态。在 0023 线圈吸合的同时，定时器 4003 也开始计时。当计时到达 870s（14.5min），程序由第三步转换到第四步，0022 内部线圈吸合，其常开触点闭合，使 0010 关除盐水泵出水阀，0006 关阴床大反洗进水阀，0002 关阳床大反洗进水阀，0014 关阳床大反洗出水阀，0016 关阴床反洗出水阀，同时定时器 4004 开始计时。计时到达 5s 时，0019 内部线圈吸合，其常闭触点断开，0010 等线圈释放，而阀门仍处在关闭状态，在 0022 线圈吸合的同时，其常闭触点断开，0001、0013 线圈释放，输出停再生专用泵和清水泵的信号。当按下停止按钮，1002 闭合通电，使 0025 内部线圈吸合，断开 0024 自保持后，程序恢复到初始状态。

　　PLC 以扫描的方式采样，先扫描 1 号网络，接着扫描 2 号网络、3 号、…。扫描是从上到下、从左到右逐个网络完成的，扫描周期为 20ms。网络与网络之间不存在电联系，只存在逻辑的关系。当梯形图程序完成后，通过编程器按规定的操作步骤将梯形图输入主机，如出现错误状态，编程器将显示出错误类型的代码，据此可以修改程序。

　　当进行自动操作时，将控制盘上的手动/自动转换开关放在自动位置，然后按下启动命令，系统便一步一步按照功能表所示的步骤进行操作，开启或关闭相应的阀门，启停风机或水泵，直至整个操作过程完成。这样就避免了运行人员频繁重复地开闭阀门或启动电机，大大减轻了劳动强度，而且可以防止误操作。

第五节　除灰系统顺序控制

　　随着用电需求的不断增长，发电站装机容量不断增大，灰渣的生成量也随之增多，除灰系统对机组运行的重要性也越来越被人们所认识。除灰系统的相关因素非常多，选择时既要考虑机组的灰量和灰的化学物理特性，又要考虑排灰装置的型式、灰场的设置、灰渣的综合利用和环保要求等因素。只有通过合理的技术经济比较来选择除灰渣系统，才能达到高效、环保和节能的目的。

一、概述

　　除灰系统的功能是将锅炉烟道灰斗及静电除尘器灰斗的飞灰输送至灰库进行储存、转运及分选，并对飞灰进行综合利用或调湿后装船运送至灰场。早期火电厂的除灰多采用水力除灰系统，由电除尘器分离下来的干灰经过锁气器进入水封式搅拌器制浆，再经过高架灰浆溜槽转运至灰浆池，由水隔离泵将灰浆送往灰场。水力除灰耗水量非常大，以冲灰水为例，如灰水比按 1：15 计，一个百万千瓦电厂的灰水排放量约为 $0.4 \sim 0.5 \text{m}^3/\text{s}$，占电厂耗水量的一半。另外，冲灰水的水质非常差，处理费用较大，难以回收利用，而且会造成地下水和地表水的二次污染。同时，灰水中氧化钙含量很高，易使灰管结垢。而灰渣和水接触后失去活性，无法再进行综合回收利用。

　　气力除灰是采用气力输送技术，以空气为载体，借助于某种压力设备（正压或负压）在管道中输送灰渣的除灰方法。随着气力输送技术的日渐成熟和广泛应用，目前，气力除灰已成为我国大型火力发电机组除灰的主流方式。与水力除灰相比，其优点表现为：能节省大量的冲灰水；在输送过程中，灰不与水接触，灰的固有活性及其他物化特性不受影响，有利于粉煤灰的综合利用；减少了灰场占地；避免了灰场对地下水及周围大气环境的污染；不存在灰管结垢及腐蚀问题；系统自动化程度较高，所需的运行人员较少；设备简单，占地面积小，便于布置；输送路线选取方便，布置上比较灵活；便于长距离集中、定点输送等。另一方面，电除尘器在国内燃煤电厂的大面积使用，也给粉煤灰的综合利用带来了极大的便利，因为电除尘采用的是干式收尘，粉煤灰原有的良好活性得以较好的保持；电除尘收尘效率高，可以最大限度地将利用价值最高的细微灰粒收集下来；电除尘器自身的多电场收尘结构具有对干灰进行粒径分级的特点，可以实现粗、中、细灰分除、分储和分用等，这又为气力除灰提供了很好的用武之地。

二、气力除灰系统的类型

气力除灰系统的形式非常多，可以按照灰粉在输粉管道中的流动状态、输送压力的种类和大小来进行分类。

1. 不同流态输送的气力除灰系统

依据灰粉在管道中的流动状态，气力除灰方式可分为悬浮流（均匀流、管底流、疏密流）输送、集团流（或停滞流）输送、部分流输送和栓塞流输送等。传统的大仓泵正压气力除灰系统属于悬浮流输送，小仓泵正压气力除灰系统和双套管窸流正压气力除灰系统界于集团流和部分流之间，脉冲"气刀"式气力输送属于栓塞流输送。

2. 动压和静压式气力除灰系统

依据输送压力种类，气力除灰方式又可分为动压输送和静压输送两类。悬浮流输送属于动压输送，气流使物料在输送管内保持悬浮状态，颗粒依靠气流动压向前运动。典型的栓塞流输送属于静压输送，如脉冲气刀式栓塞流气力输送技术。粉料在输送管内保持高密度聚集状态，且被"气刀"切割成一段段料栓，料栓在其前后气流静压差的推动下向前运行。小仓泵正压气力除灰系统和双套管窸流正压气力除灰系统既借助动压输送，又有静压输送。

3. 正压和负压式气力除灰系统

依据输送压力正负的不同，将气力除灰方式分为正压系统和负压系统两大类。大仓泵正压输送系统、气锁阀正压气力除灰系统、小仓泵正压气力除灰系统、双套管窸流正压气力除灰系统、脉冲气力式栓塞流正压气力除灰系统等均属于正压系统。利用抽气设备的抽吸作用，使除灰系统内产生一定的负压，灰与空气混合，一并吸入管道，这种输送方式属于负压系统。另外，根据输送时灰气比的高低和输送时管道内气固两相流动的压力，气力输灰又可分为浓相、淡相、正压、微正压、负压等多种形式。

(1) 负压气力除灰系统。对负压系统来说，由于系统内的压力低于外部大气压力，所以不存在跑灰、冒灰现象，系统漏风不会污染周围环境；又因其供料用的受灰器布置在系统始端，真空度低，故对供料设备的气密性要求较低。供料设备结构简单，体积小，占用空间高度小，适用于电除尘器下空间狭小不能安装仓泵的场合。但也有其缺点，系统对灰气分离装置的气密性要求高，设备结构复杂，这是因为其灰气分离装置处于系统末端，与气源设备接近，真空度高；另外，由于抽气设备设在系统的最末端，对吸入空气的净化程度要求高，故一级收尘器难以满足要求，需安装 2~3 级高效收尘器；同时受真空度极限的限制，系统出力不大，输送距离不远且系统输送速度大，灰气比低，管道磨损严重。

(2) 正压气力除灰系统。正压气力除灰系统的气源压力相对较高，因此可实现高浓度、远距离输灰。该方式下，除灰系统环节较少，系统相对简单可靠。但正压气力除灰系统对设备运行和维护的要求较高，若运行维护不当，则易对周围环境造成污染。同时，它对灰粉的粒度和湿度有一定的限制，不宜输送粗大和潮湿的灰粉。

正压气力除灰系统按其输送浓度的不同，可分成高浓度和低浓度输送系统两种方式。由于高浓度气力除灰系统具有高效节能、流速低、磨损小、输送管道可用普通钢管、投资和维修费用少等诸多优点，目前已成为我国燃煤电厂粉煤灰气力除灰系统的主流系统。正压浓相式气力输灰系统的特点体现在以下几个方面。

1）较高的灰气比。灰气比可达 30～100，而常规稀相系统为 5～15。因此空气消耗量大为减少，在多数情况下，浓相正压气力除灰系统的空气消耗量约为其他系统的 1/3～1/2。由此带来一系列有利的因素：①供气不必使用大型空气压缩机，可采用性能可靠的小型螺杆式空压机。供气系统投资降低；②输灰系统输送入灰库的气量较少，因而灰库上的布袋过滤器排气负荷大大降低，从而为布袋过滤器的长期运行提供了可靠了保障，延长了布袋过滤器的使用寿命；③在相同出力的情况下，所用管道管径大为减小，因此可选用轻型管道支架，安装方便，投资省。

2）输送速度低。浓相系统平均流速在 8～12m/s，为常规稀相系统的 1/3～1/2。输灰管道磨损大为减小，可采用普通无缝钢管，仅在弯头部位采用耐磨材料或增加壁厚即可。

3）输送距离远。单级当量输送距离可达 1500m，对于更长距离的输送，可采用中间站接力的方式解决。

比较典型的正压浓相式气力输灰系统有小仓泵系统、紊流双套管系统、脉冲栓流系统、多泵制正压系统、助推式高浓度气力输送系统等。

三、紊流双套管正压浓相式气力输灰系统

紊流双套管除灰技术是国外 20 世纪 80 年代中期兴起的一项正压浓相气力输灰技术，它在加大灰气混合比、提高出力、降低能耗、减少空气消耗量等方面有较好的性能。迄今为止，双套管气力输灰技术已被德国、意大利、波兰、俄罗斯、以色列、印尼、荷兰、英国、丹麦等国的 50 多个发电厂的除灰系统所采用，我国自 20 世纪 90 年代起已开始引进双管气力除灰系统。实践证实，这种除灰方式运行情况良好，在系统可靠性和技术先进性等方面与其他除灰方式相比具有明显的优点，目前已被大型燃煤火力发电厂广泛接受和采用。

1. 基本原理

紊流双套管除灰技术在工艺流程和设备组成上与一般的正压浓相气力除灰系统基本相同，都是采用压力输送器（仓泵）把压缩空气的能量传送给粉煤灰，最终将其送至储灰库。与常规气力除灰系统的不同之处在于，它采用了特殊结构的输送管道，使管内的输送空气一直保持在紊流状态，其输送管道为大管套小管的特殊结构，小管布置在大管的上部，小管的下部则每隔一定的间距就开设扇形缺口，并在缺口处装有圆形孔板。当发生以下所述的情况时应采用双套管。

（1）对于水平布置的输送管道，由于重力影响，气固混合物在管道内会形成管道上部气多固少、管道下部固多气少的状态。

（2）对于水平布置的输送管道，当发生堵管现象时，粉料首先在管道下壁开始堆积，逐渐向上堆积到管道上壁，最终将管道完全堵死。

采用双套管作为输灰管道应用于气力输送的水平管道，可以有效地防止灰管堵塞，防堵的机理就在于双套管的特殊结构。正常输送时，大管主要走灰，小管主要走气，压缩空气在不断进入和流出小管上特别设计的开口和孔板的过程中产生了强烈的紊流效应，有利于使物料和空气连续充分地流化、混合，便于灰粉的流动。灰气混合物在管道内流动时，经常会由于种种原因导致干灰在管道内部逐渐沉积而堵管。当管道内的干灰开始沉积将要堵管时，堵塞前方的输送压力会增高，从而迫使输送气流进入内管。进入内管的压缩气流从堵塞下游的

开口以较高的速度流出，在物料堆前后内管开口处，形成更强的紊流，从而疏松堆积的物料堆，对该处堵塞的物料产生扰动和吹通作用，于是达到了物料低速输送而不堵管的效果。

2. 紊流双套管系统的特点

(1) 操作方便，可靠性高。双套管浓相输送系统在管道中有物料的状态下，仍可随时启停，无需像其他系统那样在正常停运或故障停运后为保障下次启动必须先将管内滞留的物料清除干净，否则启动时容易堵塞。

(2) 大物料量、远距离。双套管浓相输送系统不堵塞的特点使其能适合于大物料量、远距离的气力输送，其输送物料量最大可达 300t，输送距离最长可达 3000m。

(3) 大颗粒、高比重物料输送。双套管浓相输送系统不堵塞的特点使其能适合大颗粒、高比重物料的气力输送。比如，允许少量 20mm 物料与粉状物料一起输送；允许输送堆积密度在 0.6～1.5t/m³ 的物料，尤其适合高堆积密度粉煤灰的输送。

(4) 耐用、磨损少、维护量小。双套管浓相输送系统可在低正压（约 2.5～4.5kg）、高浓度（40～50 的灰、气比）、低流速（起始流速≤5m/s，末端流速≤15m/s，仅为其他系统的 30%～70%）的状态下工作。低流速、低正压的特点使系统磨损非常小（因设备的磨损速度是与飞灰输送速度的立方成正比关系），管道、弯头使用寿命不小于 5 年，因而系统非常耐用，维护量非常小。

(5) 投资省、能耗低。双套管浓相输送系统的高浓度输送的特点也减少了其工作的输送空气量，设备需要量（减小输送空压机容量和灰库的布袋除尘器容量），使能耗大大减少，因此运行成本远远低于传统的输送系统。

四、工程实例

某 2×1000MW 超超临界压力机组火力发电厂，采用了德国 MüLLER 公司的正压低速内置式旁通紊流管气力输送系统，其每台锅炉均设置了两座三室四电场静电除尘器，并分别配置了一套独立的飞灰处理系统，将锅炉第二烟道灰斗及电除尘器灰斗收集的飞灰输送至灰库储存、转运及分选，灰库内的飞灰供综合利用或调湿后装船运送至灰场。

整个飞灰处理系统由飞灰输送系统、灰库系统及分选系统两大部分组成。每套输送系统额定出力不小于 80t/h。两套飞灰处理系统各自独立，互不影响，既可以同时运行，也可以单独运行。

（一）飞灰输送系统

飞灰输送系统的作用是收集主厂房处第二烟道和电除尘器灰斗的落灰，并采用合适的方法将其送至离主厂房较远的灰库。

1. 飞灰输送系统的工艺流程

飞灰输送系统由仓泵、冷冻式干燥机、输送空压机、灰斗气化风机和空气加热器等组成，其工艺流程如图 5-15 所示。由于锅炉烟道是分 A、B 两侧对称布置的，故飞灰输送系统的设备也对应地分成 A 侧和 B 侧。运行时，两侧能连续或间断地从电气除尘器灰斗同时卸灰，系统能根据工况变化而变换运行方式，实现完全自动或功能子组顺序控制。

每台炉设有三种类型的灰库，分别为原灰库、粗灰库、细灰库。电除尘器为四个电场，每个电场有 6 个灰斗，按粗细分排原则，锅炉第二烟道灰斗、电除尘器第一电场的灰作为粗灰输送至原灰库；电除尘器第二、三、四电场的灰作为细灰输送至细灰库。每套灰库系统中设置一套飞灰分选系统，将原灰库中的飞灰进行分选，粗灰进入粗灰库储存，分选出的细灰

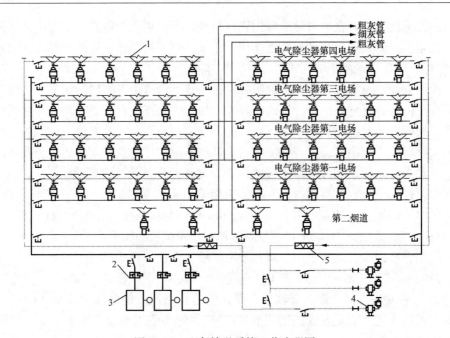

图 5-15　飞灰输送系统工艺流程图

1—仓泵；2—冷冻式干燥机；3—输灰空压机；4—灰斗气化风机；5—空气加热器

则进入细灰库。另外，电除尘器第二、三、四电场的系统出力是根据当电除尘器第一电场因故停运时，能清除锅炉连续最大出力 BMCR 时的全部灰量来确定的；烟道灰斗及第一电场灰斗排灰系统则充分考虑到对粗灰粒的适应性。

　　每台炉配有 3 台输灰空压机和 3 台灰斗气化风机，均为 2 台运行、1 台备用的设置。在气化风母管上还安装了 2 台电加热器，供灰斗气化组件用。每台炉的飞灰系统在非正常情况下均能够快速处理，3 根输灰管能同时输灰，可以启动 1 台备用输送用螺杆空压机和 1 台备用灰斗气化风机，2 台输灰空压机储气罐的储气量能满足 3 根输灰管同时输灰的用气量要求，此运行工况下灰库的运行压力仍能保持微负压。2 台炉设置了 3 套仪用空压机系统，采用 2 套运行、1 套备用方式，供给主厂房区域飞灰系统、底渣系统的阀门操作及仪表控制气源，系统流程如图 5-16 所示。

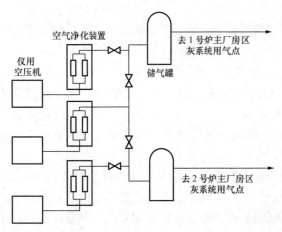

图 5-16　主厂房飞灰系统仪用气系统流程图

　　2. 飞灰输送系统的主要设备

　　（1）仓泵。仓泵是一种压力罐式的供料容器，其自身并不产生动力，需要借助于外部供给的压缩空气对装入泵内的粉状物料进行混合、加压，再经管道输送至灰库。

　　锅炉第二烟道及电除尘器的每个灰斗都配置了一个仓泵，相互间互不共用。电除尘区域仓泵通过钢结构支架支撑在地面上，每个仓泵上方的落灰管上均设有膨胀节，以充分吸收灰斗热位移的膨胀量。仓泵设计有足够的容量，可避免进出口阀门的频繁启停。一、二电场的仓泵容量相同，其有效容积在 $2.2m^3$ 以上；三、四电场的仓泵的容量相同，其有效容积在 $0.5m^3$ 以上。

每个仓泵配备了装灰、输灰过程所必需的装置，由气动进出料阀门、气动排气阀、气化组件、进气阀、逆止阀、料位计、检修门、伴热保温设施、就地监控仪表、连接管道及支架等组成，其结构如图 5-17 所示。仓泵还设置了用于平衡容器内压力的排气管及排气阀，排气管接至集灰斗上方足够高的地方，防止灰倒流。灰斗出口、仓泵间的落灰管和仓泵排气管装有伴热保温设施。

在每个电除尘灰斗出口法兰处设置了手轮隔离阀，仓泵与输灰管间有一个插板式隔离装置，排气阀的上游或下游也设有隔离阀，以便在运行中进行检修。

仓泵进出料阀门、排气阀和进气阀等有严格的密封，可以保证在输送过程中压缩空气不会泄露。仓泵进出料阀门配置了 PLC 控制的气密封报警装置。

（2）输灰空压机。输灰空压机用于为气力除灰系统提供动力源，推动灰粉在灰管内流动，最终将灰粉送达灰库。本系统采用的是螺杆式空压机，它由压缩机主机、油气分离器、冷却器、空气滤清器、油过滤器、冷凝水自动排放器、驱动电动机和电动机的公共底盘等组成。它采用两个方向相反的螺杆作为主、副转子，主转子靠电动机通过联轴器及增速器驱动，副转子靠从动齿轮作相反方向旋转。转子旋转时，空气不断地从吸气侧吸入，吸入的空气先进入啮合部分，靠转子沟与外壳之间形成

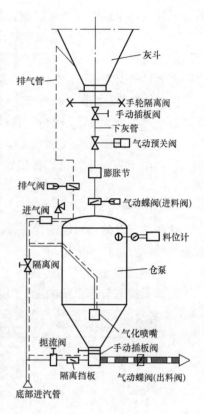

图 5-17 仓泵结构示意图

的空间进行压缩，提高压力后从排气口排出。输灰空压机的容量设置为：出口压力不小于飞灰输送管道设计阻力的 120%；空压机容量不小于输送系统计算风量的 120%，并同时满足吹堵的需要。

每台空压机均有一套完整的采用微处理器的仪表控制系统。空压机站按照就地、远操两种方式设计，每台空压机自身的启/停和连锁控制可由空压机自带的控制系统（带有液晶显示人机接口）完成，空压机之间的连锁、切换功能由除灰顺序控制系统完成。

（3）冷冻式干燥机。压缩空气中的水分会使空气管路和阀件等产生锈蚀，使被输送的粉煤灰黏结，造成输送阻力增加、流速减低、管道堵塞等不良现象，因此必须采用干燥装置来除去压缩空气中的水分，以确保气力输灰系统安全稳定的运行。本系统配置的是冷冻式干燥机，它的工作与空调机类似，通过制冷系统使压缩空气中的水蒸气冷凝成液态水，并使之通过自动排水器排出，达到除去水分的目的。冷冻式干燥机有诸多优点，如体积小、空气阻力小、运行费用低、维护少、适应性广等。特别是当空压机排气中含有水、油和杂质较多时，它可以将这些杂质同时去除。

冷冻式干燥机设有就地仪表、控制和远传接口。当冷冻式干燥机发生事故时能自动停机并报警，同时它还设置了设备故障自诊断报警和各类异常工况报警，并提供报警信号输出接

点（无源）送除灰程控系统。冷冻式干燥机控制装置具备完善的控制功能，能实现与前端设备如螺杆式空压机的启停连锁（硬接线），并能将干燥机的运行状态、故障报警等状态信号通过硬接线传至远方除灰系统程控系统。

（4）灰斗气化风机及电加热器。灰斗气化风机通过管路向灰斗提供气化用压力空气。本系统的灰斗气化风机采用的是三叶单级罗茨风机，气化风机出口压力不小于灰斗气化压力和管线总阻力之和的120%，流量不小于总气化风量的110%。每台气化风机包括进出口消音器、可重复使用的进口过滤器、膨胀节、隔音罩、排气阀、压力释放阀、冷却器、压力及温度开关、排放逆止阀和节流阀等。每台气化风机配带电动机及一个公共底座，设备基础有减振装置。

每台炉设两根灰斗气化空气母管，分别连接到 A、B 侧的灰斗。每根母管上设有一台电加热器，用于为灰斗气化装置提供热空气，用于灰斗气化。电加热器出口的空气温度不低于 176℃。

（二）灰库系统及分选系统

灰库系统及分选系统的作用是对飞灰输送系统送来的灰粉进行储存、转运及分选，实现对灰粉的综合治理和应用。

1. 灰库系统及分选系统的工艺流程

灰库系统和分选系统的工艺流程如图 5-18 所示。

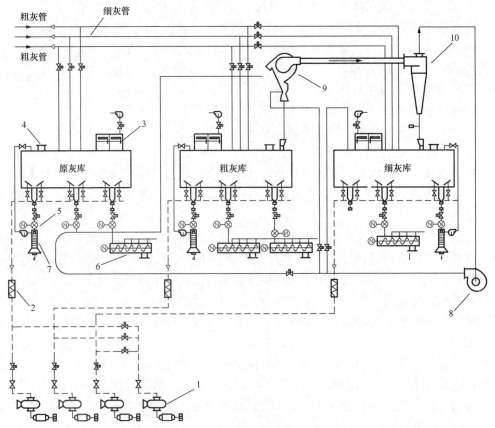

图 5-18　灰库系统和分选系统工艺流程图

1—灰库气化风机；2—空气加热器；3—布袋除尘器；4—压力真空释放阀；5—电动给料机；
6—双轴搅拌器；7—干灰散装机；8—分选风机；9—分级机；10—旋风分离器

　　由飞灰输送系统来的灰粉空气混合物通过 3 根输灰管进入到灰库系统及分选系统。3 根灰管可切换进入任一座灰库。正常运行时，粗灰管进入原灰库，细灰管进入细灰库。通过灰库顶部的切换阀，粗灰管可进入粗灰库及细灰库，细灰管可进入原灰库及粗灰库。每套灰库系统中设置 1 套飞灰分选系统，将原灰库中的飞灰进行分选，粗灰进入粗灰库储存，分选出的细灰则进入细灰库。每台炉设有 4 台灰库气化风机（3 台运行，1 台备用）及 3 台电加热器供灰库气化组件用气。

　　每座灰库顶部设置了能满足最大进气量（包括分选系统的进气量）要求的脉冲式布袋除尘器及排气风机。每座灰库顶部配有压力/真空释放阀。每座灰库底部装有 3 个卸灰口：原灰库下设 1 个可伸缩干灰卸料装置接口，1 个调湿灰装置接口，1 个分选装置卸料口；粗灰库下设 1 个可伸缩干灰卸料装置接口，2 个调湿灰装置接口；细灰库下设 1 个可伸缩干灰卸料装置接口，1 个出口调湿灰装置接口，1 个预留口。

　　灰库配置了卸灰设备，用于干灰和调湿灰外运。每座原灰库下设 1 套可伸缩干灰卸料装置，1 套双轴搅拌机（50t/h）；每座粗灰库下设 1 套可伸缩干灰卸料装置，2 套双轴搅拌机（50t/h 和 200t/h）；每座细灰库下设 1 套可伸缩干灰卸料装置，1 套双轴搅拌机（200t/h）。

　　每台炉设 1 套飞灰分选系统，分选系统采用闭式循环，其功能是将进入原灰库中的飞灰进行分选。基本工艺流程为：原灰通过原灰库下设的调速型螺旋给料机，进入空气斜槽，再进入输灰管竖直段。原灰与空气混合后，进入离心式分级机。通过对系统内的二次风调节门的调节，达到合适的分选颗粒和分选效率。分选出来的粗灰经卸料阀落入粗灰库，细灰通过分级机两侧涡壳进入一台旋风分离器中进行分离，分离后的细灰经卸料阀落入细灰库，分离后的气流经过分选风机后，大部分返回系统，作为一次风和二次风，小部分气流经过库顶布袋除尘器过滤后由排气风机抽出对空排放。

　　两台炉的灰库区域设了 3 套仪用空压机系统，为灰库布袋除尘器提供吹扫压缩空气、灰及所有仪表控制及阀门操作用气，其中 2 套运行，1 套备用。所有空压机或风机出口管路上都应配置气动切换阀。

　　2. 灰库系统及分选系统的主要设备

　　（1）灰库。灰库用于接收气力输送系统来的粉煤灰，一方面将压缩空气和粉煤灰分离，并将分离后的压缩空气净化排入大气；另一方面则储存粉煤灰，将粉煤灰外运。每座灰库均配有气化系统和卸料系统以及用于排气、除尘、抽吸真空、料位检测的设备。灰库运行时灰仓保持 -2.5kPa 的真空。

　　灰库由上至下通常可分为四个部分，即库顶层、仓室层、机务层和库底层。库顶层主要安装有干灰分离设备（如布袋除尘器）、真空压力释放阀、料位计、配气箱及管道切换阀等。仓室层是储灰的空间，每座灰库均配有气化系统和卸料系统以及用于排气、除尘、抽吸真空、料位检测的设备。灰库运行时灰仓保持 -2.5kPa 的真空。机务层安装有散装机、湿式搅拌机及检修平台和就地控制装置等。库底层是灰库外运的通道，布置了外运或转运设备。

　　（2）料位指示器及料位计。每座灰库均设有 1 只连续的料位指示器，用于实现料位的连续显示及低料位报警；每座灰库还装有高料位计及高—高料位计，以实现高料位报警、高—高料位报警及控制。

　　（3）库顶布袋除尘器。每座灰库提供 1 套库顶布袋除尘器（包括排气风机），用于处理进入灰库 100% 的空气量，其除尘器过滤效率应不小于 99.95%，排气侧粉尘排放浓度应不

大于 $100mg/m^3$（标态下），过滤风速应不大于 0.5m/min。

　　除尘器按脉冲反冲设计，每排布袋将按程序由脉冲压缩空气进行反吹扫。配有脉冲反吹扫程序控制器，可进行反吹扫时间、间隔时间、反吹扫阀数量等功能的设定。脉冲反吹扫程序控制器除能实现就地控制外，还能接受远方控制指令，并将其状态信息及报警信号送入除灰控制系统。清扫系统具备在除尘器处于工作状态下连续运行的能力。

　　布袋除尘器在顶部或侧面净气室内抽袋，配带有必要的人孔、检查门和平台扶梯及排风机等。布袋除尘器的布袋具有稳定性好、抗破损力强、耐碱性、透气性好、压差低等特点。除尘器的过滤器系统包括阀门、布袋组件、支撑钢架、本体平台扶梯、控制器及需要的附件等。布袋除尘器的工作差压可连续显示，并设有漏气报警等保护。电磁脉冲阀的寿命大于100 万次。

　　布袋除尘器应配有就地控制柜和必要的监测控制装置，如压差、滤袋破损、料位信号及脉冲反吹程序控制等。

　　（4）干灰卸料装置（包括排气风机）。每座灰库设有一套出力为 100t/h 的干灰卸料装置，用于将干灰装入密闭罐车。干灰卸料装置配有排气风机系统、料位计、减速机等设备。

　　排气风机系统用于卸灰时将空气排入灰库，防止干灰飞扬。排气风机满足进入灰库的总的空气量及灰库运行压力的参数要求，并可实现变频调速，自动保持灰库内恒定负压状态。排气风机的转动部件为耐磨材料，最小布氏硬度为 500。

　　干式卸料器料位计采用进口固体音叉限位开关，控制料位灵敏准确，在罐车装满时能实现自动停止给料。干灰卸料装置的设计结构能保证整个卸灰过程不冒干灰，特制的防尘护罩密封严密，卸料装置伸缩管的伸缩头具有上下限位灵敏准确、伸缩灵活、寿命长的特点。

　　干灰散装机配带控制箱。干式卸料装置设置半自动控制和自动控制卸料的功能，并能与入口处的气动插板门连锁（是否在 PLC 程序中实现连锁），共同实现卸料。具体要求是：运载汽车就位后，散装头与汽车装料口的对位采用半自动控制机构控制散装头下降，对位后，再开启自动控制功能。卸料时自动控制的顺序是：首先开启排气管道上的气动蝶阀和吸尘风机，再开启散装机入口处的气动插板门向车内装料；当料罐装满时，散装头上的料位计发出信号，此时，自动关闭气动插板门和给料机，延时一段时间（一般为 4～6s），停止吸尘风机，最后使散装头自动提升，完成一次卸料过程。气动插板门、气动蝶阀、吸尘风机在开始装料和装满料的两个动作过程中互为闭锁，即前一个动作在执行，后一个设备不能开启或关闭，要打乱上面所述的顺序执行，必须解除连锁。

　　干灰散装机的控制箱配备了必要的报警信号，以显示和检测设备的运行和故障状态，并留有与灰库程控系统 PLC 显示各设备运行状态的信号接口。干灰散装机的状态信号要送至灰库区域程控系统并能接受程控系统的指令信号（留有与程控系统的接口信号）。

　　（5）双轴搅拌机。干灰通过卸灰口，经电动给料机进入搅拌机，加水调湿后可装船或装车外运。所有卸灰设备均布置在灰库运转层，卸灰口的布置可适应密闭罐车、密闭式自卸卡车装料的要求。

　　搅拌机采用双轴式结构，整套系统包括搅拌机（本体、驱动装置及机座等）、电动给料机（本体、驱动装置等）、供水管道、阀门、卸料管等。干灰从搅拌机进灰口到出灰口设有足够的距离，以确保良好的搅拌效果，并配置相应的搅拌浆叶轮，其叶片采用高铬耐磨材料，可拆卸。搅拌机的主机密封严格，无飞灰外扬，不漏灰。搅拌机支承轴承采用体外滚柱推力轴承。搅拌机电动机与减速机与搅拌机本体保持平行位置，采用限矩形液力耦合器及减速箱传动方式。搅拌机出料口配置有卸灰管，卸料管长度可满足装车或装厂外灰皮带机的要求。搅拌机还设冲洗水排水管，将搅拌机冲洗水引至地面排水沟。搅拌机本体上部可大开门，实现整体掀起（不包括进灰口），便于检修及修理。

搅拌机出口调湿灰含水量为 15％～25％（连续可调），出力不小于 50t/h。搅拌机及给料机采用就地或远方控制方式，就地配设就地控制箱，留有与灰库程控系统 PLC 的控制、信号接口。

（6）灰库气化风机和电加热器。每台炉的灰库系统提供 4 台三叶罗茨气化风机，3 台运行，1 台备用。每台气化风机的流量不小于所需气化空气量的 110％，其出口压力不小于灰库气化压力和管线总阻力之和的 120％。

每台气化风机由进出口消音器、进口过滤器、膨胀节、隔音罩、排气阀、压力释放阀、冷却器、压力及温度开关、排放逆止阀和节流阀等组成。

每座灰库配备一台电加热器，电加热器出口热空气温度可达到 150℃，电加热器之后的空气管道有保温设计，电加热器尽量靠近灰库布置。

五、除灰控制系统简介

该 2×1000MW 的飞灰输送系统采用单元制 PLC 程控系统，并在灰库设远程 I/O 站，用于飞灰输送系统设备的启、停控制及现场信息的采集与处理。远程 I/O 站采用光纤双缆配置（机组飞灰程控系统机柜与灰库区远程 I/O 站之间的距离大约 1.2km）。在任何条件下，就地控制的上位机和除尘/除灰渣控制室内的飞灰输送控制系统上位机都能取得系统工况参数，并且也都能得到事故工况参数和报警信号等。

飞灰系统的二级交换机采用工业标准交换机，二级交换机将与全厂辅助生产网络系统的主交换进行通信，通信采用冗余方式。在全厂辅助生产网络系统的 LCD 上可对飞灰系统进行监控，并在各控制系统处设置两者控制权的切换开关。飞灰系统在正常运行时由全厂集控室内的"全厂辅助生产网络系统"进行操作控制。调试运行、故障处理等非正常工况下，由电除尘/除灰控制楼内的上位机进行操作处理。在任何条件下，就地控制的上位机和全厂主控室内的"辅助生产系统"都能取得系统工况参数，并且也都能得到事故工况参数和报警信号等。但在控制程序上只能是"单一"操作，并以飞灰系统操作员站为第一控制优先，全厂主控室内的"辅助生产网络系统"为第二控制优先。当在飞灰输送系统操作员站操作时，全厂主控室内的"辅助生产网络系统"的操作员站仅能监视、调用历史数据、打印报表、报警确认、查询历史记录等操作，无法进行飞灰输送系统的启动、停运等控制动作，即对 PLC 只能读，不能写。

每台机组的飞灰系统各设置 3 台操作员站，其中 1 台操作员站上安装了开发版监控和组态软件，通过口令认证，可以兼作工程师站组态和编程使用。另 2 台操作员站安装了运行版监控软件。每台操作员站由 1 台工控机、1 台 LCD、1 个键盘构成。操作员站是飞灰输送系统的监控中心，它具有实时监控、数据采集、数据通信、LCD 屏幕显示、参数处理、越限报警、制表打印等功能。3 台操作员站中 1 台放置在灰库区域的就地控制室，可对灰库区域的设备进行监视和控制，但对主厂房区域的设备只能监视不能控制。另 2 台操作员站放置在电厂灰控楼，能对主厂房区域和灰库区域的飞灰输送系统进行监视和控制。灰库区域的设备操作权限设置为：在任何情况下只能由一个地方控制，并以灰库区域的操作员站为第一优先权。

　　操作员站的 LCD 屏幕能显示工艺流程及测量参数、控制方式、顺序运行状况、控制对象状态，也能显示成组参数。当参数越限报警、控制对象故障或状态变化时，可用不同颜色进行显示并闪光和有相应的声光报警。系统可以完成报表的自动生成、自动存储、自动打印和人工打印。LCD 的画面可保证工艺系统和控制对象的完整性及满足整个系统的运行和控制的需要，主要有以下画面。

　　（1）全系统工况画面。动态显示整个系统的运行状态，包括系统流程、目前设备所处的状态（投运、停止）等，还可显示单台设备工况详图，以便运行人员更好地观察某一台设备（如电动阀门）的开关情况、管路通断状况等。

　　（2）系统参量显示画面。在 LCD 上，以柱状图、曲线图、表计图或数据表格等形式，实时地显示出现场各类仪表的数值变化情况。

　　（3）跟踪曲线图。根据数据点不同时间数据，可在画面上显示各点的 $y = f(t)$ 曲线趋势，每幅图可同时按不同颜色显示多条曲线（曲线条数大于 8 条），跟踪数据点可在全部模拟量参数中选定，在跟踪曲线时也同时显示实时数据测量值，系统可同时显示多幅跟踪曲线画面（画面幅数根据设计要求确定）。

　　（4）控制系统工况显示画面。该显示画面包括控制系统当前的工作状态（运行、停止、故障等），操作员站的运行状态等。

　　（5）报警一览画面。该画面反映系统运行中报警信号出现的时间、类别、报警值、消除情况等。

六、除灰系统的顺序控制

（一）除灰系统的控制方式

　　整个除灰系统的控制有三种方式：自动控制、软手操（手动控制）和就地控制。

　　（1）自动控制方式。自动控制方式是系统正常情况下采用的控制方式。在自动控制方式下，运行人员可通过程控系统的操作员站向飞灰输送系统发出系统启停指令，然后由 PLC 程控装置对整个工艺系统进行监视和自动控制。

　　在自动控制方式下，每一灰斗除灰工艺流程均相同，进料、出料等步序均自动进行。所有灰斗按事先设定好的顺序和一定的时间间隔进行启动控制。一轮完成后，又自动循环进行，直到按下停止按钮。每一灰斗的除灰都除至灰斗低灰位为止。如果遇到某一灰斗为低料位时，将跳过该灰斗的除灰，进入下一个灰斗除灰；如果遇到某一灰斗灰位为高时，程序可进入子组控制，对高灰位的灰斗进行除灰。

　　自动方式包括全自动和半自动（又称步动）两种方式。全自动是指系统在接受运行指令后，按一定的顺序自动进行除灰直至接受到停止指令。半自动是指系统在接受运行指令后只进行指定的灰斗除灰，除灰结束后自动停止，等待下次指令。启动控制时，如果某一灰斗仓泵在出料过程中出现了输灰母管的压力达到了极限值的情况，程序将及时关闭正在出料的出料阀和进气阀，打开排气阀，进行吹堵处理。一旦吹堵完成后，程序将自动进入出料步序，继续进行出料工作。所以在出现类似问题时，运行员不需直接关闭空压机或其他阀门等设备。

　　（2）手动控制方式。在手动控制方式下，由运行人员通过控制室操作员站进行软手操向各除灰设备发送操作指令，连锁仍由 PLC 程控装置实现。

（3）就地控制。在就地控制方式下，该设备不参与其他设备的连锁和保护，该操作方式为检修和调试状态。

（二）除灰系统启停控制的基本原则

除灰系统启停控制的基本原则如下：

（1）输灰系统启动前，所有电除尘灰斗加热器须先期投入运行；

（2）输灰系统启动前，灰库系统抽吸风机应先期投入运行；

（3）输灰系统启动时，必须按照一定出灰程序运行；

（4）若灰库有灰，抽吸风机必须运行；

（5）灰库气化风机运行时，气化风加热器须投入运行；

（6）锅炉停运后，电除尘阴、阳振打装置应继续运行，经确认电除尘灰斗余灰已排尽后，方可停止电除尘阴、阳振打装置，电除尘加热装置和落灰管温控装置以及输灰系统；

（7）若电除尘灰斗产生高料位报警，应加强排灰，并查明原因；

（8）调湿搅拌机上出料机启动后必须空载运行几分钟，然后开启灰库出灰门。

（三）除灰系统的启动控制

1. 启动前的准备

除灰系统启动前，需检查输灰系统和灰库系统相关设备，使其保持良好的状态，并满足一定的条件。

（1）输灰系统启动前的准备。输灰系统启动前应做好以下准备：

①输送风机、气化风机和仪控压缩机等符合运转条件，空气接触器油位显示"High"，进口滤网差压<0.45kPa；

②除灰系统气动阀门控制气源压力正常>0.7MPa。各气动阀门操作灵活，LCD上阀门开关显示应与实际相符；

③系统中各信号检测一次阀开；

④与输送风机相关的空冷器及干燥器冷却水投用，冷却水畅通且无冷却水流量低信号，冷却水压力正常>0.4MPa。

⑤所有空气预热器灰斗/出口门、电除尘灰斗/出口门、烟道灰斗/出口门和烟道气化门开启；所有仓泵气锁阀/加压门和气锁阀/气化门开启；电除尘灰斗/气化风门开启；系统输灰管道相关的输灰/补气主门及补气辅门开启；

⑥相关设备输灰管道的清堵门及清堵排气门关闭。电除尘、烟道气锁阀排气旁路门关闭；

⑦气化风机、烟道气化风机加热器等可投用，现场控制方式置遥控位置。气化风机加热器温控设定在80～110℃范围内；

⑧各电场、空气预热器和二次烟道的落灰管加热器温控装置无故障，温度控制设定在120℃，并投用；

⑨各电场、空气预热器和二次烟道的落灰管加热器温控装置无故障，温度控制设定在120℃，并投用。

（2）灰库系统启动前的准备。灰库系统启动前应做好以下准备：

①气化风机和仪控压缩机等必须符合运转条件，空气接触器油位显示"High"；

②检查灰库气化风加热器并投用；

③灰库系统气动阀门控制气源压力正常＞0.7MPa，各气动阀门操作灵活，CRT上阀门开关指示与实际相符；

④系统中各信号检测一次阀开；

⑤粗、细灰库/抽吸风机，粗、细灰库/布袋除尘器符合运行条件，并投用；

⑥各粗、细灰库气化板/进口门开启；粗、细灰库/干出灰槽排气门、粗、细灰库/装料斗排气门开启，粗、细灰库/湿出灰总门和粗、细灰库/湿出灰槽排气门开启；

⑦灰库调湿搅拌机符合运行条件。

2. 输灰系统的启动控制

输灰系统的主要控制是装料与输送，其启动的顺序为：启动气化风机→启动空气电加热器→启动空压机→启动冷冻式干燥机→启动输灰仓泵。

（1）空气压缩机的启动。启动顺序为：打开空压机（通常是1号空压机）的出口电动门，然后启动电控机。启动的条件是空压机无故障状态。

（2）干燥机的启动。启动顺序如下：

①关闭干燥空气旁路阀，缓慢打开空气进口阀，关闭空气出口阀，再缓慢打开干燥机的进口阀；

②按下电源"ON"启动干燥机；

③观察各仪表工作参数正常后，缓慢打开空气出口阀，干燥机运行正常5min后方可全部开启空气出口阀，干燥机进入正常运行状态；

④仪表显示值正常。

注：每次停机5min后方可再次启动。

（3）气化风机的启动。启动的顺序为：先打开灰斗气化风机出口门，过5s后启动灰斗气化风机，启动的条件是无故障，同时也启动电加热器。

（4）仓泵系统的启动。仓泵系统的控制相对较复杂，其顺序控制流程如图5-19所示。

3. 灰库系统的启动

启动灰库系统时，先启动空压机系统，确保空压机运行正常和各储气罐压力正常；接着将粗、细灰库库顶的布袋除尘器投入运行；然后将除灰系统设置成"自动"或"子组"状态，选择需要的除灰路径，使除灰系统按事先选择的灰斗进行除灰。最后按下灰库启动按钮，并使库顶的分路阀按设定的除灰路径进行开启。

灰库的启动总流程为：依次启动粗、细灰库抽吸风机及其布袋除尘器→启动调湿灰装置→开启灰库湿出灰气化总门，开启灰库湿出灰出口门和灰库湿出灰槽排气门，开启灰库湿出灰槽进口门→启动调湿搅拌机，开启对应的调湿灰水门→停止调湿灰装置，依次关闭灰槽进口门、气化总门和调湿灰水门，调湿搅拌机延时5min停止→启动干出灰装置→开启灰库干出灰出口门和灰库干出灰气化总门、分路门及灰库干出灰槽进口门→开启灰库装料斗进气门→启动灰库装料斗，装灰。

（1）仓顶除尘器的启动。气源压力正常后，必须先投仓顶除尘器，后投仓泵。仓顶除尘器的启动步序为：合上各个空气开关（输出相应的电压）→点击除尘器开按钮→除尘器就地控制箱合上电源开关→（自动延时30min开，延时20min关）→点击除尘器关按钮→除尘器正常工作。

（2）气化风机和空气加热器的启动。空气加热器应在灰库卸灰前1h投入。

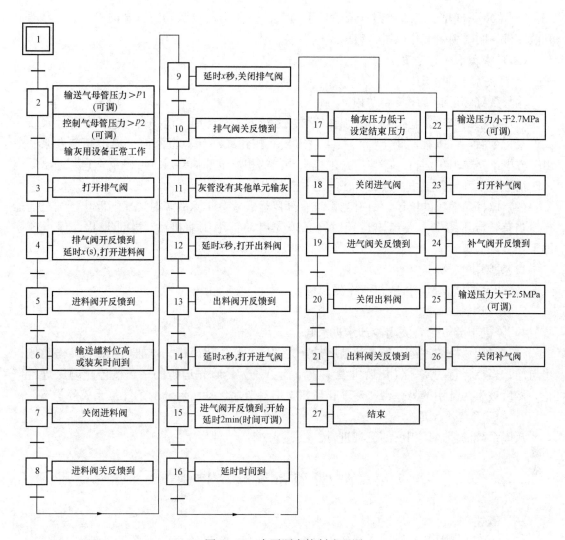

图 5-19　仓泵顺序控制流程图

气源压力正常后，打开电加热器的进出口阀，关闭空气旁路阀。

空气流动正常后，合上各个空气开关（输出相应的电压）→（单击气化风机开按钮）→单击加热器开按钮→（加热器自动调节开关）。

调整压力调节阀，使压缩空气最高压力不超过 0.2MPa。根据灰库内灰位高低，调整空气调节阀，使汽化压力保持在 0.1MPa。

（3）双轴搅拌机的启动。启动前，合上各个空气开关，接通相应电源，控制程序按步序进行：启动搅拌机→（延时 20s）→打开气动水阀→打开湿灰卸料器（调整好下料量）→（目测装车满）→湿灰卸料器关→（延时 20s）→气动水阀自动关闭→（延时 20s）→搅拌机自动关闭。

放灰时应严格控制下灰量，避免下灰过多造成搅拌机堵塞，气化压力不准超过 0.1MPa；同时，还应根据灰量多少及时调整水量，防止灰水比例不均，运行时应尽量减少启停次数。

（4）干灰散装机的启动。散装机的启动步序：按下降按钮→启动气化风机、料位风机→

（下降到位）→打开干灰卸料器（调整好下料量）→（干灰料满）→（延时 20s）→自动上升散装机→同时关闭气化风机、料位风机。

（四）除灰系统的停运

1. 输灰系统的停运

输灰系统停运的步序与启动相反。

（1）仓泵的停运。仓泵停运必须在停炉或系统发生故障时才能操作。确认必须停泵或接到停泵指令后，可以控制柜上直接按下"退出"按钮或在计算机画面上单击相应仓泵"退出"方框，仓泵退出运行。停炉后必须把灰斗内的积灰全部输空后方可停泵，仓泵退出后应及时清理仓泵和管路卫生。停运步序与启动步序相反。

（2）螺杆压缩机的停运。只有当系统全部停运或紧急排除故障时，才能停止压缩机的运行。当有一台压缩机需要退出运行时，必须先启动备用压缩机后，才能退出。停运步序如下：

1）关闭供气阀门；

2）开手动排液阀，排空机组冷凝液；

3）切断电源；

4）停机 10min 后，关闭冷却水进水阀。

（3）气化风机的停运。停止的顺序是：先关闭灰斗气化风机、电加热器、灰斗气化风机出口门；当在运行的灰斗气化风机发生故障而停机后，原先运行的一路按停止顺序进行停止，然后被设为备用的另一台灰斗气化风机按启动顺序启动。启动的条件是无故障状态。

2. 灰库系统的停运

灰库系统的停运按相反的流程进行。

第六节　脱硫系统顺序控制

一、概述

目前，煤电仍是我国电力生产的主要形式，煤电生产量约占全国总发电量的 75% 以上，因此，除了需要全面提高燃煤发电厂的发电技术，获得更高的发电效率外，还必须面临如何控制其燃烧排放物的重大问题。大气中含硫物主要是含硫燃料如煤、燃油、石油、焦炭等燃烧的产物，而以燃烧化石燃料为基础的火力发电厂，其烟气排放物中给环境带来污染和危害的主要有硫氧化物（大部分为 SO_2，少部分为 SO_3）、氮氧化物、二氧化碳和粉尘等，其中烟气排放产生的 SO_2 是世界上最大的 SO_2 排放源之一。据 1994 年的统计：火力发电厂燃烧设备的 SO_2 排放已超过全球 SO_2 排放总量的 70%。如果不采取合理的控制 SO_2 排放措施，必将给人类的健康及社会生存环境造成严重的危害，比如对人的呼吸系统带来影响，引发心血管疾病；造成湖泊、河流的酸化，影响农作物的生长及损坏建筑物等。因此，控制火力发电厂 SO_2 的排放，保护环境，是电力生产发展过程中急需解决的问题之一。

为了降低燃煤锅炉烟气排放物中 SO_2 的含量，实现高效、清洁的煤燃烧和发电技术，通常有以下几种实施方案：

（1）基于提高其工作参数的常规煤粉电站加烟气脱硫处理；

（2）循环流化床锅炉；

（3）增压流化床燃烧联合循环发电技术；

（4）整体煤气化联合循环发电技术。

根据以上几种实施方案，可将脱硫控制技术分为燃烧前脱硫、燃烧中脱硫和燃烧后脱硫（亦称为烟气脱硫）三大类。

1. 燃烧前脱硫

燃烧前脱硫技术主要是指煤炭洗选技术，应用化学或物理方法去除或减少原煤中所含的硫分和灰分等杂质，从而达到脱硫的目的。比如：在煤矿区或某供煤站设洗煤厂，将煤中含硫的矿物质洗掉，供给用户的是低硫煤、洁净煤。燃烧前脱硫技术主要有物理洗选煤法、化学洗选煤法、煤的气化和液化法等。物理洗选煤法脱硫最经济，可除去煤中大部分的黄铁矿硫，但只能脱无机硫，且会造成煤炭资源和水资源的浪费。物理洗选因投资少、运行费用低而成为广泛采用的煤炭洗选技术。生物化学法脱硫不仅能脱无机硫，也能脱除有机硫，但生产成本昂贵。目前，化学洗选技术尽管有数十种之多，但因普遍存在操作过程复杂、化学添加剂成本高等缺点而仍停留在小试或中试阶段，尚无法与其他脱硫技术竞争，距工业应用尚有较大距离。燃烧前脱硫技术中物理洗选煤技术已成熟，煤的气化和液化还有待于进一步研究完善，有的技术如微生物脱硫等正在开发研究。尽管还存在着种种问题，但其优点是：能同时除去灰分，减轻运输量，减轻锅炉的沾污和磨损，减少电厂灰渣处理量，还可回收部分硫资源。

我国当前的煤炭洗选率较低，2005 年大约在 20% 左右，而美国为 42%，英国为 94.9%，法国为 88.7%，日本为 98.2%。

虽然提高煤炭的入洗率能显著改善燃煤 SO_2 污染。然而，物理选洗仅能去除煤中无机硫的 80%，占煤中硫总含量的 25%～30%，无法满足燃煤 SO_2 污染控制要求，故只能作为燃煤脱硫的一种辅助手段。

2. 燃烧过程中脱硫

煤燃烧过程中进行脱硫处理，即在煤中掺烧固硫剂固硫，固硫物质随炉渣排出。通常是在煤中掺入或向炉内喷射各种石灰石粉、白云石粉、生石灰、电石渣及富含金属氧化物的矿渣、炉渣等作为固硫剂。在燃烧中，由于固硫剂的作用，煤燃烧产生的 SO_2 还没有逸出就与煤中含钙的固硫剂（如石灰石）发生化学反应，生成固相硫酸盐，随炉渣排出，从而减少 SO_2 随烟气排入大气而污染环境。

石灰石固硫的化学反应方程式为

$$CaCO_3 \longrightarrow CaO + CO_2 - 183kJ/mol$$

$$CaO + SO_2 + \frac{1}{2}O_2 \longrightarrow CaSO_4 + 486kJ/mol$$

3. 燃烧后脱硫

燃烧后的脱硫技术即为烟气脱硫技术，它是在烟道处加装脱硫设备，对尾部烟气进行脱硫处理，净化烟气，降低烟气中的 SO_2 排放量。该方法是目前世界上大规模商业化应用的脱硫技术之一，是控制 SO_2 最行之有效的途径。典型的技术有石灰石（石灰）—石膏法、喷雾干燥法、电子束法、海水法、氨法等。燃烧后脱硫技术有以下几种工艺。

（1）湿法脱硫工艺。湿法烟气脱硫工艺绝大多数采用碱性浆液或溶液作吸收剂，其中石灰石或石灰为吸收剂的强制氧化湿式脱硫方式是目前使用最广泛的脱硫技术。石灰石或石灰

洗涤剂与烟气中 SO_2 反应，反应产物硫酸钙在洗涤液中沉淀下来，经分离后既可抛弃，也可以石膏形式回收。目前的系统大多数采用了大处理量洗涤塔，系统的运行可靠性已达99％以上，通过添加有机酸可使脱硫效率提高到95％以上。

其他湿式脱硫工艺包括用钠基、镁基、海水和氨作吸收剂，一般用于小型电厂和工业锅炉。以海水为吸收剂的工艺具有结构简单、不用投加化学品、投资小和运行费用低等特点，因此也被用于依海而建的大型电厂的脱硫。氨洗涤法可达很高的脱硫效率，副产物硫酸铵和硝酸铵是可出售的化肥。

（2）半干法脱硫工艺。半干法的工艺特点是反应在气、液、固三相中进行，利用烟气的湿热蒸发吸收剂中的水分，使最终产物为干粉。典型工艺有喷雾干燥法和吸着剂喷射法。

喷雾干燥法是20世纪70年代中后期发展起来的脱硫新技术，其基本原理是利用快速离心喷雾机将吸收剂喷射成极其细小且均匀分布的雾粒，雾粒与热烟气接触，一方面吸收剂吸收烟气中的 SO_2，另一方面水分迅速蒸发而形成含水量很低的固体灰渣，从而达到净化烟气中 SO_2 的目的。脱硫率可达75％～90％。该方法具有设备简单、投资小、运行维护方便及运行费用低等优点，从而得到较广泛的应用。

吸着剂喷射法按所用吸着剂的不同可分为钙基和钠基工艺。吸着剂可以是干态、湿润态或浆液，喷入部位可以为炉膛、省煤器或烟道。该方法比较适合老电厂改造，因为在电厂排烟流程中不需增加任何设备就能达到脱硫的目的。

（3）干法脱硫工艺。干法脱硫工艺利用粉状或颗粒状吸收剂，通过吸附、催化反应或高能电子电解等作用除去烟气中的 SO_2。反应在无液相介入的完全干燥状态下进行，反应物亦为干粉状，不存在腐蚀和结垢等问题。相对于湿法脱硫技术，干法脱硫技术具有耗水量少、不造成二次污染、硫便于回收等优点，但由于气固反应速率较低，致使脱硫过程空速低、设备庞大，脱硫率不及湿法。

近年来，对干法脱硫技术的研究呈上升趋势，出现了不少新的技术，其中，研究较多的是20世纪70年代发展起来的用于同时脱硫、脱硝的等离子体法。

等离子体法主要是利用高能电子使烟气中的 N_2、O_2 和水蒸气等发生辐射反应，生成大量离子、自由基、原子、电子和各种激发态原子等活性物质，将烟气中的 SO_2、NO_x 等气体氧化为 SO_3 和 NO_2，并与水蒸气反应生成雾状硫酸和硝酸，在注入氨的情况下生成硫铵和硝铵化肥。根据高能电子的来源，等离子体法可分为电子束照射法和脉冲电晕等离子体法。

在燃烧前、燃烧中和燃烧后脱硫控制法中，燃烧后脱硫技术（即烟气脱硫技术）是目前应用最广泛的、效率最高的脱硫技术，也是火电机组控制二氧化硫排放的主要手段之一。烟气脱硫技术中又以石灰石（石灰）—石膏湿法脱硫工艺最为成熟、可靠。它的主要优点是：①脱硫效率高，一般可达95％以上，钙的利用率高可达90％以上；②单机烟气处理量大，可与大型锅炉单元匹配；③对煤种的适应性好，烟气脱硫的过程在锅炉尾部烟道以后，不会干扰锅炉的燃烧，不会对锅炉机组的热效率、利用率产生很大影响；④石灰石（石灰）作为脱硫吸收剂，其来源广泛且价格低廉，便于就地取材；⑤副产品石膏经脱水后即可回收，具有较高的综合利用价值。由于石灰石（石灰）—石膏湿法脱硫工艺具有以上优点，这种工艺已为发达国家大多数发电厂所接受，特别是大容量机组、对大气质量要求高的地区一般首选湿法脱硫。但是，石灰石（石灰）—石膏法脱硫也存在缺点，比如，初期投资费用高、运行成本高、占地面积大、系统管理操作复杂、磨损腐蚀现象较为严重、废水较难处理等。随着我国对脱硫技术研究的不断深入和运行经验的不断积累，石灰石—石膏湿法脱硫的结构将进一步简化，成本将进一步降低，运行和管理水平也将逐步提高。

二、石灰石（石灰）—石膏湿法脱硫的基本原理

石灰石（石灰）—石膏湿法烟气脱硫工艺主要是采用廉价易得的石灰石或石灰作为脱硫吸收剂，石灰石经破碎磨细成粉状与水混合搅拌制成吸收浆液。当采用石灰作为吸收剂时，石灰粉经消化处理后，加水搅拌制成吸收浆液。在吸收塔内，吸收浆液与烟气接触混合，烟气中的二氧化硫与浆液中的碳酸钙以及鼓入的氧化空气进行化学反应被吸收脱除，最终产物为石膏。脱硫后的烟气依次经过除雾器除去雾滴，加热器加热升温后，由增压风机经烟囱排放，脱硫渣石膏可以综合利用。

吸收塔中的物理化学反应可分成 SO_2 的吸收、石灰石（石灰）的溶解、酸碱离子中和、硫酸根或亚硫酸氢根的氧化和石膏的结晶等一系列复杂过程。

1. SO_2 的吸收

含有 SO_2 的烟气，首先发生吸收 SO_2 的反应。反应过程为

$$SO_2(气) \longrightarrow SO_2(液) \longrightarrow SO_2(液) + H_2O \longrightarrow H^+ + HSO_3^- \longrightarrow H^+ + SO_3^{2-}$$

同时也存在吸收 SO_3 的反应

$$SO_3(气) \longrightarrow SO_3(液) \longrightarrow SO_3(液) + H_2O \longrightarrow H^+ + HSO_4^- \longrightarrow H^+ + SO_4^{2-}$$

烟气中的 HCL、HF 等极易溶于水，发生解离：

$$HCl(气) \longrightarrow HCl(液) \longrightarrow H^+ + Cl^-$$

$$HF(气) \longrightarrow HF(液) \longrightarrow H^+ + F^-$$

其中，Cl 是造成脱硫设备发生氯腐蚀的主要原因。

2. 石灰石（石灰）的溶解

石灰石的主要成分是 $CaCO_3$，石灰的主要成分是 CaO。加入石灰石或石灰，可以得到生成石膏所需的钙离子。吸收剂为石灰石时，反应过程为

$$CaCO_3(固) \longrightarrow Ca^{2+} + CO_3^{2-}$$

$$CO_3^{2-} + H^+ \longrightarrow HCO_3^-$$

吸收剂为石灰时，反应过程为

$$CaO(固) + H_2O \longrightarrow Ca(OH)_2$$

$$Ca(OH)_2 \longrightarrow Ca^{2+} + 2OH^-$$

3. 酸碱离子的中和

酸碱离子的中和可以消耗溶液中的氢离子，使 SO_2 吸收过程的离子反应朝吸收 SO_2 的方向进行。吸收剂为石灰石时，中和反应过程为

$$HCO_3^- + H^+ \longrightarrow H_2O + CO_2(液)$$

$$CO_2(液) \longrightarrow CO_2(气)$$

吸收剂为石灰时，中和过程为

$$OH^- + H^+ \longrightarrow H_2O$$

$$OH^- + HSO_3^- \longrightarrow SO_3^{2-} + H_2O$$

4. 亚硫酸根或亚硫酸氢根离子的氧化

亚硫酸根或亚硫酸氢根离子被氧化后，形成硫酸根离子，即

$$HSO_3^- + 1/2O_2 \longrightarrow SO_3^{2-} + H^+$$

$$SO_3^{2-} + 1/2O_2 \longrightarrow SO_4^{2-}$$

5. 石膏的结晶

钙离子与硫酸根离子反应形成硫酸盐，并以固态盐类结晶的形式从溶液中析出，即为石膏晶体 $CaSO_4 \cdot 2H_2O$

$$Ca^{2+} + SO_4^{2-} + 2H_2O \longrightarrow CaSO_4 \cdot 2H_2O(固)$$

同时，还发生以下的副反应，即

$$Ca^{2+} + SO_3^{2-} + 1/2H_2O \longrightarrow CaSO_3 \cdot 1/2H_2O(固)$$

石膏中的 $CaSO_3 \cdot 1/2H_2O$ 含量多少与氧化是否充分有关，氧化越充分，含量越低，石膏纯度越高，质量越好。

三、石灰石湿法烟气脱硫的工艺流程和主要设备

（一）石灰石湿法烟气脱硫的工艺过程

石灰石湿法烟气脱硫的工艺流程主要包括制粉、制浆、吸收、氧化、烟气换热、石膏生成等几个部分。除尘后的锅炉烟气经增压风机增压，通过热交换器交换热量降温后从底部进入脱硫塔，与石灰石浆液发生反应，除去烟气中的 SO_2。净化后的烟气经除雾器除去烟气中携带的液滴，通过热交换器升温后从烟囱排出。反应生成物 $CaSO_3$ 进入脱硫塔底部的浆液池，被通过增氧风机鼓入的空气强制氧化，生成 $CaSO_4$，继而生成石膏。为了使生成的石膏不断排出，新鲜的石灰石/石灰浆液需连续补充，才能得到纯度较高的石膏。

典型的石灰石湿法 FGD 工艺流程如图 5-20 所示。

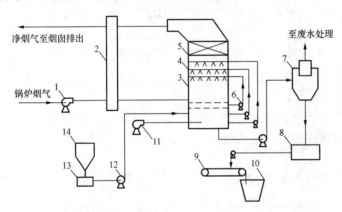

图 5-20　典型的石灰石湿法 FGD 工艺流程图

1—增压风机；2—热交换器；3—脱硫塔；4—喷淋层；5—除雾器；6—浆液循环泵；7—一级脱水装置；8—浓缩浆液箱；9—二级脱水装置；10—石膏仓；11—氧化风机；12—浆液泵；13—浆液箱；14—石灰石粉仓

（二）石灰石湿法脱硫的系统组成和主要设备

湿法脱硫系统可加装于锅炉的尾部，对原有的锅炉系统和尾部除尘系统没有任何不良影响。典型的石灰石湿法烟气脱硫系统主要由石灰石浆液制备系统、烟气系统、SO_2 吸收系统、石膏脱水系统、工业水系统、废水处理系统、杂用和仪用压缩空气系统等组成，其系统组成如图 5-21 所示。

1. 石灰石浆液制备系统

石灰石浆液制备系统提供用于吸收 SO_2 所需要的石灰石浆液，它有干粉制浆系统和湿法制浆两大类工艺流程，区别在于石灰石粉的磨制方式。

干粉制浆过程为：石灰石被卡车送至石灰石料斗，经石灰石振动卸料机送入输送皮带机。石灰石料斗上装有一个带布袋除尘器的吸尘罩。原石灰石中的金属杂质被皮带机上的金属分离器去除。石灰石经斗提机送至石灰石料仓。在石灰石料仓的顶部也装有一个布袋除尘器，防止粉尘飞扬。石灰石的量是根据系统的需求，由称重皮带给料机和给料皮带机从石灰

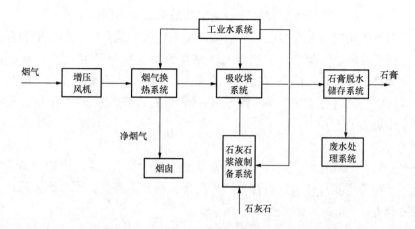

图 5-21　石灰石湿法烟气脱硫系统组成框图

石料仓中输送至干式磨粉机中。由磨粉机出来的石灰石气粉混合物在收尘器中实现气粉分离，石灰石粉由气力输送系统送至石灰石粉仓。粉仓中的石灰石粉再经给粉机进入石灰石浆液箱，加入一定比例的水，经机械搅拌后由浆液泵送入吸收塔。为了除去石灰石中的氯化物、氟化物以及其他一些杂质，通常在斗式提升机前面设置两条皮带机，前面一条为洗涤皮带机，用工业水冲洗石灰石块料；后面一条为烘干皮带机，用热风将石灰石块料烘干。有些干粉制浆系统不设单独的石灰石浆液箱，而是将超细石灰石粉（99.5%的石灰石颗粒小于 $44\mu m$）直接注入吸收塔。

湿粉制浆过程中石灰石破碎系统用于将石灰石石料破碎成小于 6mm 的石灰石细料并储存。汽车将石灰石卸料到石料受料斗，通过受料斗底部的振动给料机向破碎机供给石料。料经破碎机破碎，经处送皮带送到斗式提升机，被送至石灰石仓。石灰石仓中的石料通过仓下部的阀门输送到制浆系统。石灰石料仓上设有布袋除尘器，防止卸料时粉尘飞扬。来自石灰石仓的预破碎的石料通过称重皮带给料机进入湿式球磨机磨制成石灰石浆液，然后送入湿磨机浆液箱，再由湿磨机浆液泵送至石灰石旋流站，实现石灰石浆液的分选。旋流器中的稀浆液流入石灰石浆液箱，用做吸收剂，下层的稠浆被送回到湿磨机中心磨制。石灰石浆液箱中的浆液经石灰石浆液泵送入吸收塔。石灰石浆液箱中装有搅拌器，用以防止石灰石沉淀。石灰石浆液有一定的设计浓度，其给料速率需根据锅炉负荷、烟气中的 SO_2 浓度、石灰石浆液的 pH 值确定。

制浆系统的主要设备包括石灰石储仓、球磨机、石灰石浆液罐、浆液泵等。

2. 烟气系统

烟气系统为脱硫运行提供烟气通道，配合烟气脱硫装置的投入和切除，一方面，降低吸收塔入口的烟温，以满足吸收塔化学反应所需的最佳烟气温度要求；另一方面，提升净化烟气的排烟温度，保护尾部烟道和烟囱。

烟气系统的主要设备包括烟道挡板、烟气换热器、脱硫（增压）风机等。

3. SO_2 吸收系统

SO_2 吸收系统利用石灰石浆液吸收烟气中的 SO_2，生成亚硫酸产物，然后被氧化空气氧化，以石膏的形式结晶析出。同时，通过除雾器将湿烟气中的液滴除去。

SO_2 吸收系统是 FGD 的核心装置，主要设备包括吸收塔、石灰石浆液循环泵、氧化风机、除雾器等。SO_2 吸收系统的工作过程根据吸收塔形式的不同而不同。

吸收塔根据具体功能可分为吸收区、脱硫产物氧化区和除雾区。烟气中的有害气体在吸收区与吸收液接触被吸收；除雾区将烟气与洗涤浆液滴及灰分分离；吸收 SO_2 后生成的亚硫酸钙在氧化区进一步被鼓入的空气氧化为硫酸钙，最终形成石膏结晶体。按照工作原理的不同，吸收塔的吸收区可分成喷雾塔、鼓泡塔、液柱塔、液幕塔、文丘里塔、孔板塔等，其中以喷淋塔应用最多。

4. 石膏脱水及储存系统

石膏脱水及储存系统将来自吸收塔的石膏浆液浓缩、脱水，生产出副产品石膏，并进行储存和外运。系统的主要设备包括石膏浆液排出泵、石膏浆液泵、水力旋流器、真空皮带脱水机、石膏储仓等。

5. 废水处理系统处理

废水处理系统处理脱硫系统产生的废水（正常情下主要是石膏脱水系统产生的废水），以满足排放要求。系统的主要设备包括氢氧化钙制备和加药设备、澄清池、絮凝剂加药设备、过滤水箱、废水中和箱、沉降箱、澄清器等。

6. 公用系统

公用系统为脱硫系统提供各类用水和控制用气。公用系统的主要设备包括工艺水箱、工业水箱、工业水泵、冷却水泵、空压机等。

7. 事故浆液排放系统

事故浆液排放系统包括事故浆液储罐系统和地坑系统，用于储存 FGD 装置大修或发生故障时由 FGD 装置排出的浆液。事故浆液排放系统主要设备包括事故浆液储罐、地坑、搅拌器和浆液泵。

8. 电气与监测控制系统

电气和监测系统主要由电气系统、监控与调节系统和连锁环节构成，其主要功能是为系统提供动力和控制用电。通过 DCS 系统控制全系统的启停、运行工况调整、连锁保护、异常情况报警和紧急事故处理；通过在线仪表监测和采集各项运行数据，可以完成经济性分析和产生生产报表。主要设备有各类电气设备、控制设备和在线仪表等。

四、脱硫顺序控制工程实例

下面以某 2×1000MW 火力发电厂的脱硫系统为例，详细介绍其脱硫系统的工作过程和相关设备。

该 2×1000MW 机组中每台锅炉的最大连续蒸发量为 2953t/h 蒸汽，烟气量为标况下 833.9m^3/s（湿态、标准状况、设计煤种）。两台锅炉采用的是石灰石—石膏湿法脱硫，脱硫装置按一炉一塔进行配置。每套烟气脱硫装置的出力在 BMCR（锅炉最大蒸发量）工况的基础上设计，最小可调能力与单台炉不投油最低稳燃负荷（即 35%MCR 工况，燃用设计煤种的烟气流量）相适应，并能在 BMCR 工况下进口烟温再加 10℃ 裕量的条件下安全连续运行。事故状态时，烟气脱硫装置的进烟温度不得超过 180℃（每年两次，每次 1h 锅炉空气预热器故障）。当温度达到 180℃ 时，全流量的旁路挡板将立即打开。该锅炉的 FGD 系统还能满足脱硫设计煤种（$S_{ar}0.63\%$）和校核煤种（$S_{ar}0.9\%$）的煤种变化，并能在燃用脱硫校核煤种（$S_{ar}0.9\%$）时长期稳定地运行，设计的脱硫效率可达 95%。

（一）对脱硫系统的技术要求

为了保证锅炉的安全运行，脱硫装置必须保证能快速启动，要求其旁路挡板具有快速开启功能，且在锅炉负荷波动时脱硫装置应有良好的适应特性。具体要求如下所述。

（1）原则上，FGD 装置应能适应锅炉最低稳燃负荷（燃烧设计煤种 35％MCR）工况和 BMCR（燃烧设计煤种）工况之间的任何负荷。在锅炉运行时，FGD 装置和所有辅助设备的运行对锅炉负荷和锅炉运行方式不能有任何干扰。FGD 装置必须能够在烟气污染物浓度最小值和最大值之间的任何点运行，并确保污染物的排放浓度不大于保证值。

（2）整套 FGD 系统的设置按现场无人值班的原则进行设计，能够满足整个系统在各种工况下自动运行的要求。FGD 装置及其辅助设备的启动、正常运行监控和事故处理应在 FGD 控制室实现完全自动化，而不需要在就地进行与系统运行相关的操作。如果某台设备（例如水泵等）出现故障，备用设备将自动投入运行。整个系统的控制功能由 FGD-DCS 实现。

（3）在装置停运期间，需要冲洗和排水的设备和系统（如石灰石和石膏浆液系统的泵、管道、箱罐等）应能实现自动冲洗和排水。在短期停运或事故中断期间，主要设备和系统的排水和冲洗应能自动通过 FGD-DCS 的远方操作实现，包括石灰石浆液或石膏浆液管道和其他所有与石灰石或石膏浆液接触的设备。

（4）烟道和箱罐等设备应配备足够数量的人孔门，所有的人孔门使用铰接方式，且便于开关。所有的人孔门附近应设维护平台。

（5）所有设备和管道，包括烟道、膨胀节等在设计时必须考虑设备和管道发生故障时能承受最大的温度热应力、机械应力和最差运行条件（压力、温度、流量、污染物含量）及事故情况下的安全裕量。设计选用的材料必须适应实际运行条件，并给予适当的防腐余量。所有浆液泵应防腐耐磨，泵的密封形式采用机械密封。所有浆液箱、地坑的搅拌器采用防腐耐磨的全金属结构。

（6）在设备（例如，石灰石浆液或石膏浆液系统设备与管道等）的冲洗和清扫过程中产生的废水应收集在 FGD 岛的排水坑内，或送至吸收塔系统中重复利用，或经过适当处理，不能将废水直接排放。

（7）FGD 装置的检修时间间隔应与机组的要求一致，不应增加机组的维护和检修时间。机组检修时间为：小修每 2 年 1 次，大修每 6 年 1 次。

（二）FGD 系统的特点

该机组的 FGD 工艺系统的特点如下所述。

（1）脱硫工艺采用湿式石灰石—石膏法，并采用一炉一塔的方案，吸收塔型式为喷淋式。每套脱硫装置的烟气处理能力为一台锅炉燃用脱硫设计煤种，BMCR 工况时的烟气量，脱硫效率按不小于 95％设计。

（2）脱硫系统采用外购石灰石，干式磨粉系统。每台 1000MW 机组设置一套石灰石浆液制备系统，每 2 台 1000MW 机组设置一套公用的石膏脱水系统，脱硫副产品——石膏脱水后含水量小于 10％。石膏堆放采用筒仓型式，堆放容量为 4 台机组 BMCR 工况下，不少于三天的储存量。每座石膏筒仓下设 2 个出口，1 个用于装车，1 个用于装皮带。

（3）烟气吸收及石灰石浆液制备系统的中压配电设备集中布置在输煤脱硫综合控制楼中，低压配电设备集中布置在脱硫电控楼，而石膏脱水区域中低压配电设备布置在石膏脱水电控楼，MCC（电动机控制中心）则就近布置在各负荷较集中区域。

（4）脱硫系统设置 100％烟气旁路，以保证脱硫装置在任何情况下不影响发电机组的安全运行。

（5）脱硫岛内单独设置杂用和仪用压缩空气系统。

（6）脱硫系统监控采用 DCS，与主机发电系统的控制水平相当。每套脱硫系统 DCS 配备一套 AC 220V UPS（4 台机加公用系统共 5 套），UPS 采用双路交流电源切换，自配直流蓄电池（0.5h）。UPS 及其配电盘布置在各脱硫系统 DCS 机柜所在的电控楼内。每台炉的脱硫系统和公用辅助系统均配有一套 110V 直流系统。每套 110V 直流系统包括 2 套 110V 蓄电池组、3 套充电器以及相关配电屏、附件等配套设备，分别布置在相应的电控楼内。脱硫系统 6kV 电源从输煤脱硫联合控制楼和石膏电控楼内的 6kV 配电装置引接。全套脱硫装置需要的保安电源由机组保安电源提供总进线。

（7）脱硫系统用水均由电厂供水系统供应。为满足对石膏品质的要求及控制脱硫装置中 Cl^- 的浓度，脱硫装置将外排一定量的废水。废水自废水旋流器排出，经过废水收集箱收集后，送至灰渣系统利用。当灰渣系统不需要时，则进入脱硫废水处理系统，经中和、反应、絮凝、沉淀和过滤等处理过程，达标后送至电厂灰渣系统排放。脱硫废水处理车间与全厂废水处理车间组合在一起，统一管理。

（8）为了最大限度地减少工艺水的消耗量，在设计中应充分考虑工艺水的循环利用。真空皮带过滤机的滤液和冲洗水经滤液水箱汇集后，由滤液水箱泵送至吸收塔和石灰石浆液箱进行再利用，使工艺水的补给量最小。设备、管道及箱罐的冲洗水和设备的冷却水通过管道或沟道回收至各区域集水坑，返回 FGD 系统重复使用。

（9）脱水石膏堆放在石膏筒仓内（先进先出式），主要考虑综合利用为主，抛弃为副，石膏通过石膏筒仓出口的电动三通，1 个用于装车，1 个用于装皮带。设计煤种脱硫石膏堆放两年，按堆石膏容重 1.2t/m³ 计算，堆放库容 15.6 万 m³。综合利用受阻时，送灰场单独堆放。对石膏的品质要求如下：

①自由水分低于 10％；
②$CaSO_4 \cdot 2H_2O$ 含量高于 90％；
③$CaCO_3 + MgCO_3$ 低于 2.9％（以无游离水分的石膏作为基准）；
④$CaSO_3 \cdot 1/2H_2O$ 含量低于 0.35％（以无游离水分的石膏作为基准）；
⑤溶解于石膏中的 Cl^- 含量低于 0.01％Wt（以无游离水分的石膏作为基准）；
⑥溶解于石膏中的 F^- 含量低于 0.01％Wt（以无游离水分的石膏作为基准）；
⑦溶解于石膏中的 K_2O 含量低于 0.07％Wt（以无游离水分的石膏作为基准）；
⑧溶解于石膏中的 Na_2O 含量低于 0.035％Wt（以无游离水分的石膏作为基准）。

（10）脱硫设备年运行小时的能力应与锅炉运行相匹配，至少应能满足表 5-3 中各负荷下的年运行小时数。

FGD 装置可用率不小于 98％。FGD 装置服务寿命为 30 年。

（三）工艺系统组成

该 1000MW 机组配置了一套完整的石灰石—石膏湿法烟气脱硫系统，它由石灰石制备系统、烟气系统、

表 5-3　负荷与运行时间

负荷	年运行小时数
100％	4200
75％	2120
50％	1180
40％	300

SO₂ 吸收系统、石膏脱水系统、FGD 废水处理系统、FGD 供水及排放系统等组成。

1. 石灰石制备系统

石灰石制备系统包括石灰石接收和储存系统、石灰石粉气力输送系统、石灰石磨制系统和石灰石浆液制备和供给系统，主要为脱硫吸收塔提供符合要求的石灰石浆液。

（1）石灰石接收和储存系统。石灰石接收和存储系统由振动给料机、石灰石仓、石灰石仓仓顶除尘器、石灰石称重皮带输送机、石灰石斗式提升机等设备组成。本机组脱硫系统采用外购石灰石块，其粒径范围约为 3～10mm。石灰石块被船运至电厂码头，经码头卸船、除铁（除去石灰石中的铁块）后，由皮带直接将石灰石输送至脱硫岛辅助区的两个石灰石筒仓顶部进行存储，准备进入磨制系统。

厂内磨制区设置了两座钢筋混凝土结构的石灰石筒仓，可提供机组 BMCR 工况下运行 7 天的石灰石供给量。运至厂内的石灰石通过犁式卸料器及皮带机头部卸料，将石灰石分别卸至两个石灰石筒仓，仓顶部设有布袋除尘器及压力真空释放阀，并设有雷达式连续料位计及高、低料位开关。筒仓锥斗设有空气炮用于防堵。每座石灰石仓底部设两个出口，均设有隔绝插板门，其中一个出口向石灰石称重皮带机喂料供本期磨制石灰石用；另一个出口供二期磨制系统，出口通过振动给料机，供石灰石装车用。

石灰石仓供料给 2 台石灰石称重式皮带给料机。每台石灰石称重式皮带给料机的容量为机组 BMCR 工况的 100％容量。称重式给料机根据要求将石灰石供给干式磨机进行研磨。石灰石块通过提升机送至立式磨机入口。石灰石磨制系统采用 2 套干式立磨系统，每台磨机出力为 2×1000MW 机组总耗量的 200％设置。干式立磨系统磨制好的成品石灰石粉经两个辅助区石灰石粉主粉仓，由气力输送系统输送至制浆区的石灰石粉仓，进行制浆。

（2）石灰石磨制系统。该电厂的 FGD 石灰石磨制采用的是干粉制浆，其工艺流程如图 5-22 所示。石灰石磨制系统的主要设备包括：立式干磨系统（由选粉机、液压油站、油站电加热器、润滑油站、高压润滑油泵、低压润滑油泵等组成）、气箱脉冲收尘器、气力输送系统、气力提升系统、

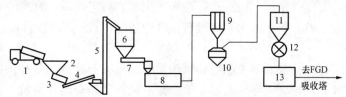

图 5-22　干粉制浆工艺流程图
1—汽车；2—受料斗；3—振动给料机；4—皮带机；5—斗式提升机；
6—石灰石储仓；7—称重皮带机；8—干式磨粉机；9—收尘器；
10—石灰石气力输送装置；11—石灰石粉仓；12—石灰石
给粉机；13—石灰石浆液箱

循环风机、蒸汽加热器、疏水泵、疏水扩容器、辅助区石灰石主粉仓、辅助区石灰石主粉仓仓顶除尘器（除尘离心风机）、辅助区石灰石主粉仓流化风机、辅助区石灰石主粉仓流化风机加热器、辅助区石灰石主粉仓干灰散装机等。

石灰石磨制楼内设 2 条制粉生产线。每条生产线的生产能力均能满足 2×1000MW 机组 BMCR 工况下燃用校核煤种时，脱硫用石灰石的耗量 42t/h。石灰石仓内的石灰石通过布置于石灰石仓底部的称重皮带给料机及斗提机送至石灰石干式立磨，磨机进料粒度为 3～10mm，出料粒度为 325 目（10％筛余），出力为 42t/h，在能满足 BMCR 的工况下，燃用校核煤种时石灰石的需求量。每台磨机均配有蒸汽加热系统用于加热石灰石磨机的进气，使磨机在进料含水量不大于 10％的情况下，都能保证出力，蒸汽参数为 300℃、1MPa，蒸汽量

约为 11t/h。蒸汽疏水通过疏水扩容器喷水冷却后由疏水泵送入辅助区工艺水箱。磨机配有旋转分离器，以保证磨机的出料粒度。从旋转分离器排出的符合粒度要求的石灰石粉由布袋除尘器收集，石灰石粉靠重力落入布置于布袋除尘器下方的螺旋输送机，由螺旋输送机出口落入石灰石粉仓储存。磨制系统设有循环风机，形成闭式循环。每条生产线 1 台。

在石灰石磨制楼外对应 2 条制粉生产线设有 2 座直径为 10.5m、储量为 1000m³/座的辅助区石灰石主粉仓。石灰石主粉仓顶部均设有布袋除尘器及压力真空释放阀，每个粉仓各设有雷达式料位计。粉仓顶部布袋除尘器设防风防雨设施。粉仓底部设有流化系统以保证卸料流畅。每座粉仓各设有 2 台流化风机（1 台运行，1 台备用）和 1 台流化风加热器。每座石灰石粉仓底部均设有 3 个出口，其中 1 个出口供石灰石粉装车用，配有干灰散装机用于装车，卸料器出力为 100t/h；另外 2 个出口分别设有 2 台压力输送器，采用气力输送系统将石灰石粉输送至制浆区。石灰石主粉仓出口与压力输送器之间设有电动插板门。

（3）石灰石粉气力输送系统。石灰石粉气力输送系统由气力输送空压机、冷干机、气力输送储气罐、石灰石粉气力输送系统和仓泵等设备组成。

石灰石粉气力输送系统设置 2 套输送子系统，2 条输送粉管，每套输送子系统的出力为 42t/h，为 2×1000MW 机组 BMCR 工况下燃用校核煤种时石灰石耗量的 100%，总的系统出力为 2 台机组燃用校核煤种时，200% 的石灰石粉耗量，输送距离约 950m。每座石灰石粉仓下，设置 2 个压力输送器，共 4 只压力输送器。当 1 号压力输送器进料时，2 号压力输送器进料阀关闭，处于等待状态；当 1 号压力输送器装料结束，开始输送；2 号压力输送器进料阀打开进料，如此交替运行。整个石灰石粉输送系统设有 2 根输送管路。通过吸收区石灰石粉仓顶部的切换阀可以使 2 条输送管路内的石灰石粉分别送至 4 座制浆区的石灰石粉仓内，准备制浆用。输送管道弯头采用耐磨材料制成，直线段采用加厚钢管并应设置了吹扫装置及管道。整个输送系统设有 3 台输送空压机（2 台运行，1 台备用），采用无油、水冷式空压机。

（4）石灰石浆液制备和供给系统。石灰石浆液制备和供给系统包括的设备有制浆区石灰石粉仓、粉仓布袋除尘器、除尘离心风机、粉仓流化风机、粉仓流化风机加热器、粉仓星型下料阀、石灰石浆液箱、石灰石浆液箱搅拌器、石灰石浆液泵等。

石灰石浆液制备区的石灰石粉仓布置于电厂吸收区的北侧，直径为 9.5m，容量为 700m³/座。粉仓接收由石灰石粉输送系统从磨制区输送到吸收区的石灰石粉，分别供脱硫吸收塔用。石灰石粉仓均为钢结构、高位布置。石灰石粉仓顶部设有布袋除尘器及压力真空释放阀，每个粉仓设有雷达式连续料位计。为保证卸料流畅，粉仓设有流化系统。粉仓共设有流化风机和流化空气用加热器。

每座石灰石粉仓下设 1 座容积为 177m³ 的石灰石浆液箱，石灰石粉仓下方设有给料机，将石灰石粉定量加入石灰石浆液箱，并与吸收区工业水系统提供的水混合，通过安装在石灰石浆液箱内搅拌器搅拌制浆。石灰石浆液设计浓度为 30%，浆液浓度差压计进行控制。调制好的石灰石浆液通过石灰石浆液泵送入吸收塔，每座吸收塔配有一条石灰石浆液输送循环管，再循环回到石灰石浆液箱，石灰石浆液通过循环管上的分支管道输送到吸收塔，以防止浆液在输送管道内沉淀堵塞。

该机组石灰石浆液制备和供给系统的特点如下所述。

• 石灰石制浆系统采用单元制，每台炉设一座石灰石粉仓和一只石灰石浆液箱。每座石灰石粉仓能储存每台炉 BMCR 工况下，燃用脱硫设计煤种 5 天的量。粉仓顶部设有脉冲布袋除尘器，收集粉仓内的扬尘。粉仓下设一座石灰石浆液箱，满足一台炉燃用脱硫设计煤种时 BMCR 工况下，5h 的石灰石浆液量。

　　•为防止石灰石在粉仓中的结块，每两座石灰石粉仓设 2 台吸附式干燥器和 3 台气化风机，气化风机两台运行，一台备用。每台炉设 2 台石灰石浆液输送泵，1 台运行，1 台备用。

　　•每座石灰石粉仓与石灰石浆液箱设 2 个接口，2 个旋转给料阀，1 台运行，1 台备用。

　　•2 台机组设置 1 座石灰石浆液排污坑，2 只排污泵，1 台运行，1 台备用。

　　•脱硫岛的分界为石灰石仓顶部配对法兰，每座石灰石粉仓顶部有 3~4 对配对法兰（石灰石粉气力输送入口），配对法兰与气力输送管道相配，配对法兰属脱硫岛范围。

　　石灰石浆液制备和供给系统的主要设备说明如下。

　　1) 石灰石粉仓。石灰石粉仓为钢结构，粉仓配有两个出料口分别供给浆液箱，出料口设计有防堵的措施。石灰石粉仓的顶部设有密封的人孔门，能用铰链和把手迅速打开，并且装有紧急排气阀门。

　　粉仓的通风除尘器为脉冲布袋除尘器，布袋除尘器出口的洁净气体最大含尘量小于标况下 $10mg/m^3$。每座粉仓提供 1 只连续的料位指示器，实现料位的连续显示；还应设有低料位、高料位及高—高料位计，可实现低料位、高料位报警、高—高料位报警及控制。料位计采用雷达式，同时也能用于远方指示。在储仓的每个出料口装有电动关断阀。石灰石粉仓底部设有气化装置，防止石灰石粉的板结。

　　2) 旋转给料机。每座石灰石粉仓的出口设置 2 只旋转给料阀，1 台运行，1 台备用。给料机能满负荷启动，配有控制装置，可实现安全保护，包括过载保护、断料报警等，保证给料机能准确给出进口给料信号和出口断料信号。壳体上设置了检修孔，以便观察运行情况和检修。系统正常运行时，给料机壳体的间隙满足了给料物质的特性（石灰石粉，250 目，90% 的过筛率），其密封良好，无泄漏。旋转给料机设有止退装置，防止逆向旋转和输送机反向输送。

　　3) 泵、箱和搅拌器。

　　①石灰石浆液泵：每台炉 2 台，1 台运行，1 台备用，容量按一台炉燃用脱硫设计煤种，BMCR 工况时的石灰石浆液用量设计。所有的泵全套包括电机、联轴器、泵和电机的共用底架、法兰、配件等，以及衬里、冲洗设施（对于浆液泵和其他侵蚀性介质的泵）。

　　②石灰石浆液箱：钢结构衬胶，每炉一只，其有效容积按不小于一台锅炉燃用脱硫设计煤种 BMCR 工况下，5h 的石灰石浆液量设计。石灰石浆液箱上设置了必要的楼梯平台，利于石灰石浆液搅拌器的检修。

　　③石灰石浆液搅拌器：石灰石浆液搅拌器在工作容量范围内和最大含固量的浆液条件下，均能安全稳定运行。

　　4) 气化风机和吸附式干燥器。每 2 座石灰石粉仓设置 3 台气化风机，2 台运行，1 台备用，用于向每座石灰石粉仓提供连续且稳定的气化空气。

　　每台气化风机包由电动机、消音器、进口过滤器、膨胀节、隔音罩、排气阀、压力释放阀、冷却器、压力及温度开关、排放逆止阀和节流阀等组成。其流量可达到所需气化空气量的 110% 以上，其出口压力超过灰库气化压力和管线总阻力之和的 120%。每座粉仓均配备了一台可再生吸附式干燥器。

5）管道系统。石灰石浆液输送管道设计为一条环管，再循环回到石灰石浆液箱，石灰石浆液通过环管上的分支管道输送到吸收塔，以防止浆液在输送管道内沉淀堵塞。

6）仪表和控制。石灰石浆液制备系统管道上布置了相关的阀门、仪表、控制设备和附件等。进入 FGD-DCS 的信号有石灰石浆液给料流量、石灰石浆液浓度等。石灰石浆液给料量是根据锅炉负荷、FGD 装置进口和出口的 SO_2 浓度及吸收塔浆池内的浆液 pH 值进行控制的。

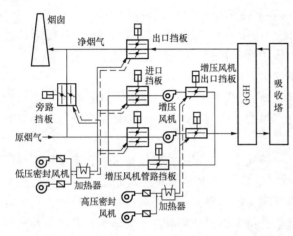

图 5 - 23　烟气系统示意

2. 烟气系统

该脱硫系统的烟气系统如图 5 - 23 所示。从锅炉引风机后来的热烟气，分别经两台动调增压风机增压后，通过 GGH（气气热交换器）降温进入吸收塔，在吸收塔内脱硫净化，再经除雾器除去水雾，最后通过 GGH 升温后进入锅炉的烟囱排入大气。在锅炉的烟道上设置旁路挡板门，当锅炉启动、进入 FGD 的烟气超溢或者 FGD 装置故障停运时，烟气由旁路挡板经烟囱排放。

系统按锅炉 50％BMCR 工况下的烟气参数设置了增压风机旁路，当锅炉在 50％ 以下负荷运行时，停运增压风机，利用锅炉引风机的剩余压头来克服 FGD 烟气系统的阻力，从而可降低运行费用。

该烟气系统机的特点如下：

• 当锅炉从 35％BMCR 到 100％BMCR 工况条件下，FGD 装置的烟气系统都能正常运行，并且在 BMCR 工况下进烟温度加 10℃ 裕量条件下仍能安全连续运行。

• 事故状态下，烟气脱硫装置能承受 180℃（每年两次，每次 1h，锅炉空气预热器故障）。当温度达到 180℃ 时，全流量的旁路挡板会立即打开。

• 在烟气脱硫装置的进、出口烟道和旁路烟道上设置双百叶双轴密封挡板用于锅炉运行期间脱硫装置的隔断和维护。烟道和挡板门通过合理布置后，在最大压差的作用下具有 100％ 的严密性，能确保净烟气不倒灌。

• 烟道上安装了用于运行控制和观察的仪表，如压力表、温度计和 SO_2 分析仪等，并将信号送入 DCS 系统。

• 在烟气系统中，设有人孔和卸灰门，便于设备检修和维护。

烟气系统中的重要设备有以下五个方面。

（1）烟气—烟气换热器（GGH）。该脱硫系统的回转式烟气再热器采用主轴垂直布置、中心传动的方式，蓄热元件采用耐腐蚀的低合金钢，且具有容易清洁的表面。通过采取泄漏密封系统，可来减小未处理烟气对洁净烟气的污染，使 GGH 漏风率始终保持小于 1％。GGH 的驱动装置配备了主辅两套电动机，采用变频器进行控制。

为了保证 GGH 的换热效率和烟气的流通，系统配置了清扫装置。清扫装置为全伸缩式，并能保证换热设备的压降值在设计允许范围内。清扫的介质有空气及水。在运行时进行清扫需保持规定的烟气温度，且噪音和粉尘排放不能超标。为了监控吹扫压力，每台吹灰器设置一个压力表。换热器配备了一套冷凝液和冲洗水的排水系统，不允许有积水。

（2）烟气挡板。烟道上设有挡板系统，以便于 FGD 系统正常运行和事故时旁路运行。每套 FGD 装置的挡板系统包括两台 FGD 进口（增压风机入口）原烟气挡板，两台增压风机出口原烟气挡板，一台 FGD 出口净烟气挡板和一台旁路烟气挡板，以及一台增压风机旁路挡板，挡板为双（单）轴双百叶窗式。

在正常运行时，增压风机进出口挡板、FGD 出口挡板开启，旁路挡板、增压风机旁路挡板关闭。在 50% 负荷状态运行时，开启增压风机旁路挡板，关闭增压风机进出口挡板。在故障情况下，当温度达到 180℃ 时，开启烟气旁路挡板门，关闭 FGD 进出口挡板，烟气通过旁路烟道绕过 FGD 系统直接排至烟囱。所有挡板均配有密封系统，以保证"零"泄漏。密封空气由密封空气站提供。挡板密封风系统每炉两套，高、低压密封系统各一套，每套系统各设至两台 100% 容量的密封空气风机（一运一备）和一台两级电加热器。

该机组的 FGD 入口原烟气挡板、出口净烟气挡板和烟道旁路挡板均采用了密封型双轴双百叶窗式，增压风机出口挡板及其旁路挡板则采用了单轴双百叶窗式，挡板具有 100% 的气密性。旁路挡板具有快速开启的功能，全关到全开的开启时间≤15s。所有烟气挡板均能在最大的压差下操作，关闭严密，不会有变形或卡涩现象，而且挡板在全开和全关位置能与锁紧装置匹配，烟道挡板的结构设计和布置可使挡板内的积灰减至最小。

驱动挡板的气动/电动执行机构应具有就地配电箱（控制箱）操作和 FGD-DCS 远方操作两种方式。就地操作时，可通过就地安装的挡板位置指示器了解烟气挡板的位置。执行器配备了两端的位置定位开关、两个方向的转动开关、事故手轮和维修用的机械连锁。所有挡板/执行器的速度应满足电站锅炉的运行要，其全开全关位配有四开四闭行程开关，接点容量至少为 220VAC、3A。挡板位置和开、关状态反馈进入 FGD-DCS 系统，挡板（包括旁路挡板）打开/关闭位置的信号将用于引风机、即增压风机和锅炉的连锁保护。

每个挡板全套装置包括了框架、挡板本体、气动/电动执行器、挡板密封系统及所有必需的密封件和控制件等。挡板密封空气系统采用空气作为密封气源，包括高压和低压密封风机及其密封空气站，密封空气站配有电加热器。每炉分别配两台低压密封风机和两台高压密封风机。密封气压力比烟气最高压力至少高 5mbar，同时，风机应有足够的容量和压头。挡板应尽可能按水平主轴布置，其框架、轴和支座的设计，可防止灰尘进入和由于高温而引起的变形或老化，挡板密封空气系统应考虑防腐。

吸收塔入口烟道侧板和底板装有工艺水冲洗系统，冲洗自动周期进行。冲洗的目的是为了避免喷嘴喷出的石膏浆液带入入口烟道后干燥黏结。

（3）增压风机。烟气系统配置了两台增压风机（BUF），布置在吸收塔上游的干烟区。增压风机为静叶可调轴流风机，由电机、润滑油系统和密封空气装置等构成，改变叶片开度控制其制流量及压力。

（4）膨胀节。膨胀节用于补偿烟道热膨胀引起的位移，它在所有运行和事故条件下能吸收全部连接设备和烟道的轴向和径向位移，能承受非正常情况下的高温烟气（180℃）20min 的热冲击，并且能承受系统最大设计正压/负压再加上 10mbar 裕量的压力，同时，烟道膨胀节必须保温，低温烟道上的膨胀节应能防腐。

（5）仪表和控制。烟气系统控制包括烟气入口/出口温度测量、挡板门开/闭的控制、引风机（即增压风机）压力和流量控制、密封风机差压控制和启闭控制等。

3. SO_2 吸收系统

石灰石浆液通过循环泵从吸收塔浆池送至塔内喷嘴系统，与烟气接触发生化学反应，吸收烟气中的 SO_2，在吸收塔循环浆池中利用氧化空气将亚硫酸钙氧化成硫酸钙，形成石膏浆液。石膏排出泵将石膏浆液从吸收塔送到石膏脱水系统。脱硫后的烟气夹带的液滴被吸收塔出口的除雾器收集，使净烟气的液滴含量不超过保证值。吸收塔、整个浆液循环系统和氧化空气系统通过优化设计后，能适应锅炉负荷的变化，保证脱硫效率及其他各项技术指标达到要求。

SO_2 吸收系统包括吸收塔、吸收塔浆液循环及搅拌、石膏浆液排出、烟气除雾、吸收塔进口烟气事故冷却和氧化空气等几个部分，还包括辅助的放空、排空设施。

（1）吸收塔。吸收塔采用了圆柱形逆流喷雾塔。烟气由一侧进气口进入吸收塔的上升区，在吸收塔内部设有烟气隔板，烟气在上升区与雾状浆液逆流接触，处理后的烟气在吸收塔顶部翻转向下，从位于吸收塔烟气入口同一水平位置的烟气出口排至除雾器。

1）逆流喷雾塔的特点。

①吸收塔的构造为内部设隔板、排烟气顶部反转，出口内包藏型的简洁吸收塔；

②采用螺旋状喷嘴，所喷出的三重环状液膜气液接触效率高，能达到高效吸收性能和高除尘性能；

③通过烟气流速的最适中化和布置合理的导向叶片，达到低阻力、节能的效果；

④吸收塔出口部具有的除水滴作用，可降低除雾器负荷，确保除雾器出口水滴达标；

⑤出口除雾器的布置高度低、便于运行维护、检修、保养；

⑥吸收塔内部只布置有喷嘴，构造简单且没有结垢堵塞；

⑦通过控制泵运行台数，可以针对负荷的变化达到经济运行；

⑧低压喷嘴需要泵的动力小，为节能型；

⑨单个喷嘴的喷雾量大，需要布置的数量少；

⑩喷嘴材质为陶瓷，耐腐蚀、耐磨损，具有 30 年以上的使用寿命。

吸收塔塔体材料为碳钢内衬玻璃鳞片，烟气入口段为耐腐蚀、耐高温合金。吸收塔内上流区烟气流速达到 4.0m/s，下流区烟气流速为 10m/s。在上流区配有 3 组喷淋层，每组喷淋层由带连接支管的母管制浆液分布管道和喷嘴组成。喷淋组件及喷嘴的布置能均匀覆盖吸收塔上流区的横截面。喷淋系统采用单元制设计，每个喷淋层配一台与之相连接的吸收塔浆液循环泵。一个吸收塔配置了三台浆液循环泵，运行的浆液循环泵数量根据锅炉负荷的变化和对吸收浆液流量的要求来确定，在达到要求的吸收效率的前提下，可选择最经济的泵运行模式以节省能耗。

2）对吸收塔中各设备的要求。

①吸收塔内所有部件应能承受最大入口气流及最高进口烟气温度的冲击，高温烟气不应对任何系统和设备造成损害。

②吸收塔选用的材料应适合工艺过程的特性，并且能承受烟气飞灰和脱硫工艺固体悬浮物的磨损。所有部件包括塔体和内部结构设计应考虑腐蚀余度。

③吸收塔应设计成气密性结构，防止液体泄漏。为保证壳体结构的完整性，尽可能使用焊接连接，法兰和螺栓连接仅在必要时使用。塔体上的人孔、通道、连接管道等需要在壳体穿孔的地方应进行密封，防止泄漏。

④塔体的设计应尽可能避免形成死角，同时采用搅拌措施来避免浆池中浆液沉淀。

⑤吸收塔底面设计应能完全排空浆液。

⑥吸收塔内应配有足够的喷嘴，喷淋层的配置应考虑一定的备用。

⑦塔的整体设计应方便塔内部件的检修和维护，吸收塔内部的导流板、喷淋系统和支撑等应尽可能不堆积污物和结垢，并且应设有通道便于清洁。

⑧氧化区域应合理设计，氧化空气喷嘴和分配管应布置合理。

⑨吸收塔烟道入口段应能防止烟气倒流和固体物堆积。

⑩吸收塔搅拌系统应确保在任何时候都不会造成塔内石膏浆液的沉淀、结垢或堵塞。

（2）吸收塔浆液搅拌系统。吸收了 SO_2 的再循环浆液落入吸收塔反应池。吸收塔反应池装有 6 台搅拌机。氧化风机将氧化空气鼓入反应池。氧化空气分布系统采用喷管式，氧化空气被分布管注入搅拌机浆叶的压力侧，被搅拌机产生的压力和剪切力分散为细小的气泡并均布于浆液中。一部分 HSO_3^- 在吸收塔喷淋区被烟气中的氧气氧化，其余部分的 HSO_3^- 在反应池中被氧化空气完全氧化。

搅拌系统采用的是侧进式搅拌器。它由电机、传动装置、轴承罩、主轴和搅拌叶片等组成。

（3）除雾器。脱硫后的烟气通过除雾器来分离净烟气夹带的雾滴，减少携带的水分。在吸收塔的出口烟道上安装了两级除雾器，除雾器由聚丙烯材料制作，形式为 z 形，除雾器出口的水滴携带量不大于标况下 $50mg/m^3$。

除雾器系统还包括去除除雾器沉积物的冲洗和排水系统，运行时根据给定或可变化的程序，既可进行自动冲洗，也可进行人工冲洗。除雾器冲洗水采用 FGD 工艺水，由单独设置的除雾器冲洗水泵提供。每个吸收塔设置 2 台除雾器冲洗水泵，1 运 1 备。运行中通过对冲洗水压力的监视和控制，使每个喷嘴基本运行在平均水压。

除雾段布置了以下测点：每个除雾段的压降、在冲洗期间冲洗水母管的瞬时水压和流量（配低流量/压力的报警）等。除雾器压降信号用于反映除雾段是否堵塞，同时还应对除雾器出口烟气中的残留水分进行测定。

（4）吸收塔浆液循环泵。吸收剂（石灰石）浆液被引入吸收塔内中和氢离子，使吸收液保持一定的 pH 值，中和后的浆液在吸收塔内循环。吸收塔循环泵将吸收塔浆池内的吸收剂浆液循环送至喷嘴，循环泵按照单元制设置（每台循环泵对应一层喷嘴）时，根据泵的结构型式，一台炉应设一台仓库备用泵（为压力最高的泵）。

循环泵采用离心泵，配有油位指示器、机械密封、联轴器罩和泄漏液收集设备等附件。泵吸入口配备滤网。无论泵何时停止运转，都能进行自动排空和用水冲洗。轴承上提供温度测量装置，并有报警和记录。吸收塔循环泵还可根据未处理烟气中 SO_2 的浓度情况进行调整或停机，以便使脱硫过程经济化。

（5）氧化风机。氧化风机用于提供足够的氧化空气，通过对氧化风管进行布置合理，使吸收塔内的亚硫酸钙充分转化成硫酸钙。

氧化风机采用罗茨型风机，设置了隔音罩。每塔 3 台，2 运 1 备，流量裕量为 10%，压头裕量为 20%，以便有足够的压力保证运行浆液不进入氧化空气喷管。氧化空气采用矛枪管或布气管，氧化空气入吸收塔前通过喷水降温，以防浆液在氧化空气管道上结垢。当脱硫系统停运时，开启氧化空气喷管的冲洗水系统，使氧化空气管路中充满工艺水，防止再次启动前浆液在氧化空气管路中结垢。

（6）石膏排出泵。吸收塔排出泵连续地把吸收浆液从吸收塔送到石膏脱水系统。通过排浆控制阀控制排出浆液流量，维持循环浆液浓度在大约 21wt％。

每个吸收塔设置 2 台石膏排出泵，1 运 1 备。石膏排出泵的叶轮采用 A51 合金材料，壳体采用铸钢衬橡胶。石膏排出泵排出的浆液被输送至石膏浆液缓冲箱，在石膏浆液缓冲箱应设置密度测量计和 pH 值测量计。石膏排出泵应能在 15h 之内排空吸收塔。

（7）监控。吸收塔系统设置了吸收塔液位、pH 值（至少 2 个）、温度（至少 5 个）、压力、除雾器压差等测点，以及石灰石浆液和石膏浆液的流量测量装置。系统的控制项目包括吸收塔出口 SO_2 浓度控制、石灰石浆液流量控制、循环浆液 pH 值控制、吸收塔氧化浆池液位控制、石膏浆液排放控制等。

4. 石膏排空系统

FGD 岛内设置一个两台炉公用的事故浆液箱。事故浆液箱采用侧进式搅拌器，其容量应该满足一个吸收塔检修排空时和其他浆液排空的要求，并作为吸收塔重新启动时的石膏晶种。事故储浆系统应能在 15h 内将一个吸收塔放空，也能在 15h 内将浆液再送回到吸收塔。吸收塔浆池检修需要排空时，吸收塔的石膏浆液输送至事故浆液箱可以作为下次 FGD 启动时的晶种。

事故浆液箱设浆液返回泵（将浆液送回吸收塔）一台。FGD 装置的浆液管道和浆液泵等，在停运时需要进行冲洗，其冲洗水就近收集在吸收塔区或石膏脱水制备区设置的集水坑内，在工艺过程中进行回收利用。

5. 石膏脱水系统

吸收塔的石膏浆液通过石膏排出泵送入靠近综合码头的石膏脱水区的石膏浆液箱，石膏浆液罐起缓冲作用，每 2 台炉设一套公用的石膏脱水系统。系统中设置一座石膏浆液箱，二台真空脱水皮带机，每台出力按 2 台炉燃用脱硫设计煤种时，BMCR 工况下石膏产量的 75％考虑。每 2 台炉共设 2 座石膏筒仓，容积按一台炉燃用脱硫设计煤种 BMCR 工况下，存放 3 天的石膏产量设计，有效容积约 1250m³。每座石膏筒仓通过电动三通挡板设 2 个出口，1 个用于装车，1 个用于装皮带机。

由吸收塔石膏排出泵送来的石膏浆液进入石膏浆液缓冲箱，再用石膏浆液泵输送到安装在石膏脱水车间顶部的石膏旋流站。每套石膏脱水系统设置 2 台石膏旋流站和 2 台真空皮带脱水机，每台真空皮带脱水机的设计过滤能力为脱硫设计煤种 2×1000MW 的 75％，每台真空皮带机配 1 台真空泵。

（1）石膏脱水和石膏的储存

石膏浆液由石膏浆液泵送到石膏旋流站。浓缩到浓度大约 55％的旋流站的底流浆液自流到真空皮带脱水机，旋流站的溢流自流到废水旋流站给料箱，一部分通过废水旋流站给料泵送到废水旋流站，其余部分溢流到滤液水箱。废水旋流站溢流到废水箱，通过废水输送泵送到废水处理系统，底流进入滤液水箱。

石膏旋流站底流浆液由真空皮带脱水机脱水到含 90％固形物和 10％水分，脱水石膏经冲洗降低其中的 Cl⁻ 浓度。滤液进入滤液水回收箱。脱水后的石膏经由石膏输送机送入石膏筒仓。石膏筒仓可储存两台锅炉燃用脱硫设计煤种时，BMCR 工况下至少 3 天的石膏产量（每天 24h 计）。

石膏筒仓的出口接有一个电动三通，一路可装车外运，还有一路可切换至皮带输送机输送至码头。

工艺水作为密封水供给真空泵，然后收集到滤布冲洗水箱，用于冲洗滤布，滤布冲洗水被收集到滤饼冲洗水箱，用于石膏滤饼的冲洗。滤液水箱收集的滤液、冲洗水等由滤液水泵输送到石灰石浆液制备系统和吸收塔。

（2）石膏冲洗

在石膏脱水过程中，系统中所设冲洗系统将对石膏进行两道冲洗，以充分降低石膏中的 Cl^- 的含量。石膏冲洗水源为滤液及冲洗水的回用水，消耗部分由工艺水补充。石膏滤液由滤饼冲洗水箱收集，通过滤饼冲洗水泵进行第一道石膏冲洗，冲洗后的滤液冲洗水由滤饼冲洗水箱收集，溢流液进入滤液回收水箱。真空泵将收集气液分离器的冲洗水排水上部清液，抽入密封水分离器，作为石膏第二道冲洗水水源。由滤布冲洗水泵将冲洗水送至脱水皮带机，对石膏进行第二道冲洗，同时这路冲洗水还将冲洗脱水皮带机的滤布和滚筒等。冲洗水排水由滤饼冲洗水箱收集。

（3）石膏的运输系统

石膏皮带机输送系统采用皮带机运出方案，将石膏用皮带机运至码头，装船外运。整个石膏脱水系统包括的设备有 2 座带搅拌器的石膏浆液缓冲箱、4 台石膏旋流器、4 台带冲洗系统的真空皮带机、2 台带搅拌器滤液回收箱、4 台真空泵、2 只滤布冲洗水箱、4 台滤布冲洗水泵、2 座带搅拌器的滤液箱、4 台滤液泵、2 只带搅拌器的石膏饼冲洗水箱、4 台石膏饼冲洗水泵、4 只带搅拌器的废水旋流站给料箱、4 台废水旋流站给料泵、2 台废水旋流站、2 只废水收集箱、4 台废水输送泵、4 座石膏筒仓、4 只石膏卸料电动三通、2 台皮带输送机（$B=800$mm）。

1）石膏旋流器。套石膏脱水系统配备 2 台石膏浆液旋流器，每台石膏旋流器的容量按 2 台炉燃用脱硫设计煤种，BMCR 工况下的 75%。石膏旋流器能在不同负荷条件和浆液浓度变化（浆液浓度 15%，20%，25% 和 30%）时，通过控制旋流子的个数，满足入口最低浆液流量和压力的要求。

石膏旋流器安装在石膏真空皮带机的上部，环状布置在分配器内。每个旋流器都装有单独的检修手动阀和气动阀，并能实现自动运行、切换。石膏浆液离开旋流器的固体含量约为 40%~60%。

旋流器采用耐磨耐腐蚀的材料制作（碳钢衬胶、聚氨酯或陶瓷），旋流器组整个系统为自带支撑结构，同安装的结构钢支腿、平台扶梯一起作为设计的完整部分，所有支撑结构件采用碳钢构件。石膏旋流器能满足吸收塔排出浆液的分离效率以及石膏浆液量变化范围调整的要求，每个旋流器至少备用一只旋流子，运行的旋流子和备用的旋流子之间可以连续、自动方便地进行切换。石膏旋流器配备了自动控制所必须的切换阀和传感器部件和连锁保护等，石膏旋流器的切换阀可接受来自 DCS 系统的负荷信号的控制。

2）废水旋流器。石膏旋流器的溢流液，经废水旋流器浆液箱收集后，送至对应的废水旋流器，废水旋流器的溢流液，经废水收集箱收集，送至废水处理系统，底流经回收水箱收集送至吸收区再利用。废水旋流器能满足两台炉 BMCR 工况下 100% 的负荷要求。

废水旋流器通过控制旋流子的个数，满足入口最低浆液流量和压力或浆液浓度变化的条件下稳定运行且不会引起性能的降低。废水旋流器安装在废水箱的上部。旋流器应环状布置在分配器内，每个旋流器都装有单独的检修手动阀和气动阀，并能实现自动运行、切换。

废水旋流器在保证吸收塔排出浆液的分离效率的同时还考虑了石膏浆液量变化范围调整的要求。每个旋流器至少备用一只旋流子，运行的旋流子和备用的旋流子之间可以连续、自动地进行切换。石膏旋流器配备了自动控制所必须的切换阀、传感器和连锁保护等，石膏旋流器的切换阀接受来自 DCS 系统的负荷信号的控制。

3）真空皮带脱水机。每台真空皮带机的出力能满足 2 台炉燃用脱硫设计煤种时，BM-CR 工况下 75％的石膏脱水容量。真空皮带机在保持稳定连续运行的同时，还能防止扬尘，避免石膏浆液和滤液的泄漏。

真空皮带机安装在石膏筒仓的上部，浆液通过泵送入石膏旋流器自流至滤布，皮带脱水机与水力旋流浓缩器建造在同一建筑物的不同层面。主框架结构为带防腐层的钢结构，用标准的滚动轴承和耐压的型钢组成。输送机支撑滤布，同时提供干燥凹槽和过滤抽吸的干燥孔及输送带的真空密封。连续性的柔性裙边把输送带的两边缘黏合起来，防止浆料和淋洗液外流。石膏脱水系统还包括了输送带的支撑设备、滤布连续清洗设备等辅助设备。

系统配备有石膏饼厚度监测系统，利用带防腐金属护套的探头测量石膏饼厚度并借此测量信号增加或降低皮带速度，此系统也用于检测运行过程有无石膏产生。在石膏二级脱水设备后布置了石膏定期采样点。滤布的张紧系统可实施自动控制。系统还设置了大、小故障报警信号各一个，该运行状态信号被送至 DCS 系统。真空皮带机配置了现场控制盘，同时也可以通过 DCS 信号进行操作（启动/停止等），现场控制盘上设有 DCS 就地/自动/手操等模式的切换器。

4）真空泵。每个真空皮带脱水机配置一台真空泵。真空泵采用环型水封式，铸铁制造。真空泵在额定出力下的压头偏差值在 0～5％之间，流量与压头的关系曲线有陡然下降的特性，轴封采用机械密封。真空泵用三角皮带传动，并有适当的防护装置，驱动电机的电极数不小于 4。真空泵配备了相应的润滑系统、自动水封控制阀和滤网等。

每台真空皮带脱水机配一个气液分离罐，每个罐设有液面测定仪和高液面报警器并设有 1 加 1 备用 100％容量的水平离心式滤出液泵。

5）皮带输送机。每套石膏脱水系统配备石膏皮带输送机 2 台，每条皮带机的输送容量应能满足 2 台炉燃用脱硫设计煤种、75％BMCR 工况下的要求。皮带输送机长度满足从石膏卸料斗进入石膏储存间的要求。辅助设备有皮带输送设备、支腿、钢支架、石膏刮板（如果需要）和轨道和支架。石膏储存间容量按两台炉燃用脱硫设计煤种时，BMCR 工况下 3 天容量考虑，每天 24h。

皮带给料机应为双向皮带给料机，全封闭结构，滚筒采用炭钢加衬胶材料，每根给料皮带机能够分别输送至两个石膏筒仓，给料机的设计能适应皮带溢出物和夹带物排入给料槽。皮带机的胶带为防腐材料，与石膏接触的落料管为炭钢衬胶形式，给料机设计包括皮带调节的螺旋拉紧装置、导向轮和皮带清扫装置等。

在整套皮带输送机系统中，布置有零转速开关、皮带跑偏开关、拉紧开关、输送方向开关、报警信号等。所有模拟量远传信号与电源信号和接地信号分开，而且至少有 600Ω 的负载处理容量，用屏蔽电缆输送，所有开关量远传信号均为无源接点，接点容量为 220V AC 3A。设备运行时，设备本体 1m 远处的噪声不大于 85dB（A）。

6）石膏筒仓。石膏筒仓采用先进先出式，方便操作且易于维护。出料能力大于或等于

200t/h，料仓的外形设计可防止石膏的架桥及堵塞。石膏通过在筒仓上的中央减压锥体，平稳地进入环状平台，被一组或两组螺旋形的刮刀臂刮出。石膏筒仓包括以下取料平台（料仓）底部、释压圆锥附横梁（圆锥内附可调整式套筒）、清扫臂、滚珠轴承回转环、驱动装置、润滑装置、连接驱动装置及清扫臂的管状袖斗、维修操作平台、楼梯、排放物料的出口袖斗等。

石膏筒仓设有适当的防护装置，石膏筒仓自带就地控制盘，既可在就地控制盘上操作，也可在石膏脱水控制室远方控制与信号显示。石膏筒仓有与石膏脱水控制室的硬接线接口。当石膏筒仓故障时，可向石膏脱水控制室报警。

7）石膏卸料电动三通。每套电动三通自带就地控制盘，可实现就地/远方操作切换。电动三通有与石膏脱水控制室的硬接线接口。当电动三通故障时，应向石膏脱水控制室报警。交流驱动电动机为感应型、鼠笼式、恒定转速式电动机，适合于全电压启动。电动机的功率取驱动设备所需马力的 115% 并保证其运行于 1.15 倍持续过载系数时，不会超过其铭牌额定值。用于电动三通的电动机是全封闭、风冷式，可保护绕组免受灰尘、湿气、雪、雨和其他不利天气的影响，还可防止水滴入或软管冲洗时水溅入，并适合其环境使用要求。

8）石膏输运皮带机。石膏输运皮带机是将石膏从筒仓的卸料口运输至石膏转运站，再通过石膏转运站的皮带机运至码头，装船外运。

石膏皮带机的带宽 $B=800mm$，输送能力大于 800t/h，输送距离约 85m。带式输送机能满足长期连续运行的要求，启动、运行和停机平稳并安全可靠。当电压在额定值的 ±10% 内时，带式输送机可以顺利启动并且设备不会损坏，满负荷电流不大于额定电流。系统配有皮带拉紧装置和皮带机防跑偏装置，运行时最大跑偏量不得超过带宽的 5%，在满载启动和停机时，最大瞬时张力不得超过正常工作张力的 1.5 倍。

带式输送机系统还包括减速器、联轴器与液力耦合器（减速器与传动滚筒连接处的联轴器采用弹性联轴器，减速器与电动机连接处全部采用限矩型液力耦合器）、逆止器和制动器、清扫装置等。工作面清扫为两级清扫，采用高分子耐磨刀口板的高净度清扫器，清扫器有自动调节控制装置，使刀口板与胶带间始终保持适当的压力。同时，为防止滚筒黏结，在尾部滚筒处和拉紧装置前各装设一级非工作面清扫器。

皮带输送机系统还设置了零转速开关、皮带跑偏开关、拉紧开关、输送方向开关等，提供设备报警信号。

6. 工艺水及废水处理系统

（1）工艺水系统。工艺水系统从电厂的供水系统引水至脱硫工艺水箱，为脱硫工艺系统提供工艺用水。工艺水的用途包括除雾器冲洗用水、氧化风机和其他设备的冷却水及密封水、石灰石浆液制备用水、吸收塔进口烟道事故冷却、石膏脱水机冲洗用水、烟气换热器的冲洗水、吸收塔补给水、所有浆液输送设备、输送管路、储存箱的冲洗水等。

工艺水系统能满足 FGD 装置正常运行和事故工况下脱硫工艺系统的用水，采用两台炉共用的形式。工艺水箱的可用容积按两台炉脱硫装置正常运行 0.5h 的最大工艺水耗量设计。工艺水泵、除雾器冲洗水泵采用离心泵，均为 1 运 1 备设置形式。

（2）废水处理系统。脱硫装置浆液内的水在不断循环的过程中，会富集重金属元素和 Cl^- 等，一方面加速脱硫设备的腐蚀，另一方面影响石膏的品质，因此，脱硫装置要排放一定量的废水。脱硫废水在进入废水处理系统之前，经过一定的预处理，可直接送至电厂灰渣系统进行利用。当灰渣系统不需要时，脱硫废水送入脱硫废水处理系统，经中和、反应、絮凝、沉淀和过滤等处理过程，达标后送至电厂灰渣系统排放。浓缩池底部污泥经过脱水，形成泥饼外运。脱硫废水处理车间与全厂废水处理车间设在一起，进行统一管理。

废水处理系统按机组产生废水水量的125％容量设计，按照16h两班制运转。整套废水处理系统包括废水缓冲箱、中和箱、反应箱、絮凝箱、澄清浓缩池、废水提升泵、废水增压泵、净水箱（设有液位控制器、净水排放泵、泥浆泵、泥浆返回泵、过滤装置、全套化学加药系统（盐酸、氢氧化钠、絮凝剂、助凝剂投加系统）的制备及储存设备、计量装置和管道等。为提高系统的可利用性，所有泵均配备了2台，1台运行，1台备用。每个箱体都设置了旁路，以便箱体能够放空并进行维修。

脱硫废水控制设备放置在废水处理控制室内。所有泵在排出侧装有检查和最小流量阀，在排出和吸入侧设置关断阀，并且装有干吸入保护。计量泵是往复/隔膜泵型式，能够耐化学溶液侵蚀，带有电控速度和人工调节冲程。在每条计量线上将安装流量计。各个加药系统配备流量和压力测量仪器，可以通过就地控制箱完全自动控制，所有自动阀门配有手动开关，所有储箱配备液位指示仪和防止过满的液位接触开关。

废水中和所需要的石灰浆液（如果需要）由石灰浆制备箱中取得，通过石灰乳液泵打入中和池。所有与石灰浆液接触的部件和其他可能出现石灰结垢的表面都配备了冲洗设备。

三个分开的反应箱用作中和、反应、絮凝用，均设置了搅拌器设备。反应箱中分别投加石灰乳、有机硫、复合铁盐，通过发生系列氧化还原反应，将废水中的重金属污染物转化为可沉淀的化合物。絮凝箱中投加絮凝剂使废水中的悬浮固体经过絮凝作用生成絮凝体。三个箱体的设计水力停留时间均为约20~30min。澄清/浓缩池具有凝聚、澄清、污泥浓缩的综合作用，配带有旋转刮泥机。经过絮凝后的废水在进入澄清/浓缩池后进一步絮凝并充分沉淀，上部清液溢流至清水池，产生的底部污泥一部分回流至中和池以增强废水处理效果和充分发挥残存化学药剂的作用，另一部分周期性地排出并进行脱水处理。

脱硫废水处理系统包括以下控制内容：水箱和药液箱的液位显示及高低液位报警与相关泵的连锁、加药泵加药量的自动控制、中和箱和清水箱 pH 监控、旋流器流量和出口浓度控制——石灰浆液泵流量控制、中和箱废水泵出水管 pH 和悬浮物及 COD 在线检测仪、废水进口/出口流量和污染物（pH 值、悬浮物、CODcr）浓度测量监控、加药泵流量和压力测量等。

7. 杂用气和仪用压缩空气系统

脱硫岛杂用气和仪表用气由脱硫岛内自设压缩空气系统供给。所有空压机采用喷油螺杆式空压机，其出力不低于整个脱硫控制设备所需的耗气总量。空压机的设置数量，除能保证正常运行外，还考虑了运行空压机故障时的事故备用，以保证整个仪用空气系统的不间断供气。空压机的启停有远方/就地启停两种方式，并互为连锁。当远程启停时，由脱硫系统的 FGD-DCS 控制；当切至就地控制时，则应能通过空压机自带的就地控制箱上的按钮实现。

每台空压机都配有进口过滤器、消音器。仪用空气系统设有气体净化和干燥装置，仪用空气储气罐与吹扫用空气储气罐分别设置。空压机有隔音罩，并且安装了减振支撑。每台空压机出口管道都安装有安全阀。

（1）气体净化装置。仪用空气系统配置了一套完整的仪用空气净化装置，为组合式即冷冻吸附式,其处理气量不低于整个脱硫控制设备所需的耗气总量。空气净化装置包括空气油尘高效过滤及无热再生干燥设备,通过这些设备可实现空气的气液分离、高效除油、超精过滤、除尘、无热再生干燥等净化处理。该装置能在规定的参数下连续、自动、安全、可靠、平稳地运行,并实现无人值守。

对于净化装置数量的设置,除应保证正常运行外,还考虑了运行装置故障时的事故备用,以保证整个仪用空气系统的不间断供气。净化装置的启停能实现远方/就地启停,并互为连锁。当远方启停时,由空压机的启停接点直接控制;当需要就地启停时,能通过净化装置自身的启停按钮实现。

(2) 储气罐要求。杂用和仪用空压系统设置了足够容量的储气罐。储气罐的供气能力应可满足当全部空气压缩机停运时,依靠储气罐的储备,能维持整个脱硫控制设备继续工作不小于10min的耗气量。气动保护设备和远离空气压缩机房的用气点,设置了专用稳压储气罐。储气罐正常的工作压力为0.8MPa,最低压力不低于0.6MPa。

五、脱硫控制系统简介

脱硫控制系统主要完成脱硫过程中系统状态参数的监测和调节、相关设备的顺序启停和连锁保护。脱硫控制系统大多采用分布式控制系统来实现,系统的配置方式有三种:一是采用单独的一套DCS,通过硬接线信号与辅助系统控制网(简称辅网,见本章第八节内容)或主机DCS通信,完成集中控制;二是用PLC构成分布式控制系统的控制站,通过交换机与上层操作员站或工程师站连接,同样通过硬接线信号与辅网或主机DCS通信;三是作为辅网DCS的一个子系统,直接由辅网的DCS来实现。下面将仍以前述2×1000MW机组为例,介绍该厂的脱硫控制系统。

(一) 脱硫分散控制系统结构

为保证烟气脱硫效果和烟气脱硫设备的安全经济运行,该2×1000MW机组采用了分布式PLC系统来实现整个脱硫系统的集中控制,运行人员在控制室内即可完成对烟气脱硫设备及其辅助系统的启/停控制、正常运行的监视和调节以及系统异常工况的处理。整个脱硫控制系统的结构示意图如图5-24所示。

该机组的脱硫工艺系统包括吸收区的烟气脱硫装置、石灰石浆液制备系统以及辅助区的石灰石磨制系统、石膏脱水系统、废水处理系统等。与工艺系统相对应,该电厂在吸收区设置了一套FGD_PLC控制系统,控制室布置在吸收区的电控楼内,在控制室中可完成对吸收区内两台机组的脱硫以及石灰石浆液制备系统的监控。同时,对辅助区脱硫公用系统也设置了一套FGD_PLC控制系统,控制室布置在辅助区的石膏脱水综合控制楼内。脱硫辅助系统PLC用于对磨制系统、石膏脱水系统、气力输送系统、废水系统所有设备进行监控。此外,FGD的PLC控制系统与电厂的其他控制系统均设置有接口,包括FGD_PLC控制系统与单元机组DCS的硬接线信号、FGD_PLC控制系统与全厂辅助生产网络系统的通信接口、FGD工业电视监视系统与全厂工业电视监视系统之间的通信接口、FGD火灾报警和消防控制系统与全厂火灾报警和消防控制系统的接口等,通过系统的互联,可实现信息的共享和综合应用。

吸收区脱硫PLC与辅助区脱硫PLC通过网桥相连,吸收区脱硫PLC操作员站可同时监控吸收区的脱硫部分以及辅助区脱硫辅助部分。在脱硫辅助PLC控制室的操作员站上设置了优先控制权限。

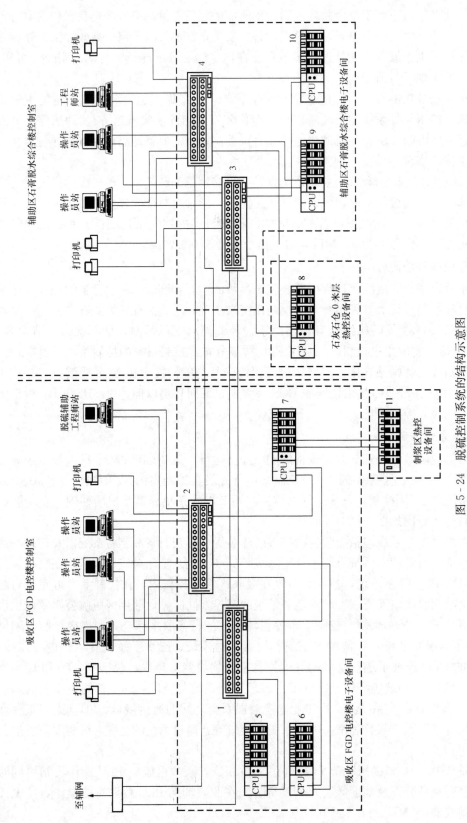

图 5 - 24　脱硫控制系统的结构的结构示意图

1～4—交换机；5—1号机组脱硫区 PLC；6—2号机组脱硫区 PLC；7—脱硫区共用 PLC；
8—石灰石制备及气力输送 PLC远程 I/O；9—石膏脱水系统 PLC；
10—石灰石制备及气力输送 PLC远程 I/O；9—石膏脱水系统 PLC；
10—石灰石浆制备远程 PLC；11—脱水系统 PLC；11—石灰石浆制备远程 I/O

脱硫 PLC 控制系统留有与网络交换机实现通信的接口，脱硫 PLC 作为主站，通信协议采用 Modbus（RTU）。吸收区脱硫 PLC 的操作员站、数据通信系统、历史数据站、打印机和工程师站等按两套机组共享设置，但两台机组脱硫 PLC 的处理器单元、I/O 单元与机组 DCS 硬接线接口及机柜按两台机组烟气脱硫系统分开设置（共 5 套 CPU 模块）。辅助区脱硫 PLC 的操作员、数据通信系统、历史数据站、打印机和工程师站等按两台机组共享设置，但控制站 PLC 的处理器单元、I/O 单元与机组 DCS 硬接线接口及机柜按石灰石磨制系统、石膏脱水系统和废水处理系统分开设置（共 5 套 CPU 模块）。对磨制车间以及石灰石浆液制备车间则采用采用远程 I/O 的形式与 PLC 系统相连。

（二）脱硫控制系统的功能

FGD_PLC 分布式控制系统的功能包括数据采集和处理（DAS）、模拟量控制（MCS）、顺序控制及连锁保护（SCS）三部分，同时还实现了对脱硫变压器和脱硫厂用电系统（交流 380V、中压）的监控和 UPS 的监视。在吸收区脱硫控制室内除设置烟气旁路挡板的紧急后备硬手操外，不再设置常规仪表、后备硬手操及常规报警窗。

以下系统的控制直接由 FGD_PLC 的硬件实现：

• 烟气系统（所有设备，包括增压风机、风门挡板、密封风机、加热器等）；
• 二氧化硫吸收系统（所有设备，包括吸收塔、除雾器、氧化风机、浆液循环泵等）；
• 石灰石浆液制备系统（所有设备，包括石灰石浆液箱、石灰石浆液输送泵等）；
• 石灰石磨制系统（所有设备，包括干式球磨机、石灰石仓、布袋除尘等）；
• 气力输送系统（所有设备，包括石灰石储罐、气力输送空压机、电磁阀等）；
• 石膏脱水系统（所有设备，包括传送皮带真空皮带脱水机、真空泵、滤液箱等）；
• 排空系统；
• 工艺水及冷却水系统；
• 仪用压缩空气系统；
• 脱硫岛电气系统（包括所有电厂至 FGD 装置电源进线的连锁、保护及控制的设备）；
• 各种排水池，集浆池及箱的搅拌器；
• 脱硫废水系统。

1. 模拟量控制系统（MCS）

根据烟气脱硫系统的工艺要求，MCS 系统提供了以下控制功能。

（1）增压风机控制。增压风机的控制有两项要求。其一，通过调整增压风机的叶片角度来维持烟气旁路挡板前后的差压为定值，防止原烟气通过旁路挡板泄漏至烟囱。其二，通过调节增压风机的出力来控制进入 FGD 装置的烟气流量。总之，增压风机的出力是根据锅炉的总风量及旁路挡板差压控制的校正信号来调节的，此时，增压风机吸入的 FGD 烟气量与锅炉总风量成一定函数关系，该信号再经 5% 增量修正后作为增压风机的出力信号参予控制。

（2）吸收塔液位控制。为维持 FGD 系统的水平衡，吸收塔的液位需要维持在设定值上，吸收塔的液位通过调节进入吸收塔内的工艺水量来维持。

（3）脱硫塔 pH 值控制。为保证 SO_2 的脱除率，需控制吸收塔内的 pH 值，它是通过改变进入塔内的石灰石浆液流量来调节的。所需石灰石浆液的流量根据吸收塔内 pH 值以及 FGD 入口和出口的 SO_2 流量来计算和控制。

（4）吸收塔石膏浆液排出流量控制。从吸收塔排出的石膏浆液流量将依据进入吸收塔的石灰石浆液流量来调节。

（5）石灰石浆液制备控制。石灰石浆液制备控制主要靠调整石灰石浆液箱的液位和石灰石浆液的浓度，来满足 FGD 系统内的物料平衡。石膏浆液的浓度一般保持在略低于其超饱和浓度的范围。石灰石浆液箱的液位要求维持在设定值上。对石灰石浆液箱液位的调节会引起进入石灰石浆液箱的工艺水或滤液水流量的变化，控制系统将根据工艺水或滤液水流量的变化计算出应加入石灰石浆液箱的石灰石量，通过控制炉前石灰石仓出口的变频电机来控制石灰石粉给料量，从而达到调节石灰石浆液密度的目的。

（6）皮带脱水机石膏厚度控制。通过测量皮带脱水机石膏厚度来改变皮带脱水机的转速从而达到调整石膏厚度的目的。皮带脱水机的转速调整通过控制其变频驱动装置来实现。

2. 顺序控制系统（SCS）

SCS 有以下功能：

（1）脱硫装置启停顺序控制；

（2）增压风机顺序控制；

（3）除雾器和吸收塔冲洗顺序控制；

（4）石灰石—石膏系统顺序控制；

（5）磨制系统顺序控制；

（6）石膏脱水系统顺序控制等；

（7）废水系统顺序控制等。

3. FGD 系统的连锁保护

脱硫系统的热工保护由 PLC 来完成。主要实现了以下保护功能：

（1）旁路挡板保护连锁；

（2）吸收塔排浆泵事故连锁；

（3）吸收塔除雾器清洗保护连锁；

（4）石灰石浆液泵事故连锁等。

4. 热工信号及报警

热工信号及报警均由 PLC 完成，除在 LCD 实现预警和报警显示外，同时还发出音响信号。报警项目主要包括如下内容：

（1）工艺系统热工参数偏离正常；

（2）热工保护项目动作及主辅机设备故障；

（3）辅助系统故障；

（4）热工控制设备故障等；

（5）热工控制电源故障等；

（6）主要电气设备故障等。

5. FGD 与主机系统的信号联系

脱硫系统一次设备送主厂房 DCS 间的硬接线信号（单台机组）如表 5 - 4 所示。

表 5 - 4   脱硫系统一次设备送主厂房 DCS 间的硬接线信号（单台机组）

序号	信号名称	信号走向	备　注
1	增压风机跳闸		
2	FGD 进口挡板开状态（2 个执行机构）		
3	FGD 进口挡板关状态（2 个执行机构）	就地行程开关——主机 DCS	
4	FGD 出口挡板开状态（2 个执行机构）		
5	FGD 出口挡板关状态（2 个执行机构）		
6	FGD 旁路挡板开状态（3 个执行机构）	就地行程开关——主机 DCS	
7	FGD 旁路挡板关状态（3 个执行机构）		三冗余

FGD _ PLC 与主机 DCS 之间的硬接线连接信号如表 5 - 5 所示。

表 5 - 5   FGD _ PLC 与主机 DCS 之间的硬接线连接信号（单台机组）

序号	信号名称	信号类型	备　注
1	锅炉实际负荷	AI	
2	锅炉排烟量	AI	
3	锅炉引风机 A 调节动叶位置	AI	
4	锅炉引风机 B 调节动叶位置	AI	
5	炉膛压力	AI	
6	烟道压力	AI	
7	电除尘工作	DI	
8	锅炉 MFT	DI	
9	锅炉吹扫	DI	信号的走向以 FGD _ PLC 侧为准
10	锅炉送风机 A 跳闸	DI	
11	锅炉送风机 B 跳闸	DI	
12	锅炉引风机 A 跳闸	DI	
13	锅炉引风机 B 跳闸	DI	
14	锅炉投油	DI	
15	FGD 停运	DO	
16	FGD-PLC 失电	DO	

6. 主要检测系统

（1）参数检测。脱硫系统常规参数的监测由 FGD-PLC 的数据采集和处理系统（DAS）来完成。其基本功能包括：数据采集、数据处理、屏幕显示、参数越限报警、事件序列、事故追忆、性能与效率计算和经济分析、打印制表、屏幕拷贝、历史数据存储等。

该系统监测的主要参数有：

1）FGD 装置工况及工艺系统的运行参数；

2）主要辅机的运行状态；

3）主要阀门的启闭状态及调节阀门的开度；

4）电源及其他必要条件的供给状态；

5）主要的电气参数等。

为了便于对现场运行环境的监视，该厂吸收区和辅助区合设一套工业电视监视系统，包括：两台 21 寸 LCD 显示器、24 只摄像头。监视器布置在脱硫就地控制室内。工业电视监视系统为数字式系统，能够通过鼠标对摄像探头进行切换监视。

（2）烟气监测。机组采用了烟气自动监控系统（continuous emission monitoring system，CEMS）来实现对烟气的全面监测。CEMS 分别由气态污染物监测子系统、颗粒物监测子系统、烟气参数监测子系统和数据采集处理与通信子系统组成。气态污染物监测子系统主要用于监测气态污染物 SO_2、NO_x、CO、O_2 等的浓度和排放总量；颗粒物监测子系统主要用来监测烟尘的浓度和排放总量；烟气参数监测子系统主要用来测量烟气流速、烟气温度、烟气压力、烟气含氧量、烟气湿度等，用于排放总量的积算和相关浓度的折算；数据采集处理与通信子系统由数据采集器和计算机系统构成，实时采集各项参数，生成各浓度值对应的干基、湿基及折算浓度，生成日、月、年的累积排放量。

1）对 SO_2、O_2 的监测。CEMS 对烟气中 SO_2、O_2 浓度的监测采用了多组分红外线式气体分析仪。气体取样探头安装在吸收塔上游和下游的烟道内，并离入口和出口有一定的距离。取样探头和取样管设有加热装置并能进行恒温控制。分析设备，如气体冷却器、自动冷凝液排放装置、校正装置、分析仪表等均安装在分析仪机柜内，机柜布置在靠近取样点有空调的分析小室内。

分析设备具有自动操作功能，能完成自动校正、自动排放冷凝液和自动清扫等工作。当采样压力或大气压力波动、环境温度变化时，分析设备能进行压力、温度自动补偿，保证了仪表的测量精度。

2）烟气粉尘浓度监测。烟气粉尘浓度是采用光学原理进行测量的。该系统主要由收发单元、反射单元、控制单元、自动清洗单元等组成，其中收发单元与反射单元为系统的主体测量部分。系统将两个法兰直接安装在现场测量烟道的两侧，利用精密的自校准光学系统和光透射原理（两束交替光的方法）来实现粉尘浓度测量。具体过程为：由发射器发射的调制光通过收发单元和反射单元之间含有粉粒的测量通道，烟气中的粉粒引起的光衰减被一个灵敏检测器测量出来。信号处理器把衰减后的光与发射参考光相比较，从而确定被测气体的透明度和浑浊度，通过质量比较确定粉尘含量，通过控制单元显示透明度、浑浊度和衰减值。

控制单元与收发单元之间由电缆连接。控制元件设有模拟、数字信号传输接口（RS232 串行口、RS422 数字接口），可直接将测量结果送入 DAS 系统。

清洗单元是收发单元和反射单元的清洗辅助设备，它能过滤空气，防止光学元件表面污染，并具有清洗单元故障报警提示的功能。

3）烟气流量监测。由于受到烟道容积、腐蚀、堵塞等因素的影响，FGD 入口烟气流量的测量不设专用检测装置，而是利用锅炉侧总风量、负荷等信号计算得出。

FGD 出口烟气流量的测量采用差压式皮托管流量监测仪，可以连续、稳定和精确地在线跟踪烟道中气体速度的变化。仪器由皮托管、导压管、差压变送器及反吹系统等组成。差压变送器采用高性能差压压力变送器。

4）烟气温度的监测。烟气温度的监测采用的是 PT100 双支热电阻，其保护套管使用了包覆式耐磨、抗腐蚀材料。

（3）浆液测量。浆液 pH 测量采用的是流通式 pH 仪，并带有远方操作的清洗系统。

六、脱硫系统的顺序控制

（一）脱硫系统顺序控制分级原则

脱硫系统的顺序控制根据工艺要求实行分级控制，按原则可分为驱动级控制、子组级控制、功能组级控制。

1. 驱动级控制

驱动级控制为自动控制的最低程度。烟气脱硫装置的驱动级包括所有电动机、执行器、电磁阀等设备。驱动级的控制设计有以下特点：

（1）确保保护信号高于手动命令（就地和远端）和自动命令的优先权。

（2）为了防止命令同时或重复出现，设置命令锁定以防止误操作。

（3）如果发生保护跳闸，在故障排除前不会合闸（电动机保护，泵的空转保护等）。

（4）每个驱动控制模件设置了较强的内/外诊断功能，能反馈如驱动机构跳闸（开关设备故障）、电源故障、模件的硬件/软件干扰、断线、开关设备处于检修位置等信息。

（5）6kV 开关柜和 0.4kV 电动机控制中心对电动机设有低电压、过电流速断等保护。

2. 子组级控制

子组级控制以一个辅机为主、组合其相应辅助设备的顺序控制。按工艺系统运行要求顺序控制设备的自动启停。执行每一步程序均需考虑启动的条件和完成的时间。控制系统应在某一步发生故障时自动停止程序的运行，并将其故障的影响仅限制在该步程序之内，当故障消除后才能继续进行。

3. 功能组级控制

功能组级控制是整个脱硫系统启/停的自动控制。它对子组发出控制命令，同时还对锅炉控制系统中已有的自动控制进行必要的连锁（如在正常和旁路运行期间，烟气挡板的自动控制），这样可达到锅炉与烟气脱硫装置间的协调控制和运行。

本机组脱硫系统的顺序控制包括以下几个方面的内容。

（1）烟气系统的顺控：FGD 进、出口烟气挡板的开启与关闭；旁路进、出口烟气挡板的开启与关闭；旁路挡板通常还配置了后备操作设备，以保证脱硫装置和机组的安全。

（2）除雾器系统的顺控：各层冲洗水的开启与关闭。

（3）吸收塔浆液循环泵的顺控：循环泵及其电动门、排污门、冲洗门的开启与关闭。

（4）石灰石浆泵的顺控：浆液泵及其电动门、排污门、冲洗门的开启与关闭。

（5）石膏浆液泵的顺控：浆液泵及其电动门的开启与关闭。

（6）工艺水泵的顺控：水泵及其电动门、排污门、冲洗水门及循环泵的开启与关闭。

（7）排放系统的顺控。

（8）电气系统的顺控。

（二）部分系统的启停顺序控制步序

1. 烟气系统的启停顺序控制

（1）烟气系统的启停顺序

1）烟气系统的启动顺序。当烟气系统烟风通道、GGH 系统、增压风机及其辅助系统已准备完毕，且电气设备已检查合格并送电、热控仪表和连锁保护已投入，原烟道疏水阀和疏水管冲洗阀、净烟道疏水阀和疏水管冲洗阀、增压风机本体排放阀、密封风热风手动阀均关闭，即可启动烟气系统，其启动顺序如下：

①启动 GGH 功能子组；

②停止挡风门密封风机；

③关闭原烟气挡板；

④关闭吸收塔排空门；

⑤打开净烟气挡板门；

⑥启动增压风机子功能组；

⑦手动缓慢关闭旁路挡板门，同时开增压风机净叶；

⑧增压风机入口压力控制切为自动；

⑨启动挡板门密封风机；

⑩启动 GGH 净化风机子功能组。

2）烟气系统的停运顺序如下：

①停止挡板门密封风机；

②手动调节增压风机静叶开度，将增压风机入口压力控制切手动；

③打开烟气挡板旁路挡板；

④手动缓慢关闭增压风机静叶，使开度为最小；

⑤停运增压风机子功能组；

⑥停运 GGH 净化风机子功能组；

⑦关闭原烟气挡板门；

⑧打开吸收塔排空门；

⑨关闭净烟气挡板门；

⑩启动挡板门密封风机。

（2）GGH 子功能组顺序控制

1）GGH 子功能组的启动顺序为：

①启动 GGH 密封风机；

②投入导向轴承油泵连锁和支撑轴承油泵连锁，启动 GGH 辅助电机；

③延时 5min 后，启动 GGH 主电机，停运辅助电机。

2）GGH 子功能组的停运顺序为：

①停止 GGH 主辅电机；

②延时 5min 后，停止导向轴承油泵和支撑轴承油泵；

③停止 GGH 密封风机。

（3）增压风机子功能组

1）增压风机子功能组的启动顺序为：

①启动增压风机冷却风机和润滑油泵；

②增压风机入口压力控制切手动，使调节叶片开度开至最小；

③启动增压风机；

④开原烟气挡板门。

2）增压风机子功能组的停运顺序为：

①增压风机入口压力控制切手动，使调节叶片开度关至最小；

②停运增压风机；

③延时 120min 后，停止增压风机冷却风机和润滑油泵。

（4）GGH 净化风机子功能组

1）GGH 净化风机子功能组的启动顺序为：

①停运净化风机入口电动机，关闭净化风机出口电动阀；

②启动净化风机；

③延时 5s 后，打开净化风机出口阀；

④打开净化风机入口阀。

2）GGH 净化风机子功能组的停运顺序为：

①停运净化风机；

②关闭净化风机出口阀；

③关闭净化风机入口阀。

（5）GGH 蒸汽吹灰顺序控制

1）GGH 蒸汽吹灰的启动顺序为：

①开启疏水阀；

②关闭母管疏水阀，打开蒸汽隔离阀；

③延时 3min 后，关闭疏水阀；

④启动下部吹灰器；

⑤延时 3min 后，停运下部吹灰器；

⑥启动上部吹灰器；

⑦延时 3min 后，停运上部吹灰器；

⑧关闭蒸汽隔离阀；

⑨开启疏水阀。

2）GGH 蒸汽吹灰的停运顺序为：

①停止下部吹灰器，停止上部吹灰器；

②关闭蒸汽隔离阀；

③打开疏水阀；

④打开母管疏水阀。

（6）GGH 高压水吹灰顺序控制

1）GGH 高压水吹灰的启动条件为：

①GGH 主电机运行；

②GGH 高压水泵运行；

③上部、下部吹灰器均在关闭位。

2）GGH 高压水吹灰的启动顺序为：

①关闭上部及下部吹灰器高压供水阀；

②打开下部吹灰器高压供水阀；

③启动下部吹灰器；

④停止下部吹灰器；

⑤关闭下部吹灰器高压供水阀；

⑥打开上下部吹灰器高压供水阀；

⑦启动上部吹灰器；

⑧停止上部吹灰器；

⑨关闭上部吹灰器高压供水阀。

3）GGH 高压水吹灰的停止顺序为：

①停止上部吹灰器及下部吹灰器；

②关闭上部及下部吹灰器高压供水阀。

（7）挡板密封风机顺序控制

1）挡板密封风机启动顺序为：

①关闭密封风机出口挡板；

②关闭密封风机入口挡板；

③启动密封风机；

④延时 10s 后，打开密封风机出口挡板；

⑤打开密封风机入口挡板。

2）挡板密封风机停止顺序为：

①关闭密封风机入口挡板；

②关闭密封风机出口挡板；

③停运密封风机。

2. 吸收塔系统

（1）吸收塔功能组的启停步序

1）吸收塔功能组的启动允许条件：

①工艺水泵 A 或 B 已启；

②1 号或 2 号石灰石浆液箱排出泵已启。

2）吸收塔功能组的启动步序如下：

①启动吸收塔下层搅拌器；

②启动吸收塔上层搅拌器；

③启动循环浆泵 A 子组；

④启动循环浆泵 B 子组；

⑤启动循环浆泵 C 子组；

⑥启动除雾器冲洗子组，吸收塔液位控制投自动；

⑦启动石膏排出泵 A 子组或石膏排出泵 B 子组；

⑧启动石灰石供浆子组；

⑨启动氧化风机 A 或 B 子组。

当以上设备启动后，还需要将石灰石供浆量控制和供浆调节阀投自动，使整个浆液供给量随烟气负荷的需求进行调整，实现浆液供给的自动控制。

3）吸收塔功能组的停止步序允许条件：

①原烟气挡板 A 已关；

②原烟气挡板 B 已关；

③净烟气挡板已关；

④增压风机 A 已停；

⑤增压风机 B 已停；

⑥供浆流量控制切手动，供浆流量阀开度至为最小。

4）吸收塔功能组的停运步序如下：

①停止氧化风机 A、B 子组；

②停止石灰石供浆子组；

③停止石膏排出泵子组 A 或 B；

④停止除雾器冲洗子组，吸收塔液位控制切手动；

⑤（吸收塔地坑液位小于高一值）停止循环泵子组 A；

⑥（吸收塔地坑液位小于高一值）停止循环泵子组 B；

⑦（吸收塔地坑液位小于高一值）停止循环泵子组 C。

（2）循环泵功能子组顺序控制

1）循环泵功能组的启动步序如下：

①关闭循环泵排放阀；

②开循环泵入口阀；

③延时 1min，启动循环泵。

2）循环泵功能组的停运步序如下：

①停止循环泵；

②关闭循环泵入口阀；

③打开循环泵排放阀；

④延时 20min 后，关闭循环泵排放阀。

（3）石膏浆排除泵功能子组顺序控制

1）石膏浆排除泵功能组的启动步序如下：

①关闭石膏浆液排除泵冲洗阀，关闭 pH 计冲洗阀；

②关闭石膏浆液排除泵出口阀；

③开 pH 计前隔离阀；

④打开石膏浆分配阀；

⑤打开石膏浆排除泵入口阀；

⑥启动石膏浆排除阀；

⑦延时 5s，打开石膏浆液排除泵出口阀；

⑧启动 pH 计冲洗功能子组；

⑨启动真空脱水系统，石膏浆密度控制投自动。

2）石膏浆排除泵功能组的停止步序如下：

①关闭石膏浆液排除泵出口阀；

②停止石膏浆液排除泵；

③打开石膏浆液排除泵冲洗阀；

④延时 60s 后，石膏浆液排除泵入口阀；

⑤石膏浆密度控制投手动；

⑥延时 2min 后，关闭石膏浆液排除泵出口阀；

⑦关闭石膏浆液排除泵冲洗阀。

（4）pH 计冲洗功能子组顺序控制

1）pH 计冲洗功能子组的启动步序如下：

①关闭 pH 计前隔离阀；

②打开 pH 计冲洗阀；

③延时 60s 后，关闭 pH 计冲洗阀；

④打开 pH 计前隔离阀。

2）pH 计冲洗功能子组的停止步序如下：

①关闭 pH 计前隔离阀；

②打开 pH 计前冲洗阀；

③延时 60s 后，关闭 pH 计冲洗阀。

（5）吸收塔供浆功能子组顺序控制

1）吸收塔供浆子组的启动步序如下：

①关闭供浆冲洗阀；

②打开供浆隔离阀；

③供浆调节阀开度控制和供浆量控制投自动；

④延时 60s 后，关闭 pH 计冲洗阀。

2）吸收塔供浆子组的停止步序如下：

①关闭供浆隔离阀；

②供浆调节阀开度控制和供浆量控制投手动；

③延时 60s 后，关闭供浆冲洗阀；

④供浆调节阀自动全关。

（6）除雾器冲洗子组顺序控制

1）除雾器冲洗子组的启动步序如下：

①吸收塔液位控制自动；

②启动各个冲洗组。

2）除雾器冲洗子组的停止步序如下：

①吸收塔液位控制手动；

②停止一层冲洗步序；

③停止二层冲洗步序；

④停止三层冲洗步序；

⑤启动四层冲洗步序；

⑥停止四层冲洗步序。

3）一层除雾器冲洗子组启动步序如下：

①开该层除雾器冲洗门 A，延时 60s；

②关该层除雾器冲洗门 A；

③开该层除雾器冲洗门 B，延时 60s；

④关该层除雾器冲洗门 B；

⑤开该层除雾器冲洗门 C，延时 60s；

⑥关该层除雾器冲洗门 C；

⑦开该层除雾器冲洗门 D，延时 60s；

⑧关该层除雾器冲洗门 D；

⑨开该层除雾器冲洗门 E，延时 60s；

⑩关该层除雾器冲洗门 E；

⑪开该层除雾器冲洗门 F，延时 60s；

⑫关该层除雾器冲洗门 F；

⑬开该层除雾器冲洗门 G，延时 60s；

⑭关该层除雾器冲洗门 G。

3. 石膏浆液制备系统顺序控制

(1) 石灰石破碎系统的启停顺序控制。

1) 石灰石破碎系统的启动步序如下：

①启动除铁器；

②启动输送机；

③延时 5s 后，启动斗式提升机；

④启动破碎机；

⑤延时 20s 后，启动振动给料机；

⑥延时 180s 后，除铁器卸料。

2) 石灰石破碎系统的停运步序如下：

①停止振动给料机；

②延时 60s 后，停止破碎机；

③延时 60s 后，停止输送机；

④延时 90s 后，停止斗式提升机；

⑤延时 60s 后，停止除铁器。

(2) 一、二级再循环泵功能子组。

1) 一、二级再循环泵子组的启动步序如下：

①关闭泵出口阀和冲洗阀；

②打开泵入口阀；

③启动泵电动机；

④延时 5s 后，打开泵出口阀。

2) 一、二级再循环子组的停止步序如下：

①关闭泵出口阀；

②停止泵运行；

③开启冲洗阀；

④延时 5s 后，关闭入口阀；

⑤关闭冲洗阀。

4. 石膏脱水系统顺序控制

1) 石膏脱水系统的启动步序如下：

①启动空压机；

②启动滤布冲洗机；

③皮带润滑水流量和真空箱密封水流量正常时，关闭滤饼冲洗水箱排放阀，连锁打开；

④滤饼冲洗箱补水阀，水满后关闭；

⑤延时 60s，启动真空皮带机；

⑥延时 60s，打开真空泵密封水阀；

⑦真空泵密封水流量正常时，启动真空泵；

⑧启动滤饼冲洗水泵，皮带机速度控制切自动；

⑨延时 60s，石膏浆分配阀开向真空皮带机。

2）石膏脱水系统的停运步序如下：

①皮带机速度控制切手动；

②石膏浆分配阀开向石膏溢流液箱；

③延时 2min，停运滤饼冲洗水泵；

④打开滤饼冲洗水箱排放阀；

⑤延时 2min，停运真空泵；

⑥关闭真空泵密封水阀；

⑦延时 2min，停运真空皮带机；

⑧停运滤布冲洗水泵。

第七节　脱硝系统顺序控制

一、概述

目前，我国的火力发电机组正向着大容量、高参数、超临界及超超临界的方向发展，火力发电在提供巨大电能的同时，也产生了大量的污染物。排放物中含有的氮氧化物（NO_x）会给环境和人体健康带来较大的影响，比如，形成酸雨、酸雾、光化学烟雾、破坏臭氧层、对人体和动植物产生致毒作用等，因此必须严格控制氮氧化物的排放。研究表明，我国氮氧化物的排放量中 70% 来自煤炭的直接燃烧，火力发电又是我国的燃煤大户，因此，对火力发电中 NO_x 的排放量进行控制具有极其重大的环保意义。

（一）NO_x 的生成机理

火力发电厂排放物中的氮氧化物主要是煤在燃烧过程中生成的，其主要成分是 NO 和 NO_2，此外，还有较少部分的 N_2O（氧化亚氮），其中，NO 占 NO_x 总量的 90% 以上，NO_2 只占 5%~10%，N_2O 仅占 1% 左右。煤燃烧过程中生成 NO_x 有三种途径，分别称为热力型 NO_x、快速型 NO_x 和燃料型 NO_x。

1. 热力型 NO_x

热力型 NO_x 的形成是基于高温下空气中的氮气与氧气的化学反应，其反应原理如下：

$$O + N_2 \longrightarrow NO + N$$
$$N_2 + O_2 \longrightarrow NO + O$$
$$N + OH \longrightarrow NO + H$$

其中，原子氧通常来源于高温下 O_2 的离解。

影响热力型 NO_x 生成量的因素主要有燃烧温度、氧气浓度和停留时间。热力型 NO_x 的生成速率与反应温度呈指数关系，同时还与 N_2、O_2 浓度的平方根和停留时间成正比。当燃烧温度低于 1500℃时，热力型 NO_x 的生成量极少；当温度高于 1500℃后，反应速率将呈指数规律迅速增加。

2. 快速型 NO_x

快速型 NO_x 是燃料挥发物中碳氢化合物高温分解形成 CH 原子团，然后撞击 N_2 分子生成 HCN 和 N，再进一步被快速氧化而产生的。快速型 NO_x 的形成与 CH 原子团的浓度及其形成过程、N_2 分子反应生成氮化物的速率、氮化物间相互转化率三个因素有关，受温度的影响较少。对于煤粉燃烧，快速型 NO_x 占总生成量的 5% 以下。

3. 燃料型 NO_x

燃料型 NO_x 是由于煤中的氮有机化合物热裂解产生 N、CN、HCN 和 NH_3 等中间产物，然后被氧化而形成的。因为煤的燃烧过程可分成挥发份燃烧和焦炭燃烧两个阶段，故燃烧型 NO_x 的形成也由气相氮的氧化（挥发分）和焦炭中剩余氮的氧化（焦炭）两部分组成。由于煤中氮的热分解温度低于煤粉燃烧温度，在 600～800℃时就会生成燃料型 NO_x，其生成量主要取决于空气与煤粉的混合比，也与氧浓度密切相关。

煤粉燃烧过程中生成的 NO_x 大部分是燃料型 NO_x。试验数据表明，在富燃料区，当空燃比为 0.41，温度小于 1350℃时，燃料型 NO_x 几乎占 100%；当温度为 1600℃时，热力型 NO_x 约占 25%～30%。

（二）脱硝技术

燃煤 NO_x 的控制主要有两种方法，分别是控制燃烧过程中 NO_x 生成量的低 NO_x 燃烧技术和对已生成的 NO_x 进行处理的烟气脱硝技术。

1. 低 NO_x 燃烧技术

根据 NO_x 的生成原理，在燃料燃烧过程中可以采取以下几项措施来减少燃烧过程中 NO_x 的生成：

- 降低过量空气系数和氧气浓度，使煤粉在缺氧条件下燃烧；
- 降低燃烧温度，防止产生局部高温区；
- 缩短烟气在高温区的停留时间等。

常见的低 NO_x 燃烧技术有空气分级燃烧法、燃料分级法、烟气再循环法、低 NO_x 燃烧器法等几种。

（1）空气分级燃烧法。燃烧区的氧浓度对各类 NO_x 生成都有很大影响。当过量空气系数 $\alpha < 1$，燃烧区处于"贫氧燃烧"状态时，可以明显抑制 NO_x 的生成量。根据这一原理，把供给燃烧区的空气量减少到全部燃烧所需用空气量的 70% 左右，从而降低了燃烧区的氧浓度，也降低了燃烧区的温度水平。因此，将燃烧过程所需的空气进行分级，形成二段燃烧法。

炉内的空气分级燃烧有两种类型，即轴向空气分级燃烧（OFA 方式）和径向空气分级燃烧。轴向空气分级将燃烧所需的空气分两部分送入炉膛：一部分为主二次风，占总风量的 70%～85%，它们从主燃烧器内引入，形成主燃烧区，完成的是富燃料燃烧；另一部分为燃尽风（OFA），占总二次风量的 15%～30%，它们从主燃烧区上方加入，然后进行完全燃烧，形成富氧燃烧区。整个炉内的燃烧分成三个区域，即热解区、贫氧区和富氧区，它可减少 NO_x 排放 15%～30%，但会受到燃尽风的穿透性和与一次燃烧区产物混合的影响。

径向空气分级燃烧是在与烟气流垂直的炉膛截面上组织分级燃烧的，是在燃烧器内采取的空气分级方式。在径向空气分级燃烧中，燃烧用的空气由原来的一股分成了多股。在燃烧的初始阶段只加部分空气（内二次风），形成一次气流燃烧区域的富燃料状态（称为一次燃烧区，又称富燃料区，其平均空燃比为 0.4）。由于富燃料贫氧，该区域的燃料只是部分燃烧，使有机结合在燃料中的氮的一部分生成了无害的氮分子，于是减少了"热力型 NO_x"的形成。另一股供燃料继续燃烧的二次风（外二次风）被喷射到一次燃烧区的下游，形成持续富燃料区（称为二次燃烧区，又称空气举荐掺混区，其总空燃比为 0.7）。由于一次燃烧区的燃烧产物进入二次燃烧区，降低了氧浓度和火焰温度，因此，二次燃烧区域内 NO_x 的形成受到了限制。剩余的空气（三次风）从主燃烧区的上方加入，在二次燃烧区外使燃料完全燃烧（称为完全燃烧区，又称空气最后掺混区，其总空燃比为 1.2）。

空气分级燃烧可以降低 NO_x 生成量，但如果二段空气量过大，会使不完全燃烧损失增大；此外，煤粉炉由于还原性气氛易结渣或引起腐蚀，因此必须采取相应措施合理解决上述问题。

（2）燃料分级法。燃料分级法又称再燃法，它是将 80%～85% 的燃料送入主燃烧区，在 $\alpha \geq 1$ 的条件下燃烧，其余 15%～20% 的燃料作为二次燃料从主燃烧区的上方喷入，在 $\alpha < 1$ 的条件下形成还原性气体，将主燃烧区生成的 NO_x 还原为 N_2。为了保证再燃区内不完全燃烧产物能够燃尽，在再燃区的上面还需布置燃尽风喷嘴。

燃料分级至少可减少 NO_x 排放的 50%。在此法中，保证再燃区燃料和空气的合适比例是其控制 NO_x 排放量的关键。此外，为了减少不完全燃烧的损失，需要增加空气对再燃区的烟气进行三段燃烧，增加了配风系统的复杂性。

（3）烟气再循环法。烟气再循环法将空预器前抽取的温度较低的烟气与燃烧用的空气混合，通过燃烧器送入炉内从而降低燃烧温度和氧的浓度，以减少热力型 NO_x 的生成。在烟气再循环法中，当烟气循环量超过燃烧空气总量的 15% 时，降低 NO_x 的作用开始减少。同时，最大的烟气循环量还受限于火焰的稳定性，且整套装置的投资和运行费用较大。

（4）低 NO_x 燃烧器法。采用特殊设计的燃烧器结构（LNB）来改变通过燃烧器的风煤比，以达到在燃烧器着火区空气分级、烟气分级或烟气再循环的效果，有效地抑制 NO_x 的生成量。常见的低氮燃烧器有双调风燃烧器、浓淡分离式燃烧器、旋流式煤粉预燃室燃烧器、多功能船体煤粉燃烧器等，它们均能在一定程度上减少 NO_x 的生成。

低氮燃烧器技术较为成熟，投资和运行费用较低，目前已成为燃煤炉降低 NO_x 的重要措施之一。

2. 烟气脱硝技术

烟气脱硝技术能满足更加严格的排放标准和环保要求，该技术包括湿法脱硝和干法脱硝两大类。湿法脱硝有选择性催化还原法、选择性非催化还原法、湿式络合吸收法等；干法脱硝有电子束照射法、等离子活化法和微生物法等。目前电站应用较多的是湿法脱硝中的选择性非催化还原法和选择性催化还原法，二者都采用氨或尿素作为还原剂，区别在于前者不采用催化剂，而后者采用催化剂，且两种方法要求的反应温度也不相同。

选择性非催化还原法（Selective Non-Catalytic Reduction，SNCR）是一种喷氨法，它是在炉膛 900～1100℃ 的区域内，在无催化剂存在的条件下，将氨或尿素等包含有 NH_x 基的还原剂喷入炉膛，有选择性地与烟气中的 NO_x 进行反应，生成 N_2，其反应式如下：

还原剂为 NH_3　　　　$4NH_3 + 4NO + O_2 \longrightarrow 4N_2 + 6H_2O$

还原剂为尿素

$$(NH_4)_2CO \longrightarrow 2NH_2 + CO$$

$$NH_2 + NO \longrightarrow N_2 + H_2O$$

$$CO + NO \longrightarrow N_2 + CO_2$$

当温度更高时，NH_3 则会被氧化为 NO，即 $4NH_3 + 5O_2 \longrightarrow 4NO + 6H_2O$

当温度过低时，反应速度会减慢，NH_3 的反应会不完全，造成所谓的"氨穿透"，因此控制反应温度是 SNCR 法的关键。

SNCR 法不需要催化剂，投资和运行费用较低，但脱硫效率仅有 50％左右。此外，该法难以保证反应温度和停留时间，存在 NH_3 用量大、NH_3 逃逸率较高、易引发氨盐腐蚀和空预器堵塞等问题，而氨气泄漏则可能造成二次污染。与 SNCR 法相比，选择性催化还原法可以获得更高的脱硝效率。

二、选择性催化还原脱硝法

选择性催化还原法（Selective Catalytic Reduction，SCR）是目前众多脱硝技术中效率最高、最为成熟的一种方法。SCR 法的原理首先由 Engelhard 公司发现并与 1957 年申请专利，后来日本在该国环保政策的驱动下，成功研制出了现今被广泛使用的 V_2O_5/TiO_2 催化剂，并分别于 1977 年和 1979 年在燃油和燃煤炉上成功投入商业运行。随后，德国、北欧、美国等国家的燃煤电厂也大量地采用了 SCR 法，我国的一些大型机组也正在投建或采用 SCR 法进行烟气脱硝控制，SCR 法已成为世界范围内大型燃煤锅炉烟气脱硝的主流工艺。

（一）SCR 法的反应机理

SCR 法是在金属催化剂的作用下，以 NH_3 作为还原剂，"有选择性"地与烟气中的 NO_x 反应，最后生成无毒、无污染的 N_2 和 H_2O。其反应式为

$$4NH_3 + 4NO + O_2 \longrightarrow 4N_2 + 6H_2O \tag{5-1}$$

$$4NH_3 + 2NO_2 + O_2 \longrightarrow 3N_2 + 6H_2O \tag{5-2}$$

式（5-1）是主要的反应，因为烟气中 NO 占总 NO_x 的 95％以上。在没有催化剂的情况下，式（5-2）的反应只能在很窄的温度范围内进行，此时即为选择性非催化还原（SNCR）。通过选择合适的催化剂，反应温度可以降低，从而适用电厂的使用范围。

最常用的催化剂是含有氧化矾、氧化钛的金属基。在反应条件改变时，还可能发生以下副反应

$$4NH_3 + 3O_2 \longrightarrow 2N_2 + 6H_2O \tag{5-3}$$

$$2NH_3 \longrightarrow N_2 + 3H_2 \tag{5-4}$$

$$4NH_3 + 5O_2 \longrightarrow 4NO + 6H_2O \tag{5-5}$$

发生 NH_3 分解的反应式（5-4）和 NH_3 氧化为 NO 的反应式（5-5）都需要在 350℃以上才进行，450℃以上才激烈起来。在一般的选择性催化还原工艺中，反应温度通常控制在 300℃以下，这时仅有 NH_3 氧化为 N_2 的副反应式（5-5）发生。

（二）SCR 系统的工艺流程

1. SCR 系统布置方式

SCR 系统在烟道中的布置形式通常有三大类，分别为高温高粉尘布置、高温低粉尘布置和低温低粉尘布置。

（1）高温高粉尘布置。高温高粉尘布置（High Dust SCR，HD-SCR）时 SCR 系统与烟道中其他设备的连接如图 5-25 所示，其特点是 SCR 系统布置在锅炉省煤器和空气预热器

（AH）之间，在除尘器之前。

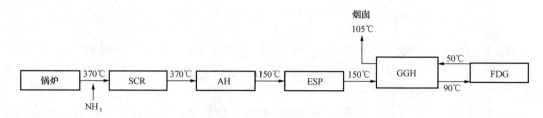

图 5-25　高温高粉尘布置示意图

　　此时，锅炉尾部烟气温度较高，可以满足大多数催化剂的运行要求，烟气不需要再加热就可获得较好的 NO_x 净化效果。这种布置初期投资较低，技术成熟，是目前脱硝系统中应用最为广泛的一种布置形式。但该方式也存在缺陷，其催化剂一直处于高尘烟气中，易被飞灰污染和堵塞，烟气中的重金属还易引起催化剂中毒，烟气温度过高则会使催化剂烧结或失效，因此，必须采取措施减少催化剂的堵塞及预防催化剂活性降低和烟气温度过高，比如为催化剂配备蒸汽吹灰器、对催化剂作硬化处理、对入口烟气温度进行预处理等。此外，该方式还需考虑场地的限制，它更适用于新建电厂。

　　（2）高温低粉尘布置。高温低粉尘布置（Low Dust SCR，LD-SCR）时 SCR 系统与烟道中其他设备的连接如图 5-26 所示，其特点是 SCR 系统布置在静电除尘器之后、空气预热器之前。此时，烟气温度高，含尘量低，对催化剂的运行有利；但 SO_2 含量仍较高，仍会对催化剂带来影响。另外，电除尘器工作在较高温度下，其效率较低，故该法应用较少。

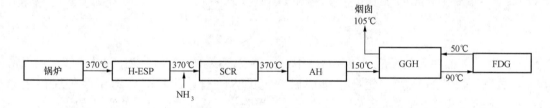

图 5-26　高温低粉尘布置示意图

　　（3）低温低粉尘布置。低温低粉尘布置，又称为尾部烟道布置（Tail End SCR，TE-SCR），SCR 系统与烟道中其他设备的连接如图 5-27 所示，其特点是 SCR 系统布置在整个烟道的下游，位于静电除尘器和 FDG 之后。此时，催化剂工作在低灰尘环境，受灰尘的影响较少，被磨损和堵塞的概率降低，寿命较长，材料易于选取，烟气的流速也可设计得较高。该方式的缺点是，须加设 GGH、燃油或天然气的燃烧器提高烟气温度以达到催化剂要求的活化温度，总投资和运行成本较前一种方式高。低温低粉尘布置方式比较适用于受场地限制的老机组改造工程。

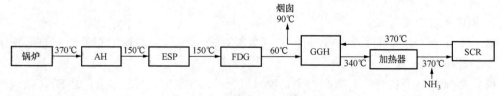

图 5-27　低温低粉尘布置示意图

2. SCR 系统的工艺流程

SCR 系统主要由氨存储及供应系统、氨喷射系统、催化反应器、烟道系统及控制系统等组成，其工艺流程如图 5 - 28 所示。液氨经槽车运送到液氨储罐，输出的氨由氨气蒸发器蒸发成氨气，并将之加热到常温后送到氨气缓冲槽备用。缓冲槽的氨气经减压后送入氨气和空气混合物，与来自风机增压后的空气进行混合，通过喷氨格栅之喷嘴喷入烟气，然后进入催化反应器。当烟气流经反应器的催化层时，氨气和 NO_x 在催化剂的作用下将 NO 和 NO_2 还原成 N_2 和 H_2O，从而达到了去除 NO_x 的目的。SCR 反应器中的烟气温度可通过改变主烟气与通过省煤器旁路的烟气的比例来调节。喷氨格栅安装在 SCR 反应器的上部，可保证喷入的 NH_3 与烟气充分混合。当 SCR 系统发生故障或机组运行需切除 SCR 系统时可投入 SCR 旁路，使烟气直接由省煤器进入空气预热器。

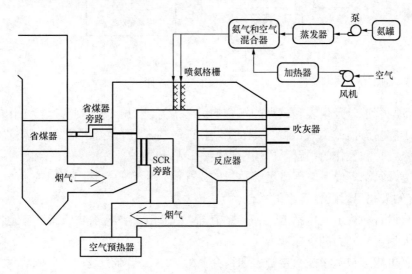

图 5 - 28　SCR 系统工艺流程图

三、脱硝顺序控制工程实例

某 2×1000MW 火力发电机组的 SCR 系统如图 5 - 29 所示。系统采用高尘布置方式，SCR 布置在省煤器出口与空气预热器入口之间。来自液氨存储供给系统的氨气，经调压阀及氨气缓冲槽后，为系统提供稳定的氨气源。氨气经流量控制阀后进入氨/空气稀释槽，以 5％的浓度进行稀释后，进入阀门站组（MVS），经氨喷射格栅（AIG）喷射到烟道内。省煤器出口的烟气通过 SCR 进口烟道，与氨喷射格栅（AIG）注入的氨气充分混合后，进入反应器，在催化剂的作用下，进行还原反应。烟气通过 SCR 反应器、出口烟道到达空气预热器。

（一）机组对 SCR 系统的技术要求

SCR 系统应满足的技术要求如下：

（1）整套 SCR 系统及其装置能够满足机组在各种工况下自动运行的要求，系统的启动、正常运行监控和事故处理均能实现完全自动化。SCR 装置和所有辅助设备在投入运行时不会对锅炉负荷和锅炉运行方式带来任何干扰，而且脱硝装置能够在烟气粉尘和 NO_x 排放浓度的最小值和最大值之间任何点运行。

（2）在电源故障时，对所有可能造成重大安全影响的设备，都设有保安电源作后备电

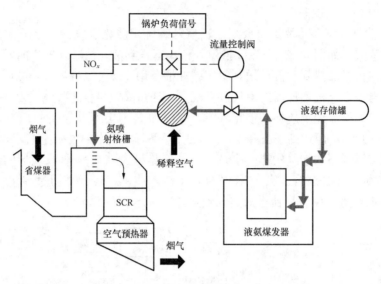

图 5-29　SCR 系统简图

源；所有设备与管道以及仪表测试点的布置均需考虑系统功能的实现和运行工作的方便。

（3）对于容易磨损或出现故障并因此影响 SCR 装置运行性能的设备，需设有备用件，并且设有检修维护和操作的平台，以便于更换、检修和维护。

（4）烟道和箱罐等设备应配备足够数量的人孔门，所有的人孔门使用铰接方式，且便于开/关。所有的人孔门附近设有维护平台。

（5）所有设备和管道，包括烟道、膨胀节等，在设计时均应考虑设备和管道发生故障时能承受的最大温度热应力和机械应力。

（6）所有可能（包括渗漏）接触腐蚀性介质的设备、基础、地坪均采取防腐措施；相关设备的材料除能适应实际运行条件的要求外，还应考虑适当的腐蚀余量。

（7）所有电动机的冷却方式均不采用水冷却；所有电动机包括电动执行机构应具有防水和防爆功能。

（二）机组 SCR 系统的特点

机组 SCR 系统的特点如下所述。

（1）脱硝反应器布置在锅炉省煤器和空预器之间，为高尘布置方式。

（2）脱硝系统不设置烟气旁路系统，也不考虑省煤器高温旁路系统；脱硝系统停止喷氨的最低烟温为 292℃。

（3）脱硝设计效率大于 80%。

（4）吸收剂采用纯氨。

（5）脱硝设备年利用小时按 5500h 考虑，投运时间按 8000h 考虑。

（6）脱硝装置可用率不小于 98%。

（7）SCR 反应器上游不设置灰斗，SCR 设置足够数量的吹灰器以防止 SCR 堵灰。

（三）工艺系统组成

1. 烟道系统

机组 SCR 系统采用单反应器、双烟道的布置方案。使用双烟道保证了系统高脱硝性能，单反应器的布置在保证性能的基础上达到经济最优。

（1）进出口烟道。炉膛烟气离开省煤器后进入两个平行烟道。每个烟道上装有布置成网格状的氨喷射格栅（AIG），与经稀释后的氨蒸气混合后进入反应器。烟气中的 NO_x 在流经催化剂层时与 NH_3 进行化学反应形成 N_2 和 H_2O。随后烟气经反应器出口进入空气预热器。

在烟道设计中，采用先进的数值模拟和物理模型试验，使烟道设计在保证达到 SCR 反应所需要的氨/硝偏差、温度偏差、速度偏差等的基础上，保证 SCR 装置的烟气阻力最小，降低电厂运行成本。烟道设计还充分考虑了烟气的磨损和堵灰问题。在烟道上设置有膨胀节吸收烟道的膨胀，膨胀节的设置综合考虑烟道走向以及支撑的位置等因素。

（2）氨喷射栅格。氨气/空气的混合物离开混合器后被输送到分配站（MVS），然后进入氨喷射格栅（AIG）。分配站由分配集箱和与喷射格栅（AIG）相连的导管组成。每个导管与处于烟道中的某一指定区域内的一组喷射口相连。每个导管上均设有手动节流阀门和孔板流量计用于控制所在区域的混合气流量。这些阀门一般只需在试运行期间进行调节以优化混合气与 NO_x 的流量匹配。

氨喷射格栅（AIG）的布置与烟气流动方向相垂直，由烟道中按水平和垂直划分的多个区域构成。氨喷射格栅（AIG）的设计要考虑烟道的几何结构并与催化剂层之间留有足够的混合距离。每个喷射管道连接有大量的喷头以保证氨气与烟气的充分混合。

（3）静态混合器。为了提高混合的均匀性，增加 SCR 脱硝的稳定性，在氨喷射格栅（AIG）后设置了一个静态混合器。它是结合了涡流式混合器和导流式混合器的特点，采用先进的数值模拟技术和成熟可靠的物理模型开发出来的。其性能参数优良，可以在较小的混合段长度和较小的压力损失下，满足氨/硝摩尔比的要求。这种静态混合器根据本机组的设计条件和设计要求进行标准的定制设计，并在设计过程中和氨的喷射格栅配合使用，可使 SCR 设备脱硝性能的调试时间大大地缩短。

2. 反应器

反应器的结构如图 5-30 所示，它主要由金属构架和外罩组成，其大小由催化剂模块的数量决定。反应器是由支柱连接几层催化剂支撑梁及直流栅格支撑梁构成的一个立体的构架。垂直支撑和水平桁架共同加强体系，在地震和风力作用时将水平力传至支撑基础。反应器部件包括：催化剂及支撑梁、直流栅格及支撑梁、护板及加强筋、外部保温及绝缘材料、反应器支柱、内部水平和垂直桁架、起吊装置、密封装置等。

（1）催化剂和反应室。在脱硝过程中，催化剂的作用是加速 NO_x 和 NH_3 还原反应的反应速度。本机组 SCR 采用的是板式催化剂，如图 5-31 所示，其节距为 7.0mm。每台锅炉配置了单个反应器，反应室内为 2+1 层布置，上 2 层装设催化剂，最下层为备用层。每台锅炉催化剂的体积为 819m³，催化剂内烟气速度为 6.3m/s，烟气阻力为 250Pa。每个 SCR 在沿烟气垂直向下的流动方向上装设有固定式催化床。催化剂的数量足够满足 NO_x 的还原要求。板箱式反应室外设有加强型外壳并支撑在钢结构之上。催化剂的各模块中间和模块于墙壁间装设了密封系统保证烟气流经催化床时不发生烟气短路现象。为保证进入催化剂表面的进口速度偏差小于期望值，防止烟气积灰和磨损，设置了进口的直流格栅。反应器内、外护板及保温要求：当环境小于 27℃时，所有隔热表面最大温度不超过 50℃；当环境温度大于 27℃时，表面最大温度保证不大于 25℃加环境温度。

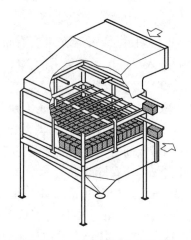 

　　图 5-30　反应器的内部结构　　　　　　　　　图 5-31　板式催化剂

　　（2）催化剂吹灰系统。脱硝系统运行经验表明，颗粒在催化剂表面的积聚是不可能完全避免的，颗粒沉积会导致阻力增加，长期运行也会导致催化剂的活性降低，降低脱硝效率。

　　为保证催化剂长期在高飞灰工况下安全可靠运行，SCR 系统中每层催化剂层均设有耙式蒸汽吹灰器，如图 5-32 所示。吹扫蒸汽可以从现有的蒸汽系统引出，如高压辅助蒸汽。吹灰器系统本身配备全套供汽、疏水、控制等辅助系统。

　　系统布置了 2 层吹灰器（预备层预留吹灰器开孔），分别布置于每层催化剂之上，每层 8 只，布置于反应器侧墙。吹灰器的吹灰频率通常是每天一次，停机之前必需启用吹灰器吹扫一次。根据实际的运行情况可以对吹灰器周期进行调整。在用吹灰器吹扫催化剂前，需先将所有的蒸汽管线加热到运行温度，由此产生的凝结水通过疏水装置排出。吹灰期间，吹灰器喷嘴前蒸汽压力将控制到 4～6bar。吹灰器自催化剂的最高层从上到下逐次吹扫。为了避免吹扫周期内整个蒸汽管道冷却，一部分蒸汽通过一个喷孔和蒸汽管道连接，以维持其温度。

　　3. 液氨存储系统

　　系统采用的是闭式供氨系统，其工艺流程如图 5-33 所示。

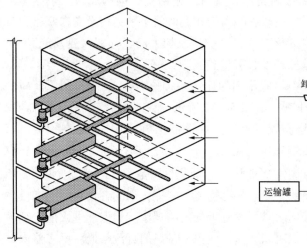 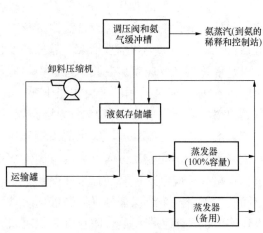

　　　图 5-32　耙式蒸汽吹灰器　　　　　　　　　　图 5-33　闭式供氨系统

（1）液氨存储罐。液氨存储罐的容量，将按照锅炉 BMCR 工况，在设计条件下，每天运行 20h，连续运行 7 天的消耗量考虑。储槽上安装有超流阀、止回阀、紧急关断阀和安全阀以实现储槽液氨泄漏保护。储槽还装有温度计、压力表、液位计、高液位报警仪和相应的变送器将信号送到脱硝控制系统，当储槽内温度或压力高时报警。储槽表面防晒漆，防太阳辐射措施，四周安装有工业水喷淋管线及喷嘴，当储槽槽体温度过高时自动淋水装置启动，对槽体自动喷淋减温；当有微量氨气泄露时也可启动自动淋水装置，对氨气进行吸收，控制氨气污染。

（2）液氨卸料压缩机。液氨卸料压缩机设置 2 台，1 用 1 备。卸料压缩机抽取储氨罐中的氨气，经压缩后将槽车的液氨推挤入液氨储罐中。在选择压缩机排气量中，应综合考虑储氨罐内液氨的饱和蒸汽压、液氨卸车流量、液氨管道阻力及卸氨时气候温度等，保证氨压缩机的正确使用。

（3）液氨蒸发器。SCR 系统采用电加热器来提供液氨蒸发所需要的热量。蒸发槽上装有压力控制阀将氨气压力控制在一定范围，当氨罐压力过高时，停止运行液氨蒸发器。在氨气出口管线上装有温度检测器，当温度过低时，运行液氨蒸发器，使氨气至缓冲槽维持适当温度及压力，蒸发槽也装有安全阀，可防止设备压力异常过高。事故工况排出的氨气进入氨气稀释槽，整个事故氨气处理过程全密封。液氨蒸发器按照在 BMCR 工况下 $2\times100\%$ 容量设计。

（4）氨气缓冲槽。氨罐中的氨气流进入氨气缓冲槽，通过压力调节阀减压，维持氨气缓冲槽压力的稳定，氨气通过输送管线送到锅炉侧的脱硝系统。液氨缓冲槽能满足为 SCR 系统供应稳定的氨气，避免受蒸发槽操作不稳定所影响。缓冲槽上设置有安全阀保护设备。

（5）附属安全设备。系统设置了泄漏探测和防护系统、紧急关断系统、紧急喷淋系统、安全淋浴、氨气稀释槽、污水池、氮气吹扫系统等附属安全设备。

液氨储存及供应系统周边设有氨气检测器，以检测氨气的泄漏，并显示大气中氨的浓度。当检测器测得大气中氨浓度过高时，在机组控制室会发出警报，操作人员可采取必要的措施，以防止氨气泄漏的异常情况发生。当监测器测得的大气中氨浓度达到高高时，系统将启动紧急关断系统，关闭主要供氨管路，防止氨气的进一步扩散。

液氨储存及供应系统设在炉后，与周围系统有适当的隔离。在每个氨罐的顶部、压缩机上方、液氨蒸发槽上方设置氨气泄漏监测器。氨气泄漏检测仪的布置充分考虑了风向、覆盖区域等因素。

在氨制备区设有排放系统，液氨储存和供应系统的氨排放管路形成一个封闭系统，经由氨气稀释槽吸收成氨废水后排放至废水池，再经由废水泵送到废水处理站。

氨气稀释槽为一定容积的水槽，水槽的液位由溢流管线维持，稀释槽设计有槽顶淋水和槽侧进水。液氨系统各排放处所排出的氨气由管线汇集后从稀释槽低部进入，通过分散管将氨气分散入稀释槽水中，利用大量水来吸收安全阀排放的氨气。

氮气吹扫系统是为保证液氨储存及供应系统的严密性，防止氨气泄漏或氨气与空气混合造成爆炸而设置的安全辅助系统。在本系统的卸料压缩机、氨储罐、液氨蒸发器、氨气缓冲罐等都备有氮气吹扫管线。在液氨卸料之前通过氮气吹扫管线对以上设备分别进行严格的系统严密性检查和氮气吹扫，防止氨气泄漏和氨气与系统中残余的空气混合造成危险。

4. 氨气稀释系统

氨气稀释系统如图 5-34 所示。

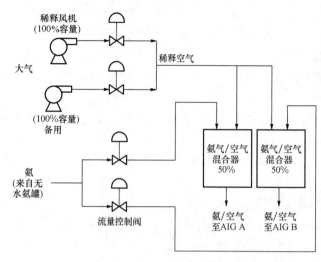

图 5-34　氨气稀释和控制系统

（1）调压阀和氨气流量控制阀。压力调节阀用于保证氨气/空气混合器前氨气压力的稳定；氨气流量控制阀则根据锅炉负荷和 NO_x 浓度等信号来调节系统所需氨量。

（2）氨气/空气混合器。氨气/空气混合器能快速有效的将从喷射管进入的氨蒸汽稀释到 5% 左右，它通过在混合器内部优化设置的折流板，将氨气和空气进一步充分混合，为氨喷射格栅提供均匀的混合氨气/空气混合气体。在每个氨气/空气混合器上方设置氨气泄漏监测器。氨气泄漏检测仪的布置考虑了风向、覆盖区域等因素的影响。

（3）稀释风机。喷入反应器烟道的氨气为空气稀释后的含 5% 左右氨气的混合气体。所选择的风机满足脱除烟气中 NO_x 最大值的要求，并留有一定的余量。稀释风机按两台 100% 容量（一用一备）设置。

以上所有子系统均配有相关的阀门、管道、各种仪表和控制设备。

四、SCR 控制系统简介

1. SCR 控制系统的结构

脱硝岛系统设备全部纳入到主控 DCS 系统进行控制，就地不设操作员站。SCR 区域脱硝系统信号直接送入位于机组集控楼电子室的 DCS 机柜，氨制备区域的信号送入位于氨制备区域附近的 DCS 远程 I/O 柜，运行人员直接通过集中控制室内单元机组 DCS 操作员站完成对脱硝系统被控对象及工艺参数进行控制和监视，最终实现远方控制。脱硝系统的控制硬件与机组 DCS 系统的硬件保持一致。

2. SCR 控制系统的功能

SCR 控制系统提供了 DAS、MCS 和 SCS 三大控制功能。

（1）DAS 的功能。数据采集系统（DAS）连续采集和处理所有与脱硝系统有关的信号及设备状态信号，以便及时向操作人员提供有关的运行信息，实现 SCR 的安全经济运行。一旦 SCR 发生任何异常工况，及时报警，以提高 SCR 的可利用率。DAS 至少应有下列功能：

1）显示：包括操作显示、成组显示、棒状图显示、报警显示等；

2）制表记录：包括定期记录、事故追忆记录、跳闸一览记录等；

3）历史数据存储和检索；

4）性能计算：主要实现脱硝效率计算、耗电量计算、耗水量计算和液氨利用率等的计算，用于经济性分析和维护分析。

（2）MCS 的功能。SCR 中的模拟量控制系统（MCS）主要完成喷氨量和 NO_x 去除量的控制，它在整个锅炉的运行负荷范围内，使脱硝装置自动跟随锅炉运行。它还具有在自动工作方式下的自动等待功能，并且根据相关条件能够自动转换到自动调节方式，还应该具有从自动等待转换到自动调节时的初始化功能。

喷氨量和 NO_x 去除量控制的基本控制原理为：利用 SCR 反应器进口的 NO_x 测量值作为前馈，以 SCR 反应器出口的 NO_x 测量值作为反馈，计算出实际所需要的氨耗量。由反应器入口烟气流量、NO_x 浓度和氨/氮氧化物摩尔比，决定所需的喷氨量，并由反应器出口 NO_x 浓度微调喷氨量。初步喷氨量由下列计算所得。

$$氨喷量 = FNM \times 10^{-6} \quad （标况下 \ m^3/h）$$

式中：F 为烟道气流量；N 为入口 NO_x 浓度；M 为摩尔比。

当进口 NO_x 信号故障时，保持其最后有效值，用反馈来控制；当出口 NO_x 信号故障时，保持其最后有效值，用前馈来控制。

（3）SCS 的功能。SCS 的控制包括设备级、功能子组、功能组和系统级多种控制方式，同时还能实现 SCR 系统的连锁保护功能。

五、SCR 系统的顺序控制

脱硝系统的顺序控制可分成液氨装卸系统、氨系统和 SCR 反应装置三大部分，每个系统均有启动、停运和事故处理三种控制方式。

1. 液氨装卸系统的控制

（1）液氨装载启动前的准备。液氨装载前须完成以下事项：

①确认运氨车接地；

②关闭氨装卸站气侧管路和液侧管路上的关断阀和放气阀；

③开启氨罐上气侧装卸管路和液侧装卸管路上的关断阀；

④检测氨罐中的液位，并检查是否达到最大充满度；

⑤检测氨装卸管路和软管没有破损，防止管道泄漏。

（2）向氨罐装载氨。向氨罐装载氨的步骤如下：

①缓慢同时打开氨装卸站液侧和气侧的关断阀；

②缓慢对氨装卸的软管加压；

③启动氨卸料压缩机；

④当氨罐达到最大充满度的时候，关闭氨装卸系统。

（3）关闭氨装卸系统。关闭氨装卸系统的步骤如下：

①关闭氨卸料压缩机；

②关闭氨装卸站上和氨罐上的关断阀；

③确认氮吹扫系统的压力至少为 0.22MPa；

④开启氨装卸站液侧的放气阀，开启氮吹扫系统的三通阀进行吹扫；

⑤开启氨装卸站气侧的放气阀，开启氮吹扫系统的三通阀进行吹扫；

⑥断开连接装卸站和运氨车的软管。

2. 氨系统的控制

（1）氨系统启动前检查。氨系统启动前应检查以下事项：

①确认紧急关断系统的状态；

②闭合 480V/3/60 电路开关；

③选择的氨罐，确定氨罐出液口手动关断阀的状态；

④选择运行的液氨蒸发器，打开其相应的关断阀；

⑤打开调压阀前的关断阀；

⑥确认所有的安全设施状态。

（2）氨系统启动。氨系统启动方法如下：

①打开氨罐供氨管线出口的关断阀；

②根据环境温度决定是否运行液氨蒸发器。

（3）氨系统关闭。氨系统关闭的方法如下：

①关闭氨罐供氨管线出口的关断阀；

②开动所有的液氨蒸发器，直到将其中的余氨蒸发完；

③当压力低于 0.51MPa 时，注意管道上是否由于温度的降低而结冰；如果结冰，用热水加热管道；

④当管道的温度都高于环境温度时，认为管道内无液氨；

⑤关闭蒸发器，管道上主要的关断阀。

（4）氨系统紧急关断系统的启动。当以下任意条件满足时，则启动氨系统紧急关断系统，以保障设备安全：

①氨罐压力高；

②氨罐压力低；

③氨蒸气/空气混合比高高；

④仪用空气源压力低低；

⑤烟气温度低低；

⑥操作者启动紧急关断系统（通过软件或者按钮）；

⑦SCR 反应器进口或者出口挡板关闭；

⑧稀释风机没有运行；

⑨稀释空气压力低；

⑩MFT。

3. SCR 的控制

（1）启动前的准备。SCR 启动前须完成以下工作：

①保证 SCR 反应器及其附属设备的电缆、管道必须正确安装；

②所有由于运输、安装对设备、仪表、阀门所引起的损伤都已经被修复；

③完成了电缆、电线的连续性试验和氨、空气、仪用空气的泄漏检测；

④清洗了反应器和烟道的内部，清除了木削、焊渣、保温等杂质；

⑤对烟道内的烟气分析仪、流量变送器、压力变送器、温度变送器、控制系统的循环命令控制器及就地的压力、温度、流量、液位表进行了检查和校正；

⑥确认供氨管线、稀释空气管线、仪用空气管线、服务空气管线、氨蒸气/空气混合管线已吹扫；

⑦催化剂内部的密封系统正常；

⑧所有的人孔、烟道和反应器上的开口已关闭；

⑨系统所需水源、仪用空气等是可用的。

（2）SCR 启动控制。SCR 启动控制步骤如下：

①启动 COPS 系统预热催化剂，在催化剂的露点温度以下保证催化剂的温升梯度不大于 10℃/min，在露点温度以上不大于 100℃/min；

②检查氨系统，启动氨稀释与控制站的稀释风机；

③当烟气温度超过最低喷氨点的温度时，打开氨系统紧急关断阀门，向烟道内喷氨。

（3）SCR 停运控制。SCR 停运控制步骤如下：

①关闭氨系统；

②继续运行稀释风机，在氨系统关闭后至少运行 20min；

③关闭系统的仪用空气源；

④运行催化剂停运保护系统（COPS）。

（4）SCR 紧急停运。当由于锅炉或者 SCR 本身的事故而造成 SCR 的紧急停运时，需快速关闭氨系统供氨管路上的紧急关断阀门。

（5）SCR 热启动。SCR 热启动的方法如下：

①保持 SCR 反引器内催化剂的高度高于烟气的露点温度；

②当烟气温度高于烟气最低允许连续温度时，开始启动氨系统，向烟道中喷氨。

第八节　辅助系统联网控制

随着现代化企业制度的发展，减员增效、节资开源已成为现代工业控制和管理追求的目标之一。对火力发电站而言，DCS 系统在主机控制中的应用，使主机的控制和管理已达到较高的水平，但辅助系统在控制和管理上仍存在许多问题，如较为分散的控制室不易于管理，控制室运行人员较多；各个控制系统采用了不同的硬件及软件，给备品备件管理、人员培训及维护等造成了一定的难度，客观上对电厂管理工作造成了压力。目前电厂广泛采用全厂性的信息管理系统（SIS），如果想将辅助系统的运行信息也连接到全厂信息系统中，则会具有一定的难度。因此，要使机组的自动化水平进一步提高，必须解决辅助系统控制和管理上的不足。辅助车间控制系统一体化设计和辅助车间集中控制的提出正顺应了这一需求，也代表了国际先进的管控水平。

按照目前各电厂辅助系统控制设备的配置情况，一些主要的辅助系统，如除灰除渣、输煤、化水等均已采用 PLC 与上位计算机组成的控制系统。一些较为次要的控制系统近年来也逐步采用小型 PLC 进行控制，我国的电站辅助系统，尤其是大型电站已形成以 PLC 为主导的较为先进的控制系统框架，其运行经验及可靠性已基本满足电站运行的需要，这为实现辅助系统联网控制建立了很好的基础。

解决辅助系统控制和管理一体化的问题有以下两种方法。其一是采用 DCS 的解决方案，将所有的辅助系统纳入辅助 DCS 系统的控制范畴，通过应用远程 I/O 和设置子系统，将控制功能分散，在辅助系统集控室对所有辅助系统进行集中操作和管理。这种方式较适用新建电厂；其二是在原有辅助系统分散 PLC 控制的基础上，通过加设通信网络和上位机，形成相对集中的方案。这种方式较适用于老机组辅助控制系统改造，且成本相对较低。总之，随着 DCS 技术、网络技术、计算机技术、大屏幕技术及 PLC 控制技术的日益成熟，从技术上看，在大机组上采用辅助系统联网控制的条件已经具备。

下面以某 2×600MW 机组的辅助系统控制为例，介绍其系统组成和特点。

一、辅助系统的控制范围

该电厂辅助车间（系统）的集中控制系统采用了 DCS 的实现方式，其设计原则是：充分考虑辅助车间各子工艺系统地理位置的分散性、设备运行的独立性，在保证各工艺子系统运行的安全性、可靠性的基础上，合并辅助车间（系统）各监控点，实现辅助车间（系统）集中控制，最终达到减员增效、提高辅助车间（系统）控制水平的目的。

在此原则的指导下，该厂辅助车间（系统）集中控制主要包括：水务系统、除灰系统、除渣系统、电除尘系统、输煤系统、部分电气（6kV、400V）和脱硫系统等。

1. 水务系统

（1）净水处理系统。净水站内主要设置了混合絮凝沉淀处理、空气擦洗处理、综合泵房净水分配、净化水加药系统（包括液态碱式氯化铝加药及液态次氯酸钠加药）。

碱式氯化铝溶液投加流程：碱式氯化铝储液槽槽车卸料→低位碱式氯化铝溶液下料罐→提升泵→碱式氯化铝溶液加药箱→碱式氯化铝加药计量泵→加药管→自动控制投加至混合反应沉淀池进水管。

（2）锅炉补给水系统。该厂锅炉补给水处理系统采用活性炭过滤器一级除盐加混床系统。

化学除盐处理工艺其工艺流程可简单描述为：经凝聚、澄清、过滤后的清水→活性炭过滤器→阳离子交换器→大气式除二氧化碳器→阴离子交换器→混床→除盐水箱→除盐水泵→送至主厂房凝结水补水箱。

（3）供氢系统。该厂设置了一套集中供氢系统，外购氢气瓶架经两级减压、通过在线氢气纯度表、氢气湿度表、流量表、电动球阀至主厂房。储氢间设置漏氢报警仪。

（4）工业废水处理系统。

工业废水主要指预处理设施排污水、经常性废水、非经常性废水。

预处理设施排污水：预处理设施排污因含有泥浆，送入浓缩池，浓缩池清液送入污水池，经污水泵送往预处理系统沉淀池。浓缩池排泥经排泥泵送往脱水机脱泥。

经常性废水：经常性废水主要包括补给水处理装置排水、实验室排水和凝结水精处理装置排水等，主要储存在♯1 或♯2 废水储池。这类废水通常仅 pH 值不合格，只需加酸或碱中和就能达到排放标准。废水储池内设有空气搅拌装置，采用罗茨风机鼓风搅拌。由排水泵将搅拌均匀的废水送至最终中和池，在其中加入 HCl 或 NaOH 调节 pH，待 pH 值达到 6～9 时排至干灰调湿渣系统或循环水排水沟。不合格的则自动返回重作处理。正常情况下，2号废水储池可作为 1 号废水储池的检修备用。该类废水处理能力为 100m³/h。

非经常性废水：非经常性废水主要包括空气预热器清洗排水、处理场地杂排水、锅炉化学清洗排水等。该废水不仅 pH 值不合格，而且悬浮物、Fe、Cu 等重金属离子也不合格，因此需要进行凝聚、沉淀，去除悬浮物、重金属离子。该类废水就近排入机组排水槽，然后由泵送入 3～5 号废水储池，池内设搅拌装置，采用罗茨风机搅拌。储池出水被送进 pH 值调整槽，在此加入酸或碱调整其 pH 值，然后靠自流进入反应槽、絮凝槽，同时加入凝聚剂和凝聚助剂。然后进入斜板澄清器，废水在澄清器进行固液分离，澄清水进入中和池，以后处理步骤同经常性废水。澄清器排泥送入浓缩池，浓缩池清液送入污水池，经污水泵送往预处理系统或 3 号废水储池。浓缩池排泥经排泥泵送往脱水机脱泥。该类废水处理能力为 100m³/h。

（5）生活污水处理系统。该厂设置了两套地埋式一元化生活污水处理设备，一用一备运行。全厂生活污水依靠压力或自流输送至处理站内预处理调节池，池内设污水升压泵，根据池内液位自动启停。升压后的生活污水经处理设备处理并消毒后，经过滤能力为 15m³/h 的石英砂及活性炭过滤器后排至生活污水回用水池，池内设置两台污水回用水泵，供厂内绿化等使用。

（6）煤泥废水处理系统。煤场南侧及北侧各设置一座煤泥沉淀池，储存并初步沉淀处理本期煤场喷淋水、煤场区输煤栈桥冲洗水、码头冲洗水、除尘系统排水、渣系统回收水等含煤、灰废水及煤场初期雨水。煤泥废水经压力提升后被送至煤泥废水处理系统，处理系统包括 2 套煤泥废水处理设备及 1 座废水处理加药间。处理后的废水排至喷淋冲洗水池，池内设置自吸式煤场喷淋冲洗泵，升压后的低浊度废水，正常情况下用作煤场喷淋及煤场区域栈桥冲洗水，紧急情况下溢流至雨水下水道，所有出水口均设置计量装置。

（7）添加阻垢剂系统。槽车将阻垢剂溶液卸入缓冲罐，再由输送泵送入高位储罐，重力流至计量箱，经计量泵送至渣水缓冲池。

（8）循环水加氯系统。该厂设置了一套循环水加氯系统，槽车将次氯酸钠溶液卸入卸料缓冲罐，再由输送泵送入高位储罐，重力流至计量箱，经计量泵送至两台机组的循环水加氯点。

（9）凝结水精处理系统。该厂两台 600MW 机组设置了 2 套相应的凝结水精处理装置，采用中压系统，包括 2 套精处理单元、2 套再生单元、2 套辅助单元等。

凝结水精处理系统的工艺流程可简单描述如下：主凝结水泵出口凝结水→前置过滤器→高速混床→树脂捕捉器→低压加热器系统。

每台机组全流量凝结水精处理系统由 1 套 2×50% 凝结水量的前置过滤器、1 套 0～50% 调节小旁路、1 套 100% 单元旁路系统，4×33% 凝结水量的高速混床系统 1 套体外再生系统等组成。

前置过滤器的反洗工艺为水反洗，空气擦洗，水加空气合洗并反复多次的方法。这种工艺基本能将运行中截留的铁、铜氧化物等悬浮物杂质清洗干净。

精处理高速混床的再生系统为体外再生低压系统，其型式为目前较流行的高塔式分离系统，该系统由分离塔（SPT）、阳再生兼储存塔（CRT）和阴再生塔（ART）组成。混床失效后的树脂送至分离塔，在分离塔分离后，阴树脂送至阴再生塔、阳树脂送至阳再生兼储存塔，分别进行再生。冲洗合格后在阳再生兼储存塔内混合后，送到混床内使用。

高速混床设有再循环系统，再循环泵入口接混床出口，再循环泵出口接至混床入口母管。

整个精处理系统设有三个旁路系统，分别为前置过滤器大旁路系统和前置过滤器小旁路系统及高速混床旁路系统。当一台前置过滤器停运时，前置过滤器的旁路系统能自动开启小旁路系统分流 50% 的流量，当 2 台前置过滤器停运时，能自动开启大旁路系统满足 100% 最大凝结水量；当高速混床系统的压差超过设定值时，混床旁路阀门能自动地打开。当凝结水温和总压差超过设定值时，旁路阀门能保证 100% 地自动打开。此外，旁路阀门还能远操作。

（10）加药系统。每台机设置一套加药设备，包括凝结水、给水及闭冷水加氨装置、凝结水及给水加氧装置和相应的电气、就地控制设备。

（11）水汽取样系统。每台机设一套水汽取样装置，为成套供货，包括取样架、仪表屏、凝汽器检漏装置。

2. 除灰渣系统

（1）除灰。每台炉各设一套正压浓相气力除灰系统，采用粗细分除二级输送的形式。用于输送锅炉电除尘器、省煤器灰斗、脱硝系统（若有）灰斗中收集的飞灰。其中，第一级输送是将省煤器和电除尘器、省煤器和脱硝系统的干灰输送到储运灰库，储运灰库下设置干、湿灰装车的设备；第二级输送经储运灰库下的仓泵将粗、细灰分别输送到位于综合码头前沿的码头灰库内，再由码头灰库下干灰装船设备装船外运。这两级飞灰处理系统各自独立，互不影响。可以同时运行，也可以单独运行。

每台炉的省煤器和电除尘器分 AB 两侧，每侧为一个压力输送子系统。

（2）灰库系统。两台炉设 3 座储运灰库和 2 座码头灰库。储运灰库设 3 台二级输送用空压机，2 台运行，1 台备用。储运灰库设置气化风机 4 台，3 台运行，1 台备用。码头灰库设置气化风机 3 台，2 台运行 1 台备用。气化风机出口处装设加热器。

（3）除渣系统。每台锅炉设 1 套底渣输送系统及渣水浓缩脱水系统。炉渣连续从锅炉底部落入装水的刮板捞渣机水平段槽体中，冷却裂化后，由刮板捞渣机连续地从炉底输出，在斜升段经过脱水，运至捞渣机头部，直接进入渣仓储存。底渣系统中溢流水由每台炉设置的一座溢流水池收集，通过溢流水泵输送到高效浓缩机进行澄清处理。经沉淀，高效浓缩机上层水通过溢流堰溢流至储水池，作为底渣系统的水源，由系统中配置的冷渣水泵和冲洗水泵，输送回底渣系统循环使用。

3. 电除尘系统

电除尘系统的控制分高压控制和低压控制两部分，其中高压部分的控制系统仍采用单片机，低压部分的控制纳入辅助 DCS 中，高压系统的部分参数以通信的方式连入辅助 DCS。

4. 输煤系统

本工程输煤系统主要分为三个控制区域：综合楼、配电间及煤仓间。

输煤系统运煤方式主要有以下三种：

（1）煤斗经皮带输送系统及斗轮机全部进入煤场。

（2）煤斗来煤通过斗轮机上的分流装置一部分进入煤场，同时另一部分经上煤系统进入原煤仓。

（3）斗轮机从煤场取煤经上煤系统进入原煤仓。

输煤系统的输煤流程共设 4 种组合，分别是：

组合一：煤斗来煤 →煤场。

组合二：煤斗来煤 →原煤仓。

组合三：煤场 →原煤仓。

组合四：码头→煤场及原煤仓（通过斗轮机的分流装置）。

5. 电气（6kV、400V）系统

电气系统监控范围主要包括：

水区域 6kV 进线及联络开关，综合变 A/B 6kV 开关、综合变 A/B、综合变 A/B 400V

开关及综合 PC 联络开关等；化水变 A/B 6kV 开关、化水变 A/B、化水变 A/B 400V 开关及化水 PC 联络开关等；废水变 A/B 6kV 开关、废水变 A/B、废水变 A/B 400V 开关及废水 PC 联络开关等以及直流系统的监测。

煤场 6kV 进线及联络开关，输煤变 A/B 6kV 开关、输煤变 A/B、输煤变 A/B 400V 开关及输煤 PC 联络开关等；以及直流系统的监测。

除灰 6kV 进线及联络开关，除灰变 A/B 6kV 开关、除灰变 A/B、除灰变 A/B 400V 开关及除灰 PC 联络开关，灰库电源等；以及直流系统的监测。

辅助控制系统所有电源（低压变压器 6kV 开关、400V 总开关、变压器、母线联络开关及母线）。

二、辅助系统的控制功能

（一）对辅助系统的控制功能要求

（1）正常运行时，通过集中监控点完成对辅助车间水、灰、煤、脱硫各子控制系统的全部监控任务，后备监控点按无人值班考虑。以灰控楼控制室作为辅助车间集中控制室。

（2）水、灰、煤、脱硫各控制子系统均实现工艺流程自启停控制、工艺参数的自动调节控制和设备的连锁保护，并通过完善的报警诊断功能和全厂工业电视监控功能，配合现场巡检工作，实现辅助车间现场无人值守，使辅助车间控制水平与机组控制水平相当。

（二）SCS 子系统

为实现上述要求，系统设置了以下 SCS 子系统。

1. 凝结水精处理系统

该系统主要包括前置过滤器的自动投运、停运、反洗等功能组，高速混床的自动投运、停运功能组以及树脂分离、阳树脂再生、阴树脂再生等功能组。

2. 化学加药系统

该系统主要实现系统的自动加药，根据相关被调量实时的自动调整加药泵的输出，实现自动调节。

3. 净水系统

该系统主要实现混凝澄清池的自动排泥、擦洗滤池的投运、停运及反洗等功能组，以及净水加药系统的自动调节等。

4. 化学除盐系统

该系统主要实现阳、阴、混床的自动投运、停运、再生等功能组以及系统的成组启动/停止功能组。

5. 工业废水处理系统

该系统主要实现废水的自动排放功能及自动加药功能。

6. 除渣控制系统

该系统主要实现捞渣系统的自动启动、停止功能组，以及浓缩脱水处理的自动清洗排泥等功能组。

7. 飞灰输送系统

该系统主要实现仓泵的自动投运、停运，以及灰库切换阀组的自动操作等功能。

8. 除尘系统

该系统主要实现部分高压参数显示，电除尘器中振打电机和加热器的控制。

9. 输煤系统

该系统主要实现输煤流程的自动启动、停止以及配煤等功能组。

10. 脱硫系统

该系统主要实现脱硫装置的自动启停和连锁保护。此外，管理、维护人员还可以通过SIS 系统了解辅助车间运行状况和设备运行状态，并可根据 SIS 浏览器上的工业电视画面，远程检查设备运行情况。

三、辅助车间（系统）集中监控设计

根据辅助车间（系统）的控制要求、工艺设备的地理位置及与主机运行操作的关系密切程度，辅助车间（系统）设置 2 个值班监控点及 4 个后备监控点。

1. 值班监控点

值班监控点有 2 个。一个监控值班点设在单元机组集控室内，配置两套辅助车间控制系统操作员站、1 套工程师站、1 套历史数据站、1 套 SIS 接口机（打印机三台），监控对象为水控系统（精处理系统、化补水系统），也可以根据需要监控其他辅助系统。

另一个监控值班点设在辅助车间集中控制室（灰控楼控制室），配置 6 套全功能操作员站（打印机 4 台），监控对象为输煤、除灰渣、电除尘系统、脱硫等辅控系统。辅助车间工程师室（灰控楼工程师室）有工程师站 1 套（打印机 1 台）、SIS 接口装置 1 套以及历史数据站 1 套。

2. 后备监控点

后备监控点有 4 个，按无人值班的要求进行设计。后备监控点用于调试、检修及试运期间的操作，具备针对本系统的独立监控能力与组态调试能力。具体后备监控点如下。

（1）化学水处理后备监控点：位于水处理车间，布置有后备操作站 1 套、工程师站 1 套（打印机 1 台）、路由器 1 对。

（2）输煤后备监控点：位于输煤综合楼，布置有后备操作站 1 套、工程师站 1 套（打印机 1 台）、路由器 1 对。

（3）脱硫和灰控的后备监控点：设在辅控室内。

（4）凝结水后备监控点：位于零米层的凝结水精处理电子设备间，布置后备操作站 2 套（针对 2 台机）、路由器 1 对。

四、辅助控制的网络结构和硬件配置

该厂辅助车间 DCS 由两层网络组成：控制网络和 I/O 网络，整个 DCS 的结构如图5-35所示。

1. 控制网络

控制网用于连接分散处理单元（DPU）、工程师站、操作员站等节点，实现上述各网络节点间的通信和数据交换。控制网络采用了基于工业以太网技术的通信技术，传输速率为100Mbps，最大站点为 256 个，每段最大距离为 10km（光缆），在控制室及电子设备间内部传输介质采用超五类双绞线，控制室之间与电子设备间之间传输介质采用铠装光缆。

控制网络分为两层：子系统控制网和辅助车间集中控制网。子系统控制网又分为 4 个独立网段：精处理网、化补水网、煤网、灰网。子系统控制网络又分为两层，即一个主网、数个子网（精处理网、化补水网、煤网、灰网），通过分层组网的方式，满足辅助车间各系统独立运行、分步投运的要求。辅助车间集中控制网为冗余星型拓扑结构，其网络配置如下：

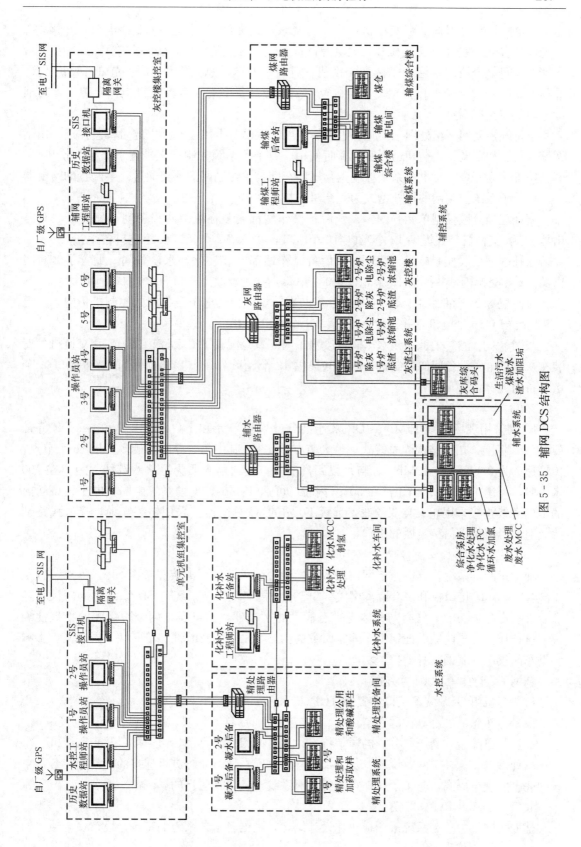

图 5 - 35 辅网 DCS 结构图

在机组单元控制室配置 2 套交换机，且互为冗余，共提供 12 个光口/16 个电口，并预留 2 个光口/4 个电口备用。交换机及相关电源设备专配一台控制机柜，安装在单元机组控制室；在辅助车间集中控制室配置了两套交换机，且互为冗余，总共提供 12 个光口/16 个电口，并预留 2 个光口/4 个电口备用，交换机及相关电源设备专配一台控制机柜，安装位置在辅助车间灰控楼控制室。

子系统控制网（精处理网、化补水网、灰网、煤网）上均设有独立的后备监控点，用于系统启动、初期调试、初期运行和故障时使用。每个子系统控制网至少配置 2 套交换机，2 套交换机互为冗余。每个子系统控制网与辅助车间集中控制网的连接通过冗余配置的路由器来完成。子系统控制网的拓扑型式为冗余星形拓扑结构。

精处理网分散控制单元（DPU）及后备操作站都安装在凝结水设备间，配置了 2 套路由器、2 套交换机，共提供 12 个光口/16 个电口，并预留 2 个光口/4 个电口备用。

化补水网分散控制单元（DPU）及后备操作站都安装在化补水设备间，配置了 2 套路由器、2 套交换机，共提供 12 个光口/16 个电口，并预留 2 个光口/4 个电口备用。

煤网配置 2 套路由器、2 套交换机，安装在输煤综合楼电子设备间的控制机柜内，共提供 12 个光口/16 个电口，并预留 2 个光口/4 个电口备用。

灰网（灰、渣、尘、净化水车间、废水车间配置）配置了 2 套路由器、2 套交换机，安装在灰控楼电子设备间的控制机柜内，共提供 12 个光口/16 个电口，并预留 2 个光口/4 个电口备用。

2. IO 网络

IO 网采用现场总线 Profibus-DP 来连接分散处理单元和 I/O 单元。Profibus-DP 符合 EN50170 标准，拓扑结构为总线式，最大节点数 128，其中每个分段上最多可接 16 个节点，传输速率为 9.6Kbps～12Mbps，与每段距离有关。当通信介质为屏蔽双绞线、距离在 100 米内时，可达 12Mbps；当距离在 500m 内时，可达 3Mbps。辅助系统中同一电子设备间内的 I/O 总线连接采用超五类双绞线，远程 IO 站的 IO 总线连接采用铠装光缆，降低线路干扰及通信距离对通信稳定性的影响。

3. 与其他网络设备的接口

辅助车间（系统）集中监控网信息系统通过带防火墙的隔离装置接至 SIS，隔离装置主要包含一套 SIS 接口机和一套隔离网关。SIS 接口机实现控制系统与 SIS 系统间的协议转换和软件病毒防护功能，隔离网关本身带有病毒防护功能，并可实现两个网络间的物理性隔离。这种连接方式能够保证辅助车间实时数据向 SIS 发送的及时性、单向性，同时又不影响辅助车间集中控制网本身的控制功能。

辅网 DCS 预留了以下系统接口：

（1）与机组 GPS 装置接口，支持 TCP/IP 协议；

（2）与斗轮机、翻车机的通信接口，支持 Modbus-TCP 协议，通信接口及光电接口；

（3）与电除尘（高压部分）的通信接口，支持 TCP/IP 协议，通信接口及光电接口。

精处理网、化补水网、煤网、灰网及远程站之间是通过光缆进行连接的，从而使各子系统间完全实现电隔离，防止了接地点电势差对系统设备正常运行的影响。

4. 子系统及 DPU 分配设计

辅助车间集中控制系统采用模块化设计结构，根据各工艺系统的特点，设计多个独立的控制子系统，再通过子系统控制网络实现连接。控制子系统具有独立的控制器，可适应相应工艺子系统的分步调试、分期投运、单独维护的要求。

(1) 分配原则。控制子系统的设计原则是：

1) 工艺相对独立的系统配置独立冗余控制器；

2) 随机组运行启停的系统分别配置独立冗余控制器；

3) 若工艺系统相对较小，可将数个子系统合并控制。

(2) 子系统的设置。

1) 水控系统的设置为：

①锅炉补给水系统配置一套控制子系统；

②两台机组的凝结水精处理及再生设备，化学取样加药系统、机组排水槽配置一套控制子系统。

2) 辅控系统的设置为：

①综合泵房、净化水、循环水加氯配置一套控制子系统；

②废水处理、生活污水处理配置一套控制子系统；

③输煤系统配置两套控制子系统；

④每台机组除渣系统配置一套控制子系统，合计两套；

⑤每台机组除灰系统共配置一套控制子系统，合计两套；

⑥两台机组电除尘系统共配置一套控制子系统；

⑦灰库区配置一套控制子系统。

(3) DPU 和远程 IO 的设置。考虑到施工和维护管理的方便和辅助车间许多控制系统的独立性与分散性，因此整个辅助车间控制系统大量使用远程 IO 站，并设置了 7 个电子设备间，以满足控制需要。以下为各站点的盘柜布置情况。

1) 集中控制部分。单元机组集控室和灰控楼集控室各设 1 只控制机柜。

2) 水务系统。设 4 个电子设备间，分别位于化补水车间、净化水车间、工业废水车间和主厂房零米层凝结水精处理设备间。化补水电子设备间，配置 DPU 柜 1 只，IO 机柜 4 只，电源柜 1 只，合计 6 只机柜；净化水电子设备间，配置 DPU 柜 1 只，IO 机柜 5 只，合计 6 只机柜；生活污水电子设备间，配置 DPU 柜 1 只，远程机柜 3 只，合计 4 只机柜；工业废水电子设备间，配置 DPU 柜 1 只，IO 机柜 3 只，合计 4 只机柜；凝结水处理电子设备间，配置 DPU 柜 1 只，IO 机柜 7 只，电源柜 1 只，合计 9 只机柜。

水务系统设远程 IO 站 3 个：分别位于生活污水处理区、渣水加阻垢剂处、煤场两侧煤泥水处理区。生活污水处理区，配置 1 个远程 IO 柜；渣水加阻垢剂处，配置 1 个远程 IO 柜；煤场两侧煤泥水处理区，配置 1 个远程 IO 柜。

3) 输煤系统。设 1 个电子设备间，位于输煤综合楼，配置了 DPU 柜 1 只，IO 机柜 3 只，电源柜 1 只，合计 5 只机柜。

输煤系统设远程 IO 站 2 个，分别位于配电站、煤仓间。配电间远程 IO 站，配置 3 个远程 IO 柜。煤仓间远程 IO 站，配置 2 个远程 IO 柜。

4) 灰渣尘系统。设 1 个电子设备间，位于灰控楼，在灰控楼电子设备间配置了 DPU 柜 2 只，IO 机柜 12 只，电源柜 2 只，合计 16 只机柜。

灰渣尘系统设置 4 处远程站，分别为 1、2 号浓缩脱水远程站、灰库远程站、综合码头远程站。1 号炉浓缩脱水远程 IO 站，配置 1 个机柜；2 号炉浓缩脱水远程 IO 站，配置 1 个机柜；灰库远程 IO 站，配置 1 个机柜；综合码头远程 IO 站，配置 1 个机柜。

五、辅控网络控制系统的各项功能

1. 监视功能

（1）每个 LCD 都能综合显示实时信息，运行人员通过 LCD 实现对辅助车间各子系统运行过程操作和监视。

（2）所有辅助车间工艺系统均显示在 LCD 画面上。

（3）每幅画面能显示过程变量的实时数据和运行设备的状态，显示的颜色或图形随过程状态的变化而变化。

（4）可显示辅控网内所有辅助车间的过程点，包括模拟量输入、数字量输入、数字量输出、中间变量和计算值。

（5）操作显示。采用多层显示结构，显示的层数根据工艺过程和运行要求来确定。这种多层显示可使运行人员方便地翻页，以获得操作所必需的参数，从而对特定的工况进行分析。

（6）棒状图显示。以动态棒状图反映各种过程变量的变化。棒状图可在任何一画面中进行显示，每一棒状图的标尺可设置成任意比例。

（7）报表显示。系统通过连接点状态的变化，对模拟量输入、平均值、变化速率、其他变换值进行扫描比较，分辨出异常、正常或状态的变化。若确认某一点越过限值，LCD 显示报警，并发出声响信号。对于不同级别的报警有不同的状态显示。报警显示按时间顺序排列，最新发生的报警优先显示在报警画面的顶部。报警点分为 4 个不同的优先级别，并用 4 种不同的颜色进行显示，加以区分。

（8）报警汇总。显示所有现有的报警和所有返回至正常情况下但没有经过确认的报警。

（9）系统状态显示。能显示系统状态，并表示出与数据通信总线相连接的各个过程站内所有 I/O 模件、CPU 等的运行状态。任何一个站或模件发生故障，相应的状态显示画面的颜色和亮度发生改变，以引起运行人员的注意。

2. 管理报表功能

辅助控制系统具有以下管理报表功能。

（1）累计运行时间。

（2）设备故障次数自动统计。

（3）历史数据自动查找功能。

（4）自动生成所需报表。

（5）班报、月报、年报。

（6）定期记录。对交接记录和日报表系统以 1h 为间隔对变量进行记录；以 1 天时间做间隔对变量进行记录。在每一个交接班后或每天或每月结束时，自动进行打印也可根据运行人员要求打印。

（7）运行人员操作记录。系统记录运行人员进行的所有操作项目和准确时间，便于分析运行人员的操作意图，有利于提高运行人员操作水平。同时，当系统设备事故时，便于分析事故的原因。

六、辅助系统的联网控制的效果

采用辅助系统的联网控制后，辅助系统在操作性、实时性、可靠性、冗余性、安全性、历史再现性等方面均能有良好表现，具体表现如下：

（1）所有就地信息全部远传，实现了操作自动化；

（2）所有操作及运行参数、设备状态均自动记录，可实现历史查询，为故障分析提供了有力的信息支持；

（3）运行人员由就地值班改为远方值班，单一专业操作改为煤、灰、化等多专业综合操作，提高了运行人员的综合业务能力，减少了人员配置，降低了生产成本；

（4）提高了调度准确度，将人员值班改就地为集中控制室，使得电厂值长调度更容易，运行管理难度大为降低，管理成本也大幅下降；

（5）为建设数字化电厂提供了技术支持。

附录　热工保护与顺序控制常用名词术语缩写表

序号	英文缩写	英　文　全　称	中　文
1	AGC	Automatic Generation Control	自动发电控制
2	AI	Analog Input	模拟量输入
3	AIG	Ammonia Injection Grid	氨喷射格栅
4	ALM	Alarm	报警
5	AO	Analog Output	模拟量输出
6	APS	Automatic plant control system	全厂自动控制系统
7	ASS	Automatic Synchronized System	自动同期系统
8	ATC	Automatic Turbine startup or shutdown Control system	汽轮机自启停系统
9	ATS	Automatic Transform System	厂用电源快速切换装置
10	AVR	Automatic voltage regulation	自动电压调节
11	AXI DISP	Axial Displacement	轴向位移
12	BCP	Boiler Circulation Pumps	炉水循环泵
13	BCS	Burner Control System	燃烧器控制系统
14	BEAR VBRT	Bearing Vibration	轴承振动
15	BID	Boiler input demand	锅炉输入指令
16	BM	Boiler master	锅炉主控
17	BMS	Burner Management System	燃烧器管理系统
18	BOP	Balance Of Plant	电厂辅助工艺系统
19	BPS	Bypass control System	旁路控制系统
20	BTG	Boiler Turbine-Generator panel	炉机电控制盘
21	CCPP	Combined Cycle Power Plant	燃气—蒸汽联合循环电厂
22	CCS	Coordinated Control System	协调控制系统
23	CE	Cylinder Expansion	汽缸膨胀
24	CLC	Closed-Loop Control	闭环控制
25	Cnet	Control Network	控制网络
26	CRT	Cathode Ray Tube	阴极射线管显示器
27	C. W	Control Way	控制总线
28	CWP	Circulation water pump	循环水泵
29	DAS	Data Acquisition System	数据采集系统
30	DCS	Distributed Control System	分散控制系统
31	DE	Differential Expansion	差胀

续表

序号	英文缩写	英 文 全 称	中 文
32	DEA	Deaerator	除氧器
33	DEH	Digital Electro-Hydraulic control system	数字电液控制系统
34	DI	Digital Input	数字量输入
35	DMP	Damper	挡板
36	DO	Digital Output	数字量输出
37	DOPS	Digital Overspeed Protection System	数字超速保护系统
38	DP	Dual Probe	复合式探头
39	DPU	Distributed Processing Unit	分散处理单元
40	DV	Dual Voting	双选式
41	EHC	Electro-Hydraulic Converter	电液转换器
42	EPP	Eccentricity Peak to peak	偏心度峰—峰值
43	ES	Engineering Station	工程师站
44	ETS	Emergency Trip System	紧急跳闸系统
45	EWS	Engineer Work Station	工程师工作站
46	FCB	Fast Cut Back	机组快速甩负荷
47	FCS	Fieldbus Control System	现场总线控制系统
48	FD	Firced draft fan	送风机
49	FGD	Flue gas desulphuration	烟气脱硫装置
50	FLM INTS	Flame Intensity	火焰强度
51	FSS	Fuel Safety System	燃烧安全系统
52	FSSS	Furnace Safety guard Supervisory System	锅炉炉膛安全监控系统
53	GGH	Gas-gas heater	气气热交换器
54	HESI	High Energy Spark Ignitor	高能点火器
55	HIPC	High Intermediate Pressure Cylinder	高中压缸
56	HSR	Historical data Storage & Research	历史数据存储和检索
57	I&C	Instrument & Control	仪表和控制（自动化）
58	ID	Induced draft fan	引风机
59	IGNTR	Ignitor	点火器
60	INTRLK	Interlock	连锁
61	I/O	Input/Output module	输入/输出模件
62	ISLT	Isolate	隔离
63	LCD	Liquid Crystal Display	液晶显示屏
64	LCP	Local Control Panel	就地控制柜
65	LED	Light Emitting Diode	发光二极管

序号	英文缩写	英文全称	中文
66	LMCC	Load Management Control Centre	负荷管理中心
67	LOCK CL	Lock Close	闭锁关
68	LOCKOP	Lock Open	闭锁开
69	LPC	Low Pressure Cylinder	低压缸
70	LVDT	Linear Voltage Differential Transformer	线性差动变压器
71	MAGV	Electric Magnetic Valve	电磁阀
72	MCC	Motor Control Center	电动机控制中心
73	MCS	Modulating Control System	模拟量控制系统
74	MDFP	Motor Drive Feedwater Pump	电动给水泵
75	MEH	Micro Electro-Hydraulic control System	给水泵汽轮机电液控制系统
76	MFC	Multi-Function Controller	多功能控制器
77	MFT	Master Fuel Trip	主燃料跳闸
78	MIS	Management Information System	管理信息系统
79	MMI	Man-Machine Interface	人机接口
80	MTBF	Mean Time Between Failures	平均无故障工作时间
81	MTTR	Mean Time To Repair	平均故障修复时间
82	N.C	Normally Closed	常闭接点
83	NCS	Net Control System	网络监控系统
84	NEMA	National Electrical Manufacturers Association	国家电工制造协会
85	NFPA	National Fire Protection Association	国家防火协会（美）
86	N.O	Normally Open	常开接点
87	NSCR	Selective non-catalytic reduction	选择性非催化还原法
88	OFT	Oil Fuel Trip	燃料油跳闸
89	OIS	Operator Interface Station	操作员站
90	O.L	Off-Line	离线
91	OLC	Open-Loop Control	开环控制
92	OMS	Operation Mode Selection	运行方式选择
93	Onet	Operation Network	操作网络
94	OPC	Over-speed Protection Control	超速保护控制
95	PB	Push Button	按钮
96	PCU	Process Control Unit	过程控制单元
97	PG	Probe Gap	探头间隙
98	PH DIFF	Phase angle Difference	相位差
99	PI	Pulse Input	脉冲量输入
100	PID	Proportional-Integral-Derivative	比例—积分—微分

续表

序号	英文缩写	英 文 全 称	中　文
101	PLC	Programmable Logical Controller	可编程控制器
102	PO	Pulse Output	脉冲量输出
103	PRE	Preamplifier	前置器
104	PREC	Precipitator	除尘器
105	PRGC	Programmed control	程控
106	PS	Proximity Switch	接近开关
107	PURGE	Purge	吹扫
108	RB	Run Back	辅机故障减负荷
109	RD	Run Down	强降
110	RLTV EXP	Relative Expansion	相对膨胀
111	RMS	Root Mean Square	均方根
112	RRM	Rack Relay Module	继电器框架模件
113	RTU	Remote Terminal Unit	远方终端单元
114	RU	Run Up	强升
115	SAMA	Scientific Apparatus Marker's Association	科学仪器制造商协会控制功能图例（美）
116	SBWR	Soot Blower	吹灰器
117	SCADA	Supervisory Control And Data Acquisition	数据采集与监控
118	SCR	Selective catalytic reduction	选择性催化还原法
119	SCS	Sequence Control System	顺序控制系统
120	SFGL	Sub-Function Group Level	子功能组级
121	SH STM	Superheated Steam	过热蒸汽
122	SIS	Supervisory Information System	监控信息系统
123	SOE	Sequence Of Events	事件顺序记录
124	STBY PW	Standby Power Source	备用电源
125	STRD	Start Demand	启动指令
126	TDFP	Turbine-Driven Feedwater Pump	汽动给水泵
127	TDM	Twinkling Data Management System	瞬态数据管理系统
128	THST BEAR	Thrust Bearing	推力轴承
129	TSI	Turbine Supervisory Instrument	汽轮机监测仪表
130	ULD	Unit load demand	机组负荷指令
131	UPS	Uninterruptible Power Supplies	不停电源
132	VP	Valve Position	阀门位置
133	VT	Velocity Transducer	速度传感器
134	ZS	Zero Roll Speed	零转速

参 考 文 献

[1] 王志祥. 热工保护与顺序控制. 北京：中国电力出版社，1995.

[2] 华东六省一市电机工程（电力）学会. 热工自动化. 北京：中国电力出版社，2006.

[3] 印江，冯江涛. 电厂分散控制系统. 北京：中国电力出版社，2006.

[4] 张磊，张立华. 燃煤锅炉机组. 北京：中国电力出版社，2006.

[5] 望亭发电厂. 仪控. 北京：中国电力出版社，2002.

[6] 望亭发电厂. 锅炉. 北京：中国电力出版社，2002.

[7] 孙鑫. DCS 的特点与 PLC、FCS 的比较. 世界仪表与自动化，2007，11（3）：30-31.

[8] 陆颂元. 汽轮发电机组振动. 北京：中国电力出版社，2000.

[9] 顾晃. 汽轮发电机组的振动与平衡. 北京：中国电力出版社，1989.

[10] 施维新. 汽轮发电机组振动及事故. 北京：中国电力出版社，1991.

[11] 高峰. 机组连锁保护系统. 北京：中国电力出版社，2004.

[12] 张磊，彭德振. 大型火力发电机组集控运行. 北京：中国电力出版社，2006.

[13] 林文孚，胡燕. 单元机组自动控制技术. 北京：中国电力出版社，2005.

[14] 王志祥. 热工控制设计简明手册. 北京：水利电力出版社，1995.

[15] 阎维平. 电站燃煤锅炉石灰石湿法烟气脱硫装置运行与控制. 北京：中国电力出版社，2005.

[16] 钟秦. 燃煤烟气脱硫脱硝技术及工程实例. 北京：化学工业出版社，2002.

[17] 李培荣. 发电厂除灰控制技术. 北京：化学工业出版社，2006.

[18] 原永涛. 火力发电厂气力除灰技术及其应用. 北京：中国电力出版社，2004.

[19] 杨旭中. 燃煤电厂脱硫装置. 北京：中国电力出版社，2005.

[20] 肖大雏. 控制设备及系统. 北京：中国电力出版社，2006.

[21] 白建云. 程序控制系统. 北京：中国电力出版社，2006.

[22] 章素华. 发电厂锅炉烟气脱硫工艺与控制. 火电厂热工自动化，2001（3）.

[23] 莫伟军. 火电厂双套管气力除灰系统. 电力建设，2001，22（1）：49-51.

[24] 赵兴国. 火电厂外围辅助专业如何实现集中自动化. 中国发电，www. sinoplant. com.

[25] 张新春. 超超临界机组旁路系统选型. 电力设备，2006，7（1）：33-35.

[26] 冯伟忠. 1000MW 级火电机组旁路系统作用及配置. 中国电力，2005，38（8）：53-56.

[27] 辛海平. 大型火电厂输煤系统的网络控制系统设计. 电网技术，2001（2）.

[28] BENTLY NEVADA Corporation. 3500 Operating Manual，1996.

[29] epro ELEKTRONIK & SYSTEMTECHNIK GmbH MMS6000，2005.

[30] SIMENS. SPPA T3000 System，2007.